机械可靠性理论与应用
——现状与发展

中国机械工程学会可靠性工程分会　组织编写
陈　循　陈文华　谢里阳　徐永成　等编著

国防工业出版社
·北京·

内容简介

本书紧扣“机械可靠性理论与应用”主题，主要内容分为“理论技术篇”和“工程应用篇”两大板块。其中，“理论技术篇”涵盖了机械可靠性的主要理论和技术方向，包括机械产品可靠性指标体系、机械产品故障物理、机械产品可靠性建模、机械产品可靠性设计、机械产品可靠性分析、机械产品可靠性试验、机械产品可靠性评估、机械产品故障预测与健康管理等8个方面，重点关注各技术方向近十年来的新理论、新技术、新手段与新见解；“工程应用篇”则涵盖了机床、核电、航空、航天、装甲车辆、风电等六大行业中机械可靠性技术的应用情况，重点关注各行业机械产品的可靠性现状、可靠性技术应用进展和发展趋势，探讨机械可靠性工程应用面临的新问题、新需求和新趋势。

本书的主要特点是针对机械产品系统阐述可靠性指标体系、故障物理、可靠性建模、可靠性设计、可靠性分析、可靠性试验、可靠性评估、健康管理等方面的理论研究进展，并在此基础上介绍几个制造领域中的可靠性技术应用情况。

本书可作为国内机械行业的从业人员和工科院校师生系统学习了解机械产品可靠性理论与技术应用的参考用书和工具书，也可作为机械可靠性工程师培训教材及注册可靠性工程师资格考试的参考用书。

图书在版编目(CIP)数据

机械可靠性理论与应用：现状与发展/陈循等编著
.—北京：国防工业出版社，2022.9
ISBN 978-7-118-12649-5

Ⅰ.①机… Ⅱ.①陈… Ⅲ.①机械设计—可靠性工程
Ⅳ.①TH122

中国版本图书馆CIP数据核字(2022)第156341号

※

国防工業出版社出版发行
(北京市海淀区紫竹院南路23号 邮政编码100048)
天津嘉恒印务有限公司印刷
新华书店经售

*

开本 710×1000 1/16 **印张** 19¾ **字数** 352千字
2022年9月第1版第1次印刷 **印数** 1－2000册 **定价** 120.00元

国防书店：(010)88540777 书店传真：(010)88540776
发行业务：(010)88540717 发行传真：(010)88540762

前　言

经过40余年的高速发展，我国已成为世界第二大经济体、第一制造大国，但高端机械产品的可靠性仍然是我国机械行业发展的瓶颈问题之一。未来5~10年将是我国机械行业转型升级、迎接世界新产业革命挑战的关键时期，作为我国国民经济关键支柱之一的机械行业，提升重大、高端、核心机械产品的可靠性，对提升我国机械制造业的国际竞争力、推动中国制造向中国创造转变、推动中国从制造大国向制造强国转变、实现创新驱动跨越发展具有重大意义。

近五年来，“中国制造2025”“工业强基工程”等国家级战略规划均对机械制造中的可靠性问题高度重视，国内机械行业发展迅速，设计、制造和可靠性水平有了大幅度提高，但由于国内的机械企业在机械产品设计、加工制造、工业流程管理、质量检测、可靠性基础数据等方面与德国、日本等国外老牌机械企业相比仍相对落后，我国机械产品可靠性技术指标与国外先进水平存在较大差距，特别是高端机械产品（如高端数控机床）与核心部件（如高端轴承）的差距尤为明显。部分航空航天航海装备的关键轴承尚靠国外进口，核心原因就是国外顶级轴承企业通过多年技术积累已使产品具备很高的可靠性水平。由于国内不少机械产品的可靠性不高，造成用户体验较差，维护成本高昂，因此即便在价格方面存在优势，也难与国外的相关机械产品在市场上进行竞争。为此，近几十年来国内相关行业相继成立专门的可靠性研究机构和学术组织，汇聚学者和工程技术人员开展了大量卓有成效的可靠性技术研究与应用工作。

目前，国内企业对可靠性人才需求旺盛，可靠性专业人才供不应求，可靠性领域的教材、手册、专著的出版量和需求量都非常大。迄今为止，国内外出版了不少可靠性方面的教材和工具书，例如，《可靠性工程师手册》（中国质量协会可靠性工程师注册考试指定辅导教材）、《机电系统可靠性工程》、《可靠性维修性保障性技术丛书》、《可靠性工程师必备知识手册》、《Reliability Engineering: Theory and Practice》、《The Certified Reliability Engineer Handbook》等，这些教材和技术手册对在国内大专院校、企事业单位当中普及可靠性基础理论知识发挥了重要作用。此外，国内还出版了一些与机械可靠性密切相关的学术专著，例如，《加速寿命试验技术与应用》《复杂装备可靠性分析及维修决策研究》等，反映了国内学者在可靠性专项技术研究中的最新成果。

在中国机械工程学会的大力支持下，中国机械工程学会可靠性工程分会秘书处组织机械可靠性领域深耕多年的专家学者编撰了本书。

与前述一般性可靠性教材和学术专著的着眼点有所不同，本书紧扣"机械可靠性理论与应用"主题，主要内容分为"理论技术篇"和"工程应用篇"两大板块。其中"理论技术篇"简要阐述机械可靠性基本概念、经典理论，涵盖了机械可靠性的主要理论和技术方向，包括机械产品可靠性指标体系、机械产品故障物理、机械产品可靠性建模、机械产品可靠性设计、机械产品可靠性分析、机械产品可靠性试验、机械产品可靠性评估、机械产品故障预测与健康管理等8个方面；"工程应用篇"则涵盖了机床、核电、航空、航天、装甲车辆、风电等六大行业中的机械可靠性技术应用情况。"理论技术篇"重点关注各项可靠性理论和技术近十年来的新理论、新技术、新手段与新见解；"工程应用篇"重点关注六大行业中机械产品的可靠性现状分析、可靠性技术应用进展和发展趋势，探讨机械可靠性工程应用面临的新问题、新需求和新趋势。目前，类似的可靠性图书国内外尚无先例。

本书可作为国内机械行业的从业人员和工科院校师生系统学习了解机械产品可靠性理论与技术应用的参考用书和工具书，也可作为机械可靠性工程师培训教材及注册可靠性工程师资格考试的参考用书。

本书由中国机械工程学会可靠性工程分会副主任委员陈循（国防科技大学）、分会主任委员陈文华（浙江理工大学）、分会常务副主任委员谢里阳（东北大学）负责全书的内容策划，分会常务委员徐永成（湖南涉外经济学院）负责全书的统稿。中国机械工程学会可靠性工程分会总干事宋耘负责本书的全局统筹、资源整合、出版协调等工作，为推动图书出版发行贡献卓著。

本书各章的执笔人分别为：第1章为湖南涉外经济学院徐永成；第2章为北京航空航天大学陈云霞；第3章为东南大学苏春；第4章为河北工业大学李玲玲；第5章为东北大学谢里阳、燕山大学姚成玉、沈阳工程学院尹晓伟、沈阳理工大学武滢；第6章为浙江理工大学潘骏、贺青川，国防科技大学汪亚顺；第7章为辽宁石油化工大学高鹏；第8章为西安交通大学雷亚国；第9章为吉林大学杨兆军；第10章为中机生产力促进中心马静娴、闫国奎，浙江工业大学高增梁、金伟娅；第 11 章为北京航空航天大学陈云霞，湖南涉外经济学院徐永成；第 12 章为航天科工集团北京动力机械研究所马同玲、王正、杨鑫；第 13 章为中国船舶综合技术经济研究院刘树林（曾在中国北方车辆研究所工作）；第 14 章为哈尔滨理工大学周真、齐佳、周立丽。

中国机械工程学会可靠性工程分会副主任委员黄洪钟（电子科技大学）、分会常务委员蒋仁言（长沙理工大学）、分会常务委员张春华（湖南千智机器人科技发展有限公司）等对全书进行了审阅，并提出了改进意见和建议。

作者

2022 年 1 月

目　录

理论技术篇

工程应用篇

第0章　绪　　论

随着“中国制造2025”宏伟计划的不断推进,众多包含“大国重器”的机械行业已跟随时代浪潮,开启了智能制造之路。未来数十年,智能制造将给中国机械行业带来颠覆性的变革,随着劳动力成本的提升、人口和工程师红利的消退,中国机械制造业必须实现效率翻倍、成本减半才可支撑实体经济的良性发展,中国拥有全球最大的机器市场、设备市场,在制造过程中可产生海量数据是中国在新一轮制造革命中赢得竞争力的重要钥匙。“中国制造2025”改变机械行业现状已成为一种必然趋势,对于大部分中国机械行业来说,通过“全系统、全寿命可靠性”思想、智能制造新技术重新规划构建“研发—采购—生产—营销—售后”价值链流程、创新业务模式,可大幅度提升机械行业的整体效率和费效比,在此过程中,高端机械产品的可靠性是我国机械行业发展的战略要点之一。

0.1　机械产品可靠性基本概念、特点和作用

一、机械产品可靠性的基本概念

机械产品是指以机械结构为主,或者依赖机械结构实现主要产品功能的,可以集光、电、气、液于一体的系统。例如,车辆、船舶、飞机、高速列车、卫星、发电设备、大型锅炉、冶金机械、矿山机械、数控装备等都可认为是机械产品。我国已经是世界上机械生产大国之一,机械产品构成了国民经济和国家安全的重要物质基础。

可靠性(reliability)是指系统或产品在规定的条件和规定的时间内,完成规定功能的能力。

随着科技迅猛发展,机械产品性能参数日益提高、结构更趋复杂、使用场所更加广泛、载荷环境更为严酷,可靠性在机械产品质量特性中的地位更加突出。可靠性作为衡量机械产品质量特性的重要指标之一,已贯穿到机械零部件与系统、复杂工业装备、大型基础设施的论证、设计、制造、试验、使用、运输、贮存、维修保障等全寿命周期的各个环节之中。

二、机械产品可靠性的特点

钱学森同志说过:“产品的可靠性是设计出来的、生产出来的、管理出来的。”机械产品的可靠性工程涉及全寿命周期的各个阶段,包含了机械产品可靠性指标体系、可靠性建模、可靠性设计、可靠性分析、可靠性试验、可靠性评估、预测与健康管理(PHM)等核心技术内容。

第二次世界大战后,可靠性技术在美军电子产品中率先取得成功应用,并逐步应用于航天、汽车等领域。随着电子产品可靠性的提高以及机械装备的大型化和复杂化,机械产品的可靠性问题日益凸显,机械可靠性技术逐渐得到各国政府、企业界和学术界的高度重视。但是由于机械产品在结构组成、功能实现、试验测试等方面具有其自身的特点,机械产品可靠性研究与电子产品具有明显的差异不同。

机械产品可靠性相对于电子产品可靠性,具有如下自身特点:

(1) 机械产品失效机理多样。机械产品寿命和性能劣化不仅与产品所受的环境应力有关,更主要取决于机械产品承受的各种工作载荷;而且很多外场使用的机械产品承受的极端环境应力要比电子产品承受的更加复杂和恶劣。

(2) 大多数电子产品故障随机分布、寿命服从指数分布,而机械零部件大多是耗损性失效,现已颁发的一些可靠性设计、试验和分析方法或标准,是根据电子产品失效制定的,这些方法或标准对机械类产品并不完全适用,而建立具有广泛适用性的机械可靠性设计、分析与评估理论挑战性很大。

(3) 机械零部件一般都是为特定用途而设计,通用性不强,不易积累共用可靠性数据。缺少大量基础性可靠性数据,导致机械产品可靠性评估非常困难,误差非常大。

(4) 由于各类机械产品承受的应力与失效机理差异较大,目前尚无标准的机械产品早期故障筛选方法,这也是某些机械产品早期故障率相对较高的原因。

(5) 很多大型机械产品结构复杂,制造成本高,很难得到较大容量的试验样本,加上可靠性试验周期长,试验及测试设备等保障条件要求高,因此其可靠性与寿命试验开展的难度更大。

三、机械产品可靠性的作用

目前,德国、日本、美国在机械产品可靠性方面取得了较为明显的技术优势,特别是高端机械产品方面,可靠性已经成为其核心竞争力。

经过40余年的高速、粗放式发展,我国已迅速成为世界第二大经济体、第一制造大国,但这种发展更多地依靠了高要素投入、低成本优势,以及引进资金、技术、装备和管理，付出了巨大资源环境代价，高端机械产品的可靠性是我国机械行业发展的瓶颈问题。未来5~10年将是我国机械行业转型升级、打造经济升级版、迎接世界新产业革命挑战的关键时期，作为我国国民经济关键支柱和国家安全物质基石的机械行业而言，提升重大、高端、核心机械产品的可靠性，对提升我国机械制造业的国际竞争力、推动中国制造向中国创造转变、推动中国从制造大国向制造强国转变、实现创新驱动跨越发展具有重大意义。

0.2 国内机械可靠性主要研究机构的基本情况

一、浙江理工大学机电产品可靠性分析与测试国家地方联合工程研究中心

浙江理工大学机电产品可靠性分析与测试国家地方联合工程研究中心依托浙江理工大学机械与自动控制学院，是在2011年浙江省科技厅批准建设的浙江省机电产品可靠性技术研究重点实验室和2015年浙江省发展改革委批准建设的装备可靠性浙江省工程实验室基础上，2017年由国家发展改革委批准建设。中心长期开展机电产品可靠性基础理论和应用技术研究，以机电产品可靠性分析、设计、试验与评价、故障诊断预测与健康管理等为核心突破口，在航天电连接器、地铁继电器机电元件可靠性，风电齿轮箱、轴承等机械零部件可靠性，折展机构、伺服机构等机构可靠性，乘客电梯、数控系统等机电系统可靠性四个方向开展研究工作。

该中心有固定研究人员45人，其中教授及研究员18人，副教授及高工13人，40人拥有博士学位。中心主任为中国机械工程学会可靠性工程分会理事长陈文华教授（第5届、第6届），中心成员浙江省特聘教授（钱江学者）1人，浙江省“万人计划”杰出人才1人，科技创新领军人才1人，入选“浙江省新世纪151人才工程”重点3人、一层次4人、二层次3人。有一百余名博士、硕士研究生在中心开展研究工作。

该中心已承担国家自然科学基金重点、杰出青年、联合基金重点、重大国际合作、面上、青年基金、国家国际科技合作、863计划、国防技术基础科研、火箭军装备预研、装备预研共用技术领域基金等国家级课题40余项；浙江省重点研发计划、浙江省自然科学基金重点等省部级课题25项，企业委托等横向科研项目50余项。获省部级科学技术奖特等奖、一等奖、二等奖等各类奖励20余项，获授权发明专利80余项。发表学术论文200余篇，其中SCI/EI检索100余篇。

该中心拥有三轴同振电动振动试验系统、HALT & HASS试验系统、温度、湿度、振动三综合试验系统、6.5t振动台、快速温变试验箱、温度冲击试验箱、步入式高低温（湿热）试验室、高低温低气压试验箱、耐水试验箱、复合盐雾试验箱、

沙尘试样箱、电液伺服疲劳试验机、非线性超声测试系统、数据采集分析系统等可靠性试验设备以及 NIPASS、BlockSim 等可靠性分析软件，仪器设备总值超过 4000 万元。中心与中国航天科工集团第四研究院控制与电子技术研究所、中国航天科技集团第九研究院杭州航天电子技术有限公司、杭州前进齿轮箱集团股份有限公司、浙江省特种设备科学研究院等几十家公司在可靠性方面进行了合作研究。

二、东北大学重大机械装备动力学可靠性与质量工程辽宁省重点实验室

东北大学建有重大机械装备动力学可靠性与质量工程辽宁省重点实验室，与机械可靠性研究内容密切相关的实验室建设项目有：航空动力装备振动及控制教育部重点实验室、与北京强度环境研究所（航天 702 所）共建的机械结构疲劳可靠性测试与失效分析实验室。

东北大学涉及机械可靠性研究内容的团队主要有机械工程与自动化学院现代设计与分析研究所，包括教师与工程师 12 人，博士研究生 10 余人，硕士研究生 30 余人。

该实验室主持完成 863 项目“典型产品运行安全寿命预测技术研究”“复杂机械装备可靠性设计与评价技术”，国家自然科学基金重点项目“航空发动机结构可靠性多元建模及仿真理论与方法研究”“大型复杂机械结构疲劳全寿命可靠性理论及方法研究”，面上项目“多元扩展式可靠性建模方法及强度退化统计规律研究”“复杂载荷历程疲劳可靠度的统计加权计算方法研究”，教育部专项“风电装备多元可靠性建模理论与方法研究”，总装备部预研项目，以及航空、汽车、高铁等工业领域的结构强度、寿命与可靠性分析、评估项目多项，在机械结构零部件可靠性设计、机械系统可靠性评估、机电产品可靠性试验等方面取得了多项研究成果，包括建立了载荷多次作用下的零部件静强度及疲劳强度可靠性模型、疲劳寿命可靠性模型，建立了基于多维载荷－强度干涉分析的失效率模型，建立了能客观、真实地反映零部件之间失效相关性的系统可靠性模型，以及应用小样本试验数据拟合 P－S－N（疲劳应力－概率寿命）曲线的样本集聚方法、根据超小样本右截尾寿命数据预测产品可靠度的统计分析方法。

该实验室发表研究论文 200 余篇，著有《机械可靠性基本理论与方法》《可靠性设计》等，主编《现代机械设计手册》，在大型升船机可靠性评估方面的研究成果获得了中国机械工业科学技术进步一等奖。

三、国防科技大学可靠性试验与评估研究中心

国防科技大学可靠性试验与评估研究中心依托机电工程国家重点学科开展建设，隶属于装备综合保障技术国家级重点实验室，是国内最早开展机电产品可

靠性试验及评估研究的科研单位之一。该中心拥有一支由国内知名专家为学科带头人，以青年教师和博士后为骨干，在读研究生为生力军的教学科研队伍。团队成员90%具有博士学位、90%具有海外留学经历。

该中心近年来承担了多项国家重点研发计划、国家863计划、国家自然科学基金等科研项目，形成了以可靠性强化试验、加速寿命试验、可靠性评估与寿命预测、复合材料结构分散性控制、微机电系统结构可靠性分析与优化设计等为特色的研究方向。在国际上首创了非高斯随机振动控制仪，研发了国内首台具有完全自主知识产权的可靠性强化试验系统；出版了国内首部可靠性强化试验技术理论专著《可靠性强化试验理论与应用》，国内首部具有完整工程应用案例的加速寿命试验专著《加速寿命试验技术与应用》，以及研究生教材《机电系统可靠性工程》。成果获军队科技进步一等奖2项、二等奖3项，出版专著与教材9部，发表学术论文300余篇。

该中心拥有技术先进、配套齐全的可靠性试验设备和研究条件，具备依据GJB899、GJB150等标准完成温湿度、振动、综合环境、环境应力筛选、可靠性鉴定与验收、可靠性增长等20余项装备及民用产品环境与可靠性试验，以及提供相关技术服务的能力。先后为多型星载/箭载/机载/车载/舰载机电设备、计算机、通信设备，以及舰船/高铁/地铁/磁浮列车电气设备、飞机刹车设备等多种机电产品提供了可靠性试验与评估技术支持。

该中心开设了"系统可靠性设计与分析""系统可靠性与寿命试验""装备六性工程""装备综合保障技术"等本科生、研究生学历教育和继续教育课程，为军队和地方培养了一批可靠性领域的专业技术人才和应用管理人才。

四、电子科技大学系统可靠性与安全性研究中心

电子科技大学系统可靠性与安全性研究中心围绕着国家重大工程和战略需求，以保障和提高重大技术装备的可靠性、安全性和经济性为目标，有机地结合现代信息技术、现代设计与制造技术以及现代工业管理技术，从全寿命周期角度出发，解决装备研制与使用中的可靠性和维修性关键共性基础理论和核心技术，探索和发展可靠性、维修性、故障预测与健康管理的新理论和新方法。

该中心由可靠性领域知名学者黄洪钟教授创办并任主任，现有各类研究人员100余人，其中固定科研人员20人，在站博士后、在读博士研究生和硕士研究生80余人。包括千人计划学者、长江学者、享受国务院政府特殊津贴专家、海外及港澳学者合作研究基金(原国家杰出青年科学基金B类)获得者、全国百篇优秀博士学位论文获得者、教育部"新世纪优秀人才支持计划"入选者、四川省万人计划入选者、四川省杰出青年基金入选者等。

该中心以我国重大技术装备和重大设施对可靠性、维修性与故障诊断技术

的迫切需求为导向，在大型复杂装备的可靠性建模、分析与评估、复杂装备的可靠性设计、基于可靠性的装备多学科设计优化、大型装备故障诊断与健康管理、剩余寿命预测、复杂装备维修性分析及维护决策、微机电系统可靠性设计分析与试验评价、电子产品的失效分析与可靠性设计、软件和网络可靠性、振动噪声分析、力学分析与强度分析、光机电产品创新设计等领域开展了科学研究和实际工程应用。近年来，该中心先后承担了973项目、863项目、国家科技重大专项、国家自然科学基金、教育部博士点基金、国家国防科技工业局民用航天专项课题、国家国防科技工业局技术基础研究项目、装备预研和重点预研基金项目、航空科学基金项目以及太重集团、广西玉柴机器集团、上汽通用五菱、尼康、因特尔等数十个大型公司横向课题，共计100余项，取得了多项具有国际领先水平的研究成果并在实际工程应用中成效显著，获授权发明专利8项、实用新型专利12项、软件著作权2项、出版中文专著10余部、合作撰写英文专著4部，在国内外重要期刊发表论文400余篇，其中SCI检索260余篇，SCI他引1400多次。在微软机构学术排名中，电子科技大学在可靠性工程领域学术论文引用量位居全球前五、H指数全球排名第三。

该中心获得教育部自然科学奖、教育部提名国家自然科学奖、四川省科技进步奖等部省级科技进步奖6项。在RAMS国际会议中获可靠性国际学术奖——William A. J. Golomski奖和杰出论文奖。此外，还获得国际学术会议ICFDM'2008和ICMR'2011的最佳论文奖。发表在杂志《IIE Transactions》的论文被IIE作为可靠性最前沿研究成果在其会刊《IE Magazine》上进行专门报道，是该期刊被引用最多的优秀论文。该中心的学术带头人当选为工业工程师学会会士（IIE Fellow）、国际工程资产管理学会会士（ISEAM Fellow）和加拿大工程院院士（EIC Fellow），并应邀担任欧洲安全性与可靠性学会（ESRA）、ASME美国可靠性与失效预防技术委员会、IFToMM国际可靠性技术委员会、国防科工委可靠性专业组等组织或机构的重要职务，以及《IEEE Transactions on Reliability》《IIE Transactions》《Reliability Engineering and System Safety》《Eksploatacja i Niezawodnosc – Maintenance and Reliability》《International Journal of Reliability, Quality and Safety Engineering》等可靠性领域国际著名期刊的副主编、区域主编及编委。

该中心与美国马里兰大学可靠性中心等国外研究机构长期保持密切合作，先后接收美国、加拿大、日本、以色列等10余个国家的可靠性领域知名学者专家来华访问并开展合作研究。每年派遣数名博士研究生和硕士研究生进行联合培养，并安排青年教师短期学术交流。研究中心还发起了质量、可靠性、风险、维修性及安全性工程国际学术会议（QR2MSE）。同时，主办或承办多个可靠性领域的重要国际学术会议，如：APARM'2017、ICMR'2016、ICRMS'2009、ICRMS'2007、ICME'2006等。

该中心拥有MTS Landmark 370型250kN高温疲劳试验系统、立式万能摩擦磨损试验机、电动振动试验台、SQ故障模拟综合实验平台、NI状态监测与信号处理系统等硬件平台，并拥有ANSYS、ReliaSoft、iSIGHT等可靠性和维修性分析、仿真以及优化的商用软件。

五、吉林大学机械工业数控装备可靠性技术重点实验室

吉林大学拥有数控装备可靠性教育部重点实验室、机械工业数控装备可靠性技术重点实验室和吉林省机电装备可靠性技术工程研究中心，是国内最早开展数控装备可靠性研究的科研机构。机械工业数控装备可靠性技术重点实验室是国内数控机床行业主要的可靠性技术依托单位和人才培养基地，其数控装备可靠性技术创新团队是吉林大学首批命名的"吉林大学高层次科技创新团队"。近年来，该实验室作为责任单位承担了4项"高档数控机床与基础制造装备"国家科技重大专项(04专项)、8项国家自然科学基金以及一批省部级和企业委托的数控机床可靠性方面的科研项目，还作为副组长单位承担了10余项国家科技重大专项课题。其中代表性的6项课题如下：

国家科技重大专项：

(1) 高速/精密数控机床可靠性设计与性能试验技术(编号:2009ZX04014-011,责任单位)；

(2) 关键功能部件的可靠性设计与试验技术(2010ZX04014-011,责任单位)；

(3) 重型机床可靠性评价与试验方法研究(2014ZX04014-011,责任单位)；

(4) 数控齿轮机床可靠性试验与评价技术(2019ZX04012-001,责任单位)；

(5) 千台国产数控车床/千台国产加工中心可靠性提升工程(2013ZX04014-011/012,副组长,企业为责任单位)；

(6) 国家自然科学基金：数控机床主轴可靠性加速试验基础问题研究(51675227)；

该实验室历经20余年的不懈努力，研究开发了覆盖数控机床全生命周期的可靠性技术，初步构建了数控机床可靠性技术体系。主要创新成果如下：

(1) 针对数控机床无法沿用结构强度可靠性设计的技术难题，创新提出并研发了数控机床可靠性广义设计技术，突破了以往数控机床可靠性设计虽有概念却无计可施的窘迫局面，形成了数控机床的可靠性设计能力。本成果已由团队编入"高档数控机床与基础制造装备"国家科技重大专项2019年课题"机床设计手册修订与设计成果集成"的"机床可靠性设计篇"(系国内首次编写)。

（2）针对数控机床可靠性设计必须依赖可靠性试验数据的技术需求，创新提出并开发了数控机床可靠性综合试验技术，为规范、高效地获取故障数据提供了技术支撑。

（3）针对提高数控机床关键功能部件可靠性而需要加速试验的技术需求，发明了利用电液伺服和发电测功进行静、动态切削力与切削扭矩模拟的新方法，研制了能够模拟实际工况的关键功能部件的可靠性加速试验系统，使我国具备了对数控机床主轴、数控刀架、数控刀库、编码器与光栅尺等关键功能部件在模拟真实工况的条件下进行可靠性加速试验的能力。

（4）针对国产数控机床早期故障频繁的问题，开发了靶向强化加载、主动激发故障隐患的数控机床早期故障试验技术。创新研制了基于运行状态监测与数字孪生技术的数控机床早期故障试验系统，能够在机床尚未发生故障的情况下，暴露早期故障隐患，予以排除。

（5）针对可靠性设计对长期积累大量数据的需求，创建了具有可靠性建模、评估与故障分析功能的数控机床可靠性数据库，积累了10余年来的大量现场试验与台架加速试验的故障与维修数据和工艺/载荷数据。数据库已成为可靠性技术研发、产品可靠性设计的宝贵资料和相关部门规划决策的数据依据。

研究成果已在一批行业骨干企业工程化应用，明显提高了目标机床和关键功能部件的可靠性水平，对机床行业的科技进步起到了显著推动作用。研究成果先后获吉林省科技进步一等奖、技术发明一等奖和机械工业科技进步一等奖，部分成果被人民日报和科技日报报道，并4次由“高档数控机床与基础制造装备”国家科技重大专项管理部门作为本专项的代表性成果在北京国际机床展览会上展出。依据上述成果，于2019年获批建设“数控装备可靠性教育部重点实验室”。

六、北京航空航天大学可靠性与系统工程学院

北京航空航天大学可靠性与系统工程学院是可靠性工程领域开展教学、科研与型号应用一体的专业机构，现拥有百余名年龄结构合理、专业门类齐全的可靠性专业技术研究人员，是我国从事可靠性工程技术研究工作人数最多、专业覆盖面最广的一支专业技术队伍。

近年来，先后承担了国家自然科学基金、国防973、国家863、总装备部预研基金、总装备部预研、国防基础科研、国防技术基础、航空科学基金及重点型号科研项目1000余项；完成了环境鉴定试验、可靠性鉴定试验、元器件测试试验及新品鉴定试验任务共5000余项；2006年、2008年先后两次获国家科技进步特等奖，2013年、2018年先后获国家科技进步二等奖。

在软件手段建设方面，本单位拥有三维建模软件CATIA、有限元分析软件

ANSYS/PATRAN/NASTRAN、动力学分析软件 ADAMS/SIMPACK、可靠性仿真分析软件 NEUESS 等。

在试验室硬件条件方面，建有可靠性与环境工程技术国防科技重点实验室、中国航空工业总公司航空可靠性综合重点实验室、空军装备研制环境与可靠性定点实验室、总装备部军用电子元器件破坏性物理分析（DPA）实验室、总装备部军用电子元器件北京第二检测中心等国家级和部委级重点实验室，配备有 100 多台（套）国内外先进的试验研究设备。在国际合作方面，研究单位与美国马里兰大学、香港城市大学共建了故障预测与监控技术（PHM）基础研究实验室。此外，研究单位还与意大利米兰理工大学、法国巴黎中央理工学院共同组建了关键基础设施可靠性与安全性研究中心（center for resilience and safety of critical infrastructures，CRESCI）。

七、河北工业大学电工装备可靠性与智能化省部共建国家重点实验室

河北工业大学是国家首批 211 工程院校，该校与可靠性工程相关的学院主要包括机械工程学院与电气工程学院。前者涉及机械可靠性，后者涉及电气可靠性。机械工程学院有 4 个本科专业、7 个硕士授权点、2 个博士授权点、1 个博士后流动站，涉及机械工程、仪器科学与技术、力学 3 个一级学科。

2017 年 10 月 17 日科技部、河北省联合下文批准在河北工业大学建设省部共建电工装备可靠性与智能化国家重点实验室，标志着河北工业大学省部共建国家重点实验室正式进入建设运行期。“电工装备可靠性与失效机理”是上述国家重点实验室的研究方向之一，主要包括电工装备的失效演化机理与建模、可靠性分析与设计、运行状态监测与评价等。在建设运行期内，河北省每年为实验室提供 1000 万元专项经费，河北工业大学每年提供配套经费 1500 万元。从正式建立迄今的 1 年多来，重点实验室共承担国家自然科学基金项目 10 余项，发表 SCI 论文近百篇。

（本章执笔人：国防科技大学陈循，湖南涉外经济学院徐永成，
浙江理工大学陈文华、潘骏，东北大学谢里阳，
电子科技大学黄洪钟，吉林大学杨兆军，
北京航空航天大学陈云霞，河北工业大学李玲玲）

理论技术篇

第1章　机械产品可靠性指标体系

机械产品可靠性指标是用来描述机械产品可靠性水平高低的各种可靠性指标的总称。现有以电子产品为主要背景发展起来的可靠性指标不能完全适用于机械产品，机械产品可靠性无论在指标体系、指标分类、指标内涵和指标实验验证等诸多方面都有其自身特点。

1.1　机械产品可靠性指标体系最新研究进展

一、机械产品可靠性指标体系概述

为了产品在规定的条件和规定的时间内完成规定功能，机械产品可靠性不仅仅与传统意义上的可靠性相关，还与机械产品的耐久性、维修性、测试性、保障性、安全性等与机械产品使用和维护过程相关的特性密切相关。对机械产品可靠性的讨论，也往往离不开系统的可用性(availability)。下面简单梳理一下狭义机械可靠性和广义机械可靠性的概念：

(1) 狭义的机械可靠性：是指“机械产品在规定的条件下和规定的时间内，完成规定功能的能力”，描述机械产品在使用中不出、少出故障的质量特性。主要指标有平均故障间隔时间(MTBF)、失效率等。

(2) 广义的机械可靠性：即机械产品可用性。GB/T 3187—1994《可靠性、维修性的基本术语与定义》对可用性的定义：在要求的外部资源得到保证的前提下，产品在规定的条件下和规定的时刻或时间区间内处于可执行规定功能状态的能力。它是产品可靠性、维修性和维修保障性的综合反映。主要指标有可用度、任务成功率、全寿命周期费用等。

综合国内外参考文献，机械产品可靠性指标体系可以大致分为如图1-1所示的四大类可靠性指标。

二、狭义机械可靠性的统计类指标

狭义机械可靠性的统计类指标主要包含了可靠度、失效率、平均故障间隔时间等根据产品失效统计数据得到的、反映机械产品基础可靠性水平的指标。

这种统计类指标体系，既是可靠性的基石，也是可靠性的难点。电子产品可靠性因为生产工艺一致性好、产量大,这类统计类指标相对更加容易准确获取,比较成熟,现在研究已经不太多了。机械产品由于差异性大,订制产品多,耦合关系复杂,所以,统计类指标的准确获取就一直是学术界、工程界关注的焦点,研究者众多。下面重点阐述近五年来机械可靠性统计类指标的研究进展。

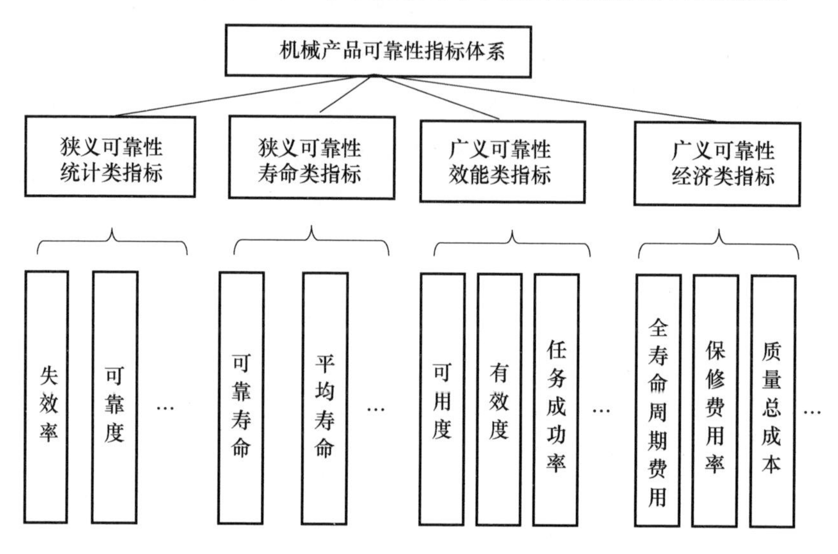

图 1-1 机械产品可靠性指标体系示意图

1. 可靠度

可靠度用时间 t 的函数 $R(t)$ 表示,描述产品在 $(0,t)$ 时间内完好的概率,$R(0)=1$,$R(+\infty)=0$。

可靠度的概念比较简单,但是各种不同机械产品可靠度指标的计算模型各有特色,国内外各个领域的专家、学者对此开展了很多研究。

西安交通大学丁锋等[1]提出将峭度、均方根作为特征指标,利用威布尔比例故障率模型(Weibull proportional hazard model,WPHM)作为可靠度指标的评估模型,并利用 fminsearch 优化函数求解极大似然方程组确定 WPHM 的待定参数,有效地对铁路机车轮的轴承进行可靠度指标的评估。重庆大学的陈昌[2]在估计 WPHM 的待定参数时,利用牛顿迭代法对极大似然方程组进行求解。但上述两种求解方法都需要根据经验设定搜索初值,并且运算时间较长。

在这些不同机械产品可靠度指标的计算模型当中,下面重点介绍一个典型机械产品——滚动轴承的可靠度指标计算的最新研究进展案例。

哈尔滨理工大学康守强、白罗斯国立大学 MIKULOVICH VI[3]将极大似然方程组中每个方程的绝对值的和作为适应度函数,向适应度函数最小的方向优化,快速求出方程组的解,确定待定参数,从而提出一种基于数学形态学分形维数结

合改进果蝇算法 - 支持向量回归(improved fruit fly optimization algorithm - support vector regression,IFOA - SVR)的滚动轴承可靠度预测方法。该方法充分发挥 IFOA - SVR 预测模型的优势,对提取的滚动轴承状态特征数据进行预测。将预测结果嵌入到已建立的可靠度模型中进行滚动轴承可靠度预测,在保证预测精度的同时增加了预测步长。果蝇优化算法(fruit fly optimization algorithm, FOA)是一种基于果蝇觅食行为推演出寻求全局优化的算法。利用在三维空间搜索的 IFOA 对支持向量回归机(support vector regression, SVR)模型进行优化,可以有效地获取模型中的最优参数。在参数确定的情况下,建立可靠度模型后将特征预测结果嵌入已建立的可靠度模型中,即可预测未来一段时间内轴承运行的可靠度。

滚动轴承全寿命数据来自美国辛辛那提大学[4],每隔 10min 进行一次数据采集,共采集 984 次,每次采样长度为 20480 点,采样频率为 20kHz。将预测所得 50 点数据嵌入可靠度模型中,可以计算出这 50 点的可靠度值。从数值变化中可以看出,第 861 点的可靠度值在 0.25 附近,并且这 50 点的可靠度呈下降趋势,到 910 点时可靠度已经下降到 0.08 左右。这表明轴承运行状态很差,已经出现非常严重的故障,应该做好及时更换轴承的准备。利用 IFOA 求解 WPHM 的待定参数,建立了可靠度的计算模型。将 IFOA - SVR 模型所得的特征预测结果嵌入到可靠度模型中,得到可靠度预测曲线,能够预测滚动轴承在未来 50 点的运行状态可靠度指标参数。

2. 失效率

失效率(failure rate)是指工作到某一时刻尚未失效的产品,在该时刻后单位时间内发生失效的概率。失效率是机械产品和电子产品可靠性的重要度量指标之一,可直观反映零部件或系统在某一时刻发生失效的可能情况,作为机械产品可靠性分析、使用寿命评定、风险评估、维修决策制定等活动的重要参数。

失效率的概念虽然简单,但是获得可信赖的数值非常难,不同机械产品在不同环境剖面和任务剖面下失效率数据很难准确获取,国内外专家学者从不同角度对产品的失效率进行了研究。

浙江理工大学陈文华等[5]以伽马分布为先验分布,以失效率为验证指标,讨论了威布尔分布下产品可靠性的贝叶斯验证实验设计方法,并以航天电连接器为例,制定了相应的定时截尾验证实验方案。目前,在基于失效数据统计分析的失效率指标的计算模型方面,对“浴盆型”失效率曲线的数学描述大多采用分段函数,即用具有不同参数的概率分布函数来描述产品的“早期失效期”、“偶然失效期”和“耗损失效期”。

在这些不同机械产品失效率指标的计算模型当中,浴盆型是应用最广的一类,下面重点介绍一个具有“浴盆型”失效率变化规律的可靠度指标计算最新研究进展案例。

王正、谢里阳等[6]分析“浴盆型”失效率曲线的变化规律及其所反映的产品寿命概率分布特征，提出了一种具有“浴盆型”失效率变化规律的五参数产品寿命概率分布模型。根据“浴盆”型失效率曲线变化规律所反映的产品寿命概率分布特征，构建了五参数产品寿命概率分布模型，其概率密度函数为

$$f(t)=mba^{-b}t^{b-1}\cdot\exp\left[-\left(\frac{t}{a}\right)^{b}\right]+(1-m)dc^{-d}t^{d-1}\cdot\exp\left[-\left(\frac{t}{c}\right)^{d}\right],$$

$$a,b,c,d>0,\quad 0\leqslant m\leqslant 1,\quad t\geqslant 0$$

式中：t 为寿命度量指标；m 为比例参数；a 为第一尺度参数；b 为第一形状参数；c 为第二尺度参数；d 为第二形状参数。针对上述寿命概率分布模型，分别研究比例参数 m、第一尺度参数 a、第一形状参数 b、第二尺度参数 c、第二形状参数 d 等对寿命概率分布特征的影响规律。

运用上述寿命概率分布模型，对采用文献[7]提出的寿命概率模型计算得到的寿命概率特征进行参数拟合。运用该文献建立的寿命概率模型可以计算得到该零部件寿命的概率密度函数曲线、失效率曲线与可靠度变化曲线。该零部件的寿命概率密度随时间增加呈现出“先减小、后增大、然后又减小”的变化特征，失效率变化规律具有“浴盆曲线”的全部特征。显然，该零部件的寿命概率分布特征不能直接采用传统的指数分布、正态分布、威布尔分布等概率分布模型描述。运用上述概率模型拟合得到寿命概率密度变化曲线，从中可以看出，运用上述概率分布模型可以较好地描述该零部件的寿命概率分布特征。运用上述寿命概率分布模型，对具有“浴盆”型失效率变化规律的零部件寿命概率分布特征进行参数拟合。研究表明，建立的概率模型能够较好地描述产品的寿命概率分布特征，可以完整地刻画机械产品失效率指标的变化规律。

3. 平均故障间隔时间

平均故障间隔时间(mean time between failure，MTBF)又称平均无故障时间，指可修复产品两次相邻故障之间的平均时间。它反映了产品的时间质量，是体现产品在规定时间内保持功能的一种能力，该指标适用于可维修的机械产品。

MTBF 值的计算方法目前最通用的权威性标准是美军标 MIL - HDBK - 217、国军标 GJB/Z 299B 和 Bellcore 标准，分别用于军工产品和民用产品。其中，MIL - HDBK - 217 是由美国国防部可靠性分析中心及 Rome 实验室提出并成为行业标准，专门用于军工产品 MTBF 值计算，GJB/Z 299B—1998 是我国军用标准；而 Bellcore 标准是由 AT&TBell 实验室提出并成为商用电子产品 MTBF 值计算的行业标准。

MTBF 的准确获取是各行各业机械产品可靠性的工作重点：相对而言，量大的民用产品容易准确获取，量小的军用产品难以准确获取；部件 MTBF 容易获

取,系统和整机 MTBF 难以获取。但是一些关键致命性系统的 MTBF 又必须获取,例如航空发动机。下面重点介绍一个典型机械产品——航空发动机的 MTBF 可靠度指标计算最新研究进展案例。

由于 MTBF 考虑了发动机的各种故障,可以反映发动机的可靠性综合水平,对发动机产品的设计、制造、使用等具有重要的影响和意义。因此,在对航空发动机进行可靠性评估时,可采用 MTBF 作为主要的可靠性定量评估参数。对于航空发动机 MTBF 的定量评估,传统的评估方法有数学平均值法和基于分布计算法。数学平均值法,也叫均值法,即通过收集发动机的故障时间,求取所有的故障时间的和,统计故障次数,以所有的故障时间的总和除以总故障次数,即求得该发动机的 MTBF 值。这种评估方法不需要知道故障时间的分布,直接用试验样本的统计量去估计母体的特征值,因此也叫非参数法。该方法直观、简单,便于工程应用。但在试验样本量较少的情况下,可能会导致 MTBF 估计误差较大。由于发动机故障时间通常遵循一定的分布规律,不同的分布对应着不同的分布均值,而分布均值与样本均值不一定相等,因此上述数学平均值法中用样本均值来表示 MTBF,显得有些粗糙,有时不能很好地反映发动机的真实可靠性水平。因此,根据航空发动机故障时间的分布特点,应用分布均值来代替样本均值计算的 MTBF 值更符合工程实际,这种方法称为基于分布计算法。目前,国内专家学者通常在假定航空发动机故障数据服从指数分布或威布尔分布的基础上对其 MTBF 进行评估。也有一些国内科研工作者开展基于航空发动机的可靠性增长过程试验数据或增长模型对其 MTBF 进行评估的方法的研究。

北京理工大学董海平、中国航空发动机集团有限公司沈阳发动机研究所万里勇等[8]针对航空发动机的试验样本量和故障数据少,采用传统的数学平均值法对其 MTBF 评估不能反映其真实可靠性水平的问题,基于贝叶斯理论,把历史试验数据视为先验信息,采用矩等效方法确定先验分布,然后通过贝叶斯理论综合现场试验数据,建立了一种基于贝叶斯理论的航空发动机 MTBF 评估方法。该方法可以扩大 MTBF 评估所需的信息量。采用所提出的贝叶斯方法对某航空发动机 MTBF 进行评估,得到其 MTBF 评估值为 302.68h,比采用数学平均值法约提高了 18.7%,评估结果更符合实际。表明该方法可应用于航空发动机 MTBF的评估。这是由于数学平均值法没有利用历史数据信息,仅利用了现场试验数据,致使得到的 MTBF 值偏低。采用上述提出的贝叶斯方法进行评估,扩大了可靠性评估的试验数据量,工程设计人员认为所得 MTBF 可靠性指标结果更符合实际。

三、狭义机械可靠性的寿命类指标

狭义机械可靠性的寿命类指标主要包含可靠寿命、平均寿命、使用寿命等反映机械产品各种寿命参数的指标。下面重点阐述机械产品“可靠寿命”这一指标的最新研究进展。

由给定可靠度求出的与其相对应的工作时间，称为可靠寿命（Q - percentile life）。如给定可靠度为 $R=0.99$，其对应工作时间记作 $t(0.99)$，就是可靠寿命。设产品的可靠度为 $R(t)$，使可靠度等于规定值 R 时的时间 t，即为可靠寿命。

机械产品以耗损性故障为主，如疲劳、磨损、腐蚀等，由于工程材料特性的离散性，零件和构件加工允许的尺寸偏差，以及载荷、环境的随机性等，使机械结构寿命具有固有的不确定性。因此，应考虑因素的随机性从而确定给定概率下的寿命，即可靠寿命。常用的可靠寿命预计方法，一般是假定寿命服从威布尔分布、对数正态分布等，通过数据统计或概率推理，获取分布参数，然后利用概率分布函数确定可靠寿命。

东北大学、中国兵器科学研究院的刘勤、孙志礼、姬广振等[9]以疲劳寿命为例，在应变寿命与损伤累积模型的基础上，考虑影响结构疲劳寿命因素的随机性，通过将寿命表示为随机变量的函数，把“可靠寿命”指标的预计问题转化为给定概率下功能函数值的计算问题，从而可以利用改进均值（advanced mean value，AMV）法求解；考虑寿命函数一般非线性较强，AMV 法有时可能不会收敛，在 AMV 法基础上提出了一种改进的新算法，即联合梯度法，并证明其收敛性，得到较为可信的可靠寿命指标数值。

若已知寿命的概率分布，由概率密度函数，即可得到给定可靠度 R 时的寿命，即可靠寿命。计算实例为某车用零件名义应力 - 时间历程，由于应力幅值超出屈服极限，零件可能发生低周疲劳。据此计算可靠寿命。

利用应变 - 寿命法与 Miner 累积损伤理论建立寿命函数，分别利用基于 AMV 的可靠寿命预计方法、联合梯度法分别计算该零件给定可靠度为 0.9、0.95、0.999、0.9999 时的寿命，寿命的单位为循环单元。为对比上述方法的计算精度，采用蒙特卡罗方法计算可靠寿命。采用计算机程序，应用蒙特卡罗方法生成 10 万组变量的样本，依次计算各样本的寿命，并对寿命从小至大排序。令 $n_{\text{th}}=105(1-R)$，那么可靠寿命近似为第 n_{th} 小的寿命值。如给定可靠度 0.999 的寿命近似等于第 100 小的寿命样本值。考虑到随机数对结果的影响，每一个可靠寿命值，按该方法计算 5 次，取平均值。蒙特卡罗模拟 10 万次的计算时间为 500s。从计算结果看，基于 AMV 的可靠寿命预计方法易出现不收敛的情况，而联合梯度法对可靠寿命的求解有比较好的收敛性。与蒙特卡罗模拟法结果相比较，计算精度均比较高，计算效率亦高。由一次二阶矩法求解轴零件经历 1932 个循环块时的可靠度为 0.90015，再次验证了上述方法计算结构“可靠寿命”精度高。

通过对某车用零件的可靠寿命分析，并与模拟法、一次二阶矩法等计算结果相比较，结果表明基于联合梯度算法的结构“可靠寿命”指标预计方法具有较高的效率和精度，适合应用于工程。

四、广义机械可靠性的效能类指标

广义的机械可靠性效能类指标主要包含了可用性、有效度、任务成功率等反映机械产品在使用过程中“是否随时可用”“出了故障多久能用”等广义可靠性水平的指标。

可用性(availability)：ISO 9241/11 中的定义是，一个产品可以被特定的用户在特定的境况中，有效、高效并且满意地达成特定目标的程度；GB/T 3187—97 中的定义是，在要求的外部资源得到保证的前提下，产品在规定的条件下和规定的时刻或时间区间内处于可执行规定功能状态的能力。它是产品可靠性、维修性和保障性的综合反映。

卫星导航系统是个复杂的机电系统，它的可用性是指卫星导航系统在其服务区域内能为运载体提供可用导航服务的时间百分比，是导航服务能力的标志。作为全球导航卫星系统(GNSS)导航服务性能的一个重要方面，卫星星座的可用性与导航系统的星座备份策略、轨道保持、地面控制以及发射替换方案等密切相关。目前，国内外很多机构和学者对导航系统的可用性，尤其是星座可用性进行了大量研究。传统的二项式概率模型是一种相对静态的星座可用性分析方法，在一定程度上反映了星座处于不同故障状态的可用性，但没有考虑卫星的修复情况及非轨位备份卫星对星座可用性的影响。

沈阳航空航天大学王尔申等[12]从可靠性理论出发，以马尔可夫链为依据建立同时考虑卫星故障率和修复率的单星可用性模型，在此基础上结合卫星的备份情况分别提出空间信号(SIS)层和服务层的星座可用性模型。以建设最早、发展最成熟的 GPS 为例，结合美国联邦航空局(FAA)提供的故障报告，依据提出的评估模型对其星座可用性进行定量分析。

马尔可夫链是进行可用性分析的一种重要途径。

根据可靠性理论，利用马尔可夫状态转移过程得到单颗卫星的瞬时可用性 $A(t)$ 为

$$A(t)=\frac{\mu}{\lambda+\mu}+\frac{\lambda}{\lambda+\mu}e^{-(\lambda+\mu)t}$$

假设卫星的故障率服从指数分布，则单颗卫星的马尔可夫状态转移过程中，0 表示系统正常，1 表示系统故障。λ 为卫星的故障率，是平均故障间隔时间(MTBF)的倒数；μ 为卫星的修复率，是平均故障修复时间(MTTR)的倒数；t 为时间。

影响单星可用性的故障主要有长期计划故障(主要是寿命末期故障)、短期

计划故障（主要是运行和维护造成的故障）、长期非计划故障（主要是长期硬故障）和短期非计划故障（主要是短期硬故障和软故障）。由于每类故障的 MTBF 和 MTTR 期望值相差很大，因此不同故障类型对卫星可用性的影响程度不同。考虑上述因素，不同故障下的单星马尔可夫状态转移过程，其中不同类型的故障是并联关系。$\lambda_i(i=1,2,3,4)$和$\mu_i(i=1,2,3,4)$分别表示卫星某类故障的故障率和修复率。用$\lambda_i(i=1,2,\cdots,N)$表示基础轨位卫星星座在不同故障状态下的故障率，$\mu_i(i=1,2,\cdots,N)$表示基础轨位卫星星座在不同故障状态下的修复率。通过对单星可用性的分析可知，除去由于刚发射不久还无法统计到其 MTBF 和 MTTR 值的卫星以外，剩余在轨卫星的数目为 27 颗。通过仿真得到的初始状态考虑单星可用性情况下的 SIS 层星座的可用性概率。对于有卫星发生故障的情况（仅讨论 2 颗卫星发生故障的情况），可以计算出其星座值及位置精度因子（position dilution of precision）可用性数值。

五、广义机械可靠性的经济类指标

广义机械可靠性的经济类指标主要包含了寿命周期费用、保修费用率、总质量成本等反映机械产品全寿命周期中“是否划算”“是否经济”的费用类指标。

广义机械可靠性经济类指标中最重要、最常用的是寿命周期费用。近 5 年一个重要研究趋势是建立了越来越全面、实用性更强的可靠性经济类指标体系，并且从系统工程角度，对产品的全寿命周期进行多指标的系统优化。

寿命周期费用（life cycle cost，LCC）：也称为全生命周期成本、全寿命周期费用。它是指机械产品在有效使用期间所发生的与该产品有关的所有成本，它包括产品设计成本、制造成本、采购成本、使用成本、维修保养成本、废弃处置成本等。在国际标准 IEC 60300－3－3：2004 中寿命周期费用定义为：产品在其整个寿命周期中的累计费用 。在美国国防部 2012 年发布的“国防采办缩略语和术语词汇表”中定义为：针对国防采办项目，寿命周期费用包括了整个项目寿命周期内的研究和研制费用、投资费用、使用和保障费用以及废弃处置费用。

LCC 管理起源于美国军方，主要用于军事物资的研发和采购，适用于产品使用周期长、材料损耗量大、维护费用高的产品领域。据美国国防部预测：在一个典型的武器系统中，运行和维护的成本占总成本的 75%，如果武器系统的成本按照当时的趋势增加，那么在 2045 年美国的全年国防预算只能购买 1 架战斗机。1999 年 6 月，美国总统克林顿签署政府命令，各州所需的装备和工程项目，要求必须有 LCC 报告，没有 LCC 估算、评价，一律不准签约。

LCC 技术自 20 世纪 80 年代初期引入我国。我国的 LCC 工作由海军起头，空军、火箭军都积极推广运用。1987 年 11 月中国设备管理协会成立了设备寿命周期费用委员会，致力于推动 LCC 理论方法的研究和应用。尽管我国的寿命周期费用方法的应用和研究起步很晚,但取得的成绩明显。寿命周期费用方法在不少军用和民用单位得到应用并取得了一批成果,如国防系统的空军、海军、火箭军、航天企业等许多单位在研究和应用 LCC 上取得了可喜的成绩。国军标《装备费用-效能分析》和《武器装备寿命周期费用估算》已分别在 1993 年、1998 年颁布实施。军事装备的论证与审核中,都把 LCC 作为一项必不可少的内容,军队装备机构的管理体制也做了相应的调整,LCC 工作正在向前全面推进。在民用企业、高校、研究院所中,也有不少单位正在积极研究和应用 LCC 方法用于设备选型、维修决策、更新改造、维修费用控制[1]。

$$LCC = CI + CO + CM + CF + CD$$

式中:CI(cost of investment)为投资成本,即一次或两次设备购买投入成本;CO(cost of operation)为运行成本;CM(cost of maintenance)为养护成本;CF(cost of fault)为维修成本; CD(cost of disposal)为废置处理成本。

据外军统计,第三代战机 F/A-18 比第二代战机 F-4J 可靠性提升 3 倍,维修性提升 2 倍,由此,在 20 年寿命周期内可节约保障费用 600 多万美元。提高装备的可靠性维修性,可以延长 MTBF,缩短 MTTR,减少故障数量和维修时间,从而大幅缩减保障费用。但这对制造工艺、材料选择、工程设计、装配精度要求更高,会造成研制生产费用大幅增加。因此,为了降低寿命周期费用 LCC,需要对可靠性维修性权衡分析,以较小的研制生产费用增幅获得较大的使用保障费用降幅,使得寿命周期费用 LCC 显著减少。

目前,机械产品的全寿命周期费用 LCC 分析技术已经在民用和军事领域广泛运用。可靠性维修性的权衡分析需要明晰可靠性维修性与 LCC 的关系,国内外学者针对寿命周期费用与可靠性维修性关系模型开展了大量研究。国内外学者针对可靠性、维修性对寿命周期费用影响问题的研究较深入,取得很多成果,但是大多分别考虑可靠性、维修性与寿命周期费用的关系,没有综合分析两者共同作用的影响。现有模型特别是维修费估算模型没有详细分析装备工作和维修过程,精度有所欠缺。

海军工程大学舰船动力工程重点实验室曹凯等[13]分析装备寿命周期费用影响因素,并进行费用分解;建立可靠性维修性与研制购置费、维修费关系模型;综合形成可靠性维修性与寿命周期费用关系模型。通过案例分析,由统计数据确定模型中待定参数,通过权衡分析,给出寿命周期费用最少的可靠性维修性指标,验证所建立的模型的正确性。

可靠性维修性对装备研制购置费的影响形式十分复杂,直接用解析法推导关系式非常困难。本节通过分析可靠性维修性与各项费用的关系,明确模型形式和特点,根据实际研究背景,论证模型是否合理。然后,应用回归分析方法,改进和完善模型。

可靠性是表征装备质量的重要参数，为了达到较高的可靠性水平，在研制设计阶段需要开展可靠性设计，进行可靠性试验，采用冗余设计，并在生产制造阶段要采用更好的材料、更先进的工艺，因此相对于不开展专门可靠性设计，要投入更多经费。在可靠性水平较低阶段，投入较少经费即可获得较大可靠性水平提升；在可靠性水平较高阶段，投入大量经费却只能获得较少可靠性提高。若以MTBF为可靠性指标，论证研制费和购置费随着MTBF的提升先缓慢增加，随后加速增长。

维修性是表征装备质量的另一个重要参数，主要取决于研制设计和生产制造，关键在于研制设计。研制阶段的维修性工作主要有维修性建模、维修性分配、维修性预计和维修性分析等内容。维修性较低阶段，投入较少的研制经费就可以获得较高的维修性水平提高；在维修性较高阶段，投入大量研制费却只能获得较少维修性提高。若以MTTR为维修性指标，论证研制费和购置费随着MTTR的减小先缓慢增加，随后加速增长。如果可靠性与维修性相关工作单独开展，互不影响，可给出论证研制费和购置费 C_Y 与可靠性维修性的关系模型：

$$C_Y = K_1\left[\tan\left(\frac{\pi}{2}\cdot\frac{R}{R_u}\right)\right]^{K_3} + K_3\left(\frac{1}{\lambda_j\cdot \mathrm{MTTR}}\right)^{K_4}$$

式中：λ_j为第 j 个单元的故障率；R_u为现有技术水平和条件下能达到的可靠度上限；$K_j(j=1,2,3,4)$为待定系数，可利用最小二乘法结合统计数据确定。

由上述分析可知，当可靠度趋近于可靠度上限时，论证研制费和购置费趋近于无穷；当平均修复时间趋近于零时，论证研制费和购置费也趋近于无穷，该模型可以描述论证研制费和购置费随可靠性维修性变化的趋势。维修费受多种因素影响，传统的解析法对实际情况通常简化过度，计算误差较大。将寿命周期划分为 m 个相等的微单元，借助仿真思想，模拟元件寿命周期过程，建立元件维修状态矩阵和故障状态矩阵，进而给出维修费与可靠性和维修性的关系模型。

产品故障间隔时间是与产品寿命分布函数密切相关的随机变量，其均值即MTBF。一次试验中元件在第 i 个微单元发生故障，修复后继续工作，在第 $i+n$ 个微单元再次发生故障，再次修复，如此往复直到寿命 T 截止。如果把有故障发生的微单元记为“1”，其他单元记为“0”，就可以得到第一次试验的故障状态行矩阵 $\alpha_{1\times m}$。重复上述过程 N 次，得到元件的故障状态矩阵 $\boldsymbol{A}_{N\times m}$和维修状态矩阵 $\boldsymbol{B}_{N\times m}$。在前面的分析中已经建立了论证研制费和购置费与可靠性维修性关系模型、维修费与可靠性维修性关系模型，结合装备寿命周期分解结构，可以建立寿命周期费用 C_T 与可靠性维修性关系模型：

$$C_T = K_1\left[\tan\left(\frac{\pi}{2}\cdot\frac{R}{R_u}\right)\right]^{K_2} + K_3\left(\frac{1}{\lambda_i\cdot \mathrm{MTTR}}\right)^{K_4} + C_\alpha + \frac{T\cdot C_\gamma}{\mathrm{MTTR}+\mathrm{MTBF}} + \frac{T\cdot C_\beta\cdot \mathrm{MTTR}}{\mathrm{MTTR}+\mathrm{MTBF}} + C_I$$

式中：C_α为前期投入费用；C_β为维修人员工资费；C_γ为维修器材费；C_I为使用与保障费中的其他费用项目，与可靠性维修性并没有显著关系，所以将其设为定值。

某装备寿命服从指数分布，故障率为 0.0018，使用可用度和战备完好率要求 MTBF > 500h，MTTR < 50h，当前技术水平下平均故障间隔时间上限 MTBF_u 为 890h，工作 100h 的可靠度上限 R_u 为 0.8937。基础数据包含了装备论证研制费和购置费与 MTBF 和 MTTR 的经验数据。

寿命周期费用与可靠性维修性关系为

$$C_T = 1377\tan(1.7576e^{\frac{-100}{\text{MTBF}}})^{1.2954} + 26686\left(\frac{\text{MTBF}}{\text{MTTR}}\right)^{0.7761} + 50000 + \frac{87600 \times 3000}{\text{MTTR} + \text{MTBF}} + \frac{87600 \times 100 \times \text{MTTR}}{\text{MTTR} + \text{MTBF}} + 100000$$

通过数值计算，由上式可以得到 MBTF 和 MTTR 维修费的关系曲线。由此可知，寿命周期费用随着 MTTR 减小，先下降后加速上升，这因为随着 MTTR 的缩短，装备维修性提升，装备维修费随之减少，论证研制费和购置费增幅较小，寿命周期费用呈现下降趋势；随着 MTTR 的继续缩短，装备维修性继续提升，此时装备维修费小幅减少，但是论证研制购置费却大幅增长，甚至超过维修费的减幅，寿命周期费用呈现加速上升趋势。存在最佳 MTTR，使得装备寿命周期费用最少。寿命周期费用随着 MTBF 增大，先下降后加速上升，这因为随着 MTBF 的延长，装备可靠性提升，装备故障数量减少，维修费随之减少，论证研制购置费增幅较小，函数图像呈现下降趋势；随着 MTBF 的继续延长，装备可靠性继续提升，此时装备维修费小幅减少，但是论证研制购置费却大幅增长，甚至超过维修费的减幅，寿命周期费用呈现加速上升趋势。存在最佳 MTBF，使得装备寿命周期费用最少。由 MTBF 和 MTTR 维修费的关系曲线可以得到，当 MTBF 为 689h，MTTR为 24h 时，装备的全寿命周期费用最少为 1240260 元。通过前面建立的论证研制费和购置费、使用保障费模型，可以得出，此时的使用保障费为 813450 元，论证研制费和购置费为 426809 元，使用保障费占寿命周期费的比例为 65.58%。

通过案例分析，由统计数据确定了模型中待定参数，通过权衡分析，给出了寿命周期费最少的可靠性维修性指标，验证了所建立的模型的正确性。建立的模型对估算各项费用、合理确定指标、优化参数匹配具有一定理论研究价值和现实指导意义。

1.2　机械产品可靠性指标体系国内外研究进展比较

机械可靠性问题成为制约中国从制造大国向制造强国发展的关键环节。体

现在机械产品可靠性指标领域,差距主要存在于以下方面:

1. 缺乏系统的机械产品可靠性指标体系的检测、试验和评估机制

国内企业主要检测的是零部件的质量指标和局部的可靠性指标,而欠缺对机械设备整体可靠性指标体系的评估与检测。机械产品可靠性指标的试验费时费钱,很多企业不是合同硬性规定是不会完成这项工作的。机械可靠性定量化指标体系的规范化、系统化建设需要大量基础性试验、长年积累。这是巨大差距,非一日之功。

2. 机械产品可靠性指标体系管控人才缺失

企业缺乏真正能够掌控各种机械产品可靠性指标体系的大量专业人才,更加缺乏能够兼顾研制周期和研发成本的可靠性指标管控人才。机械产品可靠性指标体系的管控需要高水平的专业人员来完成,人才的缺失是国产机械设备可靠性始终难以提高的重要因素。

3. 企业对机械可靠性定量指标体系的重视程度不足

企业对机械可靠性的重视程度不足主要体现在以下方面:①企业在机械可靠性设计方面的投入相当有限,例如大部分机械制造企业都缺乏自己的可靠性检测中心,因此难以对机械设备进行全面的可靠性分析。②没有建立与设备生产加工相配套的监督管理体系,缺乏对加工制造人员以及管理人员的监督管理,从而使得所生产设备的质量难以得到保障。③企业对设备的日常维护工作不够重视,部分企业由于没有意识到工作环境对设备可靠性的严重影响,并没有建立科学合理的设备维护管理体系,机械设备的运行环境难以得到保障。

1.3 机械产品可靠性指标体系发展趋势与未来展望

展望未来 5 ~ 10 年,机械产品可靠性指标领域研究面临着新问题、新挑战。

1. 逐步建立系统、全面的机械产品可靠性指标体系

目前常用的机械产品可靠性指标主要沿用电子产品的可靠性指标,例如,可靠度、累积失效概率(或不可靠度)、平均寿命、可靠寿命、失效率等。但是反映机械产品独特要求的指标体系及其之间的耦合关系,研究不够系统深入。例如,平均维修时间、经济寿命、预测寿命等。

2. 不断深入研究、摸索一整套可操作性强的机械产品可靠性指标检测、试验、评估方法

大多数电子产品故障随机分布、寿命服从指数分布,而机械产品零部件大多是耗损性失效。耗损性失效最重要的指标是剩余寿命和经济寿命,目前故障的研究非常火热,但是真正深入取得成果、准确得到剩余寿命、工程上真正实用实属罕见。

在以往产品可靠性的评估过程中,零部件的质量检测一直都是重点,而整机的性能试验检测却常常被忽视。完成产品可靠性评估体系必须要做好和落实以下方面的工作:①加强对质量检测工作的监督与管理。为了提高质量检测工作的质量,必须做好日常检测工作的记录与审核,要将责任细化到个人,做到有据可查。②在产品进行批量生产之前,通过实验来验证样机在不同工况下的工作情况,并以此为依据对设备的性能进行评估。样机的整机测试运行是评估机械可靠性的主要途径,其能够更加客观准确地反应机械的可靠性,因此必须建立一套完善样机可靠性指标测试评估体系。

3. 不断积累机械可靠性基础数据,与工业大数据、人工智能、互联网 + 之间紧密结合

由于机械产品跟电子产品相比的特殊性,可靠性试验很难得到较大子样容量,并且费资、费力,试验周期长。所以,急需与工业大数据、人工智能、互联网 + 之间紧密结合,解决机械产品可靠性指标的可信度问题。但是,目前这方面的研究尚有待深入。

虽然当前国产机械设备可靠性指标与国外先进水平之间还存在着较大的差距,但是只要真正重视,并不断地去提高机械产品可靠性定量化设计水平和机械制造水平,培养更多从事机械可靠性研究和应用的专业人才,国产机械产品的可靠性指标水平必然也会得到提高,其国际市场竞争力也将会得到显著增强,真正实现从机械制造大国向机械制造强国的转变。

参考文献

[1] 丁锋,何正嘉,訾艳阳,等. 基于设备状态振动特征的比例故障率模型可靠性评估[J]. 机械工程学报,2009,45(12):89 – 94.

[2] 陈昌. 基于状态振动特征的空间滚动轴承可靠性评估方法研究[D]. 重庆:重庆大学,2014.

[3] 康守强,叶立强,王玉静,等. MIKULOVICH Ⅵ. 基于数学形态学和 IFOA – SVR 的滚动轴承可靠度预测方法[J]. 机械工程学报,2017,53(8):201 – 208.

[4] LEE J,QIU H,YU G,et al. Rexnord technical services,bearing data set,IMS,University of Cincinnati,NASA Ames Prognostics Data Repository,NASA Ames,Moffett Field,CA[EB/OL]. [2014 – 04 – 03]. http:// ti. arc. nasa. gov/project/prognostics – data – repository.

[5] 陈文华,崔杰,潘骏,等. 威布尔分布下失效率的 Bayes 验证试验方法[J]. 机械工程学报,2005,41(12):118 – 121.

[6] 王正,王增全,谢里阳. 具有“浴盆”型失效率变化规律的产品寿命概率分布模型[J]. 机械工程学报,2015,51(24):193 – 200.

[7] 王正,王增全. 基于失效行为的机械零部件寿命概率特征计算方法[J]. 机械工程学报,2014,50(12):192 – 197.

[8] 董海平,万里勇,杨阳,等. 航空发动机 MTBF 的 Bayes 评估[J]. 航空动力学报,2017(8):1978-1983.

[9] 刘勤,孙志礼,姬广振,等. 基于联合梯度算法的结构可靠寿命预计[J]. 机械工程学报,2017,53(10):187-192.

[10] 胡起伟,王广彦,石全. 基于仿真的装备修复率预计建模研究[J]. 系统仿真技术,2016,12(2):95-101.

[11] 申桂香,曾文彬,张英芝,等. 最小故障率下数控组合机床平均维修时间确定[J]. 吉林大学学报(工学版),2017,47(5):1519-1526.

[12] 王尔申,张晴,曲萍萍,等. 基于马尔可夫过程的 GNSS 星座可用性评估[J]. 系统工程与电子技术,2017,39(4):814-820.

[13] 曹凯,黄政,陈砚桥,等. 可靠性维修性与 LCC 的关系模型研究[J]. 舰船电子工程,2016,36(7):114-119.

[14] DUENCKEL J R, SOILEAU R, PITTMAN J D. Preventive Maintenance for Electrical Reliability: A Proposed Metric Using Mean Time Between Failures Plus Finds[J]. IEEE Industry Applications Magazine,2017,23(4): 45-56.

[15] LIANG Q W , SUN T Y , WANG D D. Time-varying reliability indexes for multi-AUV co-operative system [J] . Journal of Systems Engineering and Electronics, 2017, 28 (2): 401-406.

[16] HUANG W, LOMAN J, ANDRADA R, et al. Estimating Traveling Wave Tubes (TWTs) Failure Rate Using Bayesian Posterior Analysis From Spacecraft On-Orbit Flight Data[J]. IEEE Transactions on Device and Materials Reliability,2017,17(1): 259-266.

[17] CHEN B J , QIU G Y ,ZHU C X ,et al. Operation Reliability Estimation for Cutting Tool Based on Support Vector Space[C]. 2017 International Conference on Sensing, Diagnostics, Prognostics, and Control (SDPC),Shanghai,2017.

[18] MCDONALD AR, JIMMY G. Parallel Wind Turbine Powertrains and Their Design for High Availability[J]. IEEE Transactions on Sustainable Energy,2017,8(2): 880-890.

[19] MILANOWICZ M, BUDZISZEWSKI P, KĘDZIOR K. Numerical analysis of passive safety systems in forklift trucks[J]. Safety Science,2018,7:98-107.

[20] GAVRANIS A, KOZANIDIS G. Mixed integer biobjective quadratic programming for maximum-value minimum-variability fleet availability of a unit of mission aircraft[J]. Computers & Industrial Engineering,2017,8:13-29.

(本章执笔人:湖南涉外经济学院徐永成)

第2章　机械产品故障物理

传统的可靠性方法以工程经验、故障数据（包括外场和试验）、概率统计方法为基础，没有坚实的"科学"基础，将会受到越来越多的质疑。20 世纪 90 年代美国军方进行的国防采办改革中已宣布停止使用包括预计手册在内的一系列标准。当前的趋势表明可靠性工程的研究重点正在转向"事前分析"，即预防失效的方法，而不仅仅是建立失效发生的概率模型或计算失效发生的概率（例如失效率 λ、MTBF 等可靠性指标）。这样就要求有一种更科学的方法来指导可靠性工程实践，应用"故障物理"进行可靠性研究的"新"方法重新受到关注。

2.1　机械产品故障物理最新研究进展

1. 故障物理概述

随着科学技术的发展日益成熟，对客观世界认识的不断深入，数据的不断累积以及对产品提出的高可靠长寿命要求，基于故障物理（physics of failure，PoF）的可靠性方法越来越受到可靠性领域专家、学者和工程研究人员的极大关注。故障物理方法，也称可靠性物理（reliability physics）方法。PoF 方法是一种"事前分析"方法，通过对产品失效模式、失效位置、失效机理及失效发生过程的研究，确定失效发生的根本原因（root cause），进而提出各种预防措施，通过健壮（robust）设计和生产实践预防产品发生失效，从而生产出具有较高"内建可靠性（building - in reliability）"的产品。PoF 方法可通过对产品的机械、电子、热、化学等方面的分析，建立可用于精确评价产品新材料、新结构、新工艺等可靠性的科学基础，事先把可靠性结合到产品设计过程中，真正实现"可靠性是设计出来的"这一目标。概括来说，"故障物理学"就是专门研究产品失效机理的科学，它对产品在正常和加速应力条件下怎样以及为什么失效的具体物理、化学过程进行研究，通常要用组成产品的各种材料的原子、分子间组成形态的变化来加以阐明或解释，并力求与产品的设计、制造和使用过程联系起来一并分析。可以看出，故障物理学的研究是提高产品可靠性（满足超高可靠性要求）的基础性研究。

故障物理技术应用的基本流程如下：

（1）确定实际产品的指标要求，包括可靠性要求以及寿命要求等；

(2) 整理产品在不同任务需求下的工作流程,确定主要剖面。同时,梳理出其在执行任务中所经历的所有任务阶段及对应的时间历程,确定产品的全寿命周期剖面;

(3) 确定产品的主要故障机理、薄弱环节,及其所受的敏感载荷;

(4) 依据梳理出的全寿命载荷谱,针对确定的主要故障机理构建合适的故障机理模型,并开展产品的寿命预测;

(5) 针对预测的寿命指标,结合相应的故障机理模型,制定相应的加速试验方案,并开展加速试验;

(6) 在此基础上,针对暴露的问题进行设计改进,进一步重复设计、计算、试验、改进的迭代流程,直至最终得到满足高可靠长寿命指标要求的可靠产品。

从中可以看出,针对机械产品的故障机理确定及其相应的故障机理模型构建是故障物理技术的核心。为此,本章从对机械产品典型机理概念及模型的全面调研入手,梳理出了四大类机械产品典型故障机理以及三大类多机理耦合模型。并且,通过比较分析国内外故障物理技术的发展现状,对故障物理技术的未来发展进行了展望。本研究成果对开展基于故障物理的机械产品可靠性设计分析和高应力加速试验技术奠定了有力的基础和支撑。

2. 典型机械产品单一故障机理研究进展

1) 疲劳机理

(1) 疲劳基本概念和特征。

疲劳破坏是机械产品故障的主要形式。据统计,在实际工程中,机械零部件的疲劳故障占总故障数的50% ~90%[1]。疲劳一词的英文是“fatigue”,力学名词指材料或构件在交变应力作用下,经过一段时期后突然发生脆性断裂的现象。国际标准化组织在1964年发表的《金属疲劳试验的一般原理》中对疲劳给出的定义是:金属材料在应力或应变的反复作用下所发生的性能变化称之为疲劳。美国试验与材料协会(ASTM)在“疲劳试验及数据统计分析之有关术语的标准定义”(ASTM E206 -72)对疲劳提出的定义为[2]:在某点或某些点承受交变应力,且在足够多的循环扰动作用之后形成裂纹或完全断裂的材料中所发生的局部永久结构变化的发展过程。

机械产品在循环交变应力下的疲劳破坏,与在静应力下的破坏有本质的区别。静强度破坏是由于在零部件的危险截面中产生过大的残余变形或最终断裂,而疲劳破坏是由于在零部件的高局部应力区,较弱的晶粒在交变应力作用下形成微裂纹,在经历一定循环加载下进而扩展成为宏观裂纹,裂纹继续扩展导致最终的疲劳破坏。静载荷下的破坏,取决于结构整体,而疲劳破坏则是由应力或应变较高的局部开始,形成损伤并逐渐累积,导致破坏发生。零部件应力集中处,常常是疲劳破坏的起源。裂纹萌生、扩展、断裂三个阶段是疲劳破坏的特点,研究疲劳裂纹萌生和扩展的机理和规律，是研究疲劳破坏的主要任务。通常情况下，疲劳断裂是由循环变应力、拉应力和塑性应变同时作用而造成的，循环应力使得裂纹形成，拉应力使得裂纹扩展，塑性应变影响着整个疲劳过程。

疲劳寿命是指结构或机械直至破坏所用的循环载荷的次数或时间[3]。疲劳寿命通常由裂纹成核寿命和裂纹扩展寿命组成。在韧性材料中，裂纹成核通常沿着滑移带，并且与最大剪切面平行。在脆性材料中，裂纹通常在不连续处（如夹杂物和空洞）直接成核，但是它们也可以在剪切作用下成核。一旦裂纹成核，裂纹扩展可以分为两个阶段：①微裂纹沿着最大剪切面增长；②裂纹增长沿着最大拉应力平面。对于韧性材料的微裂纹扩展寿命，阶段 1 占了主要部分，而对于脆性材料的微裂纹扩展，主要受阶段 2 的影响。

在疲劳试验中，构件经过无限次应力交变循环加载而仍不发生破坏的最大应力值称为疲劳极限。而疲劳损伤则反映了构件中细微“结构”的变化，由于微裂纹的萌生、成长与合并，导致的材料最终变质和恶化。损伤累积的结果往往产生宏观裂纹，导致最终断裂。疲劳损伤在物理上的形式多种多样，目前定义损伤变量有两种途径：①从微观或物理的角度，例如：在疲劳损伤区内微观裂纹的密度、空洞体积（面积）比、电阻抗变化、显微硬度变化等；②从宏观或唯象的角度，例如 Miner 疲劳损伤 $D=1/N$、剩余刚度 E、剩余强度、循环耗散能、阻尼系数。

（2）疲劳的分类。

导致疲劳破坏的因素很多，根据疲劳产生机理可以分为热疲劳、机械疲劳和腐蚀疲劳等。机械疲劳是指零部件在交变应力下导致的疲劳破坏。热疲劳是指温度循环变化时，引起应变的变化，由于材料受到机械约束，产生交变热应力而导致的疲劳。腐蚀疲劳则是指在交变应力和腐蚀介质的共同作用下导致的疲劳。具体分类如图 2-1 所示。

按照疲劳断裂周次，机械疲劳可以分为低周疲劳、高周疲劳和超高周疲劳。高周疲劳是指材料的交变应力远小于屈服极限，疲劳断裂前的循环次数大于 10^5 次，通常用 $S-N$ 曲线法来计算。低周疲劳是指材料所受的应力较高，通常接近或超过屈服极限，在交变应力下，塑性变形累积，导致疲劳断裂，其循环次数较少，一般小于 10^4 次。超高周疲劳是指在循环载荷作用下，材料发生裂纹萌生、扩展直至断裂的周期在 10^7 次以上的过程。其中，超高周疲劳中特有的 $S-N$ 曲线变化趋势，以及疲劳裂纹萌生和初始裂纹扩展特征使得针对超高周疲劳机理的研究及相应的建模称为当前的研究热点问题[4]。

依据加载频率，机械疲劳还可分为常幅疲劳、变幅疲劳以及随机疲劳。常幅疲劳是指交变应力频率和幅值为常数下的疲劳过程；变幅疲劳是指频率为常量，幅值为变量的疲劳过程；随机疲劳是指频率和幅值都是变量的疲劳过程。而不同的加载次序对于疲劳寿命具有十分显著的影响[5]。Schijve 通过使用短周期和长周期块的随机加载次序来研究加载顺序对裂纹扩展的影响[6]。结果表明，随机加载次序可能导致疲劳寿命与采用常幅加载的疲劳寿命结果存在差异，表明考虑疲劳载荷随机性的重要性。

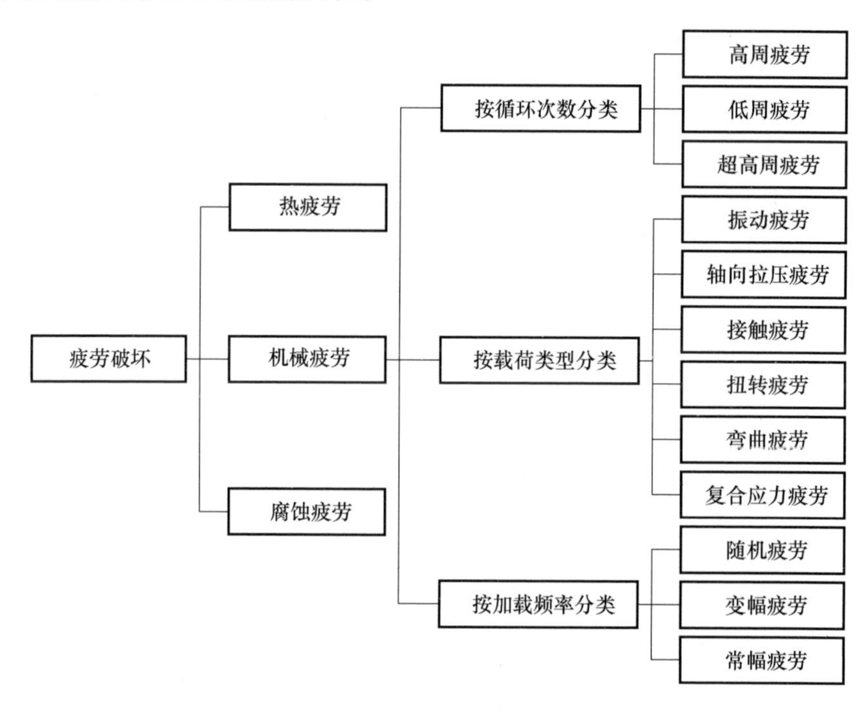

图 2-1　疲劳分类

（3）疲劳机理模型研究进展。

① 典型经验疲劳模型。

通过开展大量研究工作，国内外学者普遍认为疲劳寿命同应力、应变、能量等存在密切的联系。现有典型经验模型正是将疲劳寿命与这些参量建立联系，主要的模型包括名义应力法、局部应力-应变法以及基于能量的疲劳模型等。名义应力法通常适用于塑性变形较小或可忽略不计的高周疲劳，但是并不适用于以塑性变形为主的损伤过程，例如低周疲劳、含缺口构件以及含过载的变幅加载过程等。局部应力-应变法主要描述载荷大（超过屈服应力）、寿命短（一般小于 10^4 次）的低周疲劳问题，也更能真实地模拟结构中局部塑性变形区域的受力状况。基于能量的疲劳模型考虑到循环加载过程中的应力-应变滞后环内的恒定面积之和即为疲劳期间积累的能量密度，从而可以将单调应变能量密度除以一个周期内的应变能量密度来确定疲劳寿命。上述经验模型的优点在于所需的材料参数少，且易于从材料试验中获取，并且已经积累了大量的试验数据，对于长寿命构件（如传动轴弹簧、齿轮轴承等），抑或是载荷循环次数少、塑性应变大的构件(如低强结构钢缺口件)均能找到合适的模型开展分析。但是,上述模型过度依赖于试验数据,均无法反映材料的本构行为,也无法考虑非比例循环硬化等对疲劳寿命的影响。另外,未考虑实际构件存在的裂纹特征,且材料参数与构件几何形状、载荷形式有关,使得模型通用性较差,对缺口效应也难以分析。

② 疲劳裂纹演化模型。

为了更好地揭示疲劳的演化机制,研究人员从力学角度构建疲劳裂纹演化模型,这类模型大致可以分为两类:a. 从疲劳裂纹演化的微观机制入手,抽象出力学模型;b. 借助相应的宏观物理量,构建与宏观裂纹破坏下的循环次数间的关系。前者主要借助断裂力学理论开展机理建模,后者更多是采用损伤力学建立损伤变量与疲劳寿命之间的联系。

断裂力学是以材料或构件存在着缺陷(称为裂纹)为前提。经典的 Paris 准则实质上是应力强度因子范围与裂纹增长速率之间的经验关系,并且需要修正任何可能偏离小尺寸屈服、大裂纹尺寸以及常幅加载的条件。对此,众多学者针对疲劳裂纹的断裂行为,开展了大量的试验并对疲劳裂纹演化模型进行了相应的修正。Wang 等[7]基于材料的循环塑性应变特性以及多轴疲劳损伤准则,构建了统一的疲劳裂纹扩展速率模型。该模型指出由循环塑性变形引起的累积疲劳损伤和裂纹表面可能的接触行为是导致疲劳裂纹萌生与扩展的主要原因。Correia 等[8]通过采用 J 积分范围替代应力强度因子作为裂纹扩展驱动力,使得裂纹几何形貌导致的广义弹塑性条件可以通过 J 积分考虑,并且由此构建了归一化的疲劳裂纹扩展模型。陈云霞等[9]借助断裂力学理论针对齿根裂纹在交变载荷作用下的扩展路径开展研究,结合有限元模型指出 I 型应力强度因子为驱动齿根裂纹扩展的主要驱动力。基于断裂力学理论的疲劳模型形式简单,且对裂纹扩展机理有较好的物理解释,适用于大型结构件(如飞机结构、核反应堆、压力容器等),以及预先有裂纹存在的结构(如大型焊、铸件)等。但是也存在着初始裂纹尺寸分布难以估计和测量,构件几何结构复杂导致应力强度因子难以计算等难题,并且其基本假设是建立在存在初始裂纹条件,对于裂纹萌生阶段难以给出合理的模型。

损伤力学是从连续角度考虑材料的性能不断退化的力学分析方法,认为在外载荷作用下材料内部发生的损伤(微裂纹或微孔洞)是连续分布的,所引起的材料和结构性能劣化可以用损伤变量表示。借助损伤变量,疲劳断裂理论中的裂纹萌生和裂纹扩展两个独立的材料劣化过程被纳入到了同一个物理框架内,由此评估机械产品疲劳裂纹寿命。由于疲劳过程中弹性模量 E 和屈服强度 σ_b 的下降主要与循环载荷下试样内部不断萌生的裂纹及其扩展过程中引起的试样承载面积减少有关。从微观上,塑性性能下降过程对应了材料内可动位错的逐渐耗尽与位错运动壁垒的形成过程,韧性下降则是上述强度与塑性在疲劳损伤过程中劣化的综合表现[10]。Jha[11]基于连续损伤力学理论,通过将与应力状态相关的牵引分离法和内聚疲劳参量相结合,构建了复杂应力状态下的疲劳模型。Nijin 等[12]采用应力状态相关的内聚模型对 I 型裂纹的萌生和扩展过程进行建模,并讨论了亚临界循环载荷下的应力状态对初始寿命以及裂纹扩展速率的影响。邹希等[13]提出将应力响应视为载荷谱的应力应变场—损伤场解耦处理方式,从而发展了损伤力学—有限元法,使其可用于预估构件冲击疲劳裂纹萌生寿命。采用损伤力学开展疲劳寿命预测更符合试验观察到的疲劳过程的微观机理,并且选取的损伤变量可以更直接地度量疲劳损伤过程,便于考虑疲劳损伤之间的耦合与相互影响。但是,开展预测所需的计算量大而且计算过程比较复杂,目前对于一些重要材料和构件的损伤力学本构模型研究还不够充分。

③ 针对多轴/变幅载荷的疲劳模型。

上述两类疲劳模型大多是考虑单轴/常幅载荷,但是机械产品在实际运行过程中大多数都经历了多轴/变幅加载历程。相较于单轴/常幅疲劳,多轴/变幅疲劳涉及与疲劳寿命相关的复杂应力和应变状态、载荷历程以及疲劳损伤参数[14],众多因素对于疲劳寿命的影响成为疲劳机理建模必须进一步考虑的问题。

多轴加载条件通常由构件的几何结构和外界载荷所引起。目前,众多学者在考虑单轴的疲劳模型基础上已经对多轴疲劳模型进行了相应的拓展。Brighenti 等[15]针对多轴加载历程下的构件疲劳损伤,认为损伤累积取决于应力张量的所有分量及其在整个历程中的变化,并通过考虑应力梯度对缺口疲劳的影响进而建立适用于缺口疲劳损伤的疲劳模型。Ince 等[14]提出了两种不同形式的与最大疲劳损伤平面相关的多轴疲劳损伤参数,用于构建适用于各种加载条件疲劳模型。此外,研究还发现某些材料在多轴加载条件下存在周期性硬化的现象,这种硬化可以归因于最大剪切面的旋转以及聚集引起的滑移面的变化。刘俭辉等[16]通过将临界面法与损伤力学理论相结合,提出了一种多轴非线性疲劳模型。该模型从损伤的角度来预估多轴疲劳寿命,不仅考虑了临界面上裂纹形成及扩展的物理意义、相位差对附加强化现象的影响,而且对非对称加载下的平均应变进行修正。大量的试验数据和研究虽然提高了人们对于多轴疲劳的理解,但是由于多轴加载导致的材料非比例硬化以及本构行为的研究还需要进一步的深入,并且目前所建的多轴疲劳模型过多依赖于疲劳试验数据,当前尚缺乏统一模型用来描述多轴加载下的疲劳行为。

针对全寿命周期下的疲劳损伤,目前最常用的是通过常幅加载获取的材料属性以及累积损伤理论进行综合损伤计算。但是,上述方法的缺点在于无法保证累积损伤理论的有效性,主要包括了加载次序、残余应力以及阈值的影响。此外,对于幅值低于疲劳极限的加载周次,依据累积损伤理论所对应的疲劳寿命将会趋于无穷值。为此，针对变幅载荷下的疲劳损伤问题，已经有学者开展了相应的研究工作。Colin 和 Fatemi[17]通过开展加载试验，研究了载荷次序对于不锈钢 304L 和铝合金 7075 - T6 的疲劳行为的影响。研究结果表明，针对这两种材料，载荷幅值从高到低加载相较于从低到高加载将会产生较高的疲劳损伤。Aid[18]提出了考虑不同载荷水平下的损伤演化的疲劳计算模型，该模型通过多级加载导出的递推公式考虑了加载次序的影响。Huffman 等[19]基于非线性损伤累积假设，提出了采用常幅加载数据来预测变幅加载历程下的疲劳寿命的方法。朱红兵等[20]利用 Corten - Dolan 累积损伤准则，按照多级变幅载荷与随机载荷损伤度相等的原则提出了等效的等幅疲劳应力幅值计算公式。目前，针对变幅载荷下疲劳模型研究是当前的研究热点问题，但是现有提出的方法还主要是针对特定的材料开展变幅疲劳加载试验，并采用经验的方法构建加载次序与疲劳损伤间的联系，而对于加载次序对于内部疲劳裂纹的扩展机制的影响还缺乏显著的认知，并且尚未构建出统一的变幅疲劳损伤模型。

④ 超高周疲劳模型。

根据传统疲劳认知，材料存在疲劳极限，当循环应力低于疲劳极限时不发生疲劳损伤和破坏。但是对超高周疲劳的认知，研究人员发现材料在载荷循环 10^7 次以上仍可发生疲劳损伤破坏。在越来越多的工程应用中，机械产品某些部件需要达到 10^8 次乃至 10^{10} 次的疲劳寿命。超高周疲劳的裂纹萌生和初始扩展机理与传统高周疲劳、低周疲劳范畴的情形不同，新的疲劳机理建模成为当前疲劳研究的热点问题[4]。

目前，大量学者重点关注于不同类型材料的超高周疲劳特性研究。研究表明材料在超高周范围内的 $S-N$ 曲线形状受到材料类型、载荷类型、试件形状、参与应力、夹杂物分布等的影响，存在显著差异[21]。其中，一般低碳钢的 $S-N$ 曲线在超高周阶段呈现阶梯状，大部分高强度钢 $S-N$ 曲线在超高周仍然为持续下降趋势，也存在一些金属材料的 $S-N$ 曲线斜率发生变化出现拐点。Pineau[22]指出高强度钢和许多其他合金的超高周疲劳行为由非金属夹杂物引发的裂纹的萌生和扩展控制。微小裂纹的萌生取决于夹杂物和基体的相对弹性和热性能。并且裂纹在细粒区域缓慢扩展，细粒的特异性取决于在夹杂物界面处分离的氢。Spriestersbach 等[23]进一步针对高强度钢的超高周疲劳行为开展了研究，并对特征细粒区域的起源及其对超高周疲劳裂纹萌生的影响进行了讨论。研究表明，晶粒细化可能是在裂纹萌生或扩展前包裹体周围的局部可塑性的结果，由此认为特征细粒区域尺寸和局部塑性区尺寸间存在相关性。柳洋波等[24]对不同类型钢的超高周疲劳行为进行了研究，归纳了超高周疲劳强度与平均夹杂物尺寸间的关系，建立了通过平均夹杂物尺寸预测疲劳强度的模型。王清远利用位错理论建立了裂纹萌生于夹杂物时的裂纹萌生和扩展寿命模型，并指出裂纹萌生和扩展的分界线为裂纹萌生位置的夹杂物尺寸。吴圣川等[25]总结了影响金属材料疲劳裂纹扩展的多种因素,综述了高周疲劳裂纹扩展的唯象模型和理论模型,以及低周和超高周疲劳裂纹扩展模型的最新进展(包括基于能量的和考虑概率的)。由于不同材料的超高周疲劳演化机制存在显著的差异,使得相应的疲劳寿命也存在明显的不同。因此,目前超高周疲劳行为还主要侧重开展超高周疲劳试验并分析相应的疲劳行为,尚未建立综合描述各类材料超高周疲劳行为的机理模型。

2)磨损机理

(1)磨损的定义与分类。

磨损是发生在物体的工作表面,由于表面接触并有相对运动而引起物体体积或质量不断减少的现象,并且可按机理分为6种基本类型[26-27]:

① 磨粒磨损:指具有一定形状的磨粒或微凸体在相互接触的对偶摩擦零件表面的相对运动过程中,使表面材料发生损耗的磨损现象。

② 黏着磨损:指两相互接触并相对运动的表面,由于黏附作用而使表面材料脱离并附着在摩擦表面上或在此后的相互作用中脱落下来形成磨屑的磨损现象。

③ 接触疲劳:指当两相互接触的零件表面在微观体积上受到交变接触作用力时,零件表面与亚表面产生疲劳裂纹,裂纹扩展使材料断裂分离的磨损现象。

④ 冲蚀磨损:指零件表面受到松散的流动微粒子(如硬粒子和高速软粒子)冲击时,由于粒子与表面相互接触并有相对运动,使表面材料损失或出现塑性变形的磨损现象。

⑤ 腐蚀磨损:指相互作用并有相对运动的对偶面在腐蚀环境中不断发生腐蚀并在摩擦过程中腐蚀物及金属剥落下来的腐蚀与磨损同时发生的磨损现象。

⑥ 微动磨损:指相互接触的两个表面在宏观上无相对运动,但由于环境载荷的变动使接触面间有小幅度的相对滑动而产生磨屑的磨损现象。

(2)磨损机理模型研究进展。

自从1957年,磨损方程的研究就得到了重视,虽然个别的磨损方程已经很接近量化的测量值,但是至今没有形成通用的量化方程来预测一定精度的磨损率和磨损量。其中,许多方程都是利用固体力学机理分析的方法得到的,包括了材料特性、热力学量或者其他的工程变量。早期的磨损方程大多都是些经验方程,这些经验方程是根据实验得到的数据直接建立起来的,且仅在测试范围才有效。由于理论方程大多数描述的磨损问题是在固定滑动条件下进行的,通常没有考虑温度、表面粗糙度等因素的改变。随后,基于接触力学的磨损方程开始被广泛应用。这些方程通常都是以系统模型开始,假设工作条件之间只是简单的关系。为了计算接触的局部区域,这些方程也考虑了接触表面的形貌。许多方程都是基于这样一种假设:常规的材料特性(通常是弹性模量 E 或硬度 H)在磨损过程中的作用很重要。最典型的基于接触力学的磨损方程是 Archard 模型。该模型中反映磨损行为的主要参数是磨损系数 K,该参数表示与两个粗糙峰接触产生磨损颗粒的概率。众多文献中有很多关于磨损系数 K 的真实意义的讨论,但是实际上它也必须表述成松散颗粒尺寸的可能分布,以及松散的颗粒离开系统而不是重新附着的概率。

当前,基于材料失效机理的磨损模型在过去的 30 年里已经成为研究的重点。研究者们已经意识到耐磨性并不是材料的固有特性,而且他们也意识到为了机械目的(比如计算真实接触面积)所选择的机械特性也许并不能直接应用。因此,重点就转向合并更多材料的参量,涉及材料流动、断裂韧度 K_c、断裂应变 ε_f 等。由于公式推导繁琐,没有哪两个磨损方程可以完全相同。最早研究的材料现象还包括位错机理、疲劳特性,由滑移线定义的剪切失效分析以及脆性断裂性能。现阶段磨损寿命表征方法大多直接从磨损量的测量入手。Sitnik[28] 利用磨损动力学理论推导了一种磨损量与工作时间关系的模型,同时也指明这种理论不适合所有的磨损过程。Youichi[29] 在评估硬盘的接触磁头的磨损寿命的过程中,由于缺乏相应的分析手段,仅仅基于磨损厚度评估磨损寿命,而对于磨损量大小和硬盘失效判据之间的定量关系尚未给出具体的理论依据。磨损量包含了 3 种主要形式,即磨下材料的体积、质量和磨损表面的厚度。但是,上述形式只能体现具体的磨损量,缺乏诸如磨损的分布、深浅等信息,其无法体现磨损对系统功能或性能参数的影响程度。

国内对磨损的研究起步较晚,主要从 20 世纪 80 年代开始对磨损失效进行大规模的研究工作。孙家枢从磨粒磨损开始进行研究,研究了影响磨粒磨损的因素,从而给出了零件磨粒磨损的寿命计算模型。俞佩琛讨论机器零件(如齿轮、轴承、滑块等)的磨损,侧重于磨损机理的定性叙述。陈伯贤讨论了目前在设计中所采用的曲轴轴颈磨损图的预测方法和存在的问题,提出了浸蚀磨损模型计算方法。张天成介绍了建立在磨损物理模型和磨损理论基础之上的几种重要的金属材料磨损计算方法,这些模型都是基于材料失效机理的磨损方程,但是由于方程形式比较复杂,并没有在后续的工程研究中得到运用。江亲瑜[30] 建立一种动态磨损研究的离散准静态数值仿真模型,可模拟零件磨损过程及预测寿命,其仿真原理具有一定的可移植性,能用于不同的摩擦副系统。潘冬等[31] 利用数值仿真方法,以齿轮副最大组合允许磨损量为阈值,对齿轮副磨损寿命进行了预测,并提出了相关预测模型。高振山等[32] 将修正 Archard 方程与有限元法结合建立了螺旋锥齿轮锻造模具磨损寿命预测模型。针对不确定环境条件下的磨损寿命表征问题,谢里阳等[33] 介绍了关于磨损的可靠度计算方法,此方法能用于给定寿命下耐磨可靠度的计算和给定耐磨可靠度时的可靠寿命的计算。

国内外学者根据不同的磨损类型提出了不同的磨损机理模型，其中以 Archard 磨损模型在工程上最为被广泛认可。此后几十年研究得到的磨损计算模型大部分是由 Archard 磨损模型发展而来的。随着计算机仿真等新科技方法的应用，以及摩擦磨损相关学科领域的逐步发展，磨损模型在理论上更加完善，计算方法更为创新。但是受限于实验条件和实际工况条件的差异，这些理论在实际工程应用上存在一定的距离，理论模型系数的取值范围的确定还需进一步细致的研究工作。

磨损基本类型的分类和定义获得了广泛的认可，并且对磨损的基本类型和磨损量的计算模型已经进行了较多的研究，由经典的磨损计算模型发展而来的经过修正的计算模型，其计算结果可以达到较高的精度，但是由于缺乏诸如磨损的分布、深浅等信息，单一采用磨损量指标无法体现磨损对系统功能或性能参数的影响程度，即系统的失效判据不能直接和磨损程度挂钩，而是直接给出磨损最大阈值，缺乏分析过程。同时，针对在多种磨损机制（或磨损类型）同时存在、磨损过程中磨损类型发生转换等情况下磨损寿命预测的研究还未深入开展研究。

3）冲击机理

（1）冲击的基本概念。

冲击[34]实质上是一种定义不太严格的振动，其中激扰是非周期性的，例如：脉冲的、阶跃的或瞬态振动的形式。冲击一词意味着突然和激烈的程度。激扰（激励）指作用在系统上的外力（或其他输入量）使系统产生某种方式的响应。因此，冲击可以定义为系统受到瞬态激励，即力、位移、速度或加速度发生突然变化的现象。冲击的特点是：

① 冲击作用时，系统之间动能传递的时间很短；

② 冲击激振的函数是非周期性的，其频谱是连续的；

③ 冲击作用下系统所产生的运动为瞬态运动，运动状态与冲击持续时间及系统的固有频率均有关系。

常见的冲击主要有机械冲击、热冲击，其中机械冲击又可以分成速度冲击、位移冲击和高频冲击。机械冲击是一种具有突然性、剧烈性并能使机械系统产生显著相对位移的非周期激励。热冲击，也称为烟火冲击，是结构对由爆炸事件所产生的传播至整个结构的高频、大幅值应力波的响应。

（2）冲击模型研究进展。

由于使用条件的要求越来越苛刻、环境越来越复杂，机械产品在制造、运输、维修和使用的过程中，不可避免地会受到外界环境的冲击作用，冲击破坏带来的影响是巨大的，能够导致产品在较短时间内产生突发失效，比如变形、断裂等。因此，冲击损伤也是近年来研究的热点问题。冲击载荷与疲劳载荷都属于动态载荷，因此冲击损伤和疲劳损伤过程有一定的相似性，但是由于冲击载荷往往具有应变速率高、应力幅值大的特点，它能够影响材料的内部缺陷稳定性，激发产品潜在的失效机理，因此冲击失效的分析比疲劳失效更为复杂。

目前对冲击响应和冲击损伤的分析方法主要有动力学和统计方法。冲击动力学是为了研究固体或结构在瞬变、动载荷作用下的运动、变形和破坏规律而发展起来的力学分支，主要研究应力波的传播（局部扰动及其传播、响应过程）和结构动态响应（直接研究结构的变形、断裂及其与时间的关系）问题。强烈的冲击会引起结构的瞬时断裂，因此断裂力学也是冲击问题的途径之一。

从统计理论的角度，Rafiee 等[35]将常见的冲击模型概括为以下 4 类：①极值冲击模型：当某一冲击载荷大于临界阈值时，则定义为系统失效；②δ - 模型：若相邻两次冲击之间的间隔落入与给定的某个量 δ 有关的失效域时，则定义为系统失效；③m - 模型：当 m 个冲击大于临界阈值时，系统失效；④累积模型：认为连续 n 个冲击损伤和超过失效阈值，则认为系统失效。针对这 4 类冲击模型，众多学者开展了相应的研究工作。Esary 等在基础过程是齐次泊松过程的情况下研究了系统的寿命分布，得到了生存函数的 IFR、IFRA 与 NBU 等性质。Mallor 和 Omey 完成了对累积模型和极端值模型的一个重要扩展，提出了连续模型的概念，使得冲击对系统的影响效应既表现出极端之特征（例如一次“超载”直接导致系统失效），也表现出累积特征（如由重复或连续“压力造成的疲劳性损伤，累积到一定程度后使系统失效”）。Gut[36]将两类模型结合于同一个系统，建立了混合冲击模型，特征为：冲击的单独作用和累积作用均导致对系统的影响，如果一个足够大的冲击强度超过系统失效阈值，或者多个不太大的冲击累积强度超过阈值，系统都会失效，失效时间取决于这两者较早到达的时间。

以上几种都是基于统计理论的冲击模型，分别给出了冲击的几种统计失效判据，其中最常用的是累积模型和极值模型。对于冲击损伤，有两种极端情况：①超大强度冲击，只需一次就能够造成失效，比如一次冲击断裂；②低强度冲击，需要很多次循环才能造成破坏，而且当冲击载荷的应变速率足够小，此时冲击破坏可以近似看成疲劳破坏过程。这两种极端情况分别对应着极值模型和累积模型。除了这两种极端冲击之外，其他的情况均可以看成混合模型。但是由于这些统计冲击模型都没有给出具体的物理内涵，不能直接应用于具体的冲击问题中。为了给出具体的失效判据，必须给统计变量赋予物理含义。这就需要分析冲击过程中的关键物理量，一旦确定关键物理量以及失效模型，便能确定冲击的失效判定标准。

从失效形式上分析，冲击破坏是裂纹失稳导致的一种断裂现象。从失效物理分析，现有的研究体系中有两种比较成熟的理论，分别是应力 - 强度干涉理论和断裂力学理论。应力 - 强度理论认为，产品所受的应力大于该时刻产品所具有的强度，产品就会发生过应力失效。应用于冲击失效判定中，将产品强度记为

σ_b,应力为 σ_s,则发生冲击失效的标准为 $\sigma_b \leqslant \sigma_s$。而动态应力－强度干涉理论认为,产品的强度随着运行时间的增加不断发生退化,当某一时刻 t 产品的强度退化至小于该时刻产品承受的应力时,产品发生失效,即 $\sigma_b(t) \leqslant \sigma_s(t)$。断裂力学认为,在一定范围内允许存在裂纹,而它的判定标准就是裂纹失稳准则,只要裂纹不失稳,是否存在裂纹对于构件的安全没有太大影响。断裂力学中的失稳准则为 $K_{IC} \leqslant K_I$。

4）老化机理

（1）老化的基本概念。

老化是橡胶等高分子材料的产品失效的重要失效机理之一,表现为材料在不同环境因素和材料自身因素的作用下,引起材料表面或材料物理化学性质和力学性能的改变,最终丧失工作能力而失效,是一种不可逆的物理、化学变化。

非金属材料的环境老化与金属腐蚀有着本质的差别。金属腐蚀在大多数情况下可用电化学过程来表征,其本质是材料表面与环境介质之间发生化学或者电化学多相反应[37]。腐蚀在微观上,是材料相态或价态发生变化;在宏观上,是材料质量、强度性能的损失。而非金属不导电,所以其腐蚀过程不具有电化学腐蚀规律。并且,金属的腐蚀过程多在金属的表面发生,并逐渐向深处发展;对于非金属材料,介质可以向材料内渗透扩散,同时介质也可将高分子材料中某些组分萃取出来。这是引起和加速非金属材料老化过程的重要原因[38]。

从材料自身因素看,影响材料老化的因素主要包括分子结构特征、分子极性、缺陷以及配方成分等。而从环境因素看,影响材料老化的因素主要包括化学介质(如物理状态、化学性质、分子体积和形状、分子极性、流动状态等)、使用条件(如光、高能辐射、热以及作用力等)。

（2）老化机理模型研究进展。

关于材料老化的相关寿命模型的研究最早是从20世纪60年代开始,最初的模型大多都是唯象模型,只能描述材料的行为而不解释材料的物理机理,最早发展起来并得到广泛应用的模型主要是单因子模型,即模型考虑的因素只能是众多影响因素中的一种,例如用于分析热老化影响的阿伦尼斯模型,用于分析电老化的逆幂律模型和指数模型。随着工作环境变得越来越复杂,以前的模型已经不再适用,从而推动多因子老化模型的研究,这类模型最开始建立是电应力和热应力耦合作用的老化模型,基本上都是从艾琳模型演变过来的,其考虑是假设热应力不变的情况下电应力的影响分析。在此基础上,考虑电应力和热应力的协同效应的寿命模型进一步提出,主流研究领域比较认可的这方面模型主要分为以下3种:Simoni模型、Ramu模型和Fallou模型等[39]。上述提到的这些模型统称为直线模型,也称为非阈值模型,只适用于分析非阈值材料,即老化模型在对数或双对数坐标图上表现的是一条直线。

另外,随着大量的绝缘材料和相应设备系统的问世,上述直线模型已经不再适用,由于这些材料存在所谓的阈值,即在单应力或多应力作用下,当施加应力低于某个阈值时,材料的电气寿命将趋于无穷,或者说很长。由此研究得到的寿命模型统称为曲线模型或阈值模型。关于绝缘材料是否存在所谓的阈值问题,在研究的初期一直受到广泛争议,随着物理研究的深入和实验数据的支撑,阈值的存在性也得到大家的认可。同样,曲线模型也存在单因子模型和多因子模型。其中,单因子模型中的阿伦尼斯模型和电应力指数模型均是从直线模型中通过加入某一修正项演变而来。另外,从目前的文献查阅来看,关于这方面的模型中已经有不少逐渐开始从唯象模型向物理模型进行转变,而开始考虑失效机理的情况。

由于上述总结的唯象模型的各种参数只能通过试验得到,而且需要花费大量的时间和精力。人们开始意识到唯象模型不再能满足现有的需求,由此推动了关于老化物理模型的研究,研究人员通过分析试验材料的化学物理特征,进而研究相应的老化机理用以构建模型。最早开始这方面研究的是 Bahder,他提出了一种基于局部放电的模型,该模型认为绝缘材料电老化是由局部放电引起的,但在后来的试验中发现即使不发生局部放电,电老化现象也会发生,因此该模型存在一定的局限性,但是该篇文章具有很好的启发意义,在接下来的近 20 年的时间里,随着试验手段的进步和物理层面认识的加深,众多学者们在此基础上提出了许多基于不同假设的关于绝缘材料的物理老化模型。Dissado 等[55]提出了基于电树形成和生长的物理机理以及电树的分形结构的老化模型,该模型的优点是老化诊断和寿命预测是通过一些参量来进行的,虽然该模型提供了一些对电树物理过程的解释,但还不能看做一个完全的物理模型,因为在实际的绝缘系统中存在多处电树,这些模型参数的估计只具有平均意义,寿命预测的可靠性也会受到影响。

由于材料的不同,导致构建的物理模型存在比较大的差异,其中有一部分材料由于其老化过程具体表现为热场驱动的降解过程,由温度提供降解反应所需要的势垒。基于上述前提构建的老化物理模型统称为热力学老化模型,该类模型最早是由 J. P. Crine 等提出。随后,Dissado[40]提出了空间电荷模型,用于分析该类材料的物理寿命。

随着跨学科跨领域的研究不断深入,老化模型也取得了长足的发展。Gillen 等[41]首先将 Palmgren - Mine 提出的主要应用于预测金属及金属基复合材料疲劳寿命的步进磨损失效模型应用于环境温度下的丁腈橡胶和三元乙丙橡胶(ethylene propylene diene monomer,EPDM)的老化寿命预测。Paeglis[42]提出了描述橡胶老化规律的新概念——应变能分数因子,结合阿伦尼斯速率常数公式,提出相应的老化机理模型。在最近几年,学者们关于老化的研究主要集中于将材料特性、应力性质与大小、破坏机理相互联系进行综合考虑,采用动态分析方法建立失效时间较为准确的老化模型。例如,Hoang[43]提出的一种新的评估塑料管道的老化模型就是将压力测试和化学分析相结合,以准确推断出塑料管道的使用寿命。M. Celina[44]于2006年提出的应用化学发光法作为实验监测方法来预测高分子材料的老化寿命。近几年来,随着高分子材料广泛应用于各种领域,相应的老化模型研究也成为目前的热点。由于高分子材料面临的工作环境变得更加复杂,多种失效机理也呈现耦合效应,目前有效的手段主要是加速老化试验预测寿命,或者利用累积损伤和广义动力学相结合等一系列方法进行寿命预测。但是以上这些经验公式和理论模型都不能普遍适用于各类环境条件。只能针对一种材料在某种环境条件下的老化机制,因此以前的老化数据和老化机制也无法用于解释高分子材料。例如目前使用广泛的聚碳酸酯,作为一种优良的可热塑性塑料,它的应用已经广泛应用于光学、电子电器、汽车、医疗设备等诸多领域。目前研究表明,聚碳酸酯的老化机制是温度、辐射、相对湿度3种环境因素交叉作用的自然老化过程,其中包含断链和交联竞争的机制。目前尚无法构建一个精确的数学模型的主要瓶颈在于无法建立一个比较完善的老化数据库。为此,Liu等[45]提出了一种用于解决“老化机制未知、老化数据缺乏、模型缺乏普适性”这3个突出问题的人工神经网络方法,用于比较准确地预测高分子材料的实际工作环境条件下的老化寿命。

国内关于老化模型的研究主要起于20世纪80年代,最开始是利用加速老化试验来推算高分子材料的贮存寿命。随后,熊传溪[46]通过研究Maxwell模型,从橡胶的老化机理出发,引入相对化学应力松弛常数因子,从而推导出可用于橡胶材料的Maxwell修正模型。周建平[47]则脱离了有限元理论的束缚,构建了以分子运动学为基础的本构模型。与此同时,李咏今[48]则提出一种新的动力学曲线模型——三元函数模型用于预测橡胶的老化寿命,和实际数据相比较,结果吻合较好。方庆红等[49]把人工神经网络模型应用于丁基硫化胶的老化性能预测研究中。另外,国内部分学者受到国外研究成果的启发,也相应地提出了一些适用于工程领域的老化模型,例如,袁立明等[50]在解决实际工程问题中提出的一个联系失效判据、老化损伤、温度以及时间的老化损伤因子模型。在近几年,基本上研究的内容主要是针对具体材料进行具体分析,采用的方法大部分是加速老化试验方法,例如刘元俊[51]和卜乐宏等[52]利用湿热法分别研究了不同的高分子材料的贮存寿命和使用寿命。相应地也有部分学者对以前原有的模型进行改进,廖瑞金等[53]利用叠加方法改进油纸绝缘热老化模型。

3. 典型机械产品多机理模型最新研究进展

典型单机理退化特征及规律已经被国内外学者广泛研究,并已经在诸多产品上运用,证实了其有效性和准确性。然而,在实际使用过程中,由于产品本身的复杂性和外界因素的不确定性,产品在退化至失效的过程中,往往伴随着多种失效机理的发生。并且这多种失效机理常常呈现耦合关系,从而对产品的退化特征产生影响,与典型单机理退化特征有着明显的区别。多机理退化已经在机械领域有普遍共识,国内外典型多机理耦合现象呈现竞争退化、多阶段退化、退化和冲击共存等多种情形。

1）竞争退化

关于竞争退化模型,不同的学者可能有不同的理解。一种典型的竞争退化模型辨识目前常用的基于"取短"原则所构建的模型。例如,马洪义等[54]认为齿轮传动系统为串联系统,系统中任意轮齿失效,则整个齿轮系统失效,由此认为整个齿轮系统的整体寿命水平由运行过程中最薄弱环节的寿命水平决定。Auste认为机械疲劳和应力腐蚀在某些情况下并不单纯表现为叠加关系,而应该有发展较快的一个过程来代表腐蚀疲劳裂纹扩展过程,即竞争模型。Bocchetti等[55]在分析船用采油机气缸套的可靠性时,指出其具有两种主要失效机理,磨损退化和热裂解。当这两种机理之一达到失效阈值时,即发生失效。

麦克弗森[56]指出一种机理使得材料/器件的关键参数增大,同时另一种机理使得关键参数 S 减小。这两种机理互相竞争,导致参数在退化时产生极大值或极小值。麦克弗森则对这类竞争退化机制,提出了一种通用数学模型,即两种确定性退化规律相乘(一种代表增大机制,一种代表减小机制)。但是这类模型存在以下缺点:①用确定性退化规律难以表征产品实际退化过程,用不确定性规律模型表征会更准确;②在其退化模型中,两种退化机理的关系是一定的,且与时间有关,而产品的退化规律表明产品的实际退化规律与应力条件有很大的关系,不同的应力条件下,两种退化机理之间的耦合关系是变化的。而在实际情况中,环境载荷往往是变化的,因此其模型未能考虑时变载荷下的产品退化特征。

2）多阶段退化

在实际情况下,由于产品结构组成的复杂性以及承受载荷经受环境应力的多样性,可能出现多阶段退化的情况。一种典型的多阶段退化情形是退化延迟现象,退化现象发生在产品开始工作一段时间之后,之前的这段时间是退化的真空期,没有退化行为发生,即存在退化延迟现象。例如:胎压稳定的轮胎突然被钉子扎了以后,在一段时间内还能保持稳定工作,金属导体的电阻在内部形成空洞前是稳定的,发动机的燃油效率在进油喷嘴阻塞前也是稳定的。Guo 等[57]提出了一种基于起始时间的两步法退化建模方法,在退化真空期和退化成长期分别建立退化模型,将这两个模型整合起来得到最终的系统可靠性模型。通过定量化分析,他们认为第一阶段的退化行为大于第二阶段,因而应当针对第一阶段的退化行为对产品做相应的改进。Zhang 和 Liao[58]针对破坏退化试验的退化延时数据进行了建模分析,并对这类模型进行了基本定义的阐述。退化的第一阶段是退化初始阶段,在这个阶段里,检测不到任何退化信息;而在第二阶段中,退化开始并最终到达失效状态。其中,退化起始时间用指数分布去表征,而退化过程用伽马过程表征,并通过 EM 算法求得模型参数以及相应的寿命分布。

一些高可靠长寿命产品,在其寿命周期内,随着退化行为的发生,其内部结构或者材料发生了一定的变化,导致不同退化机理的发生,从而导致退化行为的不同特征。例如,Chen[59]采用两阶段含变点模型分析齿轮振动退化信号,并采用贝叶斯方法整合历史数据和实时检测数据去预测齿轮的剩余有效寿命。通过对比分析发现,两阶段退化模型的预测结果比只考虑第二阶段退化过程的模型来得准确有效。

3)退化和冲击共存

在产品的实际使用过程中,往往伴随着冲击的发生。在建模过程中,同时考虑退化和随机冲击的模型被称为退化 - 阈值 - 冲击模型。一个较早的 DTS 模型是由 Lemoine 和 Wenocur 提出,退化过程由扩散过程来表征,而致命冲击由泊松过程来表征。当退化量达到预设值时或发生一次致命冲击时,即认为产品发生失效。Klutke 和 Yang[60]建立了一个匀速退化和冲击服从泊松过程的系统可用性模型。Li 和 Pham[61]则考虑系统本身存在多种退化过程和一种冲击过程。但是前述文献都是基于退化和竞争独立的情形,然而在实际情况中,冲击和退化往往存在一定的耦合关系,彼此之间有影响。

冲击 - 退化相关模型假设每次到来的冲击都会对退化过程产生影响。Peng[62]假设每次冲击都会使正常的退化过程的退化量突然增大,并推导出一个概率模型用以评估系统可靠性。Wang 和 Pham[63]根据这种假设做预防性维修决策优化。Keedy 和 Feng[64]将这种模型运用到医用支架上,其中退化过程由失效物理方程得到。而 Jiang 等在考虑了冲击对退化量产生突增的现象,还考虑了冲击本身对硬失效阈值的影响,他们认为产品在经过一系列冲击而没有发生失效之后,产品的硬失效阈值会降低。此外,Rafiee 等[65]则在他们的文章中假设随着不同模型的冲击到来,退化过程的退化速率会有相应的变化。Wang 等[66]则将冲击对退化过程的两种影响进行综合考虑。

上述模型都是基于冲击会对退化过程产生影响,而另一种情况是退化过程对冲击过程产生了影响,这种模型被称为退化 - 冲击相关模型。Fan 等[67]就在他们的文章中假设冲击过程中冲击幅度的大小会随退化过程的进展而增大。Bagdonavicius 等[68]在他们的模型中假设冲击的强度只依赖于退化水平。而 Ye[69]等假设冲击造成产品损坏的概率大小取决于退化过程的剩余风险。在疲劳 - 冲击耦合机理研究方面,陈红霞等[70-71]分别基于累积损伤理论和随机混合过程模型,针对高周疲劳 - 低强度冲击、低周疲劳 - 高强度冲击两类典型疲劳 - 冲击问题,提出了基于动态应力强度干涉理论的高周疲劳 - 低强度冲击耦合机理模型以及局部应力应变法和断裂力学理论的低周疲劳-高强度冲击耦合机理模型,并充分考虑了模型参数分散性对耦合机理模型的影响,为疲劳寿命设计和预测提供了较为完备的理论模型。但是相对于冲击-退化相关模型,研究退化-冲击相关模型的学者认为这种模型的退化特征还未十分明显,也未取得广泛的应用。

2.2　机械产品故障物理国内外研究进展比较

当前,有关机械产品故障物理技术研究得到了国内外学者的广泛关注。其关注的研究对象包罗万象,几乎涉及所有的工业产品,如卫星、飞机、船舶、高速列车、汽车、核电装备等;所涉及的学科包含了材料学、振动力学、结构力学、损伤力学、断裂力学等,并且各个学科间还存在相互交叉。国外从 20 世纪 60 年代起就已经认识到故障物理的重要性,并开展了近 50 年的研究积累,而国内虽然在 20 世纪七八十年代也已开展针对个别典型故障机理的研究,但是真正从整体上开展故障物理研究工作还要追溯到 20 世纪末。受限于对故障物理认知的起步时间,以及各个学科的发展水平的限制,加之实验条件、经费投入等的差异,国内外在故障物理技术研究方面还存在较大差距。

1. 国外研究现状

整个故障物理技术的发展是伴随着故障物理的发展而不断向前推进。从 1962 年在美国空军罗姆航空发展中心(RADC)组织的一系列学术年会的第一次会议上正式确定故障物理概念开始,故障机理模型的相关研究工作已经走了 50 多个年头。

目前,欧美发达国家针对基于故障物理的可靠性技术及其仿真方法,开展了大量的研究和工程实践。美国波音公司将可靠性设计纳入产品的应力设计参考基准中,与产品的并行定义、制造和维护使用进行一体化设计,强调进行基于故障物理的建模仿真及加速验证的可靠性工作模式,注重产品的完整性分析。美国山地亚实验室明确将基于“故障物理的可靠性”称之为以科学为基础的可靠性工程方法,强调在产品进入研制之前必须开展由多学科组成的并行研究与开发,在研究产品工作原理的同时要研究其制造方法、故障机理、故障模式和故障预计模型,确保将可靠性设计和制造到产品中去,同时也使产品具有故障告警和维修预测的能力。国外的基于故障物理的可靠性技术发展证明:故障物理方法应用于工程实践最为有效的途径是与仿真技术相结合,形成“基于故障物理的可靠性仿真方法”,即采用计算机建模与仿真技术,在产品设计过程中,通过建立产品的材料模型、设计分析模型、故障机理模型和其他工程分析模型,将产品预期承受的工作环境应力与潜在故障发展过程联系起来,从而定量地预计产品设计的可靠性,发现薄弱环节并采取有效的改进措施。基于故障物理的可靠性仿真试验方法能够在产品研制阶段,并行地分析和改进产品设计的健壮性和可靠性,实现在设计早期阶段消除故障源、提高健壮性、减少试验量、缩短开发周期,提高武器系统可靠性的目的。

从故障机理模型研究情况来看,国外由于多年的技术积淀,已经积累了大量的试验数据,并且已经将相应的研究成果软件化、商用化,并且在多机理耦合建模研究方面已经取得了显著的研究进展。相应的真实试验设备、仿真试验平台等都已经相对成熟,能够做到快速获取试验数据、快速开展实验验证等。同时针对复杂环境载荷及接触方式的情况也具有试验、建模、验证能力。此外,在当前确定性模型的研究基础上,已经进一步开展了不确定性的相关研究。

2. 国内研究现状

在故障物理技术的基础研究方面,国内从“十一五”“十二五”开始已经开展了大量研究工作。随着我国在航空、航天、船舶、核能等领域重大工程项目的上马,进而带动了故障物理技术在相关领域的研究及应用。伴随着我国经济实力的突飞猛进,国内大型民用企业也逐渐意识到故障物理技术对于提升产品可靠性的重要支撑作用,也正不断加大相应的经费投入。但是总体而言,国内故障物理技术的研究相较于国外起步相对较晚,当前还存在明显差距,但是发展势头强劲。

从故障机理模型的研究情况来看,针对典型故障机理的研究已经全面开展,构建了针对不同材料属性、载荷类型等的机理模型,并且在许多产品上得到了验证和应用。同时,已经开始意识到多机理耦合问题的存在,并构建了特定的机理耦合模型;考虑故障机理模型中的参数不确定性,将参数看做随机变量,发展了概率故障物理的相关方法。

3. 差距与不足

从国内外现状对比可看出,我国在故障物理技术研究方面与国外还有一定的差距。

(1) 受限于材料学研究的落后,国内针对材料的基础试验开展较少,相应的试验数据较为缺乏,导致对于机理模型的研究还停留在运用的层面,且模型中参数的基础数据大多来自国外文献的相似数据;

(2) 受限于专用试验设备、监测设备的缺乏,复杂载荷条件和接触方式的试验难以开展,从而制约了相应的建模及验证工作的开展;

(3) 目前的研究工作大多关注于单机理建模问题,针对多机理并存的研究才刚开始深入,并且不确定性模型研究虽然已经开展但是仍显不足。

2.3 机械产品故障物理发展趋势与未来展望

虽然机械产品故障物理技术研究面临诸多困难,但是可以欣喜地看到当前研究仍然呈现一片繁荣的景象。到目前为止,国内外的科研人员针对不同的研究对象提出了很多切实可行的故障物理相关的方法,展现出了各自的优势和实用性。

机械产品故障物理领域未来的研究趋势和热点问题包含如下几个方面:

(1) 材料参数取值问题:现阶段大量的寿命预测模型中所需的材料参数很难从相应的材料手册中获取,抑或者现有的试验数据无法满足建模计算的需求,为此可能需要额外开展新的试验进行获取。这个问题将会随着新材料新工艺的不断发展越发显著。因此,如何在现有的材料试验数据的基础上,尽可能地挖掘符合建模需要的材料特征参数,将会是研究的热点。

(2) 载荷问题:当前的寿命预测模型大多考虑的是恒定载荷作用,而针对变工况条件鲜有相应的研究工作开展;此外,机械产品在不同的使用条件下,可能引发新的故障机理,现有的机理模型可能并不适用,因此还需进一步开展新机理的分析和建模工作。

(3) 不确定问题:产品的不确定问题来源于材料参数的不确定性、所受载荷的随机性以及所选取模型的不确定性,不确定性的存在导致所预测的寿命水平存在一定的分散性,为此,如何考虑这些不确定性因素将会是未来的发展重点。

(4) 多机理耦合问题:虽然目前已经开展了针对多机理耦合的机理建模研究,但是由于机械产品所受载荷复杂,运行形式多样,当前的多机理模型远不能满足实际需求。因此,针对多机理耦合的机理建模问题还需要更加深入的研究。

(5) 仿真计算问题:机械产品受载下的应力条件直接影响到建模工作及指标计算的精确性。而当前应力的获取方式也已经从理论计算逐步转向仿真计算,并且仿真也不断向着精细化、动态化、多平台协同化方向发展,如何构建既满足仿真精度要求,又能节省仿真成本的仿真模型也将会是未来的发展重点。

此外,机械产品故障物理模型 V&V 问题也是热点问题之一。

参考文献

[1] 李舜酩. 机械疲劳与可靠性设计[M]. 北京:科学出版社, 2006.

[2] ASTM International. Definitions of terms relation to fatigue testing and the statistical analysis of fatigue data:ASTM E206 -72[S]. New York:American. Society for Testing and Materials,1979.

[3] FATEMI A, SHAMSAEI N. Multiaxial fatigue: An overview and some approximation models for life estimation[J]. International Journal of Fatigue, 2011, 33(8):948 -958.

[4] 洪友士，孙成奇，刘小龙．合金材料超高周疲劳的机理与模型综述[J]．力学进展，2018，48(1):1－65.

[5] DOWLING N E. Fatigue Failure Predictions for Complicated Stress－Strain Histories [J]. Journal of Materials, 1972, 7(1):71.

[6] SCHIJVE J. Effect of load sequences on crack propagation under random and program loading [J]. Engineering Fracture Mechanics, 1973, 5(2):269－280.

[7] WANG X, YIN D, XU F, et al. Fatigue crack initiation and growth of 16MnR steel with stress ratio effects[J]. International Journal of Fatigue, 2012, 35(1):10.

[8] CORREIA J A F O, BLASÓN S, JESUS A M P D, et al. Fatigue life prediction based on an equivalent initial flaw size approach and a new normalized fatigue crack growth model [J]. Engineering Failure Analysis, 2016, 69:15－28.

[9] CHEN Y, JIN Y, LIANG X, et al. Propagation path and failure behavior analysis of cracked gears under different initial angles[J]. Mechanical Systems & Signal Processing, 2018, 110:90－109.

[10] 叶笃毅,王德俊．一种基于材料韧性耗散分析的疲劳损伤定量新方法[J]．实验力学，1999(1):80－88.

[11] JHA D, BANERJEE A. A cohesive model for fatigue failure in complex stress－states[J]. International Journal of Fatigue, 2012, 36(1):155－162.

[12] NIJIN I S, KUMAR R S, BANERJEE A. Role of stress－state on initiation and growth of a fatigue crack[J]. International Journal of Fatigue, 2018,118:298－306.

[13] 邹希，张淼，胡伟平,等．基于损伤力学的某飞机构件冲击疲劳寿命预估[J]．机械强度，2012(4):578－583.

[14] INCE A, GLINKA G. A generalized fatigue damage parameter for multiaxial fatigue life prediction under proportional and non－proportional loadings[J]. International Journal of Fatigue, 2014, 62(2):34－41.

[15] BRIGHENTI R, CARPINTERI A. A notch multiaxial－fatigue approach based on damage mechanics[J]. International Journal of Fatigue, 2012, 39(3):122－133.

[16] 刘俭辉，王生楠，黄新春,等．基于损伤力学－临界面法预估多轴疲劳寿命[J]．机械工程学报，2015，51(20):120－127.

[17] COLIN J, FATEMI A. Variable amplitude cyclic deformation and fatigue behaviour of stainless steel 304L including step, periodic, and random loadings[J]. Fatigue & Fracture of Engineering Materials & Structures, 2010, 33(4):205－220.

[18] AID A, AMROUCHE A, BOUIADJRA B B, et al. Fatigue life prediction under variable loading based on a new damage model[J]. Materials & Design, 2011, 32(1):183－191.

[19] HUFFMAN P J, BECKMAN S P. A non－linear damage accumulation fatigue model for predicting strain life at variable amplitude loadings based on constant amplitude fatigue data [J]. International Journal of Fatigue, 2013, 48(3):165－169.

[20] 朱红兵,余志武,蒋丽忠．基于 Corten－Dolan 累积损伤准则的等效等幅疲劳应力幅值

计算方法[J]. 公路交通科技,2010,27(1):54 – 57.

[21] 胡燕慧, 张峥, 钟群鹏,等. 金属材料超高周疲劳研究进展[J]. 机械强度, 2009, 31(6):979 – 985.

[22] PINEAU A, MCDOWELL D L, BUSSO E P, et al. Failure of metals Ⅱ: Fatigue[J]. Acta Materialia, 2016, 107:484 – 507.

[23] SPRIESTERSBACH D, KERSCHER E. The role of local plasticity during very high cycle fatigue crack initiation in high – strength steels[J]. International Journal of Fatigue, 2018, 111:93 – 100.

[24] LIU Y B, YANG Z G, LI Y D, et al. Dependence of fatigue strength on inclusion size for high – strength steels in very high cycle fatigue regime[J]. Materials Science & Engineering A, 2009, 517(1):180 – 184.

[25] 吴圣川,李存海,张文,等. 金属材料疲劳裂纹扩展机制及模型的研究进展[J]. 固体力学学报,2019,40(6),489 – 538.

[26] 刘家浚. 材料磨损原理及其耐磨性[M]. 北京:清华大学出版社,1993.

[27] 王成彪,王成彪. 摩擦学材料及表面工程[M]. 北京:国防工业出版社,2012.

[28] SITNIK L J. Wear kinetics theory and its potential application to assessment of wear of machine parts[J]. Wear,2008,265(7 – 8):1038 – 1045.

[29] KAWAKUBO Y,MIYAZAWA S,NAGATA K,et al. Wear life prediction of contact recording head[J]. Magnetics IEEE Transactions on,2003,39(2):888 – 892.

[30] 江亲瑜. 零件磨损过程及寿命预测的数值仿真[J]. 润滑与密封,1997(6):29 – 30.

[31] 潘冬,赵阳,李娜,等. 齿轮磨损寿命预测方法[J]. 哈尔滨工业大学学报,2012,44(9):29 – 33.

[32] 高振山,邓效忠,陈拂晓,等. 基于修正 Archard 理论的螺旋锥齿轮锻造模具寿命预测[J]. 中国机械工程,2014,25(2):226 – 229.

[33] 谢里阳. 机电系统可靠性与安全性设计[M]. 哈尔滨:哈尔滨工业大学出版社,2006.

[34] HARRIS C M,PIERSOL A G. 冲击与振动手册[M]. 北京:中国石化出版社,2008.

[35] RAFIEE K, FENG Q M, COIT D W. Reliability modeling for dependent competing failure processes with changing degradation rate[J]. Iie Transactions, 2014, 46(5):483 – 496.

[36] GUT A. Mixed Shock Models[J]. Bernoulli,2001,7(3):541 – 555.

[37] 李晓刚. 高分子材料自然环境老化规律与机理[M]. 北京:科学出版社,2011.

[38] 许尔威. 材料老化寿命预测与软件开发[D]. 沈阳:东北大学,2014.

[39] RAMU T S. On the Estimation of Life of Power Apparatus Insulation Under Combined Electrical and Thermal Stress[J]. IEEE Transactions on Electrical Insulation,2007,EI – 20(1):70 – 78.

[40] DISSADO L A,MAZZANTI G,MONTANARI G C. The role of trapped space charges in the electrical aging of insulating materials[J]. IEEE Transactions on Dielectrics & Electrical Insulation,1997,4(5):496 – 506.

[41] ASSINK R A,CELINA M,GILLEN K T,et al. Morphology changes during radiation – thermal

degradation of polyethylene and an EPDM copolymer by 13 C NMR spectroscopy[J]. Polymer Degradation & Stability,2001,73(2):355 - 362.

[42] PAEGLIS A U. A Simple Model for Predicting Heat Aging of EPDM Rubber[J]. Rubber Chemistry & Technology,2004,77(2):242 - 256.

[43] HOÀNG E M,LOWE D. Lifetime prediction of a blue PE100 water pipe[J]. Polymer Degradation & Stability,2008,93(8):1496 - 1503.

[44] CELINA M,CLOUGH R L,JONES G D. Initiation of polymer degradation via transfer of infectious species[J]. Polymer Degradation & Stability,2006,91(5):1036 - 1044.

[45] LIU H,ZHOU M,ZHOU Y,et al. Aging life prediction system of polymer outdoors constructed by ANN. 1. Lifetime prediction for polycarbonate[J]. Polymer Degradation & Stability,2014,105(7):218 - 236.

[46] 熊传溪. 橡胶老化的化学应力松弛数学模型[J]. 合成橡胶工业,1992(3):180 - 183.

[47] 周建平. 粘弹性材料的变形动力学模型[J]. 固体力学学报,1994(1):80 - 85.

[48] 李咏今. 氯丁橡胶老化性能变化与老化温度和时间之间关系的研究[J]. 橡胶工业,1993(2):103 - 106.

[49] 方庆红,连永祥,赵桂林,等. 基于BP人工神经网络的橡胶老化预报模型[J]. 合成材料老化与应用,2003,32(2):27 - 30.

[50] 袁立明,顾伯勤,陈晔. 应用老化损伤因子评估纤维增强橡胶基密封材料的寿命[J]. 合成材料老化与应用,2004,33(4):24 - 26.

[51] 刘元俊. 硬质聚氨酯泡沫塑料老化机理研究[D]. 济南:山东大学,2005.

[52] 卜乐宏,吕争青. 拉挤成型玻璃钢托架的湿热老化性能及使用寿命[J]. 上海第二工业大学学报,2007,24(2):117 - 124.

[53] 廖瑞金,杨丽君,郑含博,等. 电力变压器油纸绝缘热老化研究综述[J]. 电工技术学报,2012,27(5):1 - 12.

[54] 马洪义,谢里阳. 基于"系统PSN曲线"的齿轮传动系统疲劳可靠性评估[J]. 北京航空航天大学学报,2017.

[55] BOCCHETTI D,GIORGIO M,GUIDA M,et al. A competing risk model for the reliability of cylinder liners in marine Diesel engines[J]. Reliability Engineering & System Safety,2009,94(8): 1299 - 1307.

[56] 麦克弗森 J W. 可靠性物理与工程:失效时间模型[M]. 北京:科学出版社,2013.

[57] GUO H R,GEROKOSTOPOULOS A,LIAO H,et al. Modeling and analysis for degradation with an initiation time[C]. 59th annual reliability and maintainability symposium (RAMS),Orlando,2013.

[58] LIAO H,TIAN Z. A framework for predicting the remaining useful life of a single unit under time - varying operating conditions[J]. Iie Transactions,2012,45(9): 964 - 980.

[59] CHEN N,TSUI K L. Condition monitoring and remaining useful life prediction using degradation signals: revisited[J]. IIE TRANSACTIONS,2013,45(9SI): 939 - 952.

[60] KLUTKE G A,YANG Y J. The availability of inspected systems subject to shocks and graceful

degradation[J]. IEEE Transactions on Reliability,2002,51(3): 371 -374.
[61] LI W, PHAM H. An Inspection - Maintenance Model for Systems With Multiple Competing Processes[J]. IEEE Transactions on Reliability,2005,54(2): 318 -327.
[62] HAO P,QIAN MEI F,DAVID W C. Reliability and maintenance modeling for systems subject to multiple dependent competing failure processes [J]. IIE Transactions, 2011, 43 (1): 12 -22.
[63] WANG Y,PHAM H. A Multi - Objective Optimization of Imperfect Preventive Maintenance Policy for Dependent Competing Risk Systems With Hidden Failure[J]. IEEE Transactions on Reliability,2011,60(4): 770 -781.
[64] KEEDY E,FENG Q. Reliability Analysis and Customized Preventive Maintenance Policies for Stents With Stochastic Dependent Competing Risk Processes[J]. IEEE Transactions on Reliability,2013,62(4): 887 -897.
[65] KOOSHA R,QIAN MEI F,DAVID W C. Reliability modeling for dependent competing failure processes with changing degradation rate [J]. IIE Transactions, 2014,46(5): 483 -496.
[66] WANG Z,HUANG H,LI Y,et al. An Approach to Reliability Assessment Under Degradation and Shock Process[J]. IEEE Transactions on Reliability, 2011,60(4): 852 -863.
[67] JJ F,RA L,SG G. Multicomponent lifetime distributions in the presence of ageing [J]. Journal of Applied Probability,2000,37(2): 521 -533.
[68] IUS V B,BIKELIS A,IUS V K. Statistical Analysis of Linear Degradation and Failure Time Data with Multiple Failure Modes[J]. Lifetime Data Analysis,2004,10(1):65 -81.
[69] YE Z S,TANG L C,XU H Y. A Distribution - Based Systems Reliability Model Under Extreme Shocks and Natural Degradation[J]. IEEE Transactions on Reliability, 2011,60(1): 246 -256.
[70] CHEN H,CHEN Y,YANG Y. A fatigue and low - energy shock - based approach to predict fatigue life[J]. Journal of Mechanical Science & Technology,2014,28(10):3977 -3984.
[71] CHEN H,CHEN Y,YANG Z. Coupling damage and reliability model of low - cycle fatigue and high energy impact based on the local stress - strain approach[J]. Chinese Journal of Aeronautics,2014,27(4):846 -855.

(本章执笔人:北京航空航天大学陈云霞)

第3章　机械产品可靠性建模

根据层级不同，机械产品可靠性模型分为机械零部件可靠性模型和机械系统可靠性模型。机械零部件可靠性模型通常建立在失效物理基础上，用以描述零部件可靠性的数学关系式。机械系统是由若干机械零部件有机组合、为完成某一特定功能的综合体，其可靠性除了受零部件可靠性影响之外，还取决于零部件的组合方式。对于特定的机械系统，当零部件可靠性保持不变，而零部件之间组合方式变化时，系统可靠性相差很大。机械系统可靠性模型是在零部件可靠性模型的基础上，用于描述系统逻辑结构对机械系统可靠性影响规律的逻辑图（包括仿真逻辑）。

3.1　机械产品可靠性建模最新研究进展

1. 机械产品可靠性建模的概念与内涵

与此对应，可靠性建模需考虑所有可能的可靠性指标（如可靠性、可用性、有效性），完成所有可能的产品（机械零部件、机械系统）在各种可能任务情况下的可靠性建模，结果采用数学关系式、逻辑图（包括仿真逻辑）等方式加以表达，用于支持对产品开展可靠性预计、可靠性分配、可靠性分析、可靠性评估。

在机械零部件层面，可靠性建模主要考虑静强度失效、疲劳失效、磨损失效等失效模式对零部件可靠性的影响，由于疲劳和磨损这两类失效在本书“故障物理”部分介绍，在此重点讨论应力－强度干涉模型。

在机械系统层面，传统的可靠性建模方法主要是可靠性框图法。由于机械系统在结构、功能上日益复杂，越来越凸显与系统可靠性相关的两个重要特征：动态性和多态性。动态可靠性建模和多态可靠性建模成为机械系统可靠性建模的热点研究方向。本章将对动态可靠性建模、多态可靠性建模进行重点总结。

2. 应力－强度干涉模型

应力－强度干涉模型以大批量生产的机械零部件为背景，将每个零部件的强度及作用于该零部件的应力（载荷）分别视为随机变量 δ 和 S。如果强度 δ 小于应力 S，则零部件失效，零件失效概率等于随机变量 δ 小于 S 的概率。因此，零件可靠度 R 可以定义为强度 δ 大于应力 S 的概率，即

$$R = P(\delta > S) \tag{3-1}$$

这里的应力和强度是广义的概念。将可能导致零部件失效的外界因素(力、冲击、变形、磨损、腐蚀、温度等)统称为应力,将可能阻止零部件失效的内在属性(材料强度、材料硬度、表面质量等)统称为强度。

在复杂机械结构中,不同零部件之间的应力、强度,乃至最终引发的故障都可能具有一定的相关性。近年来有关应力-强度干涉模型的研究主要围绕如何表达和处理相关性问题展开。Neves 等[1]在应力-强度干涉模型中引入相关系数来研究失效模式相关情形下的可靠性,由于相关系数只能近似表达失效模式相关程度,该方法是建立在经验公式基础上的一种近似方法。孙志礼等[2-4]分别从考虑应力相关性和强度相关性研究机械零件可靠性设计模型,并以单级圆柱齿轮减速器为例研究机械传动系统可靠性设计模型。谢里阳等[5-7]采用次序统计量建立了齿轮的失效概率计算模型,得出机械产品失效率预测的数学模型,建立零部件可靠性模型和系统可靠性模型,实现系统可靠性与零部件可靠性模型形式的统一、静强度可靠性与疲劳可靠性模型形式的统一。王正[8-10]考虑共因失效和随机载荷作用次数对可靠性的影响,研究多种失效模式下的机械零件动态可靠性模型,并在考虑共因失效相关性的基础上,在系统层运用应力-强度干涉模型建立共因失效系统可靠性模型,应用顺序统计量理论和载荷-强度干涉模型建立以载荷作用次数为寿命度量指标框架下的零件可靠度和失效率计算模型。赵勇等[11]根据应力-强度干涉理论,提出在多失效模式及多因素相关条件下机械传动系统可靠性的一般计算模型,并应用该模型对盾构机刀盘驱动多级行星齿轮传动系统进行了可靠性分析。胡青春等[12]研究了负载、有效齿宽、功率分配系数等因素对封闭行星齿轮传动系统及其零件可靠性的影响,建立了典型的封闭行星齿轮传动系统的可靠度模型。Echard 等[13]针对应力-强度干涉模型中随机变量的不确定性,提出改进的可靠性评估建模方法。

3. 可靠性框图模型

可靠性框图模型以图形化方式来描述系统和组成单元间的故障逻辑关系的模型,是最基本的系统可靠性模型。可靠性框图模型建立在系统的功能组成基础上,从功能角度分析并反映系统和单元的故障逻辑关系。常见的可靠性框图模型包括串联模型、并联模型、混联模型、桥联模型、网络模型等。

可靠性框图模型的优点是图形简便直观、计算简单、工程应用广,但缺点是无法描述动态行为、不区分故障模式的不同。Kim[14]扩展了可靠性框图方法,提出一种结合通用门的可靠性框图方法,并把该方法应用到桥梁系统可靠性建模。Teng[15]等利用分割技术,将可靠性框图分析方法应用到网状网络的可靠性建模。陆中等[16]提出基于可靠性框图的复杂系统蒙特卡罗仿真方法,给出各种可靠性模型系统与其组成单元的失效时间关系。刘哲锋[17]在对航天产品结构特征分析的基础上,选取串联、并联、表决、旁联等5种基本模型,建立可靠性框图自动评估系统,以提高可靠性分析的精度和速度。斗计华等[18]针对舰空导弹武器系统,采用可靠性框图建立了涉及舰空导弹武器系统操控人员行为的可靠性模型,构建武器系统使用可靠性数学模型。吕学志等[19]利用扩展可靠性框图模型研究系统可靠性参数仿真算法,利用树状结构来描述扩展可靠性框图结构,分别给出可修系统可靠性模型与不可修系统可靠性模型。

4. 动态可靠性建模

在系统运行过程中,受操作员行为、系统内部动力学过程、系统与环境相互关系等因素影响,系统行为和配置受初始扰动的影响而随时间变化。这种具有随机性的变化被称为系统动态性,并将导致系统可靠性指标的改变。动态性是现代复杂机械系统的典型特征。

总体上,影响系统动态行为的主要因素包括以下几点。

(1) 系统中各种因素之间的相关性,如共同负载、共因失效、相依失效、冗余相关等。

(2) 系统中的动力学行为,即系统内部的物理或化学过程。

(3) 系统的实时性要求,如控制系统对外部事件的响应等。

(4) 人为因素,如故意或非故意地执行特定动作的疏忽、对事件错误诊断、动作延迟等。

(5) 物理约束或维修规则导致复杂的维修及维护行为。

(6) 时间依赖性,如环境条件变化、系统配置和操作阶段改变、部件老化等。

目前,动态可靠性还没有形成明确、统一的定义,文献中的相关论述有助于我们了解动态可靠性的概念及特点。

(1) 动态可靠性方法提供了一个框架以便明确地记录时间及进程动态性对系统状况的影响。

(2) 动态可靠性考虑故障传播过程中事件发生的顺序和时间、转换率的相关性、状态变量值的失效标准、人因的作用。

(3) 动态可靠性与静态可靠性的最大区别在于:动态可靠性认为系统失效事件的发生不仅由基本事件的静态逻辑组合而导致,也可能依赖于其他事件是否发生以及发生时序。

(4) 动态可靠性是指在规定服役期限内,在正常使用和正常维护条件下,考虑环境和结构抗力衰减等因素的影响,结构服役某一时段后在后续服役期内完成预定功能的能力。

(5) 动态系统是人 - 机 - 软件构成的系统,它对初始摄动的响应包括随时间变化的元件之间的相互作用以及与环境的作用。动态可靠性则是以概率方法研究由人 - 机 - 软件系统构成的动态系统特性的可靠性方法。

在复杂系统可靠性建模和分析中,若忽略系统中存在的上述动态特性,将使结果偏离于实际,因此动态系统可靠性建模具有重要的科学价值和工程应用前景。动态可靠性已经成为当前机械系统可靠性领域的研究热点,动态可靠性建模的主要方法有状态转移图模型、GO - FLOW 法、事件序列分析法、动态故障树模型、马尔可夫模型、Petri 网模型、蒙特卡罗仿真法等。

1) 状态转移图模型

状态转移图提供系统不同状态的图形化表示、各种状态之间的联系、状态之间的转移率,是描述复杂系统动态行为最原始的方法。通常,状态转移图都用于实现马尔可夫链(Markov chains)和马尔可夫过程(Markov process)的可视化目的。

状态转移图在模型描述和处理上有以下特点:

(1) 构成状态转移图的只有结点和连接结点的方向线,因此建模容易、表达方便。

(2) 能够分析和处理系统相关性和动态性问题。

(3) 利用状态转移图可以定量地计算系统的故障概率及其他可靠性参数值。

状态转移图具有足够的灵活性,但在描述具体复杂系统的动态过程中受到了两个方面的限制:

(1) 状态空间组合爆炸问题,即状态数量随着系统中单元状态数量的增加呈指数级增长,使得应用状态转移图的建模过程烦琐,容易出错。

(2) 状态转移图不能提供类似于可靠性框图建模方法所具有的对系统状态的直观表达。

2) GO - FLOW 法

GO 法的基本思想是在 20 世纪 60 年代中期由美国 Kaman 科学公司最先提出。最初目标是寻求一种不同于故障树分析又能比较容易地从系统的功能原理图直接建模的方法,以便通过对大系统功能流程的分析完成系统的可靠性建模,并能处理系统动态性问题。

GO 法以成功为考虑问题的出发点,通过部件的 GO 符号直接从原理图转换为 GO 模型图,并且用 GO 法程序计算所分析系统的各种状态的发生概率。GO 法最初用来分析核武器和导弹系统的可靠性和安全性,近年来被应用于核能系统,如核电厂的可靠性和安全性分析。随着在应用中的不断完善,GO 法逐步形成了一套完整的建模理论。

GO 法的主要特点:

(1) 直接由原理图或流程图建立,具有结构紧凑,易于修改、核实等优点。

(2) 能充分表达部件之间的关系和相互作用,以及信号流的走向,每个符号反映了部件的性能。

(3) 侧重于分析成功的因素和过程,也可以求出系统成功或失效状态时所有部件成功或失败状态的组合。

(4) 有类似于时间树或决策树分析的特点,侧重研究时间过程的序列,特别适用于处理有复杂的顺序,并且状态随时间改变的系统。

GO 法的不足之处:

(1) 符号使用复杂,不易被一般工程技术人员掌握。

(2) 建模过程除了要求熟悉系统外,还必须定义一定数量的 GO 处理单元。

(3) 直接由系统中组件的物理分布构建而成,需要涵盖所有的系统状态,并且不能和 FTA 一样将模型按照需求进行分层。

(4) 不能提供系统状态场景的直观描述,且当系统组件数目增加时,组合爆炸问题也会显得相当突出。

在 GO 法基础上,日本船舶研究院的 Takeshi Mastuoka 和 Michiyuki Kobayashi 在 20 世纪 80 年代末研究、发展了 GO - FLOW 分析法。GO - FLOW 分析法的主要贡献在于:减少了处理单元的数量,简化了系统模型。另外,GO - FLOW 分析法将逻辑非门引入 GO 模型中用来考虑故障状态,使得此方法不仅从系统正常工作的角度来考察系统,也能从系统故障的角度来考察系统,从而扩展了处理问题的范围,能处理共因故障和非单调关联系统。

近年来,GO - FLOW 分析法被广泛应用于动态可靠性建模。Hashim 等[20]采用 GO - FLOW 分析法进行 FWR 安全系统的动态可靠性监测的案例研究。Yang 等[21]采用 GO - FLOW 法进行核电厂 ECCS 系统的动态可靠性建模。Hashim 等[22]应用故障模式与影响分析(FMEA)和 GO - FLOW 法进行 AP1000 安全系统的动态可靠性建模。尚彦龙等[23]采用 GO - FLOW 法进行核电厂净化系统的动态可靠性建模。

3) 事件序列分析法

与 GO 法相似,事件序列分析(event sequence analysis,ESA)法也以系统及其组成单元正常的角度来对系统进行可靠性建模。GO 法、GO - FLOW 法通过信号流和处理单元的组合来对系统中的时序特性进行表达,而 ESA 法通过延时事件和条件判断来描述离散动态系统。ESA 法的处理单元共有三类,分别表示系统事件、条件判断和逻辑关系。通过在离散时间点处的触发条件判断,ESA 法可以综合考虑到系统在该时间点可能产生的所有事件序列。此外,ESA 法还能描述并发、资源冲突等动态行为。

GO - FLOW 法与 ESA 法等方法都是通过对系统功能过程的分析,归纳整理出有限的典型模块,主要从系统及其组成单元正常工作的角度来对系统建模,在建立模型时还特别注意了与系统设计图(如原理图、功能图)的相似性,有利于系统设计人员的掌握和使用。

虽然 GO－FLOW 法及 ESA 法等方法都易于利用系统的功能特性去建立系统的可靠性分析模型，其主要作用只是在性能设计工作与可靠性设计工作中建立了一座更方便的桥梁，但其可靠性分析与性能分析仍然相互独立。

从应用上看，ESA 法在工程应用方面也比较多地集中在核工业领域和航空航天领域，如在液力系统、设备－推力喷射器组件、核能设备辅助给水系统、核反应堆应急堆冷系统、压水反应堆三路辅助给水系统等[24－26]。

4）动态故障树模型

传统故障树可以用简洁、易于理解的方式表示出系统中各事件发生的逻辑关系和确定的故障模式。但是，动态系统是否失效不仅取决于部件的工作状态，还取决于各部件的失效顺序。例如：某系统由一个工作部件、一个备用部件和一个切换开关组成。如果开关的失效发生在工作部件的失效之后，则系统仍然可以继续工作；反之，如果切换开关的失效发生在工作部件的失效之前，则由于备件无法进入替代工作状态，将导致该系统失效。因此，对于存在冗余结构、动态配置、复杂错误恢复等技术的系统，传统故障树难以进行描述和分析。

动态故障树（dynamic fault tree，DFT）是一种对传统故障树分析能力进行扩展的可靠性建模工具。它是指至少包含有一个专门的动态逻辑门的故障树，通过引入表征动态特性的逻辑门类型来表示底事件和顶事件间的动态、时序的逻辑关系，使系统的动态行为可以由故障树直接表示。动态逻辑门通常可以转换为相应的马尔可夫转移链，将故障树分析和马尔可夫链相结合以提高传统故障树对动态系统建模的能力。常用的动态逻辑门包括：功能触发门、冷储备门、优先与门。

动态故障树方法在很大程度上弥补了故障树分析在描述系统动态特性方面的不足，但仍然存在以下几方面的不足[27－30]：

（1）由于动态故障树本身不具有严密的数学基础，在进行相关可靠性特征量的求解时，必须要借助马尔可夫过程方法来进行计算。

（2）在描述现实中常见的可维修系统时较为繁琐。

（3）采用新的逻辑门来描述系统中出现的特定动态特性的方式使得动态故障树的应用不够灵活。

5）马尔可夫模型

马尔可夫模型是 Kolmogorov 于 1930 年建立的一种分析随机过程的方法，要求随机变量服从指数分布，广泛应用于对动态可靠性问题进行建模和求解[30－35]。

马尔可夫模型包括两个基本组成：状态和状态间转移。状态表示系统处于运行、故障、维修中或修复、降级模式等情形。状态间转换的概率快慢程度用“转移密度率”来表示，集中体现了单部件在两个状态转移之间的故障率和修复率两者的综合。

马尔可夫模型用在可靠性建模分析中有两个重要指标:可靠度和可用度,它们等于时刻 t 各个正常工作状态的概率之和。因此,马尔可夫模型求解可归结为对系统处于某个状态的概率求解。根据流经给定状态节点的概率密度,建立微分方程,解微分方程组就可得到该状态的概率值。

同其他的建模方法相比,马尔可夫模型有很灵活的建模能力,其主要缺点是马尔可夫链中状态数组合爆炸引起的可计算性问题。其次,应用马尔可夫模型分析故障容错系统,需要关注可能出现的“刚性”问题,即模型中存在相差几个数量级的转换率时,微分方程求解会出现数学难点。另外,马尔可夫模型要求系统满足时间上的无后效性,而实际系统有可能难以满足。

6) Petri 网模型

Petri 网模型是 1962 年由德国波恩大学的 C. A. Petri 在博士论文“用自动机进行通信”中首次提出的,后来成为离散动态系统建模的一种重要工具。近几年,Petri 网模型被引入到可靠性建模研究中,并日益受到重视。

Petri 网模型是由位置(position)、转移(transtion)、有向弧(arc)和标记(token)组成的一种有向图:有向弧代表位置间的转移变化方向;标记代表位置改变的时间条件是否成立的一种状态;转移的过程是从该转移的所有输入位置中移去一个标记,在该转移的所有输出位置增加一个标记。Petri 网模型的定量计算也是通过把其转换成马尔可夫模型,然后根据马尔可夫模型建立转移概率矩阵或微分方程求解,从而得到系统的瞬态可靠性参数。Petri 网是一种公认的功能强大的图形化建模工具,可以对系统进行清晰的直观表达,更重要的是 Petri 网模型具有综合描述系统并发和同步的能力。

1980 年,Molly 在 Petri 网模型的基础上进一步提出随机 Petri 网(stochastic Petri nets,SPN)模型。SPN 模型保留了基本 Petri 网模型的结构和表示方法,通过概率假定可以获得系统行为的动态性能。与其他模型相比,随机 Petri 网模型建模更符合实际系统给设计者的系统描述思维和直观感觉,所得模型也更具有可拓展性。Petri 网模型强大的建模能力被广泛应用于系统动态可靠性建模,已成为动态系统可靠性建模的重要发展方向[36-40]。

随机 Petri 网模型具有灵活有力的可靠性建模机制,但实际应用中仍然存在以下两个方面的局限性:

(1) 变迁发射时间服从指数分布的假设。

指数分布的 SPN 模型所特有的与马尔可夫模型同构的特点为随机 Petri 网模型的求解带来很大的方便。但是,诸如液压等系统内所包含的很多元件的寿命并不严格服从指数分布。如果采用指数分布来近似定义非指数分布的持续时间,得到的结果往往与实际相差甚远。

（2）状态空间爆炸问题。

随机 Petri 网模型的状态空间大小随模型中建模元素的增长而呈指数级增长，导致状态空间爆炸问题，严重限制着此类建模机制在现实系统中的应用。状态空间爆炸问题不仅关系到数值方法求解的可行性，而且影响仿真精确。

7）蒙特卡罗仿真

蒙特卡罗仿真的基本思想是：首先建立概率模型，通过某种用数字进行的假想“试验”得到抽样值，然后进行统计处理，其结果作为问题的解。从 20 世纪 60 年代以来，蒙特卡罗仿真方法广泛应用于复杂系统的可靠性建模与评估分析。由于蒙特卡罗方法主要用来模拟系统的寿命过程，并在此基础上分析系统的可靠性特征，因此蒙特卡罗仿真实际上也描述了系统逻辑结构对系统可靠性影响规律的仿真逻辑，被认为是广义上的可靠性建模方法。

当系统规模较大且为非线性系统，或者当系统难以用数学模型描述时，蒙特卡罗仿真就成为有效的可靠性建模方法。此外，蒙特卡罗仿真对问题的维数不敏感，不存在状态空间爆炸的问题，不受假设的约束，具有强的适用性和解决问题能力。这些特点使得蒙特卡罗仿真成为动态系统可靠性建模中强有力的备选工具。

近年来，Marseguerra、Zio 等[41-45]采用蒙特卡罗仿真对动态可靠性问题做了大量研究，在国际核心刊物发表了系列论文。肖刚[46]提出了描述一般可靠性系统寿命过程的积分模型，该模型为一个 Fred Holm 线性积分方程，它将系统可靠度和系统瞬态可用度表示成系统状态转移密度函数的加权积分，利用泛函的 Neumann Von 级数解，建立了动态系统可靠性仿真的统一描述形式。Dai 等[47]结合动态故障树与蒙特卡罗仿真进行动态可靠性的建模分析。

蒙特卡罗仿真方法存在如下不足：①仿真模型运行时间长，计算效率有待提高；②仿真的准确度受到模型描述深度的限制；③不能保证得到全局最优解，应用于优化问题时需要重点关注。

5. 多态可靠性建模

系统可靠性和系统状态紧密相关，而系统状态又与部件的状态直接相关，部件状态的变化将导致系统状态的变化，从而影响系统可靠度。传统可靠性建模理论将系统视为二态系统，不能反映部件状态与系统状态之间的关系，同时也无法反映系统状态与可靠性之间的关系。

实际上，系统除了正常工作和完全失效两种状态外，还具有多种工作（或失效）状态，或系统能够在多个性能水平下运行，这样的系统被称为多态系统（multi - state system，MSS）。多态系统可靠性建模是可靠性建模的另一个发展方向。

多态系统模型包含了部分失效和多故障模式等思想，不仅需要考虑功能特性，还需要考虑容量特性，能提供部件和系统性能劣化行为更为详细的信息。也就是说，多态系统的可靠性不仅与其是否能够运行有关，还与其是否能够满足一定的负荷需求相关。

MSS 可靠性模型可划分为两种类型[48]：

(1) 二态部件组成的多态系统(multi - state systems with binary components)

虽然部件只有两个状态，但是不同的二态部件具有不同的额定容量(或性能水平)，由于其部件不同的状态组合，该系统也将在不同的性能水平上工作，整个系统仍然具有多态性。传统可靠性领域的 $r/n(G)$ 表决系统就是典型的二态部件的多态系统。$r/n(G)$ 系统由 n 个二态部件组成，系统有 $n+1$ 个状态。在传统可靠性领域中，一般将 $r/n(G)$ 系统当作二态系统，只要有 r 个部件正常工作系统则正常工作，否则视为故障，其实将该系统做了简化，虽然计算过程简单，但是不能准确地反映出系统性能的变化情况。

(2) 多态部件组成的多态系统(multi - state systems with multi - state components)

部件本身就是多态的，整个系统的性能由部件状态的组合决定，因此系统也具有多态性。性能退化系统在工作时呈现出多种性能水平，也是一种比较典型的多性能水平系统，也可归入这一类。如核动力装置的设计寿命一般很长，但随着运行时间的增加，由于设备的老化、磨损或维修管理不当等原因，部分设备的性能会出现退化，整个装置的技术状态呈下降趋势，呈现出多种性能水平。

多态系统可靠性建模研究最初源于 20 世纪 70 年代，最初发表的学术论文逐步形成了多态系统的概念，定义了多态系统的结构函数，分析了多态系统的性质，并且将传统可靠性中的最小割集和最小路集等概念引入到多态系统可靠性领域。多态系统可靠性理论在 20 世纪 80 年代逐步应用到电力、网络、机械等领域。

在研究者的不懈努力下，多态系统理论的研究取得了长足进展。在多态系统建模研究过程中，对多态系统和多态部件的研究经历了从拥有相同数量状态发展到不同数量状态，对状态空间的描述经历了从有序集合发展到部分有序集合的过程，并形成了 5 种主要的多态系统可靠性建模方法，即布尔模型扩展法、马尔可夫模型、蒙特卡罗仿真、通用生成函数(universal generating function，UGF)模型、贝叶斯网络(Bayesian network，BN)模型。

1)布尔模型扩展法

在传统故障树(fault tree，FT)模型中，系统和部件只有两种状态，无法分析多态系统，为此许多研究将其扩展为多态故障树模型。早期的研究主要将故障树引入多态系统，提出了适用于多态关联系统的多态故障树，并进一步提出适用于多态非关联系统的多态故障树，以此为基础开展多态故障树定量分析。近年来,曾亮[49]、谢红卫等[50]提出了基于立方体理论的多态故障树建模方法,并给出了定性和定量算法。王学敏等[51]利用故障树方法分析了多态系统可靠性。

传统二态系统故障树通过最小割集和最小路集进行求解,多态系统中最小路集和最小割集的定义需要结合系统的性能水平或状态,因此在复杂系统建模时面临最小路集和最小割集的求解困难。针对这一问题,周忠宝等[52]根据多态故障树的结构建立 BN 模型的拓扑结构,然后根据多态逻辑算子对其进行定量化,进而利用 BN 模型分析多态故障树顶事件概率、部件重要度等。Zaitseva 等[53]引入多值理论来解决最小割集和最小路集计算难问题。

从总体上看,布尔模型扩展方法的建模过程较为复杂,因此在大型复杂多态系统中的应用受到了很大限制,且由于计算繁琐,难以应用于多态系统可靠性优化设计。

2）马尔可夫模型

在多态系统可靠性建模中,系统状态由元件的操作模式、过程变量的大小、人员操作所定义,而这些状态以及它们之间的转移过程可以用马尔可夫模型进行描述,通过对模型求解,可以得到系统在特定时间处于某个状态的概率。由于马尔可夫模型擅长状态统计,便于获得系统可靠度与时间之间的关系,因此被广泛应用于多态系统可靠性建模。Dimitrov 等[54]利用马尔可夫模型建立了多态系统可靠性模型。Soro 等[55]利用马尔可夫模型分析在最小维修和预防性维修情况下的多态退化系统性能可靠性问题。

在利用马尔可夫模型分析多态系统可靠性时,要求系统各状态的驻留时间必须服从指数分布,当不满足该条件时无法适用。不少研究针对这一问题进行改进,提出改进型马尔可夫模型。Chen 等[56]利用马尔可夫再生过程分析了多态系统的预防性维修问题。黄景德等[57]采用隐马尔可夫模型分析多态系统的状态转移过程,建立多态系统隐马尔可夫模型,实现系统状态的识别和预测。这些改进型的马尔可夫模型的计算更加复杂,因此其应用也受到限制。

马尔可夫模型适用于计算复杂度较低的多态系统可靠度,对于复杂多态系统,随着部件数量和部件状态的增加,可能会出现状态爆炸的情况,因此在工程应用中受到很大限制。为降低模型的复杂度,通常会进行单一故障假设。尽管这种假设简化了概率转移矩阵,但是对于工程实际中的模型而言其状态数量仍然过高。

3）通用生成函数模型

生成函数也称为发生函数,是联结离散数学与连续数学的桥梁,是现代离散数学领域中的重要方法,适用于解决组合分析问题。20 世纪 80 年代,Ushakov 对生成函数进行了扩展,提出了通用生成函数(UGF)的概念,随后 UGF 被引入多态系统可靠性建模,在多态系统可靠性分析与优化设计中得到广泛应用。

UGF 定义随机变量的可能取值与其对应的概率之间的联系,并通过运算建立不同变量之间的关系。由于 UGF 在计算多态系统可靠性时较方便快捷,使得该方法在多态系统可靠性优化中备受关注。李春洋等[58]针对具有多种性能参数的多态系统可靠性分析的需要,提出了向量 UGF 的定义和对应的运算符,可以准确快速地估算多性能参数多态系统可靠度。Levitin 等[59-63]利用 UGF 方法分析了具有两种失效模式的多态系统可靠性,采用 UGF 方法分析了故障不完全覆盖的多态系统可靠性,利用 UGF 方法分析了多故障覆盖多态系统的可靠性,利用 UGF 方法分析了由二态部件组成的多态系统的可靠度置信区间,利用 UGF 方法分析了故障传播多态系统的性能和可靠性。张丹[64]利用 UGF 方法分析构件多状态的机构运动精度可靠性。

UGF 方法在进行多态系统研究时计算快、便于实现,但是目前研究都是针对单一离散随机变量,而在工程实践中有不少部件和系统具有多个性能参数。此外,该方法无法实现可视化,难以直观地看出系统状态转移过程,不利于从本质上去认识和分析系统。

4）蒙特卡罗仿真

蒙特卡罗仿真除了应用于静态、动态可靠性建模之外,也被应用于多态系统可靠性建模。Lisnianski[65]利用蒙特卡罗仿真方法分析多态系统可靠性,研究提高计算效率的手段。Ramirez - Marquez 和 Coit[66]提出一种基于蒙特卡罗仿真计算多态两终端网络系统可靠性的近似方法,利用多态系统最小割集和蒙特卡罗仿真在有限时间内得到较好的近似值。原菊梅等[67]将粗糙 Petri 网应用到多态系统可靠性建模,利用蒙特卡罗仿真方法估算多态系统可靠性。Fan 和 Sun[68]建立基于蒙特卡罗仿真的模型,用于评估多态网络系统可靠性。

与应用于动态可靠性建模类似,蒙特卡罗仿真虽然在解决复杂多态系统可靠性问题时具有比较强大的建模能力,但它只是一种统计方法,无法得到精确解,需要大量的计算模拟才能够获得相对准确的计算结果,且无法获得可靠性优化设计的闭合解。

5）贝叶斯网络(BN)

BN 是 Pearl 于 1986 年提出的一种基于概率论和图论的不确定知识表示模型,在不确定知识表示和推理中表现出卓越的能力。近年来,BN 成为人工智能领域中一种用以表示系统不确定性、进行概率推理的行之有效的新方法,它能够利用模型中的局部条件依赖关系,进行双向不确定性推理,广泛应用于预测、分类、因果分析和诊断分析。

BN 已经在二态和多态系统、连续状态系统、具有时序关系的系统以及软件和人的可靠性建模中得到应用。周忠宝等[69]针对多态元件组成的二态系统可靠性定量分析的难点,提出了一种基于 BN 的建模方法,将多态故障树转化为 BN,利用 BN 计算各事件发生的概率及元件的重要度。段立召等[70]在电子装配

“安全－潜在故障－故障”三种工作状态基础上，建立了多状态电子装配状态模型，提出了基于 BN 的多状态电子装备可靠性建模方法，实现了系统可靠性的有效评估。尹晓伟等[71]利用 BN 的不确定性推理和图形化表达的优势，提出一种基于 BN 的多状态系统可靠性建模方法，确定 BN 的结点及系统各元件的多个状态，并给出各状态的概率，进而用条件概率分布描述元件各状态之间的关系，建立多状态系统 BN 模型。郑恒[72]等提出一种基于 BN 的火工系统建模方法，考虑多态变量、变量间的相关性，以及如何更好地表达变量间的不确定性关系。徐格宁等[73]利用 BN 在不确定性和多态性表达方面的优势，对汽车起重机液压系统的可靠性进行建模。

由于 BN 建模方法适用于表达和分析不确定性事物，具备了描述事件多态性和非确定性逻辑关系的能力，从推理机制和状态描述上来看，适合于多态系统可靠性建模。此外 BN 还能够进行双向推理，不但可以由原因导出结果，还可以利用后验概率公式由结果导出原因，适合应用于寻找系统的薄弱环节。

3.2 机械产品可靠性建模国内外研究进展比较

近年来，国内学术研究和工程应用在机械产品可靠性建模领域取得了显著进展，横向相比较，国外在该领域的研究更加关注以下问题：

（1）在实际工程中，强度、应力以及零件尺寸等工程变量具有明显的时变特征，比如机械强度因疲劳、磨损和腐蚀造成的退化，电绝缘强度随时间和外界应力的退化等，因此机械零部件的可靠性必然呈现出显著的时变性，针对应力－强度干涉模型中的时变因素进行的扩展研究得到了越来越多的关注。

（2）机械产品运行是典型的动态过程，载荷、工况、应力等运行环境及参数都是时间的变量，科学技术的交叉集成使得机械产品日趋复杂，人－机－环境以及系统软硬件之间相互作用、相互影响，产品可靠性的动态性特征日益明显，动态系统可靠性建模研究备受关注。

（3）随着产品的复杂化，人的可靠性对产品的使用可靠性影响更加显著，软件可靠性也成为影响复杂机械产品可靠性的重要因素，人－机－软件组成的复杂系统体现出越来越多的多态性特征，多态系统可靠性建模需求越来越成为领域研究热点。

3.3 机械产品可靠性建模发展趋势与未来展望

机械产品可靠性建模的发展可以概括为如下 4 个趋势：

（1）系统行为特征从静态发展到动态；

（2）系统状态特征从二态发展到多态；

（3）可靠性参数从简单的可靠性、可用性发展到效能等综合指标；

（4）可靠性建模方法从简单到复杂，应用越来越广，描述行为越来越复杂。

所有的这些趋势构成了当前可靠性建模研究体系的整体，可靠性建模的未来发展需要关注以下具体方向：

（1）本章述及的可靠性建模方法都存在描述能力和模型复杂度的权衡问题，系统描述能力越强，其建模复杂度也越高，因此，根据系统特点寻求描述能力、模型复杂度、计算效率三者兼顾的可靠性建模方法，仍是目前研究和发展的主要方向。

（2）目前的建模方法虽多，但不能尽善尽美、面面俱到，各种具体方法及典型应用领域中仍存在有待解决的问题，需要对各种可靠性建模方法根据工程应用需求进行扩展或者适应性完善，这也是复杂大系统可靠性建模将来需要持续关注的研究方向。

（3）由于 Petri 网模型具有良好的细节描述和通用性，近年来以崭新姿态应用到可靠性建模等各个研究领域，常作为蒙特卡罗仿真的基础，但 Petri 网模型描述大型复杂系统会使模型过于繁杂，如何有效地解决 Petri 网模型应用于大型系统可靠性建模中的模型复杂性问题仍然有待深入研究。

（4）随着可靠性研究领域向性能与可靠性模型一体化、综合化方向发展，性能与可靠性一体化建模成为目前一个新的研究方向。

（5）目前已经出现了针对马尔可夫模型的可靠性建模分析软件，实现了马尔可夫模型的软件封装，按照可靠性建模历史的发展来看，将来势必要实现对 Petri 网模型等其他可靠性建模方法的软件封装，从而提供一种用户友好的可靠性建模软件系统，用以辅助完成复杂系统的可靠性建模。

参考文献

[1] NEVES R A, MOHAMED - CHATEAUNEUF A, VENTURINI W S. Component and system reliability analysis of nonlinear reinforced concrete grids with multiple failure modes [J]. Structural Safety, 2008, 30(3): 183 - 199.

[2] 孙志礼，陈良玉，张钰，等．机械传动系统可靠性设计模型（Ⅰ）——考虑应力相关性的设计[J]．东北大学学报（自然科学版），2003，24(6)：548 - 551.

[3] 孙志礼，陈良玉，何恩山，等．机械传动系统可靠性设计模型（Ⅱ）——考虑强度相关性的设计[J]．东北大学学报（自然科学版），2003，24(6)：552 - 555.

[4] 孙志礼，陈良玉，何恩山，等．机械传动系统可靠性设计模型（Ⅲ）——以单级圆柱齿轮减速器为例[J]．东北大学学报（自然科学版），2003，24(9)：854 - 857.

[5] 谢里阳，姜永军．齿轮失效概率分析的串联系统相关失效模型[J]．失效分析与预防，2006，1(1)：25 - 27.

[6] 谢里阳,王正. 机械产品失效率预测的数学模型[J]. 失效分析与预防,2007,2(4):1-5.

[7] 谢里阳. 扩展式可靠性建模方法与四元统计模型[J]. 中国机械工程,2009(24):2969-2973.

[8] 王正,谢里阳,李兵,等. 多种失效模式下的机械零件动态可靠性模型[J]. 中国机械工程,2007,18(18):2143-2146.

[9] 王正,谢里阳,李兵. 考虑失效相关的系统动态可靠性模型[J]. 兵工学报,2008,29(8):985-989.

[10] 王正,康锐,谢里阳. 随机载荷多次作用下的零件失效率计算模型[J]. 北京航空航天大学学报,2009,35(4):407-410.

[11] 赵勇,秦大同,武文辉. 考虑失效相关的盾构机刀盘驱动多级行星传动系统的可靠性模型[J]. 中国机械工程,2011,22(5):522-527.

[12] 胡青春,段福海,吴上生. 封闭行星齿轮传动系统的可靠性研究[J]. 中国机械工程,2007,18(2):146-149.

[13] ECHARD B, GAYTON N, BIGNONNET A. A reliability analysis method for fatigue design[J]. International Journal of Fatigue,2014,59(2):292-300.

[14] KIM M C. Reliability block diagram with general gates and its application to system reliability analysis[J]. Annals of Nuclear Energy,2011,38(11):2456-2461.

[15] TENG H K, YANG C C, WENG H L, et al. A mesh network reliability analysis using reliability block diagram[C]. Industrial Informatics, Osaka, 2010.

[16] 陆中,孙有朝. 基于 Monte Carlo 法与 GA 算法的复杂系统可靠度求解[J]. 系统工程与电子技术,2008,30(12):2519-2522.

[17] 刘哲锋. 航天产品可靠性框图自动评估系统实现与研究[J]. 装备指挥技术学院学报,2009,20(6):65-67.

[18] 斗计华,陈万春,钟志通. 舰空导弹武器系统使用可靠性评估[J]. 系统工程与电子技术,2011,33(7):954-957.

[19] 吕学志,于永利,张柳,等. 基于事件的系统可靠性参数仿真算法[J]. 火力与指挥控制,2012,37(4):73-78.

[20] HASHIM M, YOSHIKAWA H, MATSUOKA T. Considerations of uncertainties in evaluating dynamic reliability by GO-FLOW methodology - example study of reliability monitor for PWR safety system in the risk-monitor system[J]. Journal of Nuclear Science & Technology,2013,50(7):695-708.

[21] YANG M, ZHANG Z, YOSHIKAWA H, et al. Dynamic Reliability Analysis by GO-FLOW for ECCS System of PWR Nuclear Power Plant[M]// Zero-Carbon Energy Kyoto 2009. Tokyo: Springer, 2010.

[22] HASHIM M YOSHIKAWA H, MATSUOKA T. Quantitative dynamic reliability evaluation of AP1000 passive safety systems by using FMEA and GO-FLOW methodology[J]. Journal of Nuclear Science & Technology,2014,51(4):526-542.

[23] SHANG Y L, CHEN L S, CAI Q, et al. Dynamic Reliability Analysis of the Nuclear Reactor

Purification System Based on GO – FLOW Methodology[J]. Chinese Journal of Ship Research,2011,1:69.

[24] XIE H Y,CAI Q,ZHANG Y W. Layered Modeling of Event Sequence Diagram for Dynamic Reliability Analysis of Nuclear Power Plant[C]. Power and Energy Engineering Conference, Chengdu,2010.

[25] XIE H Y,CAI Q,ZHANG Y W. Layered modeling of event sequence diagram for reactor dynamic reliability analysis[J]. Ship Science & Technology,2010,5:56.

[26] CHUN S U. Dynamic Reliability Simulation for Manufacturing System Based on Stochastic Failure Sequence Analysis[J]. Journal of Mechanical Engineering,2011,47(24):165.

[27] SIU N O,ACOSTA C,RASMUSSEN N C. Dynamic event trees in accident sequence analysis [Z]. 2014.

[28] TAN M,ZHU S,JIN J. A extended event trees based dynamic reliability analyzing method [C]//International Conference on Computing, Control and Industrial Engineering, Wuhan,2011.

[29] DISTEFANO S,PULIAFITO A. Dependability Evaluation with Dynamic Reliability Block Diagrams and Dynamic Fault Trees. [J]. IEEE Transactions on Dependable & Secure Computing, 2009,6(1):4 – 17.

[30] DISTEFANO S,PULIAFITO A. Dynamic Reliability Block Diagrams VS Dynamic Fault Trees [C]. Reliability and Maintainability Symposium,Orlando,2007.

[31] GE D,YANG Y. Reliability analysis of non – repairable systems modeled by dynamic fault trees with priority AND gates[M]. New York:John Wiley and Sons Ltd,2015.

[32] BUCCI P, KIRSCHENBAUM J, MANGAN L A, et al. Construction of event – tree/fault – tree models from a Markoy approach to dynamic system reliability[J]. Reliability Engineering & System Safety, 2008, 93(11):1616 – 1627.

[33] ZHANF H, DUFOR F, DUTUIT Y, et al. Piecewise deterministic Markoy processes and dynamic reliability[J]. Institution of Mechanical Engineers Part O Journal of Risk & Reliability, 2009,222(4):545 – 551.

[34] DAN G C,IONESCU – BUIOR M. Adjoint Sensitivity Analysis of Dynamic Reliability Models Based on Markoy Chains—I: Theory[J]. Nuclear Science & Engineering the Journal of the American Nuclear Society,2008,158(2):97 – 113.

[35] DAN G C,BALAN I,IONESCU – BUIOR M. Adjoint sensitivity analysis of dynamic reliability models based on Markoychains – Ⅱ: Application to IFMIF reliability assessment [J]. Nuclear Science & Engineering the Journal of the American Nuclear Society,2008,158(2): 114 – 153.

[36] YANG W J,ZHANG Z H. Structural dynamic reliability study based on the probability analysis of first – passage time of continuous Markoy process [J]. Engineering Mechanics,2011,28 (7):124 – 128.

[37] RANJBAR A H,KIANI M,FAHIMI B. Dynamic Markoy Model for reliability evaluation of

power electronic systems[C]. International Conference on Power Engineering, Energy and Electrical Drives, Singapore, 2011.

[38] ROBIDOUX R, XU H, XING L, et al. Automated Modeling of Dynamic Reliability Block Diagrams Using Colored Petri Nets [J]. IEEE Transactions on Systems Man & Cybernetics Part A Systems & Humans, 2010, 40(2):337 – 351.

[39] SADOU N, DEMMOU H. Reliability analysis of discrete event dynamic systems with Petri nets [J]. Reliability Engineering & System Safety, 2009, 94(11):1848 – 1861.

[40] ŠKŇOUŘILOVÁ P, BRIŠ R. Coloured Petri nets and a dynamic reliability problem [J]. Proceedings of the Institution of Mechanical Engineers Part O Journal of Risk & Reliability, 2008, 222(222):635 – 642.

[41] CHU Y, YUAN Z, CHEN J. Research on Dynamic Reliability of a Jet Pipe Servo Valve Based on Generalized Stochastic Petri Nets [J]. International Journal of Aerospace Engineering, 2015, 2015(5):1 – 8.

[42] 苏春. 基于GSPN模型的系统动态可靠性仿真研究[J]. 中国机械工程, 2008, 19(1):1 – 5.

[43] MARSEGUERRA M, ZIO E. Monte Carlo simulation for model – based fault diagnosis in dynamic systems [J]. Reliability Engineering & System Safety, 2009, 94(2):180 – 186.

[44] MARSEGUERRA M, ZIO E, CADINI F. Biased Monte Carlo unavailability analysis for systems with time – dependent failure rates [J]. Reliability Engineering and System Safety, 2002, 76(1):11 – 17.

[45] MARSEGUERRA M, ZIO E. Optimizing maintenance and repair policies via a combination of genetic algorithms and Monte Carlo simulation[J]. Reliability Engineering and System Safety, 2000, 68(1):69 – 83.

[46] CANTONNI M, MARSEGUERRA M, ZIO E. Genetic algorithms and Monte Carlo simulation for optimal plant design[J]. Reliability Engineering and System Safety, 2000, 68(1):29 – 38.

[47] LABEAU P E, ZIO E. Procedures of Monte Carlo transport simulation for applications in system engineering[J]. Reliability Engineering and System Safety, 2002, 77(2):217 – 228.

[48] 肖刚, 李天柁. 系统可靠性分析中的蒙特卡罗方法[M]. 北京:科学出版社, 2003.

[49] DAI Z H, WANG Z P, JIAO Y. Dynamic reliability assessment of protection system based on dynamic fault tree and Monte Carlo simulation[J]. Proceedings of the Csee, 2011, 4(19):238 – 240.

[50] HUANG X Q, SHEN Y, CHEN C Q, et al. Reliability evaluation of microgrid cluster based on Monte – Carlo hierarchical dynamic reliability model[C]. International Conference on Advances in Power System Control, Operation & Management, Hong Kong, 2017.

[51] RAMIREZ – MARQUEZ J E, LEVITIN G. Algorithm for estimating reliability confidence bounds of multi – state systems [J]. Reliability Engineering & System Safety, 2008, 93(8):1231 – 1243.

[52] 曾亮. 立方体表示方法及其在多状态系统可靠性分析中的应用[J]. 质量与可靠性,

2000,90:21 -24.
[53] 谢红卫,夏家海,张明.基于立方体理论的 MFTA 软件设计与实现[J].国防科技大学学报,2000,22(5):98 -102.
[54] 王学敏,谢里阳,周金宇.非整数阶系统可靠性模型[J].机械设计,2004,21(12):6 -8.
[55] 周忠宝,马超群,周经伦,等.基于贝叶斯网络的多态故障树分析方法[J].数学的实践与认识,2008,38(19):89 -95.
[56] ZAITSEVA E, PUURONEN S. Estimation of multi - state system reliability depending on changes of some system component efficiencies[C]. The 2007 European Safety and Reliability Conference (ESREL 2007),Stavanger,2007.
[57] DIMITROVA B, RYKOV V, STANCHEV P. On multi - state reliability systems[C]. The Third International Conference on Mathematical Methods in Reliability (MMR 2002), Flint,2002.
[58] DASCALU D, IONESCU D C. Optimizing the maintenance strategy of multi - state systems with several failure modes[C]. The Third International Conference on Mathematical Methods in Reliability (MMR 2002),Trondheim,2002.
[59] SHRESTHA A, XING L, DAI Y. Reliability analysis of multi - state phased - mission systems [C]. The Annual Reliability and Maintainability Symposium (RAMS 2009), Fort Worth,2009.
[60] SORO W, NOURELFATH M, AIT - KADI D. Performance evaluation of multi - state degraded systems with minimal repairs and imperfect preventive maintenance[J]. Reliability Engineering and System Safety,2009,95(2):65 -69.
[61] CHEN Y. CAO K S. Trivedi. Preventive maintenance of multi - state system with phase - type failure time distribution and non - zero inspection time[J]. International Journal of Reliability, Quality and Safety Engineering,2003,10(3):323 -344.
[62] 黄景德,郝学良,王明.基于 HMM 的多态系统状态识别模型研究[J].测试技术学报,2012,2:154 -157.
[63] 李春洋,陈循,易晓山,等.基于向量通用生成函数的多性能参数多态系统可靠性分析[J].兵工学报,2010,31(12):1604 -1610.
[64] LEVITIN G. Reliability of multi - state systems with two failure - modes[J]. IEEE Transactions on Reliability,2003,52(3):340 -348.
[65] LEVITIN G. Block diagram method for analyzing multi - state systems with uncovered failures [J]. Reliability Engineering and System Safety,2007,27:727 -734.
[66] LEVITIN G, AMARI S V. Multi - state systems with multi - fault coverage[J]. Reliability Engineering and System Safety,2008,93(11):1730 -1739.
[67] RAMIREZ - MARQUEZ E, LEVITIN G. Algorithm for estimating reliability confidence bounds of multi - state systems [J]. Reliability Engineering and System Safety, 2008, 93: 1231 -1243.
[68] LEVITIN G, XING L. Reliability and performance of multi - state systems with propagated fail-

ures having selective effect [J]. Reliability Engineering and System Safety, 2010, 95: 655 - 661.

[69] 张丹. 基于发生函数法的多状态系统可靠性分析[D]. 沈阳:东北大学,2007.

[70] LISNIANSKI A. Extended block diagram method for a multi - state system reliability assessment[J]. Reliability Engineering and System Safety,2007,92:1601 - 1607.

[71] RAMIREZ - MARQUEZ E, COIT D W. A Monte - Carlo simulation approach for approximating multi - state two - terminal reliability[J]. Reliability Engineering and System Safety, 2005,87(2):253 - 264.

[72] 原菊梅,侯朝祯,高琳,等. 粗糙 Petri 网及其在多状态系统可靠性估计中的应用[J]. 兵工学报,2007,28(11):1373 - 1376.

[73] FAN H,SUN X. A multi - state reliability evaluation model for P2P networks[J]. Reliability Engineering and System Safety,2010,95(4):402 - 411.

[74] 周忠宝,马超群,周经伦. 贝叶斯网络在多态系统可靠性分析中的应用[J]. 哈尔滨工业大学学报,2009,41(6):232 - 235.

[75] 段立召,黄景德,郝学良. 多状态电子装备可靠性评估方法研究[J]. 测试技术学报,2011,25(2):112 - 116.

[76] 尹晓伟,钱文学,谢里阳. 基于贝叶斯网络的多状态系统可靠性建模与评估[J]. 机械工程学报,2009,45(2):2006 - 2012.

[77] 郑恒,吴祈宗,汪佩兰,等. 贝叶斯网络在火工系统安全评价中的应用[J]. 兵工学报,2006,27(6):988 - 993.

[78] 徐格宁,李银德,杨恒,等. 基于贝叶斯网络的汽车起重机液压系统的可靠性评估[J]. 中国安全科学学报,2011,21(5):90 - 97.

(本章执笔人:东南大学苏春)

第4章　机械产品可靠性设计

可靠性设计是保证机械产品可靠性的重要技术环节，是实现机械零部件与系统“优生”的重要举措。

4.1　机械产品可靠性设计最新研究进展

1. 机械产品可靠性设计概述

机械零部件的可靠性设计，通常针对失效模式进行，大多基于应力－强度干涉理论；机械系统的可靠性设计则根据系统的特点、所处的研制阶段等有不同的方法。本章从机械零部件的静强度可靠性设计、疲劳强度可靠性设计、磨损可靠性设计以及机械系统的可靠性设计等方面，对机械零部件与系统可靠性设计方法的研究现状与发展趋势进行论述。

2. 机械零部件的静强度可靠性设计

机械零部件的静强度可靠性设计最显著的特征之一，便是不考虑或忽略强度性能的劣化。传统的零部件静强度可靠性设计方法主要采用的是安全系数法，近年来，概率论在机械零部件的静强度设计领域得到较为广泛的应用，由此衍生出两大类零部件静强度设计方法：①在传统的安全系数法中引入概率模型，即考虑应力、强度的不确定性特征，通过应力、强度、安全系数之间的概率运算，建立起零部件可靠度与安全系数之间的关系；②直接采用应力－强度干涉理论，即根据应力与强度的概率分布特征计算得到可靠度。其中，应力－强度干涉模型、功能函数法、一次二阶矩法等均属于这类方法。

1）基于概率安全系数法的零部件静强度可靠性设计

在传统的零部件静强度安全系数设计法中，安全系数 n 被定义为强度 δ 与应力 S 之比，即 $n=\delta/S$。然而，受载荷应力随机性、材料性能分散性、工艺过程波动性等不确定性因素的影响，强度和应力实际上均为随机变量，安全系数也应当视为随机变量。因此，采用安全系数法进行机械零部件的静强度设计时，不仅要看安全系数的均值 μ_n，还要考虑其方差即离散程度。近年来，在机械零部件的静强度可靠性设计中，概率安全系数法已逐步取代了传统安全系数法。

当应力与强度的不确定性特征均可采用具有正态分布随机变量描述时，零部件的静强度安全系数的均值可以表示为

$$\mu_n = \frac{\mu_\delta}{\mu_S} \tag{4-1}$$

安全系数的标准差可以表示为

$$\sigma_n = \frac{1}{\mu_S^2}\sqrt{\mu_\delta^2\sigma_S^2 + \mu_S^2\sigma_\delta^2} \tag{4-2}$$

根据安全系数的定义,由式(4-1)和式(4-2)可以获得经过标准正态分布处理后的安全系数随机变量,即

$$z = -\frac{\mu_\delta/\mu_S - 1}{\sqrt{\sigma_\delta^2/\mu_S^2 + \sigma_S^2/\mu_S}} = -\frac{\mu_n - 1}{\sqrt{\mu_n^2 C_\delta^2 + C_S^2}} \tag{4-3}$$

进一步可得

$$\mu_n = \frac{1 + \sqrt{(z^2C_\delta^2 - 1)(z^2C_S^2 - 1)}}{1 - z^2C_\delta^2} \tag{4-4}$$

式中:C_S 为应力分布变异系数,$C_S = \sigma_S/\mu_S$;C_δ 为强度分布变异系数,$C_\delta = \sigma_\delta/\mu_\delta$。

从式(4-4)可以看出,安全系数的均值 μ_n 与联结系数 z(代表可靠度 R)间的关系,取决于变异系数 C_S 与 C_δ 值的大小。

把 $\mu_n = \mu_\delta/\mu_S$ 代入式(4-3),得到用 z、μ_δ、σ_S 表示的 μ_n:

$$\mu_n = \frac{\mu_\delta}{\mu_\delta + z\sqrt{\sigma_S^2 + \sigma_\delta^2}} \tag{4-5}$$

当给定可靠度 R(也即给定联结系数 z)时,由式(4-5)便可以确定对应此可靠度的安全系数均值 μ_n 的大小。

2) 基于应力-强度干涉模型的零部件静强度可靠性设计

基于应力-强度干涉模型的零部件静强度可靠性设计方法,由于能够根据应力与强度的概率分布特征,通过积分运算直接计算零部件的可靠度,而且适用于具有任意概率分布类型的应力与强度,目前已成为机械零部件静强度设计采用的主要方法。特别是,随着计算机运算能力的提升以及数值计算软件的推广,非正态随机变量之间的概率运算已不再是难以解决的问题,基于应力-强度干涉模型的零部件静强度可靠性设计方法在工程中的应用将更加广泛。

根据应力-强度干涉理论,可靠度可定义为影响失效的应力没有超过抵抗失效强度的概率。当零部件或系统的应力大于其强度时便会发生失效;相反,当应力小于强度时,零部件或系统是可靠的。

当强度 δ 的概率密度函数为 $f_\delta(\delta)$,应力 s 的概率密度函数为 $f_s(s)$ 时,根据应力-强度干涉模型,可靠度 R 可表示为

$$R = P(\delta > s) = \int_{-\infty}^{+\infty} f_s(s)\int_s^{+\infty} f_\delta(\delta)\,\mathrm{d}\delta\mathrm{d}s \tag{4-6}$$

当零部件承受单一载荷作用时,已知强度 δ 的概率密度函数为 $f_\delta(\delta)$,载荷 L

的概率密度函数为$f_L(L)$，$s(L)$为由载荷L所引起的应力函数。此时，可直接用载荷与强度进行干涉来计算零部件的可靠度，对应的载荷-强度干涉模型为

$$R = \int_{-\infty}^{+\infty} f_L(L) \int_{s(L)}^{+\infty} f_\delta(\delta)\,\mathrm{d}\delta\,\mathrm{d}L \tag{4-7}$$

通常，零部件的应力大多由若干个载荷作用所引起。当零部件受n个相互独立载荷作用时，已知零部件强度δ的概率密度函数为$f_\delta(\delta)$，第i个载荷$L_{(i)}$的概率密度函数为$f_{L_{(i)}}(L_{(i)})$，由这n个相互独立载荷共同作用所产生的应力函数为$s(L_{(1)}, L_{(2)}, \cdots, L_{(n)})$。此时，零部件的可靠度可表示为这$n$个相互独立载荷与强度之间的干涉，对应的载荷-强度干涉模型为

$$R = \int_{-\infty}^{+\infty} f_{L_{(n)}}(L_{(n)}) \cdots \int_{-\infty}^{+\infty} f_{L_{(1)}}(L_{(1)}) \int_{s(L_{(1)}, L_{(2)}, \cdots, L_{(n)})} \times f_\delta(\delta)\,\mathrm{d}\delta\, \underbrace{\mathrm{d}L_{(1)} \cdots \mathrm{d}L_{(n)}}_{n} \tag{4-8}$$

此外，郭书祥等针对零部件的设计参数数据信息不足以定义其概率参数时的情形，研究了机械零件静强度设计的非概率设计方法。具体为：在机械零部件的静强度设计中，由失效准则确定的功能函数一般可以表示为

$$M = g(R, S) = R - S \tag{4-9}$$

式中：R和S分别表示结构或构件的强度和应力参量。假设R、S在某个区间内变化，即$R \in R'$，$S \in S'$为区间变量。对式(4-9)作如下标准变换

$$\begin{cases} R = R_c + R_r\delta_r \\ S = S_c + S_r\delta_s \end{cases} \tag{4-10}$$

式中：R_c、R_r、S_c、S_r分别为R、S的均值和离差；δ_r和δ_s为标准化区间变量。将式(4-10)代入式(4-9)可得到标准化功能方程为

$$M = R_r\delta_r - S_r\delta_s + (R_c - S_c) = 0 \tag{4-11}$$

对应此功能函数的非概率可靠性指标为

$$\eta = \begin{cases} R = (R_c - S_c)/(R_r + S_r) & (R_c \geqslant S_c) \\ 0 & (R_c < S_c) \end{cases} \tag{4-12}$$

3. 机械零部件的疲劳强度可靠性设计

机械零部件的疲劳强度可靠性设计需要同时考虑“是否失效”和“何时失效”等问题。“是否失效”可以只涉及应力(或载荷)与强度两个物理量，通过比较这两个物理量的相对大小关系即可建立起失效判据与准则；而对于“何时失效”，除了要考虑应力(或载荷)和强度之外，还与时间、载荷作用次数等寿命指标参数有关，会涉及更多的物理量，有时甚至需要进行累积损伤计算，然后才能判断结构何时发生失效以及在什么样的状态下会发生失效。

机械零部件疲劳强度设计根据零部件承受的疲劳载荷与强度相对大小关系以及零部件服役需求，可以分为无限寿命疲劳设计和有限寿命疲劳设计。其中，

有限寿命疲劳设计又可以按照零部件承受疲劳载荷时所处的应力应变状态分为高周疲劳设计(即应力疲劳)与低周疲劳设计(即应变疲劳)。由于无限寿命疲劳设计相对简单,且所需的强度参数较少,传统的疲劳可靠性设计大多采用的是无限寿命疲劳设计。近年来,随着人们对机械产品全寿命周期经济性与可靠性认识的深入,有限寿命疲劳可靠性设计受到了更多的重视。

1) 机械零件的无限寿命疲劳可靠性设计

当零部件进行无限寿命可靠性设计时,需要利用 $P-S-N$ 曲线。用 N_0 右侧的水平线部分,取其均值 μ_0,标准差 σ_δ 为强度指标,若工作应力 S 的均值 μ_S,标准差 σ_S 已求得,且当强度与应力均呈正态分布时,根据联结方程有

$$z=-\frac{\mu_\delta-\mu_S}{\sqrt{\sigma_\delta^2+\sigma_S^2}} \tag{4-13}$$

进一步,获得零件在无限寿命疲劳下的可靠度为

$$R=\Phi(z_R)=\Phi(-z)=\Phi\left(\frac{\mu_\delta-\mu_S}{\sqrt{\sigma_\delta^2+\sigma_S^2}}\right) \tag{4-14}$$

当零部件受任意应力循环(对称与非对称的)的变应力的疲劳强度可靠性设计,可利用等寿命疲劳极限线图进行无限寿命可靠性设计。先利用寿命疲劳极限线图求得在 r 值下的疲劳极限分布,然后将该强度分布与应力分布进行干涉,计算出零件的可靠度。

2) 机械零件的有限寿命疲劳可靠性设计

对于有限寿命疲劳可靠性设计,根据疲劳载荷作用历程的特点,可分为恒幅载荷疲劳可靠性设计和变幅载荷疲劳可靠性设计。其中,对于恒幅载荷,又可以根据载荷的不确定性特征,分为确定性恒幅载荷和不确定性恒幅载荷。当零部件承受变幅载荷循环作用时,在零部件的有限寿命疲劳可靠性设计过程中不仅需要考虑应力循环特点、疲劳强度性能等,还需要考虑多个载荷循环作用累积损伤的影响。目前,对变幅循环载荷作用下的零部件疲劳强度设计还主要以确定性分析为主,Miner 累积损伤法则仍然是进行变幅载荷循环作用累积损伤计算时采用的最重要的法则之一。近年来,恒幅循环载荷作用下的零部件疲劳可靠性设计无论在理论研究还是在工程应用中都得到了一定的发展。因此,本节介绍恒幅载荷作用下的零部件疲劳可靠度计算方法。

恒幅载荷作用下的零部件疲劳寿命 N 服从对数正态分布或威布尔分布时,根据概率密度函数 $f(N)$,可以得到零件的可靠度 $R(N)$。

对于规律性的非稳定变应力,可利用 Miner 线性累积损伤理论及其修正的理论,进行零部件或结构的疲劳可靠性设计。当零件承受非稳定变应力时,可采用疲劳累积损伤理论来估计零件的疲劳寿命。Miner 线性累积损伤理论的基本表达式:

$$\frac{n_1}{N_1}+\frac{n_2}{N_2}+\cdots+\frac{n_k}{N_k}=\sum_{i=1}^{k}\frac{n_i}{N_i}=1 \tag{4-15}$$

式中:n_i 为试样在应力水平为 S_i 的作用下的工作循环次数;N_i 为对应应力水平 S_i 的破坏循环次数。

大量的试验数据统计表明,试样达到破坏时总的累积损伤量约在 0.61 ~ 1.45 之间;且它不仅与载荷幅值有关,而且有一定的局限性。但由于公式简单,总的累积损伤量作为一个随机变量而言其数学期望为 1.0,还是一个比较好的估计疲劳寿命的手段,因而广泛用于有限寿命设计中。

设 N_L 为零件在非稳定变应力作用下的疲劳寿命,令 $\alpha_i=\frac{n_i}{\sum_{i=1}^{k}n_i}=\frac{n_i}{N_L}$,将第 i 个应力水平 S_i 作用下的工作循环次数 n_i 与各个应力水平下总的循环次数之比代入式(4-15),有

$$N_L\sum_{i=1}^{k}\frac{\alpha_i}{N_i}=1 \tag{4-16}$$

设 N_1 为最大应力水平 S_1 作用下材料的破坏循环次数,按材料疲劳曲线 $S-N$ 的函数关系,有

$$\frac{N_1}{N_i}=\left(\frac{S_i}{S_L}\right)^m$$

代入式(4-16),可得到零部件的疲劳寿命为

$$N_L=\frac{1}{\sum_{i=1}^{k}\frac{\alpha_i}{N_i}}=\frac{N_1}{\sum_{i=1}^{k}\alpha_i\left(\frac{S_i}{S_L}\right)^m} \tag{4-17}$$

计算时,如果 S_i 与 N_i 的对应值是由 $S-N$ 曲线求得,则 N_L 为可靠度 $R=50\%$ 时的疲劳寿命;如果是按 $P-S-N$ 曲线中的某一存活率 P_i 值的曲线得出,则 N_L 为可靠度 $R=P_i$ 时的疲劳寿命。

在工程实际中,对于承受阶梯性载荷的零件部件,可采用递推法进行疲劳强度可靠性设计。设 $n_1,n_2,\cdots$ 表示应力水平 $\sigma_1,\sigma_2,\cdots$ 的工作循环次数;μ_{N_1},μ_{N_2},…表示相应条件下的对数寿命均值;σ_{N_1},σ_{N_2},…表示相应的对数寿命正态分布的标准差;n_{1e}表示 σ_1 经 n_1 后造成的疲劳损伤等效于下一级应力 σ_2 的循环数;$n_{1,2e}$表示经 σ_1 及 σ_2 两级应力后所造成的累积疲劳损伤等效于第三级应力 σ_3 的循环次数;n_{1-3e}表示 1,2,3 级应力的累积疲劳损伤等效于第四级应力 σ_4 的循环次数;依次类推,直到最后一级应力。计算步骤如下:

(1) 计算 z_1

$$z_1=\frac{\ln n_1-\mu_{N_1}}{\sigma_{N_1}} \tag{4-18}$$

（2）计算 n_{1e}

$$n_{1e}=\ln^{-1}(\mu_{N_2}+z_1\sigma_{N_2}) \tag{4-19}$$

（3）计算 z_2

$$z_2=\frac{\ln(n_{1e}+n_2)-\mu_{N_2}}{\sigma_{N_2}} \tag{4-20}$$

（4）计算 $n_{1,2e}$

$$n_{1,2e}=\ln^{-1}(\mu_{N_3}+z_2\sigma_{N_3}) \tag{4-21}$$

（5）计算 z_3

$$z_3=\frac{\ln(n_{1,2e}+n_3)-\mu_{N_3}}{\sigma_{N_3}} \tag{4-22}$$

（6）按上述方法与步骤继续进行，直至完成全部应力的工作循环次数。

（7）由最后一级求得 z_n，查相关表格 $z=z_n$ 并使 $z_{R_n}=-z_n$，即可得到零部件的可靠度 R。

在利用递推方法计算多级应力作用的零件在给定寿命下的可靠度时，所用的 $P-S-N$ 曲线，应是考虑了有效应力集中系数 K_σ，尺寸系数 ε 和表面加工系数 β 后的 $P-S-N$ 曲线。如果给出的 $P-S-N$ 曲线是用标准光滑试样试验得到的，则本法中所用的各级应力，均应是名义应力乘上系数 $\frac{K_\sigma}{\varepsilon\beta}$。

4. 机械零部件的磨损可靠性设计

磨损失效是机械零部件的一种典型失效模式，对于存在磨损失效风险的零部件应当进行磨损可靠性设计。近年来，围绕机械零部件的磨损可靠性问题，国内外学者和工程技术人员开展了大量的研究，但是这些研究还主要集中在具体零部件的磨损失效机理、磨损规律等方面，在磨损可靠性建模与指标评价方面，仍然沿用了传统的方法，因此，本节针对磨损失效模式的特点，简要介绍目前常用的机械零部件磨损可靠性设计方法。

影响机械零件耐磨性的因素很多。例如，摩擦体材料的物理、化学特性及摩擦体的匹配、摩擦表面的结构特点、粗糙度和机械特性、摩擦体工况（载荷、速度）、外部条件等。大量的实验数据和工程实践表明，零件的磨损量随时间的变化过程分为跑合期、稳定磨损期和剧烈磨损期三个阶段。

在磨损的可靠性设计中则主要是考虑稳定磨损阶段，在这一阶段的典型磨损过程的磨损量可以表示为

$$w=ut \tag{4-23}$$

式中：w 为线性磨损量，是沿磨损表面垂直方向测量的表面尺寸减薄量（μm）；u 为磨损速度，$u=\mathrm{d}\omega/\mathrm{d}t$ 单位时间的磨损量（μm/h）；t 为磨损时间（h）。

若考虑跑合阶段的磨损量 w_1，则有

$$w = w_1 + ut \tag{4-24}$$

零件的磨损速度 u 一般与磨损表面的单位压力 p、摩擦表面的相对滑动速度 v、摩擦表面材料的性态及加工、处理,表面的润滑情况等有关,可表示为

$$u = kp^m v^n \tag{4-25}$$

式中:k 为常数,由摩擦体工作条件给定;$m = 0.5 \sim 3.0$,对一般磨料磨损取 $m = 1.0$;$n = 1$,可适用于一般摩擦体。

式(4-25)中的 u、p、v 一般均为随机变量,当服从正态分布且相互独立时,都可求得磨损速度 u 的均值 μ_u 和标准差 σ_u,即

$$\mu_u = k\mu_p^m \mu_\nu^n \tag{4-26}$$

$$\sigma_u = \mu_u \sqrt{\left(\frac{m\sigma_p}{\mu_p}\right)^2 + \left(\frac{n\sigma_\nu}{\mu_\nu}\right)^2} \tag{4-27}$$

在给定工作寿命 t 条件下,当 μ_u、σ_u 已知时,则可求得磨损量的均值:

$$\mu_w = \mu_u t, \sigma_w = \sigma_u t \tag{4-28}$$

1)给定寿命时耐磨性可靠度计算

当磨损量服从正态分布且均值 μ_w 和标准差 σ_w 已知时,可计算对应规定极限磨损量 $w_{\max}$ 下摩擦副的可靠度。下面,以滑动轴承为例说明给定寿命时耐磨性可靠度计算的过程。

设轴承与轴的初始配合间隙 c_0 为服从正态分布的随机变量。根据设计要求,磨损后的最大允许间隙为 $c_{\max}$,则最大允许磨损量为

$$w_{\max} = c_{\max} - c_0 \tag{4-29}$$

由于 $c_{\max}$ 为常量,故

$$\mu_{w\max} = c_{\max} - \mu_{c_0}$$

$$\sigma_{w\max} = \sigma_{c_0}$$

当磨损速度 u 已知时,根据式(4-23)可求得磨损量 w。

将磨损量 $w = ut$ 和最大允许磨损量 $w_{\max} = c_{\max} - c_0$ 代入连接方程,可得

$$z = \frac{\mu_{w\max} - \mu_w}{\sqrt{\sigma_{w\max}^2 + \sigma_w^2}} = \frac{(c_{\max} - \mu_{c_0}) - \mu_u t}{\sqrt{\sigma_{c_0}^2 + \sigma_u^2 t^2}} \tag{4-30}$$

$$R = \Phi(z_R) = \Phi(-z) = \Phi\left(\frac{(c_{\max} - \mu_{c_0}) - \mu_u t}{\sqrt{\sigma_{c_0}^2 + \sigma_u^2 t^2}}\right) \tag{4-31}$$

式中:$\mu_{w\max}$、μ_w、$\sigma_{w\max}$、σ_w 分别为最大允许磨损量和给定寿命 t 时的均值和标准差;$c_{\max}$ 为摩擦副最大允许间隙;c_0 为摩擦副初始配合间隙,是服从正态分布的随机变量;μ_{c_0} 为均值;μ_u 为磨损速度的均值;σ_{c_0} 为摩擦副初始配合间隙 c_0 的标准差;σ_u 为磨损速度的标准差。

2）给定耐磨性可靠度下的寿命确定

在给定耐磨性可靠度下计算耐磨寿命时，将式(4－31)转换为

$$\Phi^{-1}(R)=\frac{(c_{\max}-\mu_{c_0})-\mu_u t}{\sqrt{\sigma_{c_0}^2+\sigma_u^2 t^2}}=z_R \tag{4-32}$$

令 $B=c_{\max}-\mu_{c_0}$，代入式(4－32)并运算得

$$t^2(\mu_u^2-z_R^2\sigma_u^2)-2B\mu_u t+(B^2-z_R^2\sigma_{c_0}^2)=0 \tag{4-33}$$

$$t=\frac{B\mu_u\pm\sqrt{B^2\mu_u^2-(\mu_u^2-z_R^2\sigma_u^2)(B^2-z_R^2\sigma_{c_0}^2)}}{\mu_u^2-z_R^2\sigma_u^2} \tag{4-34}$$

若磨损速度的标准差 σ_u 很小，则 $z_R^2\sigma_u^2\ll\mu_u^2$，忽略 $z_R^2\sigma_u^2$，上式可简化为

$$t=\frac{B-z_R\sigma_{c_0}}{\mu_u}=\frac{c_{\max}-\mu_{c_0}-z_R\sigma_{c_0}}{\mu_u} \tag{4-35}$$

式中：t 为给定的摩擦寿命；$c_{\max}$为磨损后的最大允许间隙；μ_{c_0}为初始配合间隙的均值；σ_{c_0}为初始配合间隙的标准差；μ_u 为磨损速度的均值；σ_u 为磨损速度的标准差。

5. 机械系统的可靠性设计

机械系统的可靠性设计是用来保证所设计的系统在给定的工作条件下满足规定的可靠性要求，可靠性预计及可靠性分配也包含在其中。可靠性预计是根据产品失效数据预计在对应规定条件及时间内完成规定功能的概率；可靠性分配考虑的是如何根据产品可靠性需求及指标，合理分配零部件的可靠性从而保证产品可靠性能够满足要求。可靠性预计是为了估计产品在给定工作条件下的可靠性而进行的工作，它是可靠性分配的前提。常用的系统可靠性设计方法主要有：数学模型法、性能参数法、快速预计法、上下限法、故障率预计法、应力分析法、蒙特卡罗法、专家评分法、修正系数法等。

1）数学模型法

根据组成系统的各单元间的可靠性数学模型，按概率运算法则，预计系统的可靠度的方法，是一种经典的方法。具体计算步骤为：建立系统的可靠性逻辑框图及可靠性数学模型，利用相应的公式，依据已知条件求出系统的可靠度。传统的系统可靠性模型基本上都是在各零部件或单元失效相互独立的假设下建立的。近年来，人们已经认识到，大多数系统并不是独立失效系统，对于机械装备和系统更是如此。在核电厂、航空航天等高可靠性要求的系统中，发生相关失效的部件大多数是机械设备。对机械系统而言，“相关”是其失效的普遍特征，忽略系统的失效相关性，简单地在系统各部分失效相互独立的假设下进行系统可靠性分析与计算，常常会导致过大的误差，甚至得出错误结论。

2）性能参数法

统计了大量相似系统的性能参数与可靠性的关系，在此基础上进行回归分析，得出一些经验公式及系数，以便在方案论证及初步设计阶段能根据初步确定的系统性能及结构参数预计系统可靠性。此方法经常使用，如军用飞机的可靠度和民用飞机的出勤可靠度预计等。

3）快速预计法

研制新的复杂系统时，在早期设计阶段，对究竟使用哪些元器件及详细数量等并不很清楚，需要进行粗略的快速预计。快速预计法的特点是，不要求知道元器件组成分系统或分系统组成大系统的具体方式。它们或者采用类比的方法，或者假定元器件组成分系统或分系统构成大系统的方式具有逻辑串联关系，这类方法包括相似设备法、相似电路法、有源器件法、图表法、元件计数法和简单枚举法等，但存在过于注重表象而未能揭示问题实质的弊端。

4）上下限法

该方法的基本思想是将复杂的系统先简单地看成是某些单元的串联系统，求出系统可靠度的上限值和下限值，然后逐步考虑系统的复杂情况，逐次求系统可靠度的越来越精确的值。该方法成功地用于美国阿波罗宇宙飞船的可靠性预计。上下限法尤其适合于难以用数学模型表示可靠性的复杂系统，它不要求单元之间是相互独立的，适用于热贮备和冷贮备系统，也适用于多种目的和阶段工作的系统。在工程应用中具体方法是：首先假定系统中并联部分的可靠度为1，从而忽略了它的影响，这样得到的系统可靠度显然是最高的，这就是上限值；其次假设并联单元不起冗余作用，全部作为串联单元处理，这时处理方法最为简单，但得到的是系统的可靠度最低值，这就是下限值；然后，逐步考虑某些因素以修正上述的上限值和下限值，最后通过综合公式得到系统的可靠度预计值。

5）故障率预计法

当系统进展到详细设计阶段，即有了系统原理图和结构图，选出了单元或零部件，并已知它们的类型、数量、故障率、环境及使用应力，具有实验室常温条件下测得的故障率时，可用故障率法来预计系统的可靠度，对电子产品和非电子产品都适用。大多数情况下，元件故障率被视为常数，是在实验室条件下测得的数据，叫作“基本故障率”，但在实际应用中，必须考虑环境条件和应力状况，叫作“应用故障率”。

6）应力分析法

用于详细设计阶段电子设备的可靠性预计方法，已具备了详细的元器件清单、电应力比、环境温度等信息，这种方法预计的可靠性比计数法的结果要准确些。由于元器件的故障率与其承受的应力水平及工作环境有极大的关系，进入详细设计阶段，取得了元器件种类及数量、质量水平、工作应力、产品的工作环境信息后，即可用应力分析法结合元件计数法预计设备的可靠性。

7）蒙特卡罗法

当任务可靠性模型非常复杂，系统各级产品寿命分布种类繁多、甚至不是标准分布而很难推导出解析式来求解时，可以采用随机抽样方法，根据可靠性框图来进行可靠性预计，这就是蒙特卡罗法。它以概率和数理统计为基础，用概率模型做近似计算，并不推导预计系统任务可靠度的公式，而是以随机抽样法为手段，根据各级产品的寿命分布和可靠性框图，预计系统的任务可靠度。

8）专家评分法

该方法依靠有经验的工程技术人员的工程经验按照几种因素进行评分。按评分结果，由已知的某单元故障率根据评分系数算出其余单元的故障率。一般采用 4 种因素：复杂性、技术发展水平、工作时间、环境条件。此法主要用来在新系统设计时进行系统可靠度的预计。

9）修正系数法

该方法的基本思路是，考虑到机械产品的"个性"较强，难以建立其产品级的可靠性设计和分析模型，但若将它们分解到零件级，则有许多基础零件是通用的。通常将机械产品分成密封、弹簧、电磁铁、阀门、轴承、齿轮和花键、作动器、泵、过滤器、制动器和离合器等 10 类。这样，对诸多零件进行故障模式及影响分析，找出其主要故障模式及影响这些模式的主要设计、使用参数，通过数据收集、处理及回归分析，可以建立各零部件故障率与上述参数的数学关系（即故障率模型或可靠性预计模型）。实践结果表明，具有损耗特征的机械产品，在其损耗期到来之前，在一定的使用期限内，某些机械产品寿命近似按指数分布处理仍不失其工程特色。将系统的故障率视为各零部件的故障率之和。

6. 系统可靠性设计优化

随着机械产品组成结构越来越复杂，提高产品的可靠性不仅需要从零件级的角度开展可靠性设计和预防零件失效，还需要从系统级角度对产品结构和组成部件可靠性进行设计优化，通过在设计中协调系统性能和有限资源分配策略，从而达到提高系统整体可靠性的目的。自 1960 年起，系统可靠性设计备受关注，其主要是通过确定系统的最优结构以提高系统的可靠性[1]。

从系统可靠性设计优化的角度提高产品可靠性的主要途径有 4 种[2-3]：

（1）增加组成部件的冗余设计；

（2）优化系统部件的组成结构；

（3）提高组成部件的性能和（或）可靠性；

（4）综合使用上述 3 种途径。

以上述 4 种途径为提高系统可靠性的技术基础，现有文献研究了不同类型系统的可靠性设计优化问题。本章主要从 3 个方面开展介绍。

1）不同类型的优化问题

根据实际工程问题的需求，系统可靠性设计优化问题具有多种不同的形式和目标函数类型[1]。现有文献以串并联系统结构的可靠性设计优化居多，目标函数为系统在特定时刻的可靠度或稳态可用度，约束条件为系统成本、体积和质量[1]。也有部分研究将系统成本作为目标函数，系统在特定时刻的可靠度或稳态可用度最低要求作为约束条件[2]。在考虑系统可靠性多目标设计优化方面，Tian 等[4]、Huang 等[5]、Ramirez - Marquez 和 Rocco[6]、Khalili - Damghani 等[17]构建了系统可靠性多目标设计优化模型，并利用不同的优化算法提高算法全局收敛能力和反映设计者在决策中的偏好。若系统可靠性设计优化中存在不同形式的不确定性时，优化设计结果也将具有一定的不确定性，这种不确定性应考虑在决策过程中。Zhang 和 Chen[8]考虑了部件可靠性参数为区间变量情况下的系统可靠性设计优化，提出了基于粒子群算法的区间下系统可靠性设计优化方法。Soltani 等[9]提出利用区间 - 椭球不确定性集合量化部件可靠性参数的不确定性，并建立了该模型下的系统可靠性设计优化方法。从系统寿命周期的角度出发，Nourelfath 等[10]提出了联合系统冗余优化和寿命周期非完好维护的决策模型。Liu 等[11]将系统的冗余策略与寿命周期内的更换维护策略进行联合优化，提出了联合冗余优化和维护决策的多状态系统可靠性设计优化模型和求解方法。

2）各种类型的多状态系统结构

常规的二态可靠性理论认为系统和其组成单元仅存在正常工作和完全失效两个状态。然而，随着对复杂系统的失效机理和规律的深入探究，人们发现在现代工业生产中，系统或其组成单元从正常工作到完全失效的演化过程中往往会经历若干中间状态，尤其是机械系统在从正常状态到失效状态的演变过程中会经历性能渐变、状态逐渐退化的现象。因此，具有上述特征的系统被称为多状态系统（multi - state systems）[3]。Levitin[12]系统地研究了各种类型的多状态系统的可靠性优化设计问题，包括共因失效系统、多阶段系统、桥式结构系统、两失效模式系统、权值选择（weighted voting）系统、滑窗（sliding window）系统、连续联接系统、多状态网络系统等。其基本思想是采用通用生成函数计算在不同系统设计方案下的可靠性指标，并利用遗传算法搜索全局最优解。Tian 等[13]提出了多状态串 - 并联系统的联合冗余和可靠度的优化方法，从系统组成单元的冗余程度以及单元的状态分布两个角度优化系统可靠度。Li 和 Zuo[14]研究了多状态权值 k - out - of - n 系统的部件最优可靠性设计问题。Levitin 和 Amari[15]根据加速失效时间规律对静态的载荷共享多状态系统的可靠性优化设计和载荷分配策略开展了研究。Remirez - Marquez 和 Rocco[16]研究了多状态两终端的网络可靠性分配优化问题。Li 和 Chen 等[17]研究了共因失效下的非齐次多状态系统冗余优化分配问题。Liu 等[18]同时将多状态系统的冗余策略与寿命周期内的维护策略进行联合优化,提出了联合冗余优化和维护决策的多状态系统可靠性设计优化模型和求解方法。刘宇等[19]研究了在载荷动态分配机制下的多状态系统可靠性设计优化问题。

3）不同类型系统备份机制

根据备份策略,可以将现有系统可靠性设计的备份方式分为热备份、冷备份和温备份三类。早期的系统可靠性设计优化主要以并联方式提高子系统的可靠度,也就是热备份机制。采用该策略时,所有冗余部件同时工作(这里不考虑载荷分布),其构成的子系统寿命取决于寿命最长的冗余部件。Coit[20]较早地将冷备份策略引入系统可靠性设计中,采用该策略时,子系统内任意时刻至多只有一个部件处于工作状态,当该部件发生故障时,系统会切换至下一个冗余部件以代替故障部件继续工作。冷备份策略下的子系统寿命为构成其冗余部件寿命之和,但是由于开关可靠度和引入切换系统带来的额外成本,采用冷备份的系统可靠度不一定优于采用热备份的系统可靠度。Ardakan 和 Hamadani[21]提出了一种新的冗余策略,在该策略下,热备份和冷备份能够被同时使用,相比于单独使用热备份或冷备份,这种新的策略具有更好的灵活性且能够进一步提高系统可靠度。Kim 和 Kim[22]在系统可靠性 - 冗余联合优化问题中考虑了子系统的备份结构仅可能是热备份或冷备份中的一种,并且考虑如果部件失效后,处于冷备份的部件切换至工作状态存在一定的失效概率。Abouei 等[23]在现有的混合备份策略基础之上研究了系统可靠性 - 冗余联合优化问题,子系统的冗余策略可以是热备份和冷备份这两者的混合策略。Gholinezhad 和 Hamadani[24]在系统冗余优化问题的基础上考虑热备份和冷备份共同存在的混合策略,同时他们的模型允许在同一子系统中有多种类型的部件共存。Levitin 等[25]在 1 - out - of - N 系统的优化设计中考虑了热备份、冷备份和温备份在切换时间、失效概率和运行成本之间的差异,提出了系统优化设计方法以确定系统中每个部件的备份策略。

复杂产品的系统可靠性设计优化问题是一个典型的多项式复杂程度的非确定性(non - deterministic polynomial,NP)问题,往往系统功能越复杂、组成系统部件种类越多、设计灵活性越大,其优化问题的复杂度将越高,解空间将呈现指数倍增长趋势,无疑对优化算法提出了新挑战。然而,传统的枚举式搜索寻优算法很难在有限的时间内得到全局最优解,限制了系统可靠性优化设计问题的规模和复杂性。目前,求解复杂系统可靠性优化设计问题主要分为两类:精确求解算法(exact method)和元启发式优化算法(metaheuristic method)。

1）精确求解算法

精确求解算法力求得到系统可靠性优化设计的精确最优解。但随着系统规模的增大其求解复杂度显著增加,因此需要不断地降低搜索空间。Sung 和

Cho[26]通过引入 0 - 1 决策变量,首次将系统冗余优化问题转变为二准则非线性整数规划问题。在该方法中,某个子系统可靠度下界由其他子系统中部件最大可靠度的乘积确定,而可靠度上界由该子系统最大可用资源确定。上述转变能降低搜索空间,并利用分支定界(branch and bound)算法求解精确的全局最优解。随后,Sung 和 Cho 利用变松弛(variable relaxation)法和拉格朗日松弛(Lagrangean relaxation)法获取系统可靠度的上下界以进一步减少搜索空间。Ha 和 Kuo[27]提出了针对单调关联(coherent)系统可靠性设计优化的分支定界算法,该方法利用最速上升启发式原理能得到邻域局部解,并且在桥式系统、层次串 - 并联系统的可靠性设计优化问题中效果显著。Prasad 和 Kuo[28]提出了基于分成序列搜索法(lexicographic search)的不完全枚举算法。该方法所提出的系统可靠度上界能极大程度地排除搜索空间中的不可行解,但该方法并不能保证得到精确的全局最优解。Lin 和 Kuo[29]提出了一种基于重要度的启发式算法,该方法能根据系统组成部件的 Birnbaum 重要度得到系统可靠性设计优化的精确最优解。Elegbede 等[30]证明了当部件可靠度与费用函数是可微的凸函数时,串 - 并联系统中各子系统各部件的可靠度应保持一致才能使系统成本最低,而其对应的无约束优化问题给出了系统成本上界,利用该方法能求解出系统可靠性设计优化的精确或近似解。

2) 元启发式算法

元启发式算法是受自然界物种群体行为和现象启迪所提出的智能优化算法,包括了遗传算法(genetic algorithm, GA)、蚁群优化(ant colony optimization, ACO)算法、粒子群优化(particle swarm optimization, PSO)算法、禁忌搜索(tabu search, TS)算法、模拟退火算法(simulated annealing algorithm, SA)等。这类方法能有效地解决各种非线性组合优化问题,并且能得到较好的全局近似最优解,为复杂产品的可靠性设计优化注入了新的活力。

(1) 遗传算法。

遗传算法是一种通过模拟自然群体进化过程的智能搜索,它能用于解决各种组合优化问题,因此得到了广泛工程应用,同时也在可靠性领域受到重点关注。Levitin 和 Lisnianski[31]较早地提出了运用遗传算法全局收敛性较强的优势来解决各类型多状态系统的可靠性优化设计问题。Tian 等[13]利用遗传算法求解了多状态系统的可靠度 - 冗余优化。该问题属于连续 - 离散混合变量优化问题。为了进一步提高遗传算法在系统可靠性设计优化中的收敛效率,避免迭代过程陷入局部最优,有大量的学者研究如何将启发式算法嵌入遗传算法中,这些算法包括了模拟退火算法、人工神经网络、最速下降法以及其他的局部搜索算法。Zhao 和 Liu[32]考虑部件寿命和费用是随机变量的情况下,利用随机仿真的方式得到不同结构下的系统性能,并将仿真结果作为人工神经网络的训练样本以找出设计变量与系统性能的复杂映射关系。在此基础上，他们将人工神经网络嵌入在遗传算法中以寻找系统的最优设计方案。Hsieh[33]提出了一种混合启发式算法求解复杂系统的可靠性设计优化问题。该方法结合了遗传算法和最速下降法实现全局和局部搜索，其收敛效果和计算效率明显优于传统的遗传算法。针对系统可靠性设计的多目标优化问题，Taboada 等[34]提出了多目标多态遗传算法(multi－objective multi－state generic algorithm，MOMS－GA)解决多状态系统的可靠性设计优化问题，该方法能很好地找到多目标优化的 Pareto 面。Huang 等[35]针对罚函数在求解复杂系统可靠性多目标优化中表现出的目标函数失真和全局收敛能力差的问题，将无惩罚系数约束处理方法同基于 Pareto 竞争的多目标遗传算法相结合，提出了一种基于遗传算法的多目标可靠性优化新方法，将约束的处理转变为种群中个体选择中的竞争问题，建立了优胜种群筛选判据，大幅度提高了优化全局收敛能力和 Pareto 解的多样性。

(2) 蚁群优化算法。

蚁群优化算法是一种模拟蚂蚁觅食行为的群智能优化算法，它是由意大利学者 Dorigo 等于 1991 年首先提出，最早被成功应用于解决著名的旅行商问题(TSP)，该算法能有效利用优化问题潜在的先验信息和迭代过程的后验信息，构建人工蚂蚁觅食路径，并采用了分布式正反馈并行计算机制，易于与其他方法结合，而且具有较强的鲁棒性。Liang 和 Smith[36]最早提出将蚁群优化算法用于求解 k－out－of－n：G 串联系统的可靠性冗余优化问题，其算法包含初始解构建、解评价、解局部搜索、信息素更新 4 个步骤。Nahas 和 Nourefath[37]利用蚁群算法求解了串联系统的可靠性优化问题。在该问题中，子系统的设计受多个约束条件的限制，而蚁群优化算法则利用约束条件加入了局部搜索和解提升算子。Ahmadizar 和 Soltanpanah[38]在蚁群优化算法中将之前的人工蚂蚁的信息素和启发式信息处理为模糊集，并利用提高算子将不可行解替换为可行解，从而提高局部搜索能力。该方法能在大规模系统可靠性设计优化问题中得到较好的收敛效果。Nahas 等[39]将蚁群优化算法与上限退化算法(degraded ceiling algorithm)相结合用于求解复杂串－并联系统的冗余优化问题。Massim 等[40]将蚁群优化算法应用在多状态系统的可靠性设计优化问题中。

(3) 粒子群优化算法。

粒子群算法是一个模拟蜂群寻找食物的过程，由 Kennedy 和 Eberhard 在 1995 年首次提出。初始化时，所有粒子会被随机分布在解空间内。迭代过程中，粒子会朝向全局最优的位置和自己所经历的最优位置移动，并搜索其移动路径上的位置。因此，整个寻找最优解的过程可以看作是一个沿着收敛路线搜索的过程，因此该算法具有较好的局部搜索能力。Lai 和 Yeh[41]针对多状态桥式系统的冗余优化问题，提出了两阶段粒子群优化算法，其第一阶段为初搜索，寻找由单类部件构成子系统的最优解，第二阶段为精搜索，通过更新每个决策变量产生(近)全局最优解。Kong 等[42]通过引入随机波动和小概率的方式以不利用粒子速度更新粒子位置，从而提出了一种新的简化粒子群优化算法用于求解系统冗余优化问题。由于系统部件数和部件可靠度分别为离散和连续决策变量，Huang[43]通过引入了 N 更新机制和 R 更新机制对这两类变量进行更新，从而提高粒子群优化算法的收敛效率和全局寻优能力。Garg 和 Sharma[44]在系统可靠性 - 冗余联合优化问题中引入非随机的不确定性因素，并将系统的可靠度和成本视为两个优化目标函数，同时他们利用了粒子群算法求解了该多目标优化问题。针对二状态系统的可靠性 - 冗余联合优化问题，Khalili - Damghani 等[45]提出了动态自适应多目标粒子群优化算法(dynamic self - adaptive multi - objective particle swarm optimization，DSAMOPSO)，通过提出动态自适应的罚函数策略以有效地解决优化问题中的约束。

(4) 其他元启发式算法。

随着近几年各种各样元启发式算法的不断涌现，这些算法渐渐被引入解决复杂系统可靠性设计优化问题。Kulturel - Konak 等[45]首次将禁忌搜索算法用于解决系统可靠性设计优化问题。他们提出了基于子系统禁忌表和动态变化禁忌大小，能避免在优化过程中重复计算子系统可靠度，有效提高了优化算法的计算效率。Yeh 和 Hsieh[46]引入人工蜂群算法(artificial bee colony algorithm)求解系统可靠性 - 冗余联合优化问题。Kanagaraj 等[47]提出了基于布谷鸟搜索(cuckoo search)和遗传算法的混合优化算法，将遗传算法的算子嵌入在布谷鸟搜索算法中以提高优化的全局搜索能力。Wang 和 Li[48]将和声搜索(harmony search)与提出并行协同差异进化算法(coevolutionary differential evolution)相结合，将系统可靠性设计优化问题分为连续优化和整数优化两部分。其中，连续优化部分利用并行协同差异进化算法求解，而整数优化部分运用和声搜索进行求解。Coelho[49]将自组织迁移算法(self - organizing migrating algorithm)用于求解系统可靠性 - 冗余联合优化问题，并通过提出改进的高斯算子提高优化算法的寻优效果。Hsieh[50]提出了利用细菌进化算法求解多层次型复杂系统的可靠性冗余优化问题。Zia 和 Coit[51]提出了基于列生成(column generation)算法求解系统可靠性设计优化，通过构建主约束问题和生成一系列子问题解集，避免了对目标函数的近似，能有效地提高优化效率。

4.2 机械产品可靠性设计国内外研究进展比较

在国外，系统可靠性设计优化的研究最早开始于 20 世纪 60 年代，之后在该领域不断有相关文献发表。在系统可靠性设计优化问题建模方面，从传统的单目标优化问题逐渐延伸到多目标优化问题、考虑不确定性的可靠性设计优化、联合维护决策的可靠性设计优化等方面；从传统的二状态系统逐渐转向更为复杂的多状态系统以及复杂网络系统等。另外，由于系统可靠性设计优化属于典型的 NP 难问题，对于大规模系统的可靠性设计优化，其传统的优化算法很难在有效的时间内得到全局最优解或近似优解。因此，也有大量研究工作集中在优化算法，从精确求解到元启发式算法。

在国内，系统可靠性的研究起步较晚，文献所报道的系统可靠性设计优化以工程应用居多，包括液压系统、防空武器系统、汽车系统等。在优化算法方面，国内研究以元启发式算法为主，在国外主流方法的基础上做出一定的提高和改进，例如：吴沛锋等[52]通过引入动态调整的决策概率，提出了一种修正的差分进化算法解决了串联系统、串并联系统、复杂（桥）系统和超速保护系统等可靠性优化问题。阮星智等[53]将人工免疫算法与粒子群算法相结合，提出了人工免疫粒子群算法来解决舰载装备系统的可靠性优化问题。王成亮和程凤农[54]将量子理论与萤火虫算法相结合，提出了基于量子萤火虫算法的系统可靠性冗余优化方法。刘志宏等[55]对约束条件的处理进行了改进，提出了一种改进的差分进化算法来解决可靠性冗余优化问题，结果表明所提出的算法在求解效率和解的精度方面均有了提高。郑灿赫等[56]建立了非概率的系统可靠性优化问题的优化模型，并提出一种将模拟退火算法、粒子群算法和差分进化算法相结合的混合优化算法提高了模型求解效率。

相比国外，国内在各种类型复杂系统的可靠性设计优化建模、可靠性设计的联合优化、探索新的优化算法方面都存在不足，有待进一步探索和发展。

4.3　机械产品可靠性设计发展趋势与未来展望

当前，机械零部件与系统的可靠性设计仍然面临着诸多挑战，在可靠性设计方法以及可靠性模型建立方面呈现出以下发展趋势：

（1）可靠性设计从传统的静态和二元失效状态模型逐步在向动态、多状态可靠性模型发展。例如，苏春等分别研究了基于随机 Petri 网和马尔可夫过程的复杂机械系统动态可靠性建模方法。同时，在可靠性设计时，考虑多状态的影响，从传统的只考虑“失效”与“完好”两种状态的二态可靠性分析方法发展到考虑多状态、多阶段任务的多态可靠性分析方法。周金宇等研究了机械系统的非整数阶失效问题，采用通用生成函数法建立了多状态系统的可靠性分析与计算模型。

（2）失效相关性影响在可靠性设计与分析中得到了进一步重视。针对零部件及系统中普遍存在的失效相关性问题，认识到了传统独立失效假设下可靠性建模方法的不足,失效相关性对多失效模式零部件以及系统可靠性的影响引起了重视。喻天翔、张义民、郭书祥等在可靠性建模过程与计算中通过引入相关系数来考虑失效相关性影响。谢里阳等在充分研究应力分散性与强度分散性对系统失效相关性影响的基础上,提出了系统级的可靠性建模方法。

(3) 在结构可靠性研究继续深入的同时,机构可靠性研究也受了很大的重视。东北大学、北京航空航天大学、西北工业大学等单位对机构可靠性都开展了较为深入的研究。孙志礼、张建国、俞天翔等先后对不同运动系统的机构可靠性进行了分析。研究方法从依赖于仿真模拟试验逐步向动力学分析与仿真模拟相结合的方法过渡,研究内容也从仅考虑磨损等因素影响向综合考虑弹塑性变形、磨损等多种影响因素过渡。机构可靠性分析的精度也在不断提高。

(4) 机械零系统的可靠性设计研究同产品的维修性、保障性、安全性等研究关系更为密切,在理论与方法上相互交叉渗透。产品的可靠性描述了产品不发生故障或失效的能力,是开展维修性、保障性、安全性研究的基础。近年来,国内学者将机械产品的可靠性设计同可靠性为中心的维修、保障资源的优化配置以及产品的安全性、风险分析等相结合进行综合研究。

(5) 系统可靠性设计优化:系统可靠性设计优化是一种综合性的决策,以往的研究大多只考虑与设计阶段相关的因素,如:系统在特定时刻的可靠度、系统的制造成本等。事实上,系统可靠度随着其役龄的增加将呈现降低趋势。另一方面,对于可修系统而言,其服役周期将经历若干次维护,维护成本是其全寿命周期费用的重要组成部分。因此,系统可靠性设计优化应综合考虑系统寿命周期的退化行为和可靠性相关决策,提出面向寿命周期的系统可靠性设计优化方案。另外,在系统设计阶段往往存在大量的不确定性信息和数据,这些信息的表征形式、量化方法和传播规律都各不相同,对系统可靠性决策的影响机制也存在差异性。因此,如何有效地量化各种类型的不确定性,并在系统可靠性设计优化中加以考虑,将是非常值得研究的新问题。

参考文献

[1] KUO W, WAN R. Recent Advances in Optimal Reliability Allocation[J]. IEEE Transactions on Systems, Man, And Cybernetics – Part A: Systems and Humans, 2007, 37(2): 143 – 156.

[2] TIAN Z. Multi – State System Reliability Analysis and Optimization[D]. Edmonton: University of Alberta, 2010.

[3] 刘宇. 多状态复杂系统可靠性建模及维修决策[D]. 成都:电子科技大学,2010.

[4] TIAN Z, ZUO M J, HUANG H. Reliability – redundancy allocation for multi – state series – parallel systems[J]. IEEE Transactions on Reliability, 2008, 57(2): 303 – 310.

[5] HUANG H Z, QU J, ZUO M J. Genetic – algorithm – based optimal apportionment of reliability and redundancy under multiple objectives[J]. IIE Transactions, 2009, 41(4): 287 – 298.

[6] RAMIREZ – MARQUEZ J E, ROCCO C M. Evolutionary optimization technique for multi – state two – terminal reliability allocation in multi – objective problems[J]. IIE Transactions, 2010, 42(8): 539 – 552.

[7] KHALILI – DAMGHANI K, ABTAHI A R, TAVANA M. A new multi – objective particle swarm optimization method for solving reliability redundancy allocation problems[J]. Reliability Engineering and System Safety, 2013, 111: 58 – 75.

[8] ZHANG E, CHEN Q. Multi – objective reliability redundancy allocation in an interval environment using particle swarm optimization[J]. Reliability Engineering and System Safety, 2016, 145: 83 – 92.

[9] SOLTANI R, SAFARI J, SADJADI S J. Robust series – parallel systems design under combined interval – ellipsoidal uncertainty sets[J]. Journal of Manufacturing System, 2015, 37: 33 – 43.

[10] NOURELFATH M, CHATELET E, NAHAS N. Joint redundancy and imperfect preventive maintenance optimization for series – parallel multi – state degraded systems[J]. Reliability Engineering and System Safety, 2012, 103: 51 – 60.

[11] LIU Y, HUANG H Z, WANG Z, et al. A joint redundancy and imperfect maintenance strategy optimization for multi – state systems[J]. IEEE Transactions on Reliability, 2013, 62(2): 368 – 378.

[12] LEVITIN G. The Universal Generating Function in Reliability Analysis and Optimization [M]. London: Springer, 2005.

[13] TIAN Z G, LEVITIN G, ZUO M J. A joint reliability – redundancy optimization approach for multi – state series – parallel systems[J]. Reliability Engineering and System Safety, 2009, 94(10): 1568 – 1576.

[14] LI W, ZUO M J. Optimal design of multi – state weighted k – out – of – n systems based on component design [J]. Reliability Engineering and System Safety, 2008, 93 (11): 1673 – 1681.

[15] LEVITIN G, AMARI S V. Optimal load distribution in series – parallel systems [J]. Reliability Engineering and System Safety, 2009, 94(2): 254 – 260.

[16] RAMIREZ – MARQUEZ J E, ROCCO C M. Evolutionary optimization technique for multi – state two – terminal reliability allocation in multi – objective problems[J]. IE Transactions, 2010, 42(8): 539 – 552.

[17] LI C Y, CHEN X, YI X S, et al. Heterogeneous redundancy optimization for multi – state series – parallel systems subject to common cause failures[J]. Reliability Engineering and System Safety, 2010, 95(3): 202 – 207.

[18] LIU Y, HUANG H Z, WANG Z, et al. A joint redundancy and imperfect maintenance strategy optimization for multi – state systems[J]. IEEE Transactions on Reliability, 2013, 62(2): 368 – 378.

[19] 刘宇,李翔宇,张小虎. 考虑载荷动态分配机制的多状态系统可靠性建模及优化[J]. 机械工程学报,2016,52(6):197 – 205.

[20] COIT D W. Cold - standby redundancy optimization for nonrepairable systems[J]. IIE Transactions,2001,33(6):471 - 478.

[21] ARDAKAN M A,HAMADANI A Z. Reliability optimization of series - parallel systems with mixed redundancy strategy in subsystems[J]. Reliability Engineering and System Safety, 2014,130(1):132 - 139.

[22] KIM H,KIM P. Reliability - redundancy allocation problem considering optimal redundancy strategy using parallel genetic algorithm[J]. Reliability Engineering & System Safety,2017, 159:153 - 160.

[23] ABOUEI M A,SIMA M,HAMADANI A Z,et al. A novel strategy for redundant components in reliability - redundancy allocation problems [J]. IIE Transactions, 2016, 48 (11): 1043 - 1057.

[24] GHOLINEZHAD H,HAMADANI A Z. A new model for the redundancy allocation problem with component mixing and mixed redundancy strategy[J]. Reliability Engineering and System Safety,2017,164:66 - 73.

[25] LEVITIN G,XING L,PENG S,et al. Optimal choice of standby modes in 1 - out - of - N system with respect to mission reliability and cost[J]. Applied Mathematics and Computation, 2015,258:587 - 596.

[26] SUNG C S,CHO Y K. Reliability optimization of a series system with multiple - choice and budget constraints[J]. European Journal of Operational Research,2000,127(1):159 - 171.

[27] HU C,KUO W. Reliability redundancy allocation:An improved realization for nonconvex nonlinear programming problems[J]. European Journal of Operational Research,2006,171(1): 24 - 38.

[28] PRASAD V R,KUO W. Reliability optimization of coherent systems[J]. IEEE Transactions on Reliability,2000,49(3):323 - 330.

[29] LIN F H,KUO W. Reliability importance and invariant optimal allocation[J]. Journal of Heuristics,2002,8(2):155 - 172.

[30] ELEGBEDE A O C,CHU C,ADJALLAH K H,et al. Reliability allocation through cost minimization[J]. IEEE Transactions on Reliability,2003,52(1):106 - 110.

[31] LISNIANSKI A,LEVITIN G. Multi - State System Reliability Assessment, Optimization, Application[M]. Singapore:World Scientific,2003.

[32] ZHAO R,LIU B. Stochastic programming models for general redundancy - optimization problems[J]. IEEE Transactions on Reliability,2003,52(2):181 - 191.

[33] HSIEH C C. Optimal task allocation and hardware redundancy policies in distributed computing systems[J]. European Journal of Operational Research,2003,147(2):430 - 447.

[34] TABOADA H,ESPIRITU J,COIT D. MOMS - GA:A multi - objective multi - state genetic algorithm for system reliability optimization design problems[J]. IEEE Transactions on Reliability,2008,57(1):182 - 191.

[35] HUANG H Z,QU J,ZUO M J. Genetic - algorithm - based optimal apportionment of reliability

and redundancy under multiple objectives[J]. IIE Transactions,2009,41(4):287-298.

[36] LIANG Y C,SMITH A E. An ant colony optimization algorithm for the redundancy allocation problem[J]. IEEE Transactions on Reliability,2004,53(3):417-423.

[37] NAHAS N,NOURELFATH M. Ant system for reliability optimization of a series system with multiple-choice and budget constraints[J]. Reliability Engineering and System Safety,2005,87(1):1-12.

[38] AHMADIZAR F, SOLTANPANAH H. Reliability optimization of a series system with multiple-choice and budget constraints using an efficient ant colony approach[J]. Expert Systems with Applications,2011,38(4):3640-3646.

[39] NAHAS N,NOURELFATH M,AIT-KADI D. Coupling ant colony and the degraded ceiling algorithm for the redundancy allocation problem of series-parallel systems[J]. Reliability Engineering and System Safety,2007,92(2):211-222.

[40] MASSIM Y, ZEBLAH A, MEZIANE R, et al. Optimal design and reliability evaluation of multi-state series-parallel power systems[J]. Nonlinear Dynamics,2005,40(4):309-321.

[41] LAI C M,YEH W C. Two-stage simplified swarm optimization for the redundancy allocation problem in a multi-state bridge system[J]. Reliability Engineering and System Safety,2016,156:148-158.

[42] KONG X,GAO L,OUYANG H,et al. Solving the redundancy allocation problem with multiple strategy choices using a new simplified particle swarm optimization[J]. Reliability Engineering and System Safety,2015,144:147-158.

[43] HUANG C L. A particle-based simplified swarm optimization algorithm for reliability redundancy allocation problems[J]. Reliability Engineering and System Safety, 2015, 142:221-230.

[44] GARG H,SHARMA S P. Multi-objective reliability-redundancy allocation problem using particle swarm optimization[J]. Computers & Industrial Engineering, 2013, 64(1):247-255.

[45] KHALILI-DAMGHANI K, ABTAHI A R, TAVANA M. A new multi-objective particle swarm optimization method for solving reliability redundancy allocation problems[J]. Reliability Engineering and System Safety,2013,111:58-75.

[46] YEH W C, HSIEH T J. Solving reliability redundancy allocation problems using an artificial bee colony algorithm[J]. Computers & Operations Research,2011,38(11):1465-1473.

[47] KANAGARAJ G,PONNAMBALAM S G,JAWAHAR N. A hybrid cuckoo search and genetic algorithm for reliability-redundancy allocation problems[J]. Computers & Industrial Engineering,2013,66(4):1115-1124.

[48] WANG L,LI L P. A coevolutionary differential evolution with harmony search for reliability-redundancy optimization[J]. Expert Systems with Applications,2012,39(5):5271-5278.

[49] COELHO L D. Self-organizing migrating strategies applied to reliability-redundancy optimization of systems[J]. IEEE Transactions on Reliability,2009,58(3):501-510.

[50] HSIEH T J. Hierarchical redundancy allocation for multi - level reliability systems employing a bacterial - inspired evolutionary algorithm[J]. Information Sciences,2014,288:174 - 193.

[51] ZIA L, COIT D. Reliability allocation for series - parallel systems using a column generation approach[J]. IEEE Transactions on Reliability,2010,59(4):706 - 717.

[52] 吴沛锋,高立群,邹德旋. 修正的差分进化算法在系统可靠性中的应用[J]. 仪器仪表学报,2011,32(5):1158 - 1164.

[53] 阮星智,李庆民,王红军,等. 人工免疫粒子群算法在系统可靠性优化中的应用[J]. 控制理论与应用,2010,27(9):1253 - 1258.

[54] 王成亮,程凤农. 求解复杂系统可靠性冗余问题的量子萤火虫算法[J]. 系统管理学报,2016, 25(4):599 - 603.

[55] 刘志宏,高立群,孔祥勇,等. 改进差分进化算法在可靠性冗余分配问题中的应用[J]. 控制与决策,2015,30(5):917 - 922.

[56] 郑灿赫,孟广伟,李锋,等. 一种基于 SAPSO - DE 混合算法的结构非概率可靠性优化设计[J]. 中南大学学报(自然科学版),2015,46(5),1628 - 1634.

(本章执笔人:河北工业大学李玲玲)

第5章　机械产品可靠性分析

可靠性分析是指应用逻辑、归纳、演绎的原理和方法对系统可能会发生的故障、如何提升可靠性水平进行分析研究。

5.1　机械产品可靠性分析最新研究进展

1. 机械产品可靠性分析概述

常见的可靠性分析方法有故障树分析方法、Petri 网、贝叶斯网、故障模式、影响和危害性分析等，这些可靠性分析方法广泛应用于机械产品的可靠性工程当中。

1）故障树分析方法

故障树分析(fault tree analysis，FTA)方法是系统可靠性预测分析、故障分析诊断的重要方法。故障树是用于刻画系统失效行为的树根状因果关系图，用事件符号和逻辑门符号描述系统中各种失效事件之间的因果关系。条件或动作的发生称之为事件，事件用来描述系统和零部件故障的状态，逻辑门把事件联系起来，表示事件之间的逻辑关系。逻辑门的输入事件是输出事件的“因”，逻辑门的输出事件是输入事件的“果”。FTA 方法具有直观性、层次化、系统性等特征，应用广泛。

FTA 方法一直是业界学者、技术人员关注的焦点之一，也是业界学者长期以来一直进行的研究课题。FTA 方法由简单到复杂、由二态到多态、由单调到非单调、由静态到动态不断延伸进化，同时又与失效模式影响及危害性分析、事件树分析、二元/多值决策图、贝叶斯网络、马尔可夫链等方法相结合，产生了许多重要的故障树及重要度算法，形成了一系列标准，推动了相关学科与行业的发展。

2）Petri 网

Petri 网是分布式系统建模及模拟的数学及图形分析工具，可以表达系统的静态结构和动态变化，适合于描述系统中进程或部件的顺序、并发、冲突以及同步等关系。经过 50 多年的发展，Petri 网理论本身已形成一门系统的、独立的学科分支，在计算机科学技术、自动化科学技术、机械设计与制造以及其他许多科学技术领域都得到了广泛应用。

Petri 网在机械系统可靠性分析中主要用于机械系统可靠性建模、可靠性分析与预测、可靠性仿真、故障诊断几个方面。为了提高 Petri 网的建模和分析能力,相继出现了随机 Petri 网、模糊 Petri 网、着色 Petri 网、延时 Petri 网、面向对象 Petri 网、混合 Petri 网等扩展 Petri 网方法。这些扩展的 Petri 网方法可以更加方便、有效地表达日益复杂的机械系统,近年来各种方法都取得了较大发展,在机械系统可靠性分析和预测上应用较多。

3) 贝叶斯网

贝叶斯网(BN)是基于概率分析和图论的一种不确定性知识表达和推理的模型。BN 作为 n 元随机变量联合概率分布的图形表示形式,综合应用概率理论和图论,具有坚实的数学基础,语义清晰,直观有效,易于理解,获得了越来越广泛的应用。BN 的图形化显示使元件多态关系更加直观、清晰,能很好地表示变量的随机不确定性和相关性,并能进行不确定性推理。

从推理机制和故障状态描述上来看,BN 与故障树相似,但它能在不用求解最小割集的情况下求出顶事件的发生概率,并且能够通过求解基本事件后验概率,得到基本事件对顶事件的影响程度,找出系统的薄弱环节,更适合于可靠性评估。另外,通过 BN 还可以进行后向推理,即可以得到在系统失效的情况下各个基本事件发生的概率,找出系统的薄弱环节,从而实现对系统更好地维护。这是故障树分析方法无法达到的,因此 BN 具有更强的建模分析能力。

4) 故障模式、影响和危害性分析

故障模式、影响和危害性分析(failure mode, effects and criticality analysis, FMECA)是在工程实践中总结出来的,以故障模式为基础,以故障影响或后果为目标的分析技术。它通过逐一分析各组成部分的不同故障对系统工作的影响,全面识别设计中的薄弱环节和关键项目,并为评价和改进系统设计的可靠性提供基本信息。

FMECA 如果采用个人形式进行分析,单独工作无法克服个人知识、思维缺陷或者缺乏客观性。从相关领域选出具有代表性的个人,共同组成 FMECA 团队,通过集体的智慧,达到相互启发和信息共享,就能够较完整和全面地进行 FMECA 分析,大大提高工作效率。

FMECA 强调程序化、文件化,并应对 FMECA 的结果进行跟踪与分析,以验证其正确性和改进措施的有效性,将好的经验写进企业的 FMECA 经验反馈里,积少成多,形成一套完整的 FMECA 资料,使一次次 FMECA 改进的量变汇集成企业整体设计制造水平的质变,最终形成独特的企业技术特色。

FMECA 是机械产品可靠性分析的基础性、常用方法,相对比较成熟,指定了较为完善的国家标准、行业标准甚至企业标准,广泛应用于国内外机械产业。

2. 故障树分析方法

1）静态故障树分析方法

传统故障树用与、或等传统逻辑门来刻画静态失效行为。故障树创立伊始，以布尔代数和概率论为其数学基础，事件的发生用故障概率表示。这一阶段的故障树，被相关文献称为常规故障树。常规故障树发展最为成熟，也是故障树中最基础的。在定性分析方面，有结构函数、最小割集和最小路集。在定量分析方面，有顶事件发生概率的精确和近似计算公式，如利用容斥定理、不交化计算以及部分项近似和独立近似法等；有各种重要度算法，如结构重要度、概率重要度、关键重要度等。20 世纪 80 年代，有学者将模糊集合论和可能性理论引入到传统故障树，将事件发生概率描述为模糊数和模糊可能性，产生模糊故障树分析方法，研究内容涉及事件模糊描述与运算、模糊重要度等问题。多态故障树产生于 20 世纪 80 年代，是故障树分析方法与多态系统理论结合的产物，相对于二态故障树，其事件有三种以上互不相容的状态，它将故障树分析方法由最初的二态假设推动到多态描述，并产生了诸如基于模块分解和多态多值决策图的多态故障树分析方法、多态元件的组合重要度与综合重要度算法等，极大地发展了故障树分析方法。

改进、交叉、发展、应用不断丰富传统故障树的内涵与外延，但对于实际工程中失效机理复杂多样的系统，传统故障树难以刻画系统全部的静态失效行为。为更全面地刻画静态失效行为，2005—2009 年，Song 等提出了用 T－S 逻辑门替代传统逻辑门的 T－S 故障树[1]，弥补了传统故障树刻画静态失效行为的不足，是故障树逻辑门的一次变革，并极大地发展了故障树分析方法。T－S 逻辑门是基于 T－S 模型构建的。T－S 模型是由 Takagi 和 Sugeno 提出的，可以以任意精度逼近一个非线性系统。而故障树逻辑门恰恰正是多输入单输出，宋华等正是基于 T－S 模型的这一特点构建了 T－S 逻辑门，进而提出了 T－S 故障树。

Song 等提出 T－S 故障树之后，一些研究者对 T－S 故障树进行了发展延伸和应用拓展。2009 年，燕山大学姚成玉等利用 T－S 故障树对液压机动力源系统进行了可靠性分析，对 T－S 故障树的可行性进行了分析验证，认为 T－S 故障树可以描述任意形式的静态失效逻辑，传统故障树是 T－S 故障树的某种特例，限于与、或等传统逻辑门所描述的静态失效逻辑，T－S 故障树是传统故障树的继承与发展。一方面，相对于传统故障树，T－S 故障树可以避免容斥定理、不交化等计算，分析计算更简便、且利于编程实现；另一方面，对于传统故障树不能刻画的静态失效行为，T－S 故障树却能刻画描述和分析求解。相对于传统故障树，T－S 故障树能够刻画复杂的静态失效机理和多态性，具有更好的适应性。进而，在 2011 年提出了 T－S 故障树的结构重要度、概率重要度、关键重要度、模糊重要度、状态重要度等重要度算法[2]。2012 年，Song 等利用 T－S 故障树对卫星姿态控制系统进行了可靠性分析；长安大学罗彦斌、陈建勋和北京交通大学王梦恕提出了基于 T－S 故障树的公路隧道冻害分析方法，以隧道冻害发生为初始事件，以隧道衬砌漏水结冰、路面溢水结冰、衬砌剥落掉块为后续事件，建立隧道冻害故障树，采用 T－S 故障树计算方法对各底事件的重要度进行分析；长沙理工大学唐宏宾和中南大学吴运新研究了基于 T－S 故障树的混凝土泵车泵送液压系统故障诊断方法；火箭军工程大学范宝庆等研究了基于 T－S 故障树的某装备测控设备故障诊断。2013 年，燕山大学陈东宁等针对传统故障树构建贝叶斯网络刻画静态失效行为受传统故障树不足制约的问题，提出将 T－S 故障树与贝叶斯网络综合。2014 年，姚成玉等提出了基于 T－S 故障树和贝叶斯网络的模糊可靠性评估方法；河北工业大学葛玉敏对防爆电气设备进行了 T－S 故障树及重要度分析，并设计了基于 T－S 故障树诊断专家系统的智能管理系统。2015 年，辽宁工程技术大学李莎莎、崔铁军和大连交通大学马云东为了研究可靠性对工作环境变化敏感的一类系统，并结合 T－S 故障树和贝叶斯网络，建立了一种基于空间故障树理论的系统可靠性评估方法[3]；燕山大学姚成玉等将非概率模型引入到 T－S 故障树，提出了凸模型 T－S 故障树及重要度分析方法。2016 年，北京航空航天大学孙利娜、黄宁等通过对 T－S 故障树所表示的系统赋予性能变量及故障多态下的不同性能值，提出一种分析系统故障多态下的性能可靠性方法，并应用于大型飞机航空电子分系统。

2）动态故障树分析方法

事实上，实际系统会同时存在静、动态失效行为，传统故障树是刻画静态失效行为的方法，不能胜任静、动态失效行为下的系统可靠性分析。针对动态失效行为刻画这一科学问题，1990 年，国际著名可靠性学者 Dugan 等基于传统故障树进行延伸，定义了功能相关、顺序强制、优先与、热备件、冷备件门等一组动态逻辑门来刻画动态失效行为，创立了动态故障树分析方法，Dugan 等还建立了动态故障树分析的软件平台，能对包含有硬件故障、软件故障以及人因故障的系统进行可靠性建模与分析。动态故障树分别用其静态子树（为传统故障树）和动态子树刻画系统的静、动态失效行为，因而具有对静、动态失效行为的刻画能力，可视为故障树发展的里程碑。

动态故障树正处于不断研究与发展中，国内外学者对动态故障树分析方法从算法结合、分析计算、动态逻辑门拓展等角度进行延伸研究。在算法结合和分析计算方面，出现了基于马尔可夫模型求解、模块化方法求解、蒙特卡罗仿真求解、动态故障树割序法、基于扩展割序集的分析求解等方法。例如，电子科技大学黄洪钟等提出了模糊动态故障树分析方法，将模糊集理论引入动态故障树分析中，并对太阳翼驱动机构进行模糊动态故障树分析，采用三角模糊数表示太阳翼驱动机构故障树各底事件的失效参数，将 λ 截集理论与区间运算相结合，得到系统的顶事件模糊发生概率与各个底事件的模糊概率重要度[4]。北京航空航天大学王少萍等在复杂系统可用度分析中,采用深度和广度遍历算法将复杂动态故障树分解为独立子树,推导和证明了独立子树等效时变可用度参数模型,建立了各独立子树同构的马尔可夫状态转移链。通过求解降维微分方程获得故障子树的时变可用度参数,采用由下至上的递归处理算法快速实现复杂系统的可用性定量分析,既解决了复杂系统可用度计算的“组合爆炸”问题,又通过考虑时变参数保证了可用度解算的精度。北京航空航天大学孙利娜、黄宁等提出一种基于业务的动态故障树建模方法,对 AFDX 网络的数据传输是否及时、完整及传输次序、到达源端是否正确等性能可靠性问题的故障原因及故障模式进行了分析和建模,给出了一种量化计算方法。江西理工大学古莹奎等为减少系统动态故障概率计算时的工作量,应用层次化分析思想,综合事件树和动态故障树,提出了事件树与动态故障树分层模型的分析方法及基于此的动态概率安全评价方法,应用二元决策图和马尔可夫链分别对静态故障树和动态故障树进行求解,并给出了系统各状态概率的求解方法,得到系统静态模块定量的发生概率及动态模块各个状态概率随时间变化的曲线,进而综合求解得到系统故障发生的概率,实现了对系统较为精确的动态概率安全评价。Xiang 等提出了利用割集替代割序集求解动态故障树的新方法。Zhou 等提出了动态不确定因果图方法,将动态故障树映射为动态不确定因果图。一些学者提出了动态故障树定性、定量分析的序贯二元决策图方法。针对序贯二元决策图不易编程问题,一些学者研究了多值决策图,例如,浙江师范大学王斌、吴丹丹、莫毓昌等提出了一种基于多值决策图来分析动态故障树的方法,通过多值变量编码动态逻辑门,利用单一系统多值决策图模型刻画各种静、动态失效行为,以缓解状态爆炸问题。

在动态逻辑门拓展方面,学者们构建了一些新的动态逻辑门,以弥补功能相关、顺序强制、优先与、备件门等动态逻辑门对动态失效行为刻画的不足,例如,Xing、Wang 针对共因失效组中元件的作用存在一定的概率的问题,构建了概率共因失效门,并针对性地提出了这类系统的动态故障树分析计算方法。Zhu 等提出了分析概率共因失效下含有备件门动态故障树的随机模型与方法[5]。重庆大学王家序等针对不完全共因失效建模问题,构建了专门的不完全共因失效门,并提出了不完全共因失效系统的动态故障树分析方法。日本学者 Wijayarathna 等提出了 AND - THEN(TAND)门,以弥补优先与门之不足,Wijayarathna 等认为优先与门虽然反映了基本事件发生的顺序,但是无法反映顺序发生的基本事件是瞬时发生或是在某一个时间间隔之后发生,并用说明区分时间间隔的长短的必要性。意大利学者 Portinale 等根据功能相关门触发条件的不同,定义了持续触发功能相关(persistent PDEP)门、一次触发功能相关(one - shot PDEP)门。

马尔可夫链进行可靠性分析时规模过大以致无法计算 ,J. B. Dugan 等给出了处理动态故障树的 3 种模块化方法，以提高动态故障树分析算法的效率。以该教授名字命名的 DUGAN 动态故障树由静态子树和动态子树组成,静态子树为传统故障树并用与、或门等传统逻辑门描述静态失效行为,动态子树用优先与门、功能相关门、顺序相关门、备件门等动态逻辑门描述动态失效行为。相对于传统故障树,T - S 故障树可以刻画任意形式的组合、多态等静态失效行为,但仍不能刻画系统的动态失效行为。为进一步增强故障树描述静、动态失效逻辑的能力,燕山大学姚成玉、饶乐庆、陈东宁等[6]提出了 T - S 动态故障树分析方法,定义并提出了描述静、动态逻辑关系的 T - S 动态门及描述 T - S 动态门的时间状态规则和事件发生规则构建方法,提出了基于 T - S 动态门输入、输出规则算法的 T - S 动态故障树分析求解计算方法。T - S 动态故障树的 T - S 动态门规则可无限逼近现实系统的失效行为,不仅可以描述 DUGAN 动态门所刻画的动态失效行为,还可以描述 DUGAN 动态门不能刻画的静、动态失效行为。最后,将 T - S 动态故障树分析方法分别与离散时间贝叶斯网络、马尔可夫链和顺序二元决策图求解 DUGAN 动态故障树的方法进行对比,验证了所提方法的可行性和计算的简便性。与 DUGAN 动态故障树分析方法相比,T - S 动态故障树分析方法对系统静、动态失效行为的刻画更为全面、细致,可以直接求解而无需借助离散时间贝叶斯网络、马尔可夫链、顺序二元决策图等方法。

3. Petri 网分析方法

1）机械系统可靠性分析

在机械系统可靠性分析与预测方面,近年来,很多学者将 Petri 网应用在各种复杂系统可靠性分析中,取得了很好的效果。Kumar[7]应用随机 Petri 网对机械系统的可靠性和可用性进行了分析。基于分解方法,将系统在三个层面,即层次结构、基本结构和相关关系上进行分解,克服了状态空间爆炸等问题;Talebberrouane[8]应用广义随机 Petri 网和故障树驱动马尔可夫过程两种方法对系统的故障和可靠性进行了分析。结果表明,广义随机 Petri 网方法对于系统的故障和可靠性分析具有更好的鲁棒性,而且可以得到故障模式的发生频率和持续时间;Zhou[9]应用可靠性框图和扩展面向对象 Petri 网对卫星推进系统进行了可靠性建模和分析,将所提出的方法用于阶段任务系统的建模,通过建立 Petri 网模型和面向对象编程的组合来实现,分别描述系统、阶段和组件级的任务,优势在于可以显著减少网络模型的维数,有效解决状态空间爆炸问题;Wu[10]提出了应用模糊推理 Petri 网对机械设备进行系统可靠性预测的方法,并将该方法应用于航天器太阳能电池组中的可靠性分析中,结果显示该方法可以精确地预测航天器太阳能电池组的故障率；Nývlt[11]讨论了非标 Petri 网怎样应用于建立和分析具有失效相关性的事件树模型,用 P - invariants 来获得带有相关性事件树的最终状态发生频率,并将该方法用于某公路隧道工程可靠性分析中。龚浙安[12]应用 Petri 网对太阳翼驱动机构进行了可靠性分析,得到了太阳翼驱动机构各子事件的故障概率。

2）机械系统可靠性仿真

在机械系统可靠性仿真方面,应用 Petri 网进行系统可靠性仿真,能形象地描述系统的动态行为和当前状态,避免定量分析中的维数灾难问题,可以处理具有各种可能概率分布的随机事件,使仿真结果更加贴近实际。Wu[13]应用扩展面向对象 Petri 网对考虑共因失效的可维修多阶段任务系统进行了可靠性仿真,并应用实例证明了提出方法的有效性。

在故障诊断与分析方面,利用 Petri 网并发性等特性进行机械系统故障诊断推理,可动态、直观地反映出系统的当前状态,给出故障的报警信息。根据 Petri 网的状态变化和变化的因果关系,可以追溯故障发生的原因,从而实现故障诊断过程。Nazemzadeh[14]应用 Petri 网模型对控制器进行故障状态分析,可以禁止故障发生,避免危险或不安全状态;王志琼[15]应用 Petri 网建立了电主轴的故障诊断模型;谢刚[16]基于模糊 Petri 网的推理方法建立了五轴数控机床故障预警系统模型,预测了五轴数控机床可能发生故障的概率,从而达到故障预警的目的;Wang[17]提出了加权模糊 Petri 网模型,可以有效地处理离散事件动态系统的故障传递问题,并将该模型应用于高速列车的可靠性分析中,取得了很好的效果。

4. 贝叶斯网分析方法

可靠性分析一般包括分析故障发生的概率和时间、系统冗余,需要综合考虑系统的多状态单元、动态变化、运行条件等因素。最开始,贝叶斯网分析方法在复杂系统例如电厂、核能系统及军事车辆的可靠性评估中获得成功运用。2010 年之后,在可靠性研究中的应用越来越深入,取得了越来越多有价值的研究成果。

1）静态系统可靠性分析

近年来不断发展的贝叶斯网络,从其推理机制和系统状态描述上来看,与故障树有很大的相似性,而且还具有描述事件故障逻辑关系非确定性、故障状态多态性的能力,贝叶斯网特有的双向推理机制在系统可靠性分析中具有明显优势。贝叶斯网络与故障树的结构是一一对应的,根据故障树的逻辑表达关系,可以将故障树转换成贝叶斯网络,即故障树中每个基本事件、逻辑门输出事件和顶事件对应贝叶斯网络的节点,逻辑门对应连接贝叶斯网络的节点的有向边。故障树的所有逻辑关系都可以通过改变贝叶斯网络的条件概率表(CPT)来实现。

2）动态系统可靠性分析

现代系统失效机理复杂,其失效逻辑呈现复杂的动态特性,如失效优先和功能相关性。在进行系统可靠性建模和分析时,静态故障树的事件与逻辑门建模体系不能表达这类失效逻辑,难以进行系统失效模式的确定和失效概率的分析。

动态贝叶斯网络(DBN)不仅能够表达系统的多态性,还具有双向推理能力,正向分析系统可靠性、逆向识别薄弱环节,在多态可靠性分析中受到关注。

由于系统可靠性往往受系统动态演化所影响,近年来,大量的研究集中在如何运用动态 BN 对系统可靠性的时域变化进行预测。Potinale 等开发了一个用于可靠性分析的建模方法,该方法支持动态故障数到动态贝叶斯网络的自动转化。

针对卫星导航时间频率系统中部分事件的不确定性,孙海燕等利用三角模糊数法描述导致系统故障的事件发生概率,并基于模糊贝叶斯网络模型对卫星导航系统时间频率分系统的可靠性进行深入分析,找到影响系统可靠性的薄弱环节,对系统可靠性进行风险分析。李彦锋等研究了基于贝叶斯网络和动态故障树的系统可靠性建模和分析方法,建立了卫星太阳翼驱动机构的动态故障树模型和贝叶斯网络模型,为具有动态特性的复杂系统可靠性的分析问题提供了新思路。

2006 年,Boudali 等提出了一种基于离散时间贝叶斯网络的可靠性建模与分析框架。2013 年,顾和元等对动态贝叶斯网络模型的建立进行了研究,将故障树模型首先转换为静态贝叶斯网络模型,再经过时序扩展得到其动态贝叶斯网络模型,采用 Noisy - or 模型和多态组件退化模型建立条件概率表,并对动态贝叶斯网络进行建模和推理分析,利用 BNT 软件和 Graph Viz4Matlab 软件对深水闸板防喷器系统进行了可靠性建模和分析。

2014 年,胡祥涛等采用动态贝叶斯网络(DBN)理论分析雷达天线俯仰系统可靠性,并识别系统可靠性薄弱环节。首先采用结构化分析与设计技术(SADT)分析俯仰系统,构建系统的功能模块。通过对功能模块的故障模式及影响分析(FMEA),确定各功能部件可能存在的故障模式、故障原因以及影响。在上述工作基础上,建立俯仰系统 DBN 模型,通过正向推理分析系统可靠度演变规律,利用逆向推理识别系统可靠性薄弱部件。

2016 年,王开铭等结合 GO - LOW 法的动态特性,将动态贝叶斯理论应用于高速铁路牵引变电所可靠性的分析中,结果表明当考虑部件随时间推移而失效的情况时更加符合实际。与其他方法相比,该方法考虑了分析对象的动态特征,减少了公式推导过程,简单清晰,便于实际应用。

2016 年,O. Yevkin 在马尔可夫模型基础上发展起来的动态故障树,考虑了元件之间的动态逻辑关系,从传统故障树的与门、或门、非门等逻辑关系拓展到了优先与门、备件门、顺序相关门等范畴。引入了时间维,根据元器件的初始条件概率和退化规律,即可建立复杂系统随时间的退化模型,预测未来某一时刻的可靠性水平,为及时制定维修保障决策提供理论指导,使事后维修逐渐向视情维修转变。但是由于动态故障树在确定最小割序、建立结构函数等方面算法复杂、工作量大,且事件之间存在不确定因果关系。

2017年,李志强等针对传统可靠性分析方法难以描述系统动态变化特性的问题,提出了一种考虑维修因素的基于动态贝叶斯网络的可靠性分析方法。在构建某控制单元电源失效动态故障树的基础上,根据动态贝叶斯网络推理规则和故障树逻辑门向动态贝叶斯网络转化原理,建立控制单元可靠性分析模型。通过引入失效率和维修率参数,确定了控制单元可靠度随时间的变化规律。

3）多态系统可靠性分析

2009年,尹晓伟、周经纶等将贝叶斯网络(BN)引入系统可靠性分析中,分别建立了二态和多态系统可靠性分析模型,并对多状态系统可靠性进行定性分析和定量评估,在求解系统可靠度时,相对于传统的建模方法,既简化了过程又提高了计算效率和精度。上述基于贝叶斯网络的可靠性分析方法都是以部件故障概率、故障率为精确值的假设为基础,通过贝叶斯网络推理对系统进行可靠性分析。

2012年,陈东宁等提出一种新的基于模糊贝叶斯网络的多态系统可靠性分析方法,该方法将模糊集合理论引入到贝叶斯网络可靠性分析中,考虑部件故障状态、部件故障率的模糊性以及部件间故障逻辑关系的不确定性,使贝叶斯网络具有处理模糊信息的能力。该方法采用模糊数描述系统和部件的故障状态,利用模糊子集描述部件的故障率,运用贝叶斯网络的条件概率表描述部件间的不确定联系。该方法应用到载重车液压悬架系统的可靠性分析实例中,分析结果表明该方法在进行系统可靠性分析时能够充分利用系统的模糊信息和不确定信息,从而提高系统可靠性分析的效率。贝叶斯网络在处理变量的多态性时只需用不同值表示节点本身的不同故障状态,然后调整相应节点的条件概率表即可。然而,该方法并没有完善处理故障率的模糊性,且贝叶斯网络各节点的条件概率表和可靠性分析模型较为简单,只适用于层次较少的全串联系统。

2014年,王瑶等针对传统故障贝叶斯网络在可靠性分析以及故障诊断领域存在的组合爆炸问题,提出了一种将故障树转换为三态故障－贝叶斯网络的新方法。该方法可有效解决由于“或”门的父节点过多而引起的组合爆炸问题。并将该方法应用在某型飞机交流电源系统以及前轮转弯系统的可靠性分析中。

2015年,方玉茹等在多状态系统模糊贝叶斯方法的基础上,针对带冗余的复杂多层次系统,提出一种改进的基于模糊多态贝叶斯网络的可靠性分析方法,根据模糊数理论,用三角模糊数表示导致系统故障的单元各种故障状态发生概率,并且所构建的贝叶斯网络模型能更清晰地表达系统的多态性和多状态节点间逻辑关系的不确定性。然后运用贝叶斯网络的运算规则与自动更新方法进行灵活推理,更准确地对复杂带冗余的船舶推进器液压系统进行可靠性评估和分析,该方法运用模糊多态贝叶斯网络结合冗余系统的特点,利在已有的多态系统模糊贝叶斯网络方法的基础上做了改进，很好地解决了现有可靠性分析方法的局限性。

2017 年，曹颖赛等针对多态系统可靠性分析过程中部件和系统的故障状态难以准确界定、故障逻辑关系难以精确测度等问题，提出了一种广义灰色贝叶斯网络模型。该模型首先运用含有区间灰数的模糊子集表征部件所处的故障状态；然后通过运用区间灰数表示系统故障发生的条件概率表征多态系统复杂多样的故障逻辑关系；最后基于贝叶斯网络推理算法和区间灰数运算规则给出系统处于不同故障状态的概率和部件重要度等可靠性特征信息，为不确定条件下的多态系统可靠性分析提供了完整的解决方案。

5.2 机械产品可靠性分析国内外研究进展比较

故障树分析方法在国内外得到了广泛的研究和应用，在中国知网数据库中检索到全文包含“故障树”的文献约 4 万篇，涉及众多学科；在 Elsevier ScienceDirect、IEEE Xplore 数据库检索到全文包含“Fault Tree”或“FTA”的文献各约 6 万篇。传统故障树诞生于美国贝尔实验室，动态故障树分析方法由国际著名可靠性学者 Dugan 等创立。国外学者引领了故障树的研究方向。透过故障树分析方法的最新研究进展，可以发现，国内学者很好地跟踪了国际研究前沿，与国外学者的学术交流、合作研究越来越多，并在局部有新的突破甚至逐渐出现原创性的理论和方法，如故障树算法结合与分析计算、空间故障树、T－S 故障树、动态逻辑门扩展、T－S 动态故障树、重要度算法等；但在整体上与国外仍有一定差距，国外故障树研究起步早、有积淀、原创性多，相关研究更为系统、全面。与此相对应的是，国内缺乏高水平可靠性期刊，可靠性论文散落于各行业期刊中，因而，国内可靠性学者的许多高水平论文都发表在国际可靠性期刊中，这些国际可靠性期刊也包含了世界上可靠性学者的许多高水平论文。这些成果不能很好地被国内研究者和技术人员研究或应用，因此，建议在国内设立高水平可靠性期刊。同时，可靠性学会都作为不同行业一级学会下的二级分会，不利于交流、整合、贯通，成立中国可靠性学会将有利于国内在理论和方法研究、技术应用等方面的提升，有助于促进中国可靠性理论与技术的发展。

近年来，贝叶斯网络模型及其应用一直是国内外的研究热点，这一模型正以其独特的综合先验知识的增量学习特性和卓越的推理性能融入人工智能和数据挖掘的主流中。贝叶斯网络在国外研究起步早，尤其在经济和医学等领域越来越多的应用日益显示出其发展前途。这些应用通过正在建成许多应用模型用于预测石油和股票价格、控制太空飞船和诊断疾病等不断地渗入我们的社会和经济生活中。

在机械产品可靠性分析领域，虽然也从国外开始应用，但是近几年来，国内的发展突飞猛进，得到了愈来愈广泛的应用。尤其在解决机械领域实际问题中，如机械产品的可靠性分析、评估、故障诊断等，我们可以使用贝叶斯网络这样的概率推理技术从不完全的、不精确的或不确定的知识和信息中作出推理。贝叶斯网络系统在计算机中程序化后能够自动产生最优预测或决策，为设计人员和用户提供有价值的数据和信息。但是国内研究成果表明，BN 的研究主要局限在应用领域，如就某一具体产品、结构或功能的可靠性分析展开研究与应用，对于 BN 网络结构的动态研究、为提高学习速度和精度而有必要采取的混合算法和知识合成方面做得较少，而这一点国外可靠性领域同样存在不足。

5.3　机械产品可靠性分析发展趋势与未来展望

可靠性分析方法众多，这里仅就其中最重要的两类：故障树方法和贝叶斯网络的发展趋势进行简单梳理。

1）可靠性分析中的故障树方法未来热点问题和趋势

（1）在静态故障树中，相对于传统故障树，T－S 故障树、空间故障树等因创建时间较短，研究者相对较少，丰富和发展静态故障树是一个值得继续研究的课题。

（2）动态故障树自被 Dugan 等提出来以来，学者围绕解决“空间爆炸”、降低计算复杂度等问题研究其求解计算问题，同样，静态故障树也有求解计算问题，与其他方法结合进行综合求解是故障树的一个趋势。

（3）实际系统会同时存在静、动态失效行为，甚至静、动态失效行为复杂多样，构建更多地刻画系统失效行为的静、动态逻辑门，使故障树更逼近于现实系统，是一个值得考虑的问题。

（4）故障树发展历程中的关键节点如传统故障树、动态故障树等均为国外学者原创提出的，之后，国内学者进行跟进、再综合或再创新，但仍围绕国外学者的原创框架进行，增强原始创新能力，是研究学者需要考虑的问题。

（5）相对于传统故障树，T－S 故障树在刻画描述和求解计算方面更具优势，如何借鉴 Dugan 等在传统故障树的基础上延伸创立动态故障树的研究思路，在 T－S 故障树的基础上延伸创立新的动态故障树，进而研究其重要度算法，是对 Dugan 动态故障树的继承、发展和突破。

（6）进行故障树分析时，失效机理和逻辑规则涉及故障树建造的逻辑门，可靠性数据涉及故障树求解的基础数据，故障树建造和可靠性基础数据关系到故障树分析结果的准确性与可信性，因而，这是故障树分析工程应用需要研究考虑的问题。

2）可靠性分析中的贝叶斯网络方法未来热点问题和趋势

（1）贝叶斯网络的学习和推理都已被证明是非确定性多项式（NP）问题，今后针对具体的问题领域，综合多领域、多学科的思想和方法，进一步探索贝叶斯网络学习和推理的高效稳定算法。如：针对生物信息领域高维小样本的特点，基于演化计算的思想，将学习问题转化成一个并行搜索的问题，探索有效的基于贝叶斯网络的基因调控网络构建方法和基因关联分析方法。

（2）贝叶斯网络知识合成的研究。当来自非常可靠的数据源的不确定性知识与当前网络结构不一致时，则有可能是网络结构不再能完全反映问题模型。如何结合贝叶斯网结构学习的相关算法和其增量特性，通过修改当前网络结构来实现不确定性知识的合成将是一个很有意义的研究方向。如运用海量数据的结构学习和推理。相对于其他的人工智能工具例如神经网络及遗传算法，贝叶斯网络利用海量数据的学习功能要逊色得多，尤其是对贝叶斯网络结构的学习。目前使用的由 Peter Spirtes 和 Clark Glymour 提出的 PC 结构学习算法得到的网络结构关系不是很可靠，而且这种结构学习不能处理变量之间的逻辑关系和确定性的关系。这方面需要理论上进一步的突破。

（3）对模型本身进行扩展研究。将层次化、模块化及时间因素引入贝叶斯网络，并突破模型本身的有向无环限制，以适应大规模和复杂环境的要求。如混合贝叶斯网络的研究，目前的贝叶斯网络技术只能处理离散节点和符合特定分布（如高斯分布）的连续节点，而实际情况需要节点是连续可变而且未必符合某种特定分布，这就需要深入研究混合节点的贝叶斯网络推理问题。目前一个热门的方向是基于蒙特卡罗马尔可夫链思想动态离散连续变量的算法。

（4）动态贝叶斯网络和多状态贝叶斯网络的扩展研究。目前的动态贝叶斯网络只局限于描述系统的节点随时间的变化，进一步的研究将扩展到对网络结构的动态变化。目前多状态贝叶斯网络可靠性分析模型都是以确定的故障逻辑关系作为前提条件的，然而由于相关历史数据的缺乏，系统使用环境的变化以及其他人为因素，系统和部件间的逻辑关系往往很难以确定的形式呈现，其处理不同逻辑视角的多种不确定性因素的能力急需拓展。

参考文献

[1] SONG H, ZHANG H Y, CHAN C W. Fuzzy fault tree analysis based on T－S model with application to INS/GPS navigation system[J]. Soft Computing, 2009, 13(1): 31－40.

[2] 姚成玉，张荧驿，陈东宁，等. T－S 模糊重要度分析方法研究[J]. 机械工程学报，2011，47(12)：163－169.

[3] 李莎莎，崔铁军，马云东. 基于空间故障树理论的系统可靠性评估方法研究[J]. 中国安全生产科学技术，2015，11(6)：68－74.

[4] 黄洪钟,李彦锋,孙健,等. 太阳翼驱动机构的模糊动态故障树分析[J]. 机械工程学报, 2013,49(19):70－76.

[5] ZHU P,HAN J,LIU L,LOMBARDI F. A stochastic approach for the analysis of dynamic fault trees with spare gates under probabilistic common cause failures[J]. IEEE Transactions on Reliability,2015,64(3): 878－892.

[6] 姚成玉,饶乐庆,陈东宁,等. T－S 动态故障树分析方法[J/OL]. 机械工程学报, http://www. cjmenet. com. cn/Jwk_jxgcxb/CN/abstract/abstract13188. shtml.

[7] KUMAR G, JAIN V,GANDHI O P. Reliability And Availability Analysis of Mechanical Systems Using Stochastic Petri Net Modeling Based On Decomposition Approach [J]. International Journal of Reliability, Quality and Safety Engineering, 2012, 19(1): 1250005－1－1250005－39.

[8] TALEBBERROUANE M, KHAN F, LOUNIS Z. Availability Analysis of Safety Critical Systems Using Advanced Fault Tree And Stochastic Petri Net Formalisms [J]. Journal of Loss Prevention in the Process Industries, 2016, 44: 193－203.

[9] ZHOU H, HUANG H Z. Reliability Modelling and Analysis of Satellite Propulsion System Based on Reliability Block Diagram and Extended Object－Oriented Petri Net [J]. Journal of Donghua University, 2015, 32(6): 1001－1005.

[10] WU J N, YAN S. An approach to system reliability prediction for mechanical equipment using fuzzy reasoning Petri net [J]. Journal of Risk and Reliability, 2014, 228(1): 39－51.

[11] NÝVLT O, RAUSAND M. Dependencies in event trees analyzed by Petri nets [J]. Reliability Engineering and System Safety, 2012, 104: 45－57.

[12] 龚浙安. 卫星太阳翼驱动机构可靠性建模与分析[D]. 成都:电子科技大学, 2013.

[13] WU X Y, WU X Y. Extended Object－oriented Petri Net Model for Mission Reliability Simulation of Repairable PMS with Common Cause Failures [J]. Reliability Engineering and System Safety, 2015, 136: 109－119.

[14] NAZEMZADEH P,DIDEBAN A,ZAREIEE M. Fault Modeling in Discrete Event Systems Using Petri Nets [J]. ACM Transactions on Embedded Computing Systems, 2013, 12(1): 12:1－12:19.

[15] 王志琼. 电主轴故障分析及可靠性增长技术研究[D]. 长春:吉林大学, 2012.

[16] 谢刚. 基于模糊推理的五轴数控机床故障预警系统研究[D]. 成都:电子科技大学, 2015.

[17] WANG Y H, LI M , LI L J. The Research of System Reliability Calculation Method Based on The Improved Petri Net [C]. 2013 International Conference on Information Technology and Applications, 2013: 279－282.

（本章执笔人:东北大学谢里阳、燕山大学姚成玉、沈阳工程学院尹晓伟、沈阳理工大学武滢）

第6章　机械产品可靠性试验

可靠性试验是为了测定、评价、分析和提高产品的可靠性而进行的各种试验的总称。可靠性试验可分为工程试验和统计试验。可靠性工程试验的目的是通过试验暴露产品在设计、材料和工艺等方面存在的各种缺陷,并通过失效分析和采取相应改进措施,提高产品可靠性。可靠性统计试验的目的是获得受试产品在各种条件下工作时的可靠性指标(如可靠度、可靠寿命、平均无故障工作时间、失效率等),为设计、生产、使用提供可靠性数据。

6.1　机械产品可靠性试验最新研究进展

1. 机械产品可靠性试验概述

1）可靠性试验内涵及其分类

可靠性试验贯穿于产品整个寿命周期,在产品的研发、生产和使用等不同阶段,其侧重点不同,如图6－1所示。在研制阶段,通过可靠性试验可以及时发现可靠性缺陷,尽可能消除产品早期故障;在设计定型(小批生产)阶段,验证产品

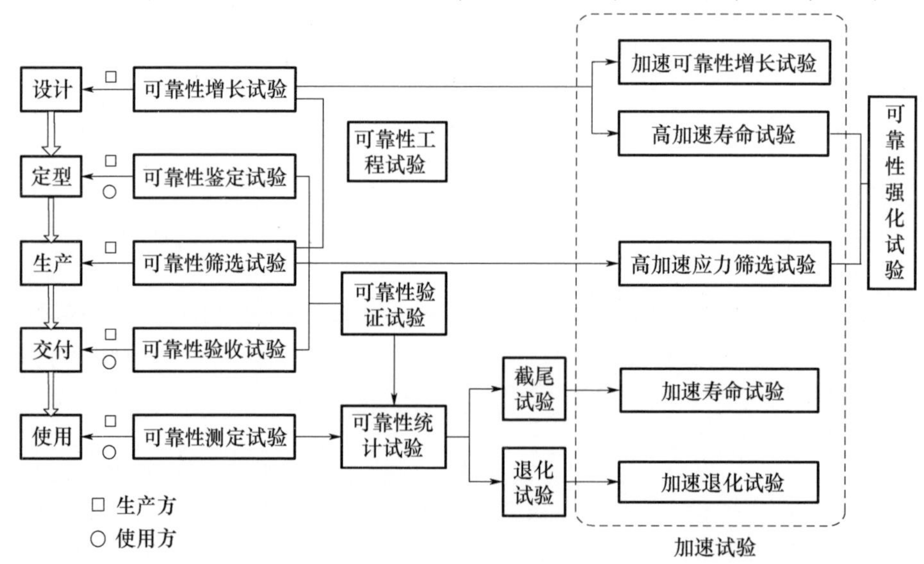

图6－1　可靠性试验的分类

设计是否符合可靠性要求；在量产阶段，验证可靠性的稳定程度，保证产品的可靠性不随生产工艺、流程、环境等的变化而变化；在使用阶段，了解使用可靠性，保证产品的正常使用。

在产品寿命周期中的设计、定型、生产、交付和使用阶段，主要进行的可靠性试验分别为可靠性增长试验、可靠性鉴定试验、可靠性筛选试验、可靠性验收试验和可靠性测定试验。其中，可靠性增长试验和可靠性筛选试验属于可靠性工程试验；可靠性鉴定试验、可靠性验收试验及可靠性测定试验属于可靠性统计试验；可靠性鉴定试验与可靠性验收试验统称为可靠性验证试验。在加速试验中，加速可靠性增长试验、高加速寿命试验和高加速应力筛选试验（后两者常统称为可靠性强化试验[1]）属于可靠性工程试验；加速寿命试验[2]和加速退化试验属于可靠性统计试验。

2）机械产品可靠性试验的特点

机械产品可靠性试验理论与方法的研究进展比较缓慢，主要是由于机械产品的特殊性[3]。

（1）失效机理多样性。

机械产品失效机理有退化耗损型（如磨损、腐蚀、蠕变、疲劳等）、损坏型（如断裂、变形、裂纹、点蚀、冲击破坏等）和其他失效机理。机械产品失效模式和失效机理随环境、载荷和使用时间变化。同时，机械产品失效机理演化过程复杂，导致分析失效机理和确定多种模式相关程度的难度增加，甚至无法完成。

（2）失效模式相关。

机械零件的常见失效模式有屈服、断裂、疲劳、蠕变、磨损及变形超限等多种。各失效模式之间普遍存在相关性，如共因失效、从属失效、共模失效等。失效模式多且相关造成机械产品可靠性分析和建模难度增加。工程实际中，由零部件可靠性推断系统可靠性必须考虑失效相关性问题。若忽略零件之间的失效相关性，可能会得出与事实严重不符的可靠性评估结论。若考虑相关，如何评定相关系数和如何进行系统可靠性建模及对其验证是困扰可靠性分析与评价的难题。

（3）可靠性试验子样少。

机械产品的零件规格品种多，故障数据分散，难于收集，基础数据缺乏。现场数据信息不完整，造成数据可信度和有效性降低。对于大型机械零部件，试验困难、价格昂贵、数量少，使得相应的样本数据更少。因此，在进行可靠性统计评估时，主要采用小子样、极小子样的评估理论。

（4）可靠性试验设计、实施困难。

对机械零部件和整机进行可靠性试验所需资源和消耗并非一般企业所能承受。一些大型机械设备没有进行整机可靠性试验的可能性。机械产品的早期故障也难以经过环境应力筛选试验排除，试验数据的一致性难以保障。受到设计公差、制造工艺水平、使用环境等因素影响，可靠性评估中需要处理的不确定性因素多，且同一型号的机械产品也存在较大的个体差异性。这些不确定性、个体差异性直接影响可靠性评估的精度，增大可靠性评估的难度。总之，机械产品实际使用条件复杂，失效机理复杂多变，可靠性试验设计及实施困难。

2. 综合应力加速寿命试验方法的研究进展

1）综合应力加速寿命试验方法概述

自20世纪50年代起，加速寿命试验技术开始应用于高可靠、长寿命产品的可靠性评价，提高了可靠性试验效率，降低了试验成本。加速寿命试验属于统计试验范畴，建立在科学、合理的统计假设基础之上，利用与物理失效规律相关的统计模型，对高于正常工作应力水平的加速环境中获得的可靠性信息进行转换，得到产品在给定工作应力下可靠性特征量（如可靠寿命、失效率等）的一种试验方法。按照试验应力变化特征可分为恒定应力、步进应力和序进应力加速寿命试验等。按照试验截止方式，可分为定时截尾、定数截尾和完全加速寿命试验。按照所用试验应力数量的不同，可分为单应力和综合应力加速寿命试验。经过近几十年发展，相比较而言，单应力加速寿命试验统计分析方法及其试验方案设计优化方法已较成熟。其中，因定时截尾试验的时间、成本可控，所以定时截尾恒定应力加速寿命试验方法在工程中应用最广。综合应力加速寿命试验对产品同时施加两个或两个以上的加速应力，与单应力加速寿命试验相比，综合应力更符合实际工况，能够更快地激发产品失效，从而提高试验效率。

综合应力加速寿命试验从20世纪50年代末起被用于工程实际，但与单应力加速寿命试验相比，发展较为缓慢。一方面是受到试验条件限制（如试验设备无法满足综合应力加速试验需求）；另一方面是缺少试验数据统计分析方法。随着科技的发展，试验设备的性能水平日益提高，温度－湿度、温度－振动、温度－真空、温度－湿度－振动、温度－湿度－低气压、温度－湿度－振动－低气压、温度－湿度－振动－真空等综合应力试验设备逐渐市场化，甚至一些能实现更多应力同时加载的设备也在边研制边试用。近20年来综合应力加速寿命试验获得了日益广泛的工程应用，可靠性试验技术和综合应力加速寿命试验理论和方法也随之快速发展。

2）综合应力加速寿命试验数据分析方法的研究进展

进行加速寿命试验数据统计分析时，首要任务是推断产品寿命分布，以及建立产品寿命与所施加的应力之间的数学关系。在此基础上，才能依据试验数据将高应力水平下的寿命信息外推至正常应力水平下的寿命信息。目前有三种技术途径获得产品的寿命分布[4]：第一种是通过对产品进行失效分析，从机理层面研究何种失效分布适用于描述产品的失效；第二种是直接对试验数据进行统计推断，获得产品的寿命分布；第三种是根据工程经验，利用适用性较广泛的分布函数描述产品的寿命分布。为了精确推断出产品的寿命分布，必须结合产品失效机理研究、试验数据以及工程经验，从统计、验证两方面进行推断分析。进行综合应力加速寿命试验过程中，往往受多种综合因素影响，难以从机理层面确定寿命分布。另外，受到试验成本限制，难以直接由试验数据准确地推断出产品的寿命分布。纵观国内外研究，若要由加速寿命试验精确获得产品寿命服从何种统计分布，至今仍无行之有效的推断方法[5]。通常情况下，需要根据工程经验，从现有常用的一些分布模型中选择一种，并利用试验数据对其进行假设检验，但对于机械产品，往往因试验数据不足，所得结论的可信程度较低。

加速模型是外推预测产品在正常使用应力下的寿命的基础，有两种常用确定方法[6]：①从产品的失效机理出发，通过对材料的微观分析，研究不同环境应力下的产品加速寿命模型；②根据工程经验，将现有加速模型直接应用于研究对象。例如：Peck 提出了广义 Eyring－Peck 模型，用于描述温度和湿度与寿命的关系；Srinivas 和 Ramu 基于断裂力学疲劳寿命模型提出了温度、机械和电应力综合作用下的加速模型。理论上讲，当加速应力的数量大于1时，失效物理方程变为多元函数，将引出一些不同于单应力的问题。进行加速寿命试验数据分析时，加速模型的轻微偏差将可能导致可靠性评估结论的严重错误。然而，利用上述两种方法获得的加速模型是否能够描述产品在真实环境应力下的变化规律，并未经过严格的理论验证和实践证明。迄今为止，未见有关从统计检验角度对产品加速模型进行验证的研究报道。因此，若要使综合应力加速寿命试验取得更广泛的应用，加速模型的建立及其正确性检验方法是亟须解决的问题。

近年来，国防科技大学团队在多应力加速模型研究方面取得了突破性进展[7]。针对现有加速模型包含应力类型少、缺乏应力耦合项、存在多参数难以辨识等问题，基于经典的 Arrhenius 模型建立了多应力加速模型统一范式、多应力加速因子模型统一范式。然后针对多应力加速模型存在待估参数多的问题，以及采用传统极大似然估计等方法运算量大、初值敏感、可能不收敛等困难，引入粒子群算法将参数估计问题转化为极大似然函数对应的最优解问题，结合粒子群算法和极大似然估计法，建立了一种新的多应力加速模型多参数估计方法，并在微机电陀螺中开展了成功应用，为机械产品综合应力加速寿命试验数据分析中的多应力加速模型建模这一关键问题的解决提供了可行途径。

可靠性试验数据分析方法有描述性统计、非参数统计、参数统计和贝叶斯统计方法。工程中使用最多的是参数统计，其中应用最广泛、发展最成熟的是面向位置－尺度参数族和线性失效物理方程的极大似然估计理论。进行加速寿命试验时，受到研制成本、周期、测试分析技术等因素限制，往往存在试验数据缺乏，难以确定产品寿命分布、加速模型等问题。若直接利用极大似然估计方法，难以获得准确可信的分析结果,尤其是对产品进行综合应力加速寿命试验时,还存在小样本、竞争失效现象。实际工程中,为了充分利用专家经验、历史数据等信息解决试验数据不足的问题,非参数方法和贝叶斯方法得到越来越多的关注。将经典统计分析方法和贝叶斯统计分析方法相结合,可以一定程度上提高参数的估计精度。贝叶斯分析方法的核心和关键是如何利用先验信息确定先验分布。目前虽然有学者提出可以依据最大熵原理,将各种验前信息看作不同约束条件,通过熵最大化,确定最优的验前分布[8]。但由于贝叶斯统计推断方法非常依赖于先验分布,目前尚无通用的方法进行先验分布的确定和检验,在短期内也难以取得突破性进展。

在产品可靠性统计分析中,除了希望得到可靠性参数和指标的估计值外,还希望给出相应的置信区间。求取置信区间通常采用枢轴变量法,即构造一个不依赖于分布参数真值的统计量,或假定它属于某一分布,如正态分布;根据正态分布理论求取置信区间或采用蒙特卡罗方法模拟计算统计量的分布,进而求取置信区间。目前,利用 Bootstrap 方法求取所关心的可靠性指标或参数的置信区间,是一种比较有效的估计方法。

传统的可靠性验证试验方法存在试验时间长、效率低等缺点,难以支撑“高可靠、长寿命”产品的可靠性验证。针对装备可靠性验证的工程需求,国防科技大学陈循、罗巍、张春华等从产品层次和失效类型出发,分别针对组件级产品(包括寿命型、退化型、竞争失效场合产品)和系统级产品,建立了基于加速试验的可靠性验证理论与方法,为“高可靠、长寿命”装备的可靠性验证提供技术支撑。基于加速试验的可靠性验证理论与方法研究进展包含:建立了基于加速试验的寿命型产品可靠性验证方法、退化型产品可靠性验证方法、竞争失效场合产品可靠性验证方法,以及基于组件加速试验的系统可靠性验证方法。

3)综合应力加速寿命试验方案设计的研究进展

试验方案设计是数据分析的逆问题,找到最优试验方案是工程师和统计学家的共同追求,也是加速寿命试验应用研究中最热的部分。原则上,一种试验形式、一种统计模型、一种数据分析方法、一种资源约束和一种设计目标就对应一个试验方案优化设计问题。因此,试验方案优化设计的研究遍及恒加、步加、序加、定时截尾、定数截尾、单应力、两应力和多应力等各种试验形式,涉及参数、非参数和贝叶斯等各类统计模型,以及 V-最优(使产品在正常应力下寿命分布 P 阶分位数极大似然估计值的渐近方差最小)、D-最优(使模型参数的估计精度最高)、单目标、多目标、成本约束、资源限制等各类优化目标和约束[9]。其中,应用最多、研究最成熟的是以位置-尺度参数族和线性失效物理方程为统计模型、以 V-最优为目标的连续测试-定时截尾-恒加试验方案设计。

综合应力恒加试验方案优化设计理论和方法最早由 Escobar 和 Meeker 提

出,他们将失效物理方程推广至二元线性函数,并证明 V - 最优的综合应力定时截尾 - 恒加试验方案不唯一。若要得到确定的方案,需要对试验应力水平组合(简称试验点)在试验可行区域(简称试验区域)内的安排方式和其上的样本比例分配方式加以限制。先按单应力优化方法求出最优蜕化方案的试验点及其内部的样本分配比例,然后利用失效物理方程等值线与试验区域边界的交点获得最优分裂方案。但考虑到模型参数先验估计值的误差等造成的理论最优方案实际性能的不确定性,以及在试验中检验模型、分析加速应力的效应等需要,研究者们还提出了正交方案、均匀方案等[10]。浙江理工大学陈文华、钱萍等通过计算机试验,从最优方案对 P 阶分位数的估计精度、对模型参数偏差的稳健性和对模型参数的估计精度 3 方面对正交方案、均匀方案和分裂方案进行了比较分析,结果表明分裂方案综合性能最好。

实际应用过程中,因受到试验设备能力限制,试验中未必能将各应力的最高水平同时施加在产品上,这导致试验区域成为非矩形[11]。对两应力试验,在广泛的模型参数取值范围内和不同试验区域形状上,考虑模型参数误差的影响后,最优蜕化方案比对应的分裂方案有更高的平均实际效能;对多应力试验,随着应力个数增多,分裂方案的试验点数目和找到试验点的难度都急剧增加,分配在试验点上的样本也减少、增加了试验失败的风险,但蜕化方案则与维数无关。对于综合应力加速寿命试验,应力间的交互作用将导致失效物理方程成为非线性函数。文献[12]提出了 V - 最优连续测试 - 定时截尾 - 恒加试验方案设计的"弦方法",不论优化问题的失效物理方程是一元还是多元、线性还是非线性、试验区域是矩形还是非矩形,该方法都可将其转化为单应力线性失效物理方程的问题处理。

针对由解析优化方法获得最优方案实际效果也一直被关注,引起质疑的因素主要有 3 方面:①模型参数先验估计值存在误差,即未知参数问题;②统计模型假设不符合实际,即模型偏差问题;③实际样本量达不到设计方案的要求,即有限样本问题。模型偏差问题和有限样本问题是普遍存在的问题。未知参数问题源自"截尾"试验(截尾使优化目标函数与未知模型参数有关),为最优加速寿命试验方案设计所特有,并会增大模型偏差问题和有限样本问题的处理难度。文献[13]给出了用先验分布和区间描述未知参数的最优试验方案设计方法。优化目标分别为使 p 阶分位数极大似然估计的渐近方差的期望最小,以及使 p 阶分位数的极大似然估计在参数区间上的最大渐近方差最小。这两个目标包含了对参数范围的估计,得到的最优方案考虑了参数估计误差后的方案。对于有限样本问题,文献[14]在优化模型中引入有限样本量下保证试验成功率的约束,将基于渐近方差的优化与图解法和基于蒙特卡罗方法的模拟评价相结合,提出了一种综合考虑有限样本和未知参数影响的最优折中方案设计方法。在一定条件下,上述研究得到了比折中方案更好的方案,但由于其理论和方法对工程应用而言比较复杂,而且尚无充足理由认为其在实际中超过折中方案,目前尚未得到广泛使用。

竞争失效场合加速试验技术是加速试验由简单结构向复杂结构产品推广应用的基础,而如何设计试验方案使统计结果最准确、代价最小,是主要研究内容之一。目前,基于蒙特卡罗仿真的竞争失效场合加速试验优化设计方法最有效。在备选方案较多的情况下,通过引入曲面拟合进行间接优化,这样可以大量减少进行仿真的试验方案个数,进而在保证较高精度的同时,使得计算量大大减小。

3. 加速退化试验方法的研究进展

1) 加速退化试验方法概述

随着产品设计、制造水平的不断提高,产品可靠性越来越高,寿命越来越长。在此情况下,对于高可靠长寿命产品,传统基于二元(正常和故障)的可靠性试验或加速寿命试验方法已难以应用于产品可靠性快速评估。高可靠长寿命产品的失效往往表现为其性能参数逐步退化直到完全失效的过程,在性能参数变化过程中蕴含着大量的寿命与可靠性作息。因此,利用性能退化数据识别产品性能退化过程,通过分析产品失效与性能退化之间的关联推断产品的可靠寿命,成为解决高可靠长寿命产品可靠性评估的重要手段。加速退化试验是在失效机理不变的基础上,通过建立产品寿命与应力之间的关系(加速模型),利用产品在高应力下的性能退化数据去外推和预测正常应力水平下的寿命特征的试验方法。

加速退化试验可以在一定程度上提高可靠性试验或加速寿命试验的效率。加速退化试验方法也是一种基于失效物理,并结合数理统计方法,外推、预测产品寿命与可靠性的试验方法。加速退化试验中应力施加的方式与加速寿命试验一样,但加速退化试验中不必观测到产品失效。相比加速寿命试验而言,可以节省一定量样本和试验时间。加速退化试验一般采用定时截尾的方式,弥补了加速寿命试验对无失效试验数据处理方面的不足。加速退化试验的研究主要集中在统计分析方法、试验方案优化设计与工程应用等方面。

2) 加速退化试验数据分析方法的研究进展

加速退化试验数据分析方法研究内容包括建立性能退化模型、加速退化模型(方程),以及可靠性指标计算。目前常用的退化模型包括退化轨迹模型和随机过程模型。退化轨迹模型的建立方式一般有两种:一是依据产品的退化机理和经验失效物理模型确定;另一种是利用回归分析技术直接对性能数据进行拟合。常见退化轨迹模型有线性模型、指数模型、幂律模型、反应论模型、Pairs 模型、混合效应模型等[15]。其中,Pairs 模型是疲劳失效中常用的模型之一,主要用于描述机械产品微小裂纹随时间的增长情况。对于同一批产品,描述性能特征参数随时间退化的轨迹函数的形式完全相同,不同的仅仅是参数。混合效应模型中的固定参数描述了产品性能退化的整体特性,随机参数描述了产品的个体特征,一般假设为服从某一分布的随机变量。

随机过程模型包括维纳过程、伽马过程及复合泊松过程等典型的模型。维纳过程模型是应用最广的一种模型。该模型是一种连续的独立增量的随机过程,能够描述产品退化过程的时间不确定性、测量误差以及试验过程中外部随机因素对产品性能的影响。标准维纳过程特点是性能参数始终围绕初始值作随机变化,期望值保持为零。若性能参数不是围绕某一点随机移动,而是存在一个远离初始值的趋势,需要用带漂移系数的维纳过程。利用该模型时,一般认为同一批产品的性能退化过程相同。为充分考虑产品个体之间的差异,可以在维纳过程中引入扩散系统,形成随机效应模型。例如,文献[16]提出了一种基于线性独立增量过程的性能退化数据的可靠性建模方法,利用贝叶斯方法研究单个产品的实时可靠性评估及其剩余寿命预测问题。

伽马退化模型也是应用较广泛的一种模型,而且能够推算出对应的寿命分布的解析模型。伽马过程是不连续的,即可描述连续的微小的冲击导致的缓慢变化,还可描述大的冲击导致的大的损伤。伽马退化过程模型主要用于严格单调的逐渐损伤的退化过程或有维修的退化过程[17]。例如,疲劳、磨损等过程都是随时间的延长呈现累积增加的过程。当利用伽马过程进行寿命估计时,因似然函数复杂而难以进行模型参数估计。基于伽马过程的寿命函数表达式通常由仿真模拟算得,可信度不高,这限制了该模型的实际应用。目前,将伽马过程用于产品可靠性评估的研究相对较少,且主要是针对单退化量的情形展开,多元伽马过程的可靠性建模与评估问题研究鲜有报道。

复合泊松过程主要用于由冲击导致的性能退化过程建模,相应退化过程是离散的[15]。复合泊松过程模型的基本假设为:在规定时间区间内产品承受冲击的次数服从泊松分布;每次冲击产生的损伤为一组独立同分布的随机变量。若冲击是随机均匀发生,且从任何时间 t 到下一次冲击到达时刻与时间 t 无关,即与从时刻0开始的时间具有相同的指数分布。确切说,冲击以泊松过程形式发生,有相邻冲击之间的间隔服从指数分布,且有无记忆性。若冲击次数超过规定的次数 n 则失效,则寿命服从伽马分布。若冲击以非强度为 $h(t)$ 的非齐次泊松过程形式发生,有对任意 $t \geqslant 0$,在 $(t, t+\mathrm{d}t]$ 区间内发生冲击的概率为 $h(t)\,\mathrm{d}t$。若冲击间隔的时间序列是独立同分布,且有共同的分布形式,则冲击的发生遵从更新过程。

时间序列分析方法是研究随机数据的规律性的常用方法。其中自回归滑动平均模型(ARMA模型)应用最为广泛。利用自回归积分滑动平均模型(ARIMA模型)时,通过变换得到平稳时间序列;利用季节性差分自回归滑动平均模型

(SARIMA 模型)时,消除了季节因素的影响,后两者进一步提高了预测结果的准确性。但应用 ARIMA 模型时要考虑初始状态的影响,仅适用于短期预测。文献[18]针对工业生产中的机械健康状况预测问题,提出了一种 Dempster - Shafer 回归的数据驱动方法,该方法能够用于非线性时间序列或者混合时间序列的预测。

加速模型是加速试验数据统计分析的基础,在加速退化试验中称为加速退化模型。由于退化试验中的数据记录的是产品性能退化量,加速退化方程反映的则是退化特征量与应力的关系。加速退化方程包含两种类型:基于物理的加速模型和基于统计规律的加速模型(经验加速模型)。基于物理的加速模型有 Arrhenius 模型、逆幂律模型及 Eyring 模型等。基于统计规律的加速模型通常是采用回归方法获得退化特征量与应力之间的关系。上述两种方法给出的加速模型是否能够确切地描述产品性能在环境应力作用下的变化规律,尚未经过严格的验证。因此,为避免因加速模型偏差导致可靠性评估的错误,加速模型的准确性检验是亟待解决的关键问题。

退化数据中包含大量的可靠性信息,通过分析可以定量评估产品的可靠性水平。退化数据分析通常分为两步:估计退化模型参数和计算可靠性特征参数。退化模型参数估计方法因模型不同而不同。对于随机过程模型,若以退化数据的一维概率分布密度函数或转移概率密度函数给出,模型参数通常利用极大似然估计方法来计算;若以随机微分方程给出,参数估计方法取决于将方程离散成差分格式的具体形式。对于混合效应模型,参数估计方法主要有两步估计法、极大似然估计法以及贝叶斯估计法。

随机过程模型所对应的寿命分布可以通过理论推导获得解析式。寿命分布估计方法主要有近似法、解析法和数值法。近似法通过拟合每个样本的退化轨迹,外推伪失效寿命,并依此拟合寿命分布。由于该方法忽略了伪失效寿命预测中的不确定性及测量误差的影响,拟合得到的寿命分布与真实寿命分布存在偏差。利用解析法所得寿命分布可根据退化模型参数的分布直接推导获得。该方法适用于只有一个随机参数且参数分布已知的情形。数值法是通过对退化模型参数估计值进行抽样,得到仿真模型参数,计算伪失效寿命,进而依此估计寿命分布的经验分布。该方法适用于轨迹比较复杂,包含多个随机参数的非线性轨迹模型。

综上所述,利用解析法可以获得寿命分布的解析表达式;近似法和数值法均要利用伪失效寿命来估计产品寿命的经验分布。现有的基于退化数据的可靠性建模与分析均假设:性能退化量通过一定的变换后,其平均性能退化轨迹为时间的线性函数。工程实际中,一些产品的退化轨迹为非线性函数,并且存在个体差异。考虑到复杂产品退化过程普遍为非线性,因此采用非线性扩散过程建模方法更加符合实际情况。同时，实际产品往往具有多个性能退化量，因此针对具有多个非线性退化特征量的产品开展可靠性建模与分析方法研究尤为迫切。

高可靠长寿命产品通常服役于多应力条件，具有多种退化模式，产品最终失效是多退化模式相依竞争的结果，如何对产品开展多应力多退化模式相依竞争条件下的加速退化试验统计分析，对其可靠性进行评估是确保产品安全可靠运行迫切需要解决的难题。国防科技大学团队针对这一问题，研究了多应力多退化模式条件下的加速退化试验统计分析通用性方法，为高可靠长寿命产品的可靠度评估奠定了理论基础。首先考虑温度、湿度、随机冲击载荷等多应力对寿命特征的耦合影响，退化过程与随机冲击过程的相互依赖性，基于多应力加速模型和相依竞争模型推导了多应力多退化模式相依竞争条件下的可靠度函数，然后基于产品退化量分布建立了多应力多退化模式相依竞争加速退化试验统计分析方法，最后提出了二步分析法解决模型的多参数估计问题，并以典型机械产品为对象开展加速退化试验验证了所建立的可靠度函数和加速退化试验统计分析方法的有效性[19]。

3）加速退化试验方案设计的研究进展

加速退化试验方案的优劣直接影响可靠性指标估计精度。加速退化试验方案的设计与优化可以描述为一个约束极值问题，优化目标包括可靠性指标估计值方差最小、试验费用最低、检验风险最小；约束条件包括试验时间、费用、样本数量、试验截尾方式、测试间隔时间、试验应力水平选择、样本量分配比例等。因此，加速退化试验方案设计与优化模型通常比较复杂，模型求解较难，常用的方法包括穷举法、搜索算法、遗传算法、EMD 算法等[15]。目前，加速退化试验方案优化设计的研究主要围绕恒定应力及步进应力加速退化试验方案优化设计展开。相比较而言，恒定应力加速退化试验分析与设计的理论和方法相对比较成熟；步进应力加速退化试验则具有能够更快、更经济地获得可靠性相关信息的优势。

高可靠长寿命产品工作中往往受到多种应力的作用，通常有多个性能指标随时间逐渐劣化。多应力多退化量的加速退化试验技术为其寿命预测提供了高效可行途径。国防科技大学团队针对多应力多退化量加速退化试验方案设计问题，以及现有方法只针对单一应力或单一退化量情况，不能解决多应力多退化量场合复杂方案优化设计难题，研究建立了多应力多退化量加速退化试验方案优化设计基本理论，以此为基础建立了多应力多退化量恒定及步进应力加速退化试验方案优化设计方法，并以典型机电产品为对象对方法开展了应用验证，可为多应力多退化量场合产品寿命预测提供优化的试验方案支撑，以最小的试验代价实现最准确的寿命预测[20-22]。

4. 可靠性强化试验方法的研究进展

从国外20世纪50年代初采用单应力模拟的研制试验与鉴定试验，到20世纪70年代开始采用综合应力模拟试验，模拟试验一直都是保障可靠性的主要试验手段。模拟试验通过模拟任务的真实环境来研究产品可靠性，其效率问题一直都是可靠性试验领域关注的焦点问题。1988年美国Hobbs提出了高加速寿命试验（highly accelerated life testing，HALT）和高加速应力筛选（highly accelerated stress screening，HASS）两种试验方法，分别与模拟试验中的可靠性增长试验、环境应力筛选相对应[23]。HALT与HASS也称为激发试验，采用加速应力高效激发潜在缺陷，消除缺陷，提高可靠性，属于工程试验范畴。

HALT应用于研制阶段，实现高效可靠性增长，波音公司在应用该技术时称之为可靠性强化试验[1]（reliability enhancement testing，RET）。由于RET突出了这类试验的特点，与传统的可靠性增长对应，并且可以避免"高加速寿命试验"与"加速寿命试验"在术语上一字之差引发的混淆，目前国内广泛采用了这一术语。可靠性强化试验主要采用综合环境应力（如温度循环和随机振动应力）和工作应力，应力施加顺序一般为低温步进、高温步进、温度循环、振动步进、温度循环加振动步进综合。

HASS与传统的环境应力筛选（ESS）相对应，主要应用于生产阶段，快速暴露产品的各种制造缺陷，剔除存在早期缺陷的产品。由于常规的ESS本身就是一类激发试验，因此HASS与ESS没有清晰的界线，两者在内涵上没有质的区别，主要区别在于HASS强调在由RET获得产品应力极限的基础上，利用RET的激发应力建立更为高效的筛选剖面。

RET在国外已经开展了近30年的研究与应用工作，关于可靠性强化试验理论、技术与试验系统的学术交流活动也非常活跃，其中影响较大的是由电气电子工程师协会可靠性学会（IEEE Reliability Society）主办的加速应力试验与可靠性会议（IEEE Accelerated Stress Testing & Reliability Conference（ASTR）），每年在美国不同地区举办，主题涉及可靠性强化试验理论、试验技术和试验系统等。美国各加速试验服务机构在可靠性强化试验应用中逐渐形成自己的试验规范，其中具有较高影响的主要有：美国波音公司故障防治策略大纲中关于可靠性强化试验的文件、美国QualMark公司的HALT指南和HASS指南。在可靠性强化试验设备方面，美国John Hanse研制了超高应力试验系统（ultra high stress，UHS），采用气锤反复冲击式激振和液氮制冷方式实现振动与温度综合试验，但是其低频激励能量分布存在一定缺陷。针对上述缺点，美国QualMark公司从该类系统的气锤、振动台面和控制系统入手，设计了动态性能良好的QualMark ASX气锤，以多孔型台面代替原有的实体台面，采用更加合理的控制策略，形成的新型高效振动试验设备主要有低频扩展系统（extended low frequency，ELF）、全轴振动系统(omni - axial vibration system,OVS)和全轴振动台面系统(omni - axial vibration table top,OVTT)等[16]。此外,Entla 公司研制的失效模式确认试验系统(failure mode verification testing,FMVT)和筛选系统(Screening Systems)公司研制的移动振动筛选系统(mobile vibration screening,MVS)等也取得了不同程度的成功。从20 世纪 80 年代末开始,美国在各工业部门开始推广应用可靠性强化试验技术,已广泛地应用于通信、电子、计算机、医疗、能源、交通、航空、航天和军事等领域。目前,国外大多数为机械、电子工业提供设计、制造和试验服务的公司,已经把可靠性强化试验作为重要的服务内容。例如:美国 Garwood 实验室为航空航天、军事工业所提供的一项重要服务就是可靠性强化试验,客户包括雷神公司、波音公司、Northrop Grumman 公司和 Meggitt 安全系统公司等。美国的 Wyle 实验室、美国的 Telephonic 公司和在欧洲最具实力的德国 TUV 产品服务公司等都将 RET 作为一种重要的可靠性试验服务。

国内从 20 世纪 90 年代中后期开始进行可靠性强化试验的研究。在引进气动式强化试验设备的基础上,国防科技大学和北京航空航天大学从"十五"期间同步开始进行相关预研,针对可靠性强化试验的理论问题和关键技术开展了专项研究,在吸收国外方法的基础上形成了较为完整的应用方法,并针对某型卫星有效载荷、激光捷联定位定向系统、空空导弹飞控组件等开展了较为系统的应用[24]。从"十一五"开始,国防科技大学开始开展可靠性强化试验系统关键技术的研究,在气动振动台优化方面进行探索,并在电动振动台上实现了频谱可控的非高斯随机振动环境控制技术[25-26]。目前,可靠性强化试验在我国航空航天、水下兵器等高可靠性增长中获得了应用,有效地实施了高效的可靠性增长。

近年来,随着 HALT 与 HASS 的研究取得持续进展,如何采用高加速试验技术实现定量提高、评估产品可靠性成为新的发展趋势,其中主要体现在两个方面:①尝试利用 HALT 试验结果对产品可靠性和寿命进行定量计算[24,27];②逐渐关注 HASS 剖面的定量验证。

国际电工委员会在 2013 年颁布了关于定性与定量加速试验方法的标准 IEC62506[28],我国在 2012 年颁布了电工电子产品的 HALT 国家标准 GB/T 29309—2012[29],但这些标准的对象主要是针对地面和航空产品,且多采用定性方法提高可靠性。

5. 机械产品可靠性虚拟试验技术的研究进展

可靠性虚拟试验是利用计算机仿真分析技术、建模技术和网络技术,对建立的各种模型进行虚拟试验的过程,目的是通过试验来验证和评价产品可靠性是否满足要求。可靠性虚拟试验为产品性能测试、可靠性评价、设计验证等方面提供了新的技术途径和试验模式[30]。对一些高可靠长寿命的产品进行常规可靠性试验时,所耗费的时间、人力和物力是难以承受的,甚至无法进行。虚拟试验可以根据材料和器件的疲劳特性进行虚拟的高加速试验,极大地减少物理试验的规模,节省大量的试验费用。对于系统级产品,因结构和试验条件复杂,现有试验设备越来越难以满足可靠性试验要求,而分系统试验方法无法全面反映整个系统的可靠性水平。可靠性虚拟试验技术摆脱了物理试样的限制,避免试验设备的限制,能够更真实地模拟产品的实际工作环境,解决传统试验方法中应力施加的精确性问题。

常见的虚拟试验技术有基于虚拟样机、基于虚拟现实、基于虚拟仪器、基于仿真技术和基于试验台的虚拟试验技术。虚拟试验已在飞机、汽车、工程机械等领域均得到了良好应用。如德国斯图加特大学利用虚拟仿真技术进行了自动防抱死系统的仿真试验研究。美国马里兰大学 CALCE 中心开展了基于失效物理的虚拟鉴定技术研究。美国波音公司应用基于失效物理的建模与虚拟试验及加速试验验证技术进行产品研制,开发了虚拟试验系统。美国空军采用虚拟试验技术进行 F22、F35 等第四代战斗机的可靠性增长试验。

目前可靠性虚拟试验技术研究集中在虚拟试验体系框架和平台、虚拟现实技术研究、仿真技术研究、半实物仿真技术等方面[30-31]。虚拟试验技术发展尚不成熟,商业化和实用化的虚拟试验平台较少。试验精度与物理试验台相比还有一定的差距。但基于虚拟试验平台的虚拟试验技术是时代所需,是虚拟技术发展的必然要求。

6.2 机械产品可靠性试验国内外研究进展比较

机械产品是众多学科的高新技术的载体,在航空、航天、船舶、冶金、化工、石油及交通运输等工业部门得到广泛应用。随着技术的发展,机械产品的性能参数日益提高,结构日趋复杂,使用场所更加广泛,使用环境更趋于恶劣,这使得产品性能与可靠性问题也越来越突出,可靠性试验技术也越来越受到各行各业的重视。综观国内外,机械产品可靠性试验技术自 20 世纪 80 年代起呈现出蓬勃发展的趋势。目前,国外特别是美国、德国等发达国家已将加速试验技术广泛应用于航空航天、交通运输、军事等领域。一方面,国外为机械、电子工业部门提供试验服务的公司(如德国的 TUV 产品服务公司、美国的 QualMark 公司等),将加速试验作为一种重要的可靠性保障服务提供给客户,另一方面,国外机械、航空航天等行业的产品供应商(如福特公司、惠普公司、波音公司等)已经高度认识到加速试验技术在其产品质量和可靠性保障方面的重要性,把加速试验技术作为发现产品设计缺陷、及时改进和优化、提高产品质量、赢得用户和市场的重要技术手段。例如,波音公司自 1994 年起就成功地将加速试验技术和虚拟试验技术应用到了波音 777 飞机的电子设备上,一方面缩短了研制周期。另一方面有力地保证了波音777飞机的整机可靠性水平。

国内在机械产品可靠性试验技术方面的研究与应用相对较晚。但经过近30年的研究发展,在可靠性试验理论方面的研究进展与国外差距不大,某些方向已达到国际先进水平。加速试验技术在我国从理论到试验设备再到具体的实践已经得到了快速发展。相比较而言,针对电子类产品的可靠性试验开展得较多,相关理论研究和应用研究均比较完善;但机械类产品的加速试验技术开展得较少,应用不太成熟。其中的主要原因是机械产品的寿命分布类型复杂和失效模式多样,建立相应的加速模型、进行试验难度都很大,相关理论和技术还很欠缺;而且绝大多数机械产品不能使用常规的加速试验设备。因此,针对不同的机械系统,研制开发相配套的加速试验设备以及试验技术具有紧迫性和必要性。总之,国内在可靠性试验技术研究成熟度上与应用广度上均与国外差距明显。尤其是在加速试验技术和虚拟试验技术方面,还没有成熟的建模、实验验证与评价技术方法体系,相关验证辅助工具与平台成果还较少。

6.3 机械产品可靠性试验发展趋势与未来展望

1. 试验方法紧跟工程需求

在进行机械产品的可靠性试验评估过程中,普遍呈现退化型失效为主、试验数据难获取、样本数量少、不确定性和个体差异性显著、多失效模式、竞争失效、试验难开展等特点。随着航空、航天、交通运输等行业的发展,机械产品的结构日趋复杂,使用环境条件要求也更加严酷,用户对工作性能和可靠性指标要求也随之不断提高。这就要求必须结合机械产品可靠试验的特点,紧跟工程需求在试验理论方法方面进行更深入的研究。

2. 小样本试验方法实用化

机械产品可靠性试验一般是基于小子样,甚至是极小子样,单纯依靠试验数据难以直接得出结论。因此,如何分析与评估小样本数据,是解决机械可靠性试验数据处理的一个重要问题。目前,贝叶斯统计理论方法在可靠性评估中的应用日益广泛,可以融合试验信息与其他数据,一定程度上提高分析结果的准确性。但总体来讲数据分析方法不够成熟和有效,尤其是在信息整合、先验分布推断与验证等方面亟需取得突破性进展。

3. 加速试验方法实用化

机械产品通常经历多任务剖面、承受应力复杂、存在相关竞争失效等问题。对机械产品进行加速寿命试验时,统计模型、建模方法和试验方法尚缺少足够的案例和理论支撑,还需要工程师和统计学家共同努力推动发展。或许可以分3个阶段解决问题:首先,通过研究具有单一失效模式/机理的材料或元器件在系统中工作可靠性的加速试验评估技术，逐步突破处理多任务剖面、时变应力和相关失效的试验理论、方法和技术；然后，研究具有竞争失效的材料或元器件的加速试验方法；最后，研究整机的加速试验方法。另外，在可靠性试验数据的统计分析与优化设计研究中，算法的复杂性一直是加速试验工程应用中的主要障碍。为促使加速试验技术的工程应用，加速试验分析方法简化和可操作性问题有待深入研究。

4. 加速退化方法深入研究

机械产品加速退化试验理论和方法还处于探索阶段，大多数的研究是针对具体应用问题提出的具体模型和方法，缺少一般性的指导理论和方法，应用研究也仅局限于一些零部件寿命评估和材料的性能评价。对于现代机械产品，单纯的利用退化数据进行可靠性评估，可能会因样本数量小、性能退化数据不足等因素影响导致评估精度不高。同型号同批次的产品虽然在结构和功能方面具有共同的特点，但是由于材料、生产工艺和应力环境的不确定性，产品实际表现出来的性能退化特性存在一定的个体差异性，具体表现为退化特性、轨迹不完全相同。进行退化试验过程中，不同样本的性能退化规律可能存在显著差异。机械产品的多元性能退化现象广泛存在，且多个退化过程之间存在相关性。因此，在机械产品性能退化试验方面存在下述问题亟须解决：如何综合利用退化数据、寿命数据和专家经验等信息进行性能退化规律建模和可靠性评估；如何在随机过程模型中描述样本个体差异性以及如何进行参数估计；如何进行多元性能退化过程建模以及退化试验方案的优化设计。

5. 虚拟试验技术方兴未艾

随着计算机软、硬件技术的飞速发展，虚拟试验技术逐渐成为研究热点，正得到越来越广泛的应用和推广，用来补充或部分替代传统物理试验。可靠性虚拟试验技术对于加速试验的研究也具有重要的促进作用。在缺乏失效模型的情况下，仿真手段及其与试验研究的结合将有可能成为有效的加速试验应用途径。未来的仿真技术将会朝着精确建模、可信评估以及分布式仿真等方向发展。

6. 编制加速试验规范与指南

机械产品加速试验技术的深入发展和应用需要借助于试验指南与规范的支持。目前实行的可靠性标准和规范，基本上都是针对电子产品的，而机械产品的可靠性试验标准和规范还有待完善。随着可靠性试验技术在机械产品研制过程中的广泛应用，相关部门、行业和协会应该组织、编撰有关加速试验的技术指南或规范，并通过相关职能部门正式发布实施，为加速试验应用于工程提供应用层面的指导，促进加速试验技术工程实际应用。

参考文献

[1] 温熙森，陈循，张春华，等. 可靠性强化试验理论与应用[M]. 北京：科学出版社，2007.

[2] 陈循,张春华,汪亚顺,等. 加速寿命试验技术与应用[M]. 北京: 国防工业出版社,2013.

[3] 许卫宝,钟涛. 机械产品可靠性设计与试验[M]. 北京: 国防工业出版社,2015.

[4] 姜同敏,王晓红,等. 可靠性与寿命试验技术[M]. 北京: 国防工业出版社,2012.

[5] ZIO E. Some Challenges and Opportunities in Reliability Engineering [J]. IEEE Transactions Reliability, 2016; 65(4):1769 - 1782.

[6] CHALLA V, RUNDLE P, PECHT M. Challenges in the qualification of electronic components and systems[J]. IEEE Trans Device Mat Reliab 2013; 13(1):26 - 35.

[7] LIU Y, WANG Y S, FAN Z W, et al. A new universal multi - stress acceleration model and multi - parameter estimation method based on particle swarm optimization[J]. Proceedings of the Institution of Mechanical Engineers, Part O: Journal of Risk and Reliability, 2020, 234 (6):764 - 778.

[8] SUHIR E. Could electronics reliability be predicted, quantified and assured[J]. Microelectron Reliab 2013; 53(7):925 - 936.

[9] JAKOB F, KIMMELMANN M, BERTSCHE B. Selection of Acceleration Models for Test Planning and Model Usage [J]. IEEE Transactions Reliability, 2017, 66(2):298 - 308.

[10] ELSAYED E A. Overview of Reliability test [J]. IEEE Transactions Reliability, 2012; 61 (2):282 - 291.

[11] 凌光,戴怡,王仲民. 面向数控系统可靠性评估的最大熵先验信息解[J]. 机械工程学报,2012,48(6):157 - 161.

[12] 陈文华,钱萍,马子魁,等. 基于定时测试的综合应力加速寿命试验方案优化设计[J]. 仪器仪表学报,2009,30(12): 2545 - 2550.

[13] CHEN W H, GAO L, LIU J, et al. Optimal design of multiple stress accelerated life test plan on the non - rectangle test region[J]. Chinese Journal of Mechanical Engineering, 2012, 25 (6): 1231 - 1237.

[14] GAO L, CHEN W H, PING Q, et al. Optimal design of multiple stresses accelerated life test plan based on transforming the multiple stresses to single stress[J]. Chinese Journal of Mechanical Engineering, 2014, 27(6):1 125 - 1 132.

[15] GAO L,CHEN W H,QING P,et al. Optimal time - censored constant - stress ALT plan based on chord of nonlinear stress - life relationship[J]. IEEE Transactions on Reliability,2016, 65 (3):1496 - 1508.

[16] LIU X, TANG L C. A Sequential Constant - Stress accelerated life testing Scheme and Its Bayesian Inference[J]. Quality and Reliability Engineering International, 2009, 25:91 - 109.

[17] MA H,MEEKER W Q. Strategy for Planning Accelerated Life Tests with Small Sample Sizes [J]. IEEE Transactions on Reliability, 2010, 59(4): 610 - 619.

[18] 金光. 基于退化的可靠性技术 - 模型、方法及应用[M]. 北京: 国防工业出版社,2014.

[19] LIU Y, WANG Y S, FAN Z W, et al. Reliability modeling and a statistical inference method of accelerated degradation testing with multiple stresses and dependent competing failure

processes[J]. Reliability Engineering & System Safety, 2021(11):107648.

[20] 汪亚顺，张春华，陈循，等．仿真基混合效应模型加速退化试验方案优化设计研究[J]. 机械工程学报，2009，45(12)：108－114.

[21] WANG Y S, ZHANG C H, ZHANG S F, et al. Optimal design of constant stress accelerated degradation test plan with multiple stresses and multiple degradation measures[J]. Proceedings of the Institution of Mechanical Engineers, Part O: Journal of Risk and Reliability 2015, 229(1):83－93.

[22] WANG Y S, CHEN X, TAN Y Y. Optimal Design of Step－stress Accelerated Degradation Test with Multiple Stresses and Multiple Degradation Measures[J]. Quality and Reliability Engineering International, 2017, 33(8): 1655－1668.

[23] HAO H B, SU C. A Bayesian Framework for Reliability Assessment via Wiener Process and MCMC [J]. Mathematical Problems in Engineering, 2014, 1(2):1－8.

[24] 郝会兵．基于贝叶斯更新与Copula理论的性能退化可靠性建模与评估方法研究[D]. 南京:东南大学,2016.

[25] 蒋瑜,陶俊勇,程红伟,等．非高斯随机振动疲劳分析与试验技术[M]. 北京:国防工业出版社,2019.

[26] JIANG Y,TAO J Y,CHEN X. Non－Gaussian Random Vibration Fatigue Analysis and Accelerated Test[M]. Singapore: Springer Press,2021.

[27] NIU G, YANG B S. Dempster－Shafer regression for multi－step－ahead time－series prediction towards data－driven machinery prognosis [J]. Mechanical Systems & Signal Processing, 2009, 23(3):740－751.

[28] GRAY K A,PASCHKEWITZ J J. Next generation HALT and HASS: robust design for electronics and systems[M]. New York:John Wiley & Sons Ltd. ,2016.

[29] 刘凯,吕从民,党炜,等．可靠性高加速试验技术及其在我国空间站应用领域实施的总体思路[J]. 载人航天,2017,23(2):222－227.

[30] KAVEH M, YELLAMATI D, GOKTAS Y. Reliability testing,analysis and prediction of balancing resistors[C] //Proceedings of Annual on Reliability and Maintainability Symposium (RAMS),2012, New York, 2012.

[31] International Electro Technical Commission. Methods for Product Accelerated Testing: IEC 62506 [S]. London: International Electro Technical Commission,2013.

[32] 全国质量监管重点产品检验方法标准化技术委员会. 电工电子产品加速应力试验规程 高加速寿命试验导则: GB/T 29309－2012 [S]. 北京: 中国国家标准化管理委员会,2012.

[33] 段建国,徐欣．虚拟试验技术及其应用现状综述[J]. 上海电气技术,2015,8(3):1－12.

[34] 李付军,敬敏．可靠性仿真在机载雷达中的应用与分析[J]. 现代雷达,2017,39(2):87－90.

（本章执笔人:浙江理工大学潘骏、贺青川,国防科技大学汪亚顺）

第7章　机械产品可靠性评估

机械可靠性评估是通过有计划、有目的地收集机械产品试验或使用阶段的数据，用统计分析的方法进行分布的拟合优度检验、分布参数的估计、可靠性参数的估计，定量地评估机械产品的可靠性水平。

7.1　机械产品可靠性评估最新研究进展

1. 机械产品可靠性评估概述

1）机械可靠性评估的概念与特点

机械可靠性评估的基本流程如下：

（1）通晓产品或系统的可靠性条件，包括可靠性指标、参数等；

（2）通晓产品或系统的定义、结构、功能、任务剖面等；

（3）创建该产品或系统各种任务剖面下的可靠性框图和模型；

（4）明确该产品的故障诊断准则；

（5）按产品或系统的可靠性条件和故障诊断准则进行试验数据的收集与整理；

（6）根据试验数据选取相应的可靠性分析方法，进而对产品或系统进行可靠性评估；

（7）分析可靠性评估结果，并得出相应的结论和建议；

（8）形成可靠性评估报告。

可靠性评估与可靠性建模、可靠性分析不同，可靠性评估不仅需要对评估对象分析重要失效模式、建立可靠性模型、分析可靠性特性，更要从系统工程的角度建立完整的评估体系。这要求对系统的工作剖面、工作条件、系统输入等条件的精细统计。更重要的是，在可靠性定性和定量评价后，要针对评价结果，根据使用和经济性条件、客户要求等内容提出相应的维修、监控和故障诊断方案的改进和完善意见。

2）机械可靠性评估的意义

机械可靠性评估的目的是使用产品或系统研制、试验、生产、验收、使用和维修各个阶段所采集到的数据对其可靠性指标进行量化评价，贯穿于研制、试验、生产、验收、使用和维修的全过程。对机械产品进行可靠性评估是可靠性工作的

关键,有着十分重要的意义。机械可靠性评估的意义如下:

(1) 通过评估,奠定了充分运用各种试验信息的理论基础,有利于减少试验经费,缩短研制周期,合理安排试验项目,协调系统中各单元的试验量等。

(2) 通过评估,提供运筹系统的使用条件。例如航空发动机冗余数量的确定,需要给出单台发动机的可靠性、重量、经费等。

(3) 通过评估,检验产品是否达到了可靠性要求,并验证可靠性设计的合理性。如可靠性分配的合理性、冗余设计的合理性等[1]。

(4) 通过评估,促进产品或系统的可靠性与环境的联系。在可靠性评估中,要定量地计算出不同环境对产品或系统的可靠性的影响,同时要验证产品或系统抵御环境的合理性与改善产品微环境的效果[2]。

(5) 通过评估,可以找到产品的薄弱环节,为改进设计和制造工艺指明方向,从而加速产品研制的可靠性增长过程。进而了解有关元器件、原材料、整机乃至系统的可靠性水平,为制订新产品的可靠性计划提供了依据[3]。

(6) 可靠性评估工作需要进行数据记录、分析及反馈,从而加强了数据网的建设。由此可见,可靠性评估工作全面地促进了产品的研制、生产及使用的可靠性管理工作。

3) 现有机械可靠性评估方法的不足

可靠性评估长期以来的发展方向只有一个,就是提高可靠性评估的精确度。在这个大前提下学者们进行着各个分支的研究,无论是想要降低成本或将计算简化,都是在保证一定精度的基础上进行的。如今综合各种可靠性评估方法,本领域面临如下一些问题:

(1) 效率与精度问题。可靠性评估的效率与精度二者是两个不同的方向,目前还无法兼顾,只能在保证最低精度要求的前提下根据实际情况进行处理。

(2) 复杂系统可靠性评估。以加速试验为例,目前最常用的加速应力是温度,同时使用两种或以上因素加速的情形较少。而实际上加速应力往往不只温度一种,复杂系统往往存在多个失效机理。

(3) 大部分可靠性评估方法只能得出静态的可靠性数据,对设备运行各个阶段的可靠性评估不是十分准确。同时,对于运行中的设备也没有充分利用设备运行过程中的动态信息,难以解释可靠性下降的本质原因以及提出机械设备可靠性下降的特征指标。

(4) 现有的寿命数据的可靠性评估仍然基于概率论与数理统计基础的框架,即基于大样本条件。即使是加速寿命试验也往往需要一定数量的样本才得以实现,因此成本较高且样本过少时会造成结果不够精确。

(5) 基于性能退化数据的失效模型目前多是基于确定性失效阈值假设、确定性退化轨迹、单个失效模式和单个退化量假设等的基础上,而这些假设与工程实际往往有一定偏差,在此基础上更多地考虑随机动态因素将大大提高可靠性评估的准确性。

(6) 结构可靠度的计算方法其中一种是通过功能函数的高阶统计矩拟合其概率密度函数进而求得失效概率以及可靠度指标。而对不同高阶矩法的优缺点和适用场合没有进行充分研究,从而造成了实际应用中高阶矩法选择不当和无所适从的现象。

2. 基于近似矩理论的二态机械系统可靠性评估方法最新研究进展

传统机械系统可靠性定量分析多直接引用电子系统可靠性模型。但是,正如 Moss 所指出,虽然研究人员对电子元器件及系统的评估方法做了大量的研究,但是由于机械产品与电子产品在工作方式和失效模式等方面存在着本质的区别,这些可靠性分析方法被应用于机械系统时应该引起足够的注意。应力 - 强度干涉(SSI)模型广泛应用于机械结构可靠性分析。

1) 应力 - 强度干涉模型

应力 - 强度干涉(SSI)模型是分析机械零部件可靠性的重要手段,也是近似矩方法的理论基础。如果应力和强度均为随机变量,用 $f_s(s)$、$f_r(r)$ 分别表示应力和强度的概率密度函数。当二者存在干涉区时,表明存在应力大于强度的可能性。如果载荷和强度相互独立,用 $F_r(\cdot)$ 表示强度的分布函数,R 表示可靠度,则传统的载荷 - 强度干涉模型可以表示为

$$R = P(s < r) = \int_{-\infty}^{\infty} f_s(s) \int_{s}^{\infty} f_r(r)\,\mathrm{d}r\mathrm{d}s$$
$$= \int_{-\infty}^{\infty} f_s(s)[1 - F_r(s)]\,\mathrm{d}s \tag{7-1}$$

式中:s 为应力;r 为强度。

该模型由 Freudenthal 于 1947 年提出。模型以应力和强度的随机分布为输入,完成机械零部件可靠性的定量评价,并通过系统结构函数进一步计算机械系统可靠度。相对于其他以失效率为输入变量的可靠性模型,以 SSI 模型为基础的系统可靠性建模方法由于可以综合考虑系统中零部件在设计、制造过程中存在的各种随机因素,并且便于通过实验获得应力和强度的统计特征,因此得到广泛应用,并成为目前机械系统可靠性定量分析的重要理论基础。学者针对不同应力和强度分布类型的 SSI 模型计算公式进行了广泛的研究。

在 SSI 模型中,通常假定应力和强度是独立的随机变量。但是在实际工程中这样的假设可能不成立,应力与强度往往是相关的随机变量。强度物理特性仅在应力作用时才具有实际意义。Sriwastav 和 Kakati 提出如下的相关二元指数联合分布模拟应力和强度之间关系[4]:

$$f(x_1,x_2)=\mu_1\mu_2\exp(-\mu_2x_2-\mu_1x_1)\{1+\alpha[1-2\exp(-\mu_2x_2)][1-2\exp(1-2\mu_1x_1)]\} \tag{7-2}$$

式中:x_1、x_2 分别为强度和应力;μ_1、μ_2 分别为 x_1、x_2 的均值;α 为经验系数。并进一步计算可靠度:

$$R=\frac{\mu_1}{\mu_1+\mu_2}+\alpha\left\{\frac{2\mu_1}{\mu_1+\mu_2}-\frac{\mu_1}{2\mu_2+\mu_1}-\frac{2\mu_1}{2\mu_1+\mu_2}\right\} \tag{7-3}$$

2）基于近似矩理论可靠性评估方法

当应力与强度的分布函数分别需要由多个随机变量(如零件的尺寸、弹性模量等)共同确定,SSI 模型则演变为一系列的近似概率计算方法,如一次二阶矩法、二次二阶矩法等。在实际工程中,这些近似方法往往不仅需要对功能函数进行泰勒展开,还要完成非正态随机变量到正态变量的映射(如 JC 法),其实质是近似计算强度大于应力的概率。

在计算结构可靠度时,如果很难给出载荷与强度联合概率密度函数,则可采用近似方法求解结构可靠度。首先,定义每种失效模式下结构的功能函数形式如下:

$$g(\boldsymbol{X})=r-s=g(x_1,x_2,\cdots,x_n) \tag{7-4}$$

式中:$\boldsymbol{X}=(x_1,x_2,\cdots,x_n)$表示各种基本变量,这些基本变量可以用来描述作用环境的影响、材料性能、几何参数等。那么该种失效模式下的失效准则可以表示为

$$\begin{cases} g(\boldsymbol{X})>0 & (安全状态) \\ g(\boldsymbol{X})=0 & (极限状态) \\ g(\boldsymbol{X})<0 & (失效状态) \end{cases} \tag{7-5}$$

相应的基本变量空间被极限失效状态面划分为失效域和安全域。

一次二阶矩方法(FOSM)将功能函数表达为线性形式:

$$g(\boldsymbol{X})=a_0+a_1x_1+a_2x_2+\cdots+a_nx_n \tag{7-6}$$

式中:$a_i(i=0,1,\cdots,n)$为常数。对于非线性形式的功能函数,往往采用泰勒公式对其进行展开,并保留线性项。当 $x_i(i=1,2,\cdots,n)$服从正态分布并且相互独立时,可靠性指标 $\boldsymbol{\beta}$ 定义为

$$\beta=\frac{\mu_M}{\sigma_M} \tag{7-7}$$

式中:μ_M 为 M 的均值;σ_M 为 M 的标准差;$M=g(\boldsymbol{X})$。并且

$$\mu_M=a_0+a_1\mu_{x_1}+a_2\mu_{x_2}+\cdots+a_n\mu_{x_n} \tag{7-8}$$

$$\sigma_M^2=a_1^2\sigma_{x_1}^2+a_2^2\sigma_{x_2}^2+\cdots+a_n^2\sigma_{x_n}^2 \tag{7-9}$$

当正态基本变量相关时,μ_M 不变,σ_M 表示为

$$\sigma_M^2=\sum_{i=1}^{n}a_i^2\sigma_{x_i}^2+\sum_{i=1}^{n}\sum_{\substack{j=1\\j\neq 1}}^{n}\rho_{x_ix_j}a_ia_j\sigma_{x_i}\sigma_{x_j} \tag{7-10}$$

式中:$\rho_{x_ix_j}$为 x_i、x_j 的相关系数。于是,结构的可靠度可以由下式计算:

$$\boldsymbol{R} = \boldsymbol{\Phi}(\boldsymbol{\beta}) \tag{7-11}$$

式中:$\boldsymbol{\Phi}$ 为标准正态分布函数。

以上 FOSM 中的可靠性指标可从几何学上解释为原点到失效面的最短距离。因此定义可靠性指标为在标准化的坐标系中从原点到失效面的最短距离。过原点的失效面法线与失效面的交点称为设计点。根据设计点的性质可进一步由以上的定义求解可靠度。此时的 FOSM 则演变为改进一次二阶矩方法(AFOSM)。在 AFOSM 方法中定义的可靠性指标与失效面有关,而与失效函数无关。所得到的安全余量是失效函数的不变量,因为所有等效的失效函数产生同一个失效面。但 AFOSM 也有其局限性,它只适用于非线性程度较小的极限状态方程。

当安全余量在设计点处非线性较强时,如果仍采用 AFOSM,其计算结果与问题的精确解相差较大。在这种情况下 AFOSM 难以满足工程应用要求,这时有必要研究计算精度更高的可靠性分析方法。二次二阶矩法(SOSM)则是解决非线性功能函数的一种重要方法,其核心是将功能函数利用泰勒公式展开为以下形式[5]:

$$g(\boldsymbol{X}) = a_0 + \sum_{i=1}^{n}(X_i - x_i)\left(\frac{\partial g(\boldsymbol{X})}{\partial X_i}\right)\bigg|_{x_i} + \frac{1}{2}\sum_{i=1}^{n}\sum_{j=1}^{n}(X_i - x_i)(X_j - x_j)\left(\frac{\partial^2 g(\boldsymbol{X})}{\partial X_i \partial X_i}\right)\bigg|_{x_i,x_j} \tag{7-12}$$

式中:$x_i(i=1,2,\cdots,n)$为设计点并且在这些设计点下满足 $g(\boldsymbol{X})=0$。

类似地,二次四阶矩法[6]等方法与此方法相似,则可视为功能函数更高阶次的近似。此外,包含非正态非独立随机变量的可靠度计算是较为复杂的。针对该问题,Rackwitr 和 Fiessle 提出了 JC 法,使得任何非正态随机变量都可以在设计点处转化为正态随机变量,从而使计算由非正态随机变量和非线性极限承载状态构成的失效模式的失效概率成为可能。JC 法被国际结构安全度联合会(JCSS)推荐使用。虽然基于矩法的可靠性近似计算方法仍有许多需要改进的地方,但 JC 法的出现无疑标志着在失效模式已知条件下,模式失效概率的计算问题最终有了工程上可以实现的方法。

机械系统静态可靠性定量评估方法研究已较为完善(图 7-1),该方法是目前机械系统静态可靠度评估的重要理论基础。

3. 时变可靠性评估方法

1) 以失效率为输入变量的时变机械系统可靠性定量评估

尽管以 SSI 模型为基础的静态可靠性模型已取得了较大进展,但是,疲劳、磨损、腐蚀等失效模式大量存在于机械零部件中。机械零部件的强度往往由于疲劳裂纹的扩展以及材料的磨损等原因而不断退化。同时,载荷的随机特性在不同时刻也可能存在着较大的差异。机械系统可靠性往往具有明显的时变特征。因此,如何在机械系统定量可靠性评估模型中考虑时间因素具有重要的现实意义,同时也是目前可靠性研究的热点和难点问题。

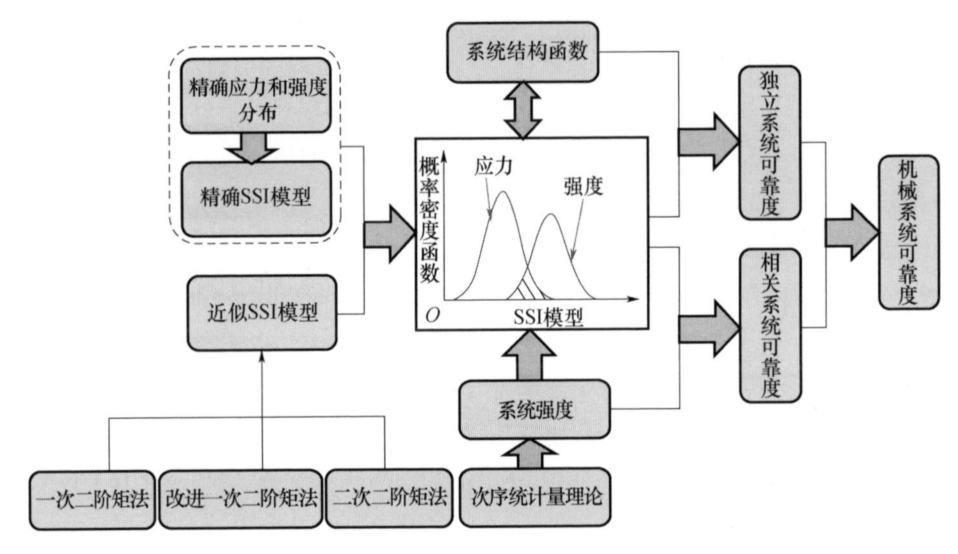

图 7－1　机械系统静态可靠性定量评估方法

可靠性的时变特性可通过失效率指标间接描述。而电子元器件具有失效率为常数、便于标准化、制造成本低、易于大样本试验统计等特征,因此以失效率为建模基本输入参数的时变可靠性模型被大量应用于电子系统可靠性评估。机械可靠性分析大多沿用了电子领域可靠性评价方法。因此,上述时变可靠性评估方法也被广泛应用于机械系统的时变可靠性定量评估。该方法的主要原理是首先根据系统工作原理划分系统状态,再通过失效率假设和马尔可夫过程理论构建系统状态微分方程并求解系统可靠度。此外,针对机械系统中普遍存在的失效相关现象,研究人员通常基于经验提出具有表征失效相关效应的失效率表达式来求解系统可靠度,例如二项失效率(BFR)模型等。

尽管基于失效率和马尔可夫过程原理的时变可靠性理论研究取得了较大的进步,但是,由于机械系统与电子系统在工作模式和失效模式上的本质区别,这种模型在实际应用中面临着以下一些问题:

(1) 恒定失效率的假设往往不适用于机械零部件。此外,机械零部件由于功能任务的不同,在几何形状和材料等方面存在较大差异,相对于电子元器件不便于标准化。同时,失效率是工作载荷与零部件材料特性共同作用的结果,任何因素的变化均可能引起失效率时变函数的较大变化。所以,通过大样本试验获取各种机械零部件时变失效率的方法往往不可行。如何基于系统和零部件的失效机理构建能够考虑机械零部件设计、制造和使用过程中各种随机因素的通用时变失效率评估模型有待于进一步的研究。

(2) 在并联系统及表决系统中,如果考虑强度退化等因素的影响,机械零部件失效率通常是随时间变化的,并且零部件的时变失效率受到系统工作元件个数和强度退化的共同影响。此时,系统状态演变过程一般不能用马尔可夫过程来描述。系统时变可靠度微分方程形式复杂,解析解求解困难。即使使用数值方法对微分方程求解,也可能存在非线性方程对初始值和求解步长敏感等因素所造成的求解稳定性问题。因此,如何建立能够合理表征零部件性能退化的随机微分方程是有待深入研究的重要问题。

2) 基于应力强度干涉原理的时变机械系统可靠性模型

除了以失效率为参数的系统可靠性模型,基于应力强度动态干涉的系统时变可靠性模型也是机械系统时变可靠性分析的重要基础。该方法是静态应力强度干涉理论的直接扩展。在模型中首先假设零件应力历程与强度退化历程为两个特定类型的随机过程(图 7 -2)。相应地,各个时刻载荷与强度的分布也由随机过程的类型所确定。此时的 SSI 模型成为某一时刻可靠度的计算模型(图 7 -2)。在此基础上,由系统失效准则可进一步建立系统时变可靠性模型。文献[7]提出了机械系统时变可靠性分析的理论框架。所提出方法从载荷和材料特性两个角度从不同层次详尽解释了时变干涉模型随机因素的来源。通过强度分布及其退化规律、载荷的宏微观统计分布、载荷作用次数分布各因素的分析,揭示了载荷历程样本不确定性效应、单载荷样本不确定性效应、载荷发生次数不确定性效应和零部件性能退化行为统计特性对机械系统时变可靠性的影响。

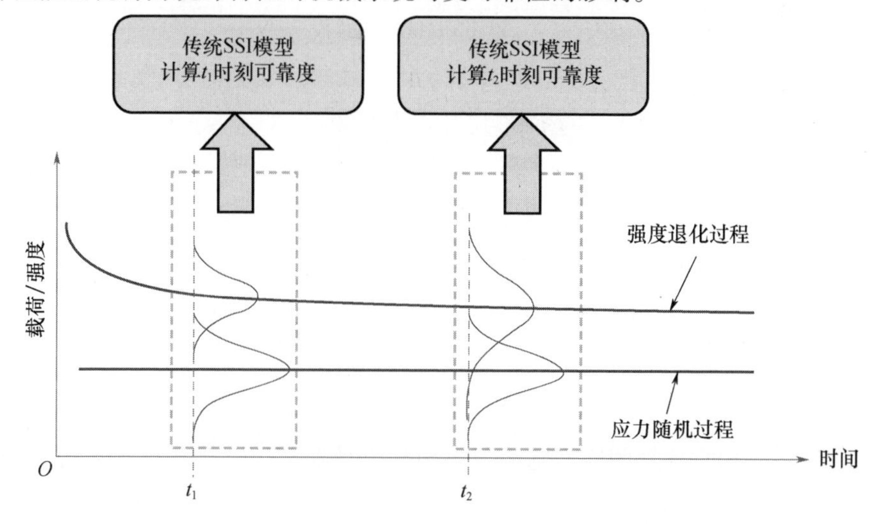

图 7 -2　应力强度动态干涉示意图

这种时变可靠性分析方法依赖于应力和强度退化历程的精确描述和统计，其核心问题是两个历程动态干涉的数学表达。当各时刻下应力与强度分布由多随机变量确定时，通常利用时变功能函数来处理动态干涉问题。尽管回归模型等方法的提出为这种模型的迅速发展起到了重要的作用。但是，有关强度与应力历程两方面的以下问题却有待于进一步的研究。

（1）直接采用各个时刻的剩余强度分布计算零部件可靠度时可能引起较大误差。例如，图7－3(a)和图7－3(b)所示的仿真流程中，图7－3(a)用于模拟实际工作流程，并获得各个时刻剩余强度分布，图7－3(b)基于图7－3(a)中获得的各时刻剩余强度分布求解可靠度。这两种仿真方法通常会得到不同的可靠度结果。这是由于随机载荷作用下的强度退化历程中相邻载荷作用时刻的剩余强度间具有明显的统计相关性。基于各时刻剩余强度分布假设的计算方法则忽略了这种相关性。此外，现有模型所假定的强度退化随机过程模型中统计参数的物理意义往往缺乏明确的解释。因此，如何以更易于实验测试的材料参数作为输入变量并考虑强度退化机理对随机载荷历程下的强度退化历程进行数学表达有待于进一步的研究。

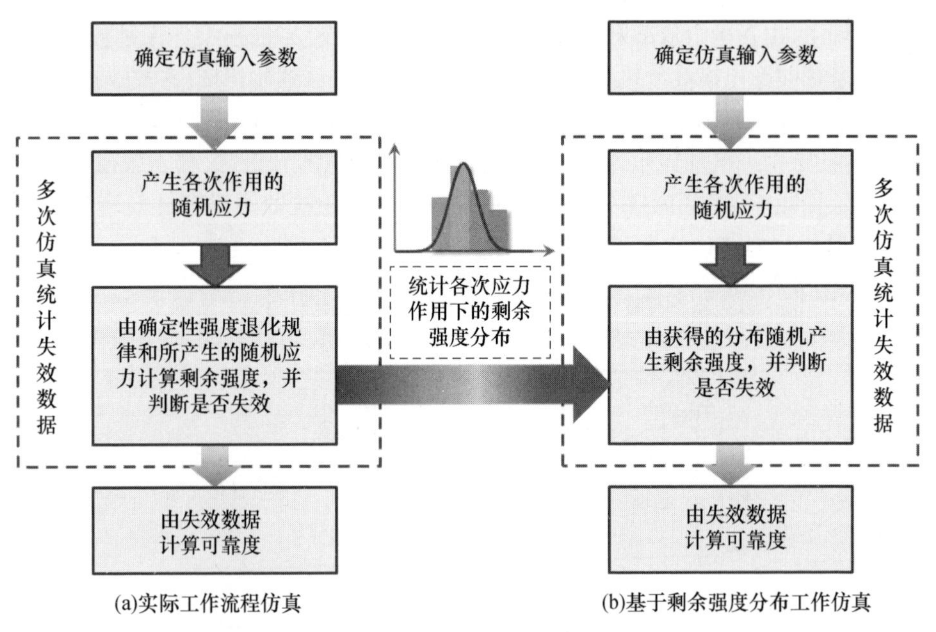

图7－3　可靠性仿真框图

（2）系统内零部件的应力随机过程由随机载荷历程计算获得。在由磨损、裂纹等原因引起的强度退化过程中，零部件的刚度、阻尼特性以及零部件间的传递载荷均表现出明显的时变特征。此时的机械系统为非自治系统，应力响应一般为非稳态随机历程，并且其频率和幅值与工作载荷之间不是线性关系。目前，线性系统平稳载荷以及非平稳载荷下的响应分析取得了较大进展，统计线性化法等非线性系统的线性化等效方法也为非线性系统的随机响应分析提供了理论基础。同时，线性和非线性随机有限元方法以及响应面法等近似方法也在复杂非线性系统的响应分析中发挥了重要的作用。但是，非稳态载荷下强非线性系统的解析随机响应求解问题和随机场离散化所引起的高维度随机场下系统响应自相关函数求解问题仍然有待于进一步的研究。此外，如何在时变非线性系统随机应力响应求解中考虑零部件的强度退化机理也是目前处理机械系统动态干涉时存在的主要问题。

（3）每个机械零部件应力随机历程与强度随机退化历程之间、系统内各零部件强度退化历程之间由于工作载荷以及机械零部件几何和材料特性的共同作用而具有相关性。事实上，这种相关性广泛存在于机械系统，对该相关性的准确揭示和数学表达对机械系统时变可靠性分析具有重要意义。

4. 基于仿真理论的可靠性评估方法最新研究进展

蒙特卡罗方法是机械零件及系统可靠性分析的一种重要手段。它的模拟收敛速度与随机变量向量维数无关，无需将状态函数线性化，也无需将随机变量正态化，并且模拟的误差比较容易控制。蒙特卡罗方法首先产生随机数，再根据随机变量概率密度函数进行随机抽样。传统产生随机数方法包括随机数表法、物理方法。目前最常采用的方法是基于数论原理的计算机方法，也即伪随机数方法。该方法具有效率高、可重复性强等特征。对于机械结构可靠性问题最为有效的方法是重要抽样法，包括一般重要抽样法、自适应重要抽样法、渐进重要抽样法、更新重要抽样法、方向重要抽样法。但是需要指出的是，对于高可靠性结构，该方法需要的模拟次数是非常大的，占用大量的计算时间，这在一定程度上限制了该方法的使用。以下对主要评估方法做简要介绍[8-10]。

1）一般重要抽样法

重要抽样法的基本思路为：通过重要抽样函数来代替原来的抽样函数，使落入失效域的点数增加，也即通过选取一个新的概率分布函数来改变抽样的重心，从而提高抽样效率。具体可表示为

$$R = 1 - E\left[I(x)\frac{f(x)}{h(x)}\right] \tag{7-13}$$

式中：$f(x)$为基本随机变量联合概率密度函数；$h(x)$为重要抽样密度函数。理论上存在一个使失效概率估计值方差为$\frac{1}{N_{0.5}(T)}$（其中$N_{0.5}(T)$表示载荷T作用下的，概率为0.5的疲劳寿命）的抽样分布函数，但表达式中包含有待求的失效概率值，具体模拟中无法使用，但是为选择合适的重要抽样分布函数提供了参考

途径。通常抽样中心选在极限状态曲面附近对结构失效概率贡献最大的区域。验算点处是对结构失效概率贡献最大的区域,这样抽样中心可选为验算点,也可利用非线性优化方法,通过求联合概率密度函数的最大值确定,也有通过随机投点来寻找对失效概率贡献最大的区域,进而来确定抽样中心的。

2）自适应重要抽样法

在构造重要抽样函数计算可靠性过程中,验算点也可由改进的一次二阶矩法来获得,但一次二阶矩法对极限状态方程的显式表达有一定的依赖性,对隐式极限状态方程采用一次二阶矩法求验算点较为困难。因此,可根据不同的自适应算法来获得相关验算点,从而衍生出一系列的自适应重要抽样可靠性仿真方法。例如:

（1）基于模拟退火优化算法的自适应重要抽样法:由模拟退火优化算法求解设计点。在模拟退火的过程中,重要抽样密度中心逐步向设计点靠近,重要抽样密度函数随之不断自动优化调整,从而利用模拟退火过程最终获得的样本点计算可靠度。

（2）基于核密度估计的自适应重要抽样法:首先对失效域进行预抽样,获得失效域的信息,然后利用失效域中的样本拟合出密度函数,作为重要抽样密度函数。失效域中的样本能够反映原密度函数在失效域中的分布情况,因此由这些样本拟合出的重要抽样密度函数更贴近最优的抽样密度函数。然后基于马尔可夫链来预先模拟失效域的样本,而不是采用传统的蒙特卡罗抽样,这将使得失效域样本模拟的效率大为提高。随着马尔可夫链状态点的增加,模拟样本的概率密度分布趋于最优化抽样密度函数。

3）渐近重要抽样法

渐近重要抽样法是基于结构可靠度拉普拉斯渐近分析的一种重要抽样法。该方法需要寻找极限状态方程中对系统可靠性影响最大的设计点,并由此建立坐标系。同时,主坐标为功能函数变化速率最大的方向,功能函数所形成曲面的主曲率为其余坐标方向。在分析过程中需要注意不同随机变量的分布形式,在符合实际情况的前提下要便于系统可靠性的求解。

4）更新重要抽样法

更新重要抽样法是对结构失效概率的一次分析结果和二次分析结果（用前面的解析方法求得）进行修正的方法。其中,各次分析结果为真实系统可靠度的趋近值。在每次计算中对迭代结果均根据功能函数进行修正,可使近似结果逐渐趋于真实值。该方法一般可获得较好的计算结果。

5）方向重要抽样法

方向重要抽样法在将随机变量转变为标准正态变量后,建立极坐标系,考虑功能函数速率矢量的分布特性,通过随机抽样计算系统可靠度。该方法的最大优点是可以对随机变量矢量进行降维处理。该方法考虑各个随机变量,对系统可靠度进行近似计算。如果功能函数曲面趋近于球面,该方法具有更高的效率。

5. 基于响应面理论的可靠性评估方法最新研究进展

响应面法是运用数学统计相结合的方法处理系统的输入与输出的关系。基本思想是通过试验选取合适的试验点和迭代规律,将通过回归获得极限状态曲面的近似获得响应面函数近似原有的隐式极限状态函数,保证该函数获得的失效概率收敛于真实的隐式极限状态函数的失效概率。一般步骤为:进行多次试验,通过适当最小化原则的一些回归方法选择参数并应用在计算机的数值试验上,再通过回归的方法获得极限状态曲面和抽样的方法获得响应面的相关待定系数,最后对其进行可靠度分析。随着时代的进步,人们对于响应面法有了新的认识,先从经典响应面法的响应面函数拟合大方法求得可靠度指标,再到利用累积的样本点构造响应面函数计算可靠度指标,提高计算效率。

1)经典响应面法

响应面法的基本原理是通过回归拟合一个显式极限状态方程代替隐式极限状态方程,进行往复迭代运算,直至迭代结果中可靠指标或失效概率满足预设精度。运用最小二乘法计算响应面函数中的待定系数,通过迭代运算得到二项式响应面的方法称为经典响应面法。其优点有:易建模、收敛性好、计算效率高。其局限性有:对于抽样方法的要求较高且对于复杂的系统计算量较大。根据响应面法的基本原理可知,响应面法的应用主要从响应面函数的选取方式、样本点的抽取方式、响应面函数的拟合方式三方面入手解决对系统的可靠度分析问题。

(1)响应面函数的选取方式。

响应面函数通常设为下式的二次多项式形式:

$$g(X) \approx \bar{g}(X) = a_0 + \sum_{i=1}^{n} b_i x_i + \sum_{i=1}^{n} c_i x_i^2 + \sum_{1 \leqslant i < j \leqslant n} d_{ij} x_i x_j \tag{7-14}$$

式中:a_0、b_i、c_i、d_{ij}均为待定系数;$X(x_1, x_2, \cdots)$为随机变量;n 为随机变量个数。

在解决实际问题时,为了计算简便,通常采用无交叉项的二次多项式:

$$g(X) \approx \bar{g}(X) = a_0 + \sum_{i=1}^{n} b_i x_i + \sum_{i=1}^{n} c_i x_i^2 \tag{7-15}$$

(2)样本点的抽取方式。

确定响应面函数后,以随机变量 X 的均值点为中心沿坐标轴方向选取一定步长 f 的试验点:

$$X_0 = (x_1, \cdots, x_i \pm f\mu_i, \cdots, x_n) \tag{7-16}$$

步长 f 的选取应适当,f 的取值不当会影响设计点的局部精度性,所以一般初始的取值为 1 ~ 3。

(3) 响应面函数的拟合方式。

在(1)中选取的响应面函数中待定系数有 $2n+1$ 个,(2)中的试验点和均值点共有 $2n+1$ 个,因此可列线性方程组应用最小二乘法求解待定系数,确定响应面函数表达式。应用一次二阶矩法求得可靠度指标及失效概率。目前方法可应用有限元软件(如:ANSYS,Matlab,…)进行结构分析、线性方程组求解和一般可靠度分析。

2) 加权响应面

针对经典响应面法对于复杂系统由于计算量较大,收敛速度较慢,会产生较大的灵敏度误差的问题提出加权响应面法。其基本思想是运用加权最小二乘法求解待定系数,通过给样本点合理的权数,使样本点可以更加准确地确定响应面函数。但此方法容易造成回归矩阵的病态,因此更多的学者提出解决该问题的加权响应面法,如:钟宏林[11]提出通过与极限状态函数有关的第一个权重和试验点与验算点 p^* 相关的第二个权重,来解决回归矩阵的病态。赵洁[12]采用线性多项式代替响应面函数,且采用极限状态函数绝对值较小的试验抽样点进行降低回归矩阵的阶数,降低计算量。

3) 随机响应面

工程中存在大量的随机因素,只有将工程中的随机因素代入到可靠度分析模型中去,才能更好地计算出精确的真实响应。随机响应法于 1998 年由 Isukapalli 提出,该方法主要应用多项式混沌展开理论,如果随机变量具有平方可积的概率密度函数,将随机变量化为标准正态分布随机变量,将输出响应量通过 Hermite 多项式展开描述随机响应量,根据配点处的随机响应向量求得多项式的待定系数。由于大多数的随机变量函数都具有平方可积的性质,所以随机响应面法的收敛性可以得到保证。

概率配点的选取优先选择高概率区域的点,布置配点应尽量关于原点对称,选取的配点个数要不少于待定系数的个数。多项式待定系数的确定应合理剔除次要项,保留显著项,减少待定系数,采用回归分析的方法求解待定系数,提高计算效率。此方法具有一定的局限性,只适用于相关正态变量的问题,对于失效概率较小的问题,计算误差较大。

李典庆[13]提出针对相关非正态变量的随机响应面,采用 Nataf 变换方法进行分析推导出高阶的 Hermite 随机多项式,提高计算准确性。

4) 高效响应面

在实际工程中的非高斯随机变量的可靠性分析问题,杨绿峰[14]提出可通过建立预处理 Krylov 子空间和层递基向量,将随机节点位移对应的响应量代入混沌多项式确定待定系数,得到总体节点位移向量的显性展开式的方法称为层递响应面。该方法可以使增加响应面阶次时,层递响应面的待定系数增加缓慢,有效提高计算效率。

5）分层响应面

针对边坡稳定问题，进行边坡分析时，需考虑土壤的不稳定性和边坡的分层特性，故JianJi[15]提出分层响应面法。以一阶（二阶）可靠性方法为基础，在最容易失稳方式中构建分层响应面，最后对整个系统进行可靠度分析计算。该方法的关键在于如何建立分层响应面和确定响应面数量的问题。首先降低不确定土壤性质的层理土壤强度并进行稳定性分析，得到并记录全部的临界面，在此基础上建立分层响应面。为提高每个分层响应面的精确性，必须使滑移面的物理意义与响应面函数一致。分层响应面法可以有效运用数值计算软件包进行评估且在带有隐性性能函数的复杂边坡系统中应用。边坡层理处于水平状态时，分层响应面具有线性，可运用一阶可靠性方法。对于复杂的系统，边坡层理具有非线性，需采用二阶可靠性方法。

6）累积响应面

针对防波堤稳定性的问题，传统响应面法迭代运算中总是摒弃之前样本信息问题。刘君[16]提出采用新样本和之前的迭代样本一起构造响应面的累积响应面法，充分利用已有信息，防止计算中陷入局部极值和难以收敛的情况，有效提高计算效率和计算的准确性。

7）极值响应面

对研究离心力和重力对航空发动机叶片可靠性的影响，张春宜[17-18]提出综合考虑随机输入变量，在确定性分析的基础上进行不确定分析的极值响应面法。极值响应面方程通过一系列确定性试验拟合一个显式响应面函数代替未知的隐式响应面函数。分析问题时对随机变量进行抽样，得到各自的极值响应面方程，结合蒙特卡罗法对极值响应模型进行抽样联动计算可靠性概率。而后又提出将智能算法与极值响应面法相结合，利用蒙特卡罗法进行抽样，建立数学模型的先进极值响应面法，大大地提高了计算效率。

8）自适应响应面

随着电力行业的发展，环境腐蚀作用下输电塔线体系的风振疲劳可靠度问题显著，为减少或避免由此带来的灾害，必须建立正确评估腐蚀疲劳耦合作用下输电塔线体系的可靠度分析方法。张春涛[19]提出通过保留相互影响的随机变量的交叉项结合构件随机腐蚀疲劳 $S-N$ 曲线模型进行可靠性分析。该方法可显著地减少计算量。

9）仿射响应面

工程中对于系统只能得到不确定参数区间，极限状态函数无法用显式函数表达，区间变量多次在区间函数中出现，影响计算结果。孙静怡[20]提出利用区间仿射抑制区间扩张的仿射响应面法。该方法首先对区间参数进行仿射变换，利用线性回归得到区间仿射响应面，然后利用区间边界的分割组合，构建响应面更新及求解机制，进一步提高基于区间仿射响应面的非概率可靠性指标计算精度。这种方法将仿射理论与区间响应面法结合，建立区间仿射模型，有效抑制区间运算过程中区间扩张的现象，提高响应面的计算精度。

7.2 机械产品可靠性评估国内外研究进展比较

由于对机械产品的需求量日益增长并且其功能性要求较高，激起了各国对于机械产品或系统可靠性的研究。20 世纪 60 年代开始国外对机械可靠性进行系统研究并应用于工程实践，80 年代进入快速发展时期，国内则从 70 年代开始展开研究。由于国外与国内在试验条件、研制周期和经费投入等方面的差异，因此在可靠性评估方面也存在较大差异。

1. 国外研究现状

目前，国外机械可靠性评估方法已广泛应用于航天、土木、交通和石化联锁等众多领域，同时欧洲国家、日本及美国等对基于能源的机械设备展开了可靠性评估并且取得了初步的成果。西方发达国家率先建立起机械产品可靠性评估体系，在研究机械系统可靠性时注重可靠性理论的更新以及故障试验数据的积累，覆盖多个行业和领域，大力研究极小子样、复杂机械产品、极端环境下的机械系统可靠性。美国作为可靠性研究较早的国家其可靠性理论最为完备，起初主要研究武器装备的电子设备可靠性问题，制定了电子产品的可靠性指标。20 世纪 60 年代美国开始着力对机械可靠性进行研究。初期通过大量的可靠性试验研究机械系统失效机理，建立庞大的数据库进行可靠性推广。在美国的可靠性大力发展的同时，世界各国意识到可靠性对于机械产品的重要性。日本、欧洲国家、苏联等先后进行机械可靠性研究，由于各个国家的国情不同，其可靠性的研究方向也略有不同。日本的可靠性评估主要偏向于工程实践；英国国家可靠性分析中心发布《机械系统可靠性》，基于大量数据提出多种可靠性评估方法；苏联主要将可靠性理论应用于航空航天领域，最先对宇宙飞船的安全着陆提出 0.999 的可靠性指标。自欧盟成立以来，欧洲各国采取资源共享原则，将可靠性技术应用于核能、航天、机械、电子、建筑、医疗设备等众多行业，同时欧洲可靠性数据库协会具有强大的可靠性数据分析网络，为可靠性评估提供了理论依据。

从各国对基于机械近似矩理论、仿真理论的可靠性评估的研究情况来看，已从数理基础研究发展到失效机理研究，形成了可靠性试验方法及数据处理方法。对退化数据可靠性建模方面的研究主要集中在基于失效物理、随机过程，以及上述基于退化轨迹拟合的第二种方法上。目前，已有维纳过程、伽马过程、逆高斯过程、逆伽马过程等被广泛应用到产品性能退化建模中,并获得了很大的发展。其中逆高斯过程近几年被重点关注,国内外学者联合对其进行了大量研究。同时为了准确合理地判断产品失效机理,将物理加速试验与故障诊断、失效分析等多学科进行交叉研究。而在物理加速模型方面艾林模型由于适用性相对阿伦尼斯更广,除了同样应用在机械领域外,也多用在化工领域的加速试验,如各类催化实验,湿度与电解导致的材料破坏降解等。经验加速模型在国外的进展与国内大体一致,逆幂律模型也作为研究重点之一被大量使用,对于 Coffin – Manson 模型应用相对较少,在国外主要经常被用来对不同成分的镍基合金等材料进行疲劳试验。统计加速模型由于其适用性广泛,国内外学者对两种经典模型进行了很多的研究与扩展,至今为止已经出现了很多扩展的非参数模型。特别是国外对于统计加速模型的研究要比国内充分得多,不仅是机械,在医学、地质、天文学等领域也都有应用。但同时因为适用性广,导致针对性不强,在机械产品寿命加速方面统计加速模型应用少于阿伦尼斯、逆幂律等其他加速模型。总体来说统计加速模型的发展进程就是在基础模型上不断加入新的变量和新的参数,扩大模型的适用范围与应用领域。

2. 国内研究现状

国内对机械可靠性的研究起步较晚,直到 20 世纪 80 年代才得到较快的发展,主要在航空航天、武器装备等核心领域进行研究。进入 21 世纪,我国加入 WTO,中国作为制造业大国,机械产品的可靠性与其他国家有一定差距,国内机械制造企业也逐渐意识到可靠性技术对机械产品的重要性。与此同时,各相关研究所与高校开展了机械可靠性研究。基于目前国内科技发展的趋势,机械可靠性评估研究包括了制造、航空、农业、工业等多个领域范畴机械产品或系统,但是我国运用在能源设备上的可靠性评估起步较晚,有待进一步提升。实践工程应用表明机械可靠性评估可有效提升机械产品的经济效益。国内对于机械系统可靠性评估的研究尚处于起步阶段,各方面技术发展还欠成熟。

基于机械近似矩理论、仿真理论的可靠性评估的研究情况来看,这些评估方法需要大量的数据作为支撑;基于性能退化分析可靠性评估的研究情况来看,由于其建模的复杂性,无法得到广泛的适用,其中的加速退化数据是加速退化试验技术的短板,而如何选用与改进合适的模型是进行可靠性评估的重点;基于寿命数据的可靠性评估的研究情况来看,大样本试验数据的可靠性评估已经发展得比较成熟,国内近期的研究重点在于物理加速与经验加速模型,以及如何提高小样本加速寿命试验的准确度、考虑更多方面因素进行加速试验、改进发明出更多的加速模型等。但是随着科技的不断革新,这些评估方法很难满足现阶段对机械可靠性做出可靠、准确的评估。理论性研究偏多,工程实践运用过少,有些理论成果没有考虑机械产品的特殊性,结合概率统计进行可靠性评估的方法不够成熟,同时也缺乏机械可靠性评估的相关经验,给可靠性评估带来一定困难。

而无论在国内还是国外,建模过程中过多的主观假定难以保证评估结果的可信度,多元相关性加速退化建模、失效机理一致性辨识等方法的研究现已在国内外开展但仍显不足,上述因素都制约了整机以上级产品加速退化试验技术的发展。这些就是当前基于退化数据可靠性评估的研究重点,解决好这些问题对进一步推动加速退化试验技术发展具有重大意义。国外部分国家和地区可靠性发展时间较长,因此在可靠性定性和定量评估方面积累了一定的成果,并将这些研究理论较好地与工程实践相结合,也促进了相应的数据收集和数据分析技术的发展。我国尽管可靠性评估研究发展时间较短,但目前在很多领域已取得关键性进展,研究处于领先水平。相对而言,国内可靠性评估方法主要集中于航空航天、武器装备等核心领域,如何将其应用于更广的工业领域是亟待解决的一项重要任务。这也要求在现有可靠性评估技术的基础上,结合不同产品的工作机理和工作特点,建立更加细化的可靠性评估模型,发展更加有效的数据积累、数据统计、数据分析方法。

7.3 机械产品可靠性评估发展趋势与未来展望

机械产品可靠性评估技术的发展呈现以下趋势:

1. 提升计算机辅助功能

(1) 虚拟样机技术。数字化虚拟样机对采集寿命数据、验证结构可靠性等有很大帮助。并且有助于减少物理样机的生产数量,从而节省成本、缩短可靠性试验的周期。在当前样本数据获取困难、样本无法大量生产、随机性大、失效模式复杂等情况下,虚拟样机技术是可靠性研究一大助力。

(2) 开发具有针对性的计算机辅助程序。研究人员在改进加速模型时往往是加入更多的可变参数以提高评估准确度,但同样也带来了更复杂的计算内容。因此需要相应的计算机辅助计算来提高效率。

2. 多学科理论技术交叉融合

基于数理统计概率论的可靠性理论、神经网络、灰色系统理论等技术的融合,使可靠性理论取得新的进展,现代研究愈来愈向这方面趋势发展。

3. 模糊可靠性研究

对于可靠性设计中偶然因素与边界不清晰二者带来的不确定性,可以用模糊随机可靠度理论进行描述。模糊可靠度算法对现有的可靠性研究有着重要意义,随着设备使用年限的增长,在多种随机因素作用下退化失效曲线会愈发偏离预期,可靠性也会随之下降,而利用模糊理论对设备运行情况进行分析、采取相应措施可以使设备在安全性允许的前提下延长其使用寿命。

4. 先进算法的应用

在进行可靠性优化设计时,许多优化算法可能会由于优化模型中目标函数或约束函数的非线性而无法获得准确的结果,因此需要选用相应的算法来获得可靠性模型的最优解。同时随着系统规模的扩大、优化计算更加耗时,机械可靠性评估对算法的计算速度、收敛稳定程度有了更高的要求。因此对优化算法的研究是非常有必要的。此外,可进一步考虑可靠性和经济性之间的联系,随着机械市场的发展对可靠性评估的要求也越来越高,建立机械市场下的可靠性评估体系也是一项紧迫的任务。

5. 更多地考虑随机因素的影响

随机因素在仿真试验中也称作稀有事件,对稀有事件进行仿真是试验的重要一环;响应面法中考虑不确定因素是否全面同样会影响可靠性指标的准确性,因此响应面法的研究中主要侧重在确定性分析的基础上对不确定因素的分析;疲劳可靠性评估中不确定性问题更为显著:①材料疲劳强度的物理不确定性;②结构所承受载荷的随机性。

参考文献

[1] 马兴元. 软件可靠性增长分析及其动态评估[D]. 哈尔滨: 哈尔滨理工大学,2011.
[2] 李龙江. 宜宾电业局电力变压器可靠性评估方法应用研究[D]. 重庆:重庆大学,2009.
[3] 颜兆林,冯静. 基于平均互信息熵的复杂系统可靠性评定方法[J]. 国防科技大学学报,2012,34(1):48-51.
[4] SRIWASTAV G L,KAKATI M C. Correlated stress-strength model for multi-component system[C]. National Conference on Quality and Reliability,Bombay,1981.
[5] 贡金鑫,赵国藩. 并联结构体系可靠度计算的二次二阶矩方法[J]. 工程力学,1996(A01):548-553.
[6] 李云贵,赵国藩. 结构可靠度的四阶矩分析法[J]. 大连理工大学学报,1992,32(4):455-459.
[7] 谢里阳. 扩展式可靠性建模方法与四元统计模型[J]. 中国机械工程,2009,20(24):2969-2973.
[8] 张峰,吕震宙. 可靠性灵敏度分析的自适应重要抽样法[J]. 工程力学,2008,25(4):80-84.
[9] 张良欣,胡云昌. 基于方向向量模拟技术的结构系统可靠性评价[J]. 固体力学学报,2001,22(3):247-254.
[10] 池巧君,吕震宙,宋述芳. 截断正态分布情况下失效概率计算的截断重要抽样法[J]. 计算力学学报,2010,27(6):1079-1084.
[11] 钟宏林,吴建国,王恒军. 可靠性分析的双加权响应面法[J]. 浙江工业大学学报,2010,38(2):218-221.
[12] 赵洁,吕震宙. 隐式极限状态方程可靠性分析的加权响应面法[J]. 机械强度,2006,28

(4):512-516.
[13] 李典庆,周创兵,陈益峰,等. 边坡可靠度分析的随机响应面法及程序实现[J]. 岩石力学与工程学报,2010,29(8):1513-1523.
[14] 杨绿峰,李朝阳,杨显峰. 结构可靠度分析的向量型层递响应面法[J]. 土木工程学报,2012(7):105-110.
[15] JI J,LOW B K,赵平. 分层响应面法在边坡系统概率评估中的应用[J]. 四川建材,2013,39(3):85-91.
[16] 刘君,魏开涛,易平. 基于样本累积响应面法的防波堤可靠度分析[J]. 哈尔滨工程大学学报,2015,36(7):888-893.
[17] 张春宜,宋鲁凯,费成巍,等. 柔性机构动态可靠性分析的先进极值响应面方法[J]. 机械工程学报,2017,53(7):47-54.
[18] 张春宜,路成,费成巍,等. 航空发动机叶片的极值响应面法可靠性分析[J]. 哈尔滨理工大学学报,2015,20(2):1-6.
[19] 张春涛,范文亮,鲁黎,等. 基于自适应响应面法的输电塔线体系腐蚀疲劳可靠度研究[J]. 振动与冲击,2014,33(11):155-160.
[20] 孙静怡,张建国,彭文胜,等. 基于区间仿射响应面的非概率可靠性分析方法[J]. 计算机集成制造系统,2018(11):1-17.

(本章执笔人:辽宁石油化工大学高鹏)

第 8 章　机械产品故障预测与健康管理

随着生产制造技术的快速发展和人类探索自然领域的不断扩展，机械产品变得越来越复杂，设备研制、生产及其维护和安全服役保障的成本越来越高，同时设备对安全性和可靠性的要求也越来越高。基于复杂系统可靠性、安全性、经济性考虑，故障预测与健康管理（prognostics and health management，PHM）获得越来越多的重视和应用，成为现代机械产品设备管理和维修管理的重要基础。

8.1　机械产品故障预测与健康管理最新研究进展

1. 机械产品 PHM 概述

1）PHM 概念

PHM 是一个广阔的概念，不仅仅包含寿命预测与健康管理两方面的内容，除此之外，状态监测、故障诊断也属于 PHM 研究的范畴。图 8－1 对 PHM 的基本组成和工作流程进行了描述，PHM 主要由数据获取、数据处理、状态监测、故障诊断、寿命预测、健康管理 6 部分组成[1]。首先，根据机械产品的工作原理选择合适的传感器与合理的布置测点，并确定数据采集与存储的策略，通过传感器采集的信息，监测机械产品的运行状态；对采集的信息进行预处理，提取价值高的信息，构建特征指标；然后，基于构建好的特征指标及其对应的阈值，及时检测机械产品可能出现的异常状态；对于出现异常状态的机械产品，诊断出现异常状态的原因并确定其出现的位置；基于异常状态的检测与诊断结果，对设备的退化状态进行建模，预测机械产品的剩余使用寿命；最后，基于预测的剩余寿命，以最小化代价为目标进行维修决策，确定最佳的健康管理措施。

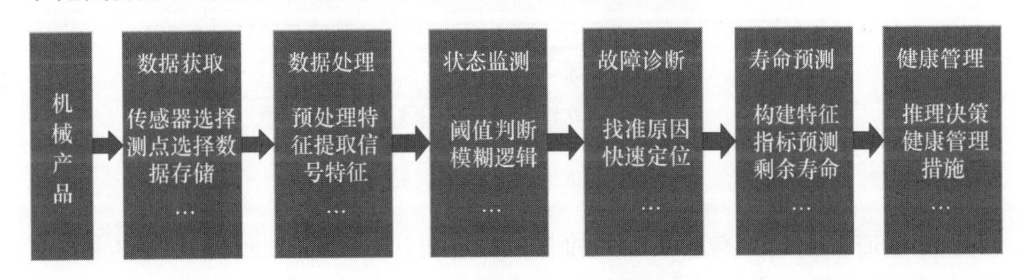

图 8－1　PHM 系统组成框图

PHM 是在被动维护、预防性维护、视情维护等理论的基础上发展而来的，有效的 PHM 能够超出监测和修理的范围，深入到机械产品的规范化、科学化和智能化管理之中，即从传统的以“修”为主的模式转变为以“管”为主的模式，提高机械产品运行的安全性和经济效益。

2) PHM 意义

PHM 的目的是实现基于状态的维护，即视情维护。随着机械产品复杂度与精密性的增加，维护策略经历了从被动维护到预防性维护再到视情维护的发展[2]。图 8－2 对维护策略的发展历程进行了描述：最初所有的维护方式均为被动维护，即为在故障发生后对故障零部件进行更换，本质上是一种被动性的维护策略，产品处于一种“欠维护”的状态，造成产品大量计划外停机与不安全运行，极大降低产品的生产效率，增大生产成本。随着传统的可靠性技术的发展，预防性维护应运而生，即定期对产品进行检修保养，消除故障隐患，其本质上是一种主动性的维护策略，但是产品处于一种“过度维护”的状态，造成因换下的零部件处于早期退化状态还可正常使用的浪费，且极大地增加维护成本。随着 PHM 的产生与发展，视情维护成为发展的趋势，即根据产品的健康状态，当需要的时候对其进行维护保养，可以积极主动地安排生产计划，最大化产品的运行时间，避免产品处于“欠维修”与“过度维修”的状态。

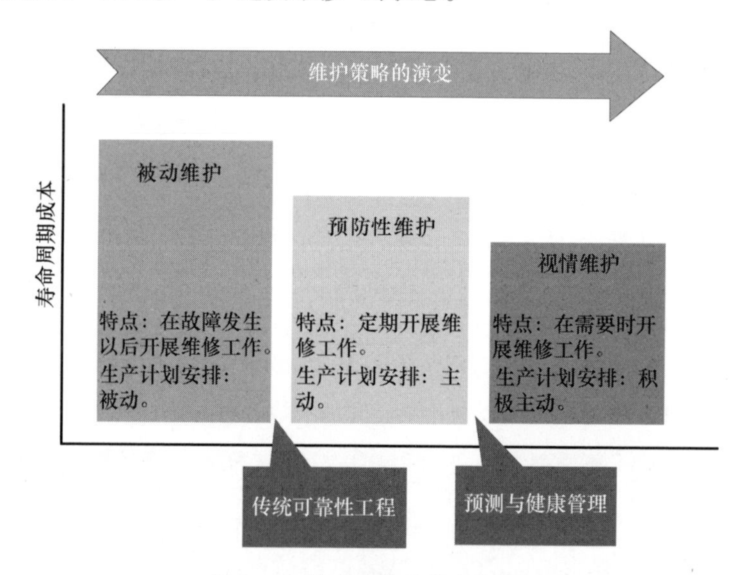

图 8－2　维护策略的演变趋势图

被动维护、预防性维护与视情维护的具体对比如表 8－1 所列。从表中可以看出，PHM 或基于状态的维护可以增加机械产品工作的可靠性与安全性，最大化产品的运行时间，减少产品维护人员数量，降低全寿命周期成本，提高产品的生产效益。

表 8－1　被动维护、预防性维护与视情维护对比

维修策略	维修时间	生产计划安排	适用情况	所需人力	成本开支	技术的可理解性要求
被动维护	故障后维修	被动	仅适用于低频且非危险性故障	大量	极高	低
预防性维护	定期维修	主动	—	大量	高	低
视情维护/PHM	当需要时维修	积极主动	—	少量	低	高

3）PHM 历史与现状

PHM 的提出和发展是对产品故障和失效由被动维护到定期检修、主动预防，再到事件预测和综合规划管理的认识不断深入、逐步提升的结果。美军早期装备的直升机健康与使用监测系统（health and usage monitoring system，HUMS）是 PHM 最原始的形态；20 世纪 70 年代，国外率先提出综合健康管理的概念，并在航空领域进行了实践。随着状态监测和维修技术的迅速发展，出现了多种针对不同应用对象的健康监测系统。20 世纪末，随着美国、英国等国家军方合作开发的联合攻击机 F－35 项目的启动，正式把前期提出的设备性能预测和维修全面解决方案命名为 PHM[3]。

国外 PHM 已经有许多工程应用实例：为了提高航天飞行的可靠性和安全性，美国航天航空局（national aeronautics and space administration，NASA）提出了飞行器健康管理（integrated vehicle health management，IVHM）计划，将飞行器的健康状态从前端传感器的信号到后端地面后勤保障的决策执行的整个过程集成为一个综合系统来统一管理；波音公司将 PHM 应用到民用航空领域，研发了飞机状态管理系统（airplane health management，AHM），并已在多家航空公司的飞机上大量采用，评估飞机的健康状态。近 10 年，有关 PHM 的学术研究非常活跃：美国的 NASA、马里兰大学、佐治亚理工学院等学术机构都开展了各具特色的 PHM 研究工作。美国电子电气工程师协会可靠性分会以及其他 PHM 协会每年都会定期召开国际会议，进行技术讨论和交流，积极推动 PHM 的发展。可靠性领域国际知名期刊《Microelectronics Reliability》和《IEEE Transactions on Reliability》自 2007 年以来多次出版 PHM 技术研究的专刊，讨论其关键技术与发展趋势。在研发和应用 PHM 技术的同时，美国机动车工程师学会（society of automotive engineers，SAE）与美国电子电气工程师协会（institute of electrical and electronics engineers，IEEE）也在积极开展 PHM 技术标准化研究工作，并已取得一些新成果。

目前，国内在 PHM 方面也开展了较为广泛的研究工作。研究需求和研究对

象集中在航空、航天、船舶、兵器与能源等复杂高技术研究和应用领域。研究主体以高校和研究院所居多,西安交通大学、清华大学、北京航空航天大学等高校都已经开展了 PHM 相关的理论研究。但是由于缺乏良好的研究管理机制与统一高效的协调机制,研究体系分散,造成了理论与应用脱节,基础研究缺乏背景支撑和实验验证等缺陷。但随着 PHM 技术在保障机械产品安全高效运行上的重要意义不断凸显,国内 PHM 研究必将飞速发展[4]。

2. 国内外 PHM 领域理论研究的特点、差异和水平

1) 数据获取方面

我国目前开发的 PHM 系统中所用传感器多为传统型传感器,在规划整机装备阶段时,传感器系统被忽视较多,如果在装备研发后期才考虑传感器系统,开发成本将会大大增加。同时,在微型特殊环境传感器研究方面,我国与西方发达国家仍存在较大差距。在未来的机械产品可靠性工作中,应将传感器系统纳入装备设计阶段,进行传感器测量优化,多参数测量提高全系统信息和测量可靠性,同时研发智能传感器系统,最小化尺寸、重量和功率消耗。

随着被监测机械产品的体积不断增大,监测点的不断增加,数据收集的效率可能不断降低。数据收集和有用信息提取仍然存在很多挑战。系统间的互操作性仍然是一个显著的问题,迫切需要解决以优化 PHM 系统。数据的质量、实用性和可用性有待提高。自动数据收集十分有限,所以收集到的数据不够可靠。虽然存在收集数据的技术,但是很少有有效的方法来跟踪或解释数据(或将数据转化为可操作的信息)。我们需要不断地研发新的技术和方法来解决这类问题。共享 PHM 数据和最佳案例仍然有一定的问题。PHM 不同的数据格式、标准使公司间甚至企业内部信息共享存在困难。

2) 数据处理方面

数据预处理作为一项前期的数据准备工作,一方面可以保证数据的准确性和有效性,另一方面通过对数据格式和内容的调整,可以使数据更符合后期算法分析的需求。在数据转换与数据归约方面,国内外研究学者都已经做了大量的研究工作,而数据清洗却没有得到足够多的研究关注。在国外,鉴于"大数据时代"的到来,数据清洗受到了工业界和学术界的一定关注,目前的研究主要集中在以下几个方面:①提出高效的数据异常检测算法;②在异常数据检测与进行清洗处理之间增加人工判别处理;③建立一个通用的数据清洗框架。在国内,由于数据清洗问题比较凌乱而显得难以采用通用的方法进行处理,目前关于这方面的研究并不是特别活跃,而且相当一部分都是以理论研究为主,并没有涉及实例层的研究。数据预处理的对象是海量数据集,对算法的效率也提出了很高的要求,国内外研究人员始终没有一个通用的数据预处理方案,大部分研究都是针对特定数据集进行的,一个通用的数据预处理方案将会受到越来越多的关注。

故障特征提取与健康指标构造是PHM技术中关键的一环，在国外学者的研究中自始至终是一个热点问题。美国和英国自20世纪60年代开始就积极开展了故障诊断技术的研究工作，在故障特征提取的研究中已经建立了一整套相对成熟的体系，已经有国外学者系统总结了用于机械产品故障诊断的特征指标并在此基础上不断进行改进与创新；适用于剩余寿命预测的健康指标构建在国外的研究中受到的关注度也越来越高，基于人工智能的多种信息融合技术被越来越多地用于多传感器多特征融合，得到的健康指标也更加全面更加可靠，美国NASA、法国FEMTO－ST等研究机构一直走在这一领域的研究前沿。

国内的研究机构开展故障特征提取这一方面的研究虽然起步相对较晚，但是在清华大学、西安交通大学、上海交通大学等研究团队的带领下，在故障特征提取方面仍然取得了显著的研究成果，例如利用小波变换、经验模态分解等时频分析方法提取故障特征，在故障诊断中取得了良好的效果；在健康指标构建这一方面，国内学者所取得的研究成果近年来获得越来越高的评价，但是相当一部分是在国外研究的基础上进行的，需要更多更具创新性的研究。

3）状态监测方面

在役机械产品大部分故障有一个发展演变的过程，这些发展演变的故障通常具有趋势性渐变的特征，若能对渐变故障进行趋势预示，则有利于提前排除事故隐患，有效避免恶性事故发生。状态监测及早期故障预警可以从揭示设备运行状态劣化发展趋势规律与特征入手，提取能反映设备故障发展趋势的特征量，分析并预测故障特征量的趋势，预报设备运行状态，并根据恶化程度进行早期故障预警，制订可行的安全保障措施及设备维修计划。

在国外，美国、日本、加拿大等国家的专家学者开展了机械产品状态监测及相关早期故障预警的研究，不仅提取了各种反映机械设备健康状态的监测指标，还考虑到噪声和随机干扰的影响，建立了多种报警触发机制，监测机械设备故障发生时刻，取得了一定的研究成果。国内虽然起步相对较晚，但也取得了不少的成果。一些高校及研究院所对设备状态监测与故障预警相关信息化技术开展了研究，面向高端大型及关键的设备，解决变工况、长历程机电设备非平稳非线性等复杂运行状态下的状态监测与故障预警难点问题。

4）故障诊断方面

国外科研机构及高校在20世纪60年代便开展机械产品故障诊断的相关研究，如美国的故障诊断预防小组和英国的机器保健中心。经过多年的探索和发展，国外已在机械产品故障诊断的基础研究和重大工程应用方面取得了突出进展。同时，许多著名学术组织和研究机构也会每年定期召开国际会议，讨论机械产品故障诊断的前沿问题，分享最新研究成果。例如，IEEE赞助举办的设备状态监测与故障诊断(condition monitoring and diagnosis,CMD)国际学术会议;致力于工程领域健康管理与失效预防技术研究的机械失效预防技术(machinery failure prevention technology,MFPT)国际会议。

国内故障诊断技术的发展始于20世纪70年代末、80年代初。虽起步较晚,但经过近几十年的努力,加上与国外相关科研机构及高校开展广泛而深入的合作,已基本跟上了国外在此方面的步伐,在某些理论研究方面已和国外不相上下,甚至已经赶超国外。目前,我国在一些特定设备的诊断研究方面很有特色,取得了许多原创性成果,如全息谱、振动故障治理与非线性动力学、小波有限元裂纹诊断和系统故障自愈诊断。然而,在机械产品故障诊断基础研究的某些方面依旧非常欠缺。例如,目前的研究对机械故障机理研究重视不足,很多典型故障特征都是沿用经典的成果;大部分研究主要集中在单一故障的识别,对复合故障和系统故障缺乏深入研究;现有的基于深度学习模型的智能故障诊断方法体系框架不够完善,尚不能用于工程实际中。

5)寿命预测方面

国外针对机械产品寿命预测的研究开展较早,目前已形成了较为完备的研究体系,并呈现出寿命预测大一统化的趋势。具体来说,越来越多的研究团队尝试将寿命预测与状态监测、故障诊断乃至健康管理串联起来,即利用状态监测数据在线诊断产品故障,根据产品故障信息在线进行寿命预测,而后借助寿命预测结果及时安排维护策略,从而切实提升PHM技术应用于工程实际的能力。此外,寿命预测研究诞生至今的几十年间,越来越多的机械产品生产企业认识到其对保障产品可靠性的重要意义,因此积极与研究团队合作,这为寿命预测研究提供了宝贵的产品数据和专家经验。

国内的寿命预测研究虽然起步较晚,但经过近些年的快速发展,在衰退建模和剩余寿命求解等方面取得了国际一流的成果。与国外的研究团队相比,国内寿命预测的研究工作目前仍着力于“深挖”寿命预测理论而非“拓宽”寿命预测框架。造成这一差异的原因一方面是国内研究团队大多数仍处于跟随国外研究团队、尚未完成研究方向转型的状态,另一方面则由于企业尚未充分意识到寿命预测对保障产品质量的重要意义,与研究团队间开展的合作较少,从而在客观条件上限制了研究团队收集产品失效数据、研究机械产品失效机理。

6)健康管理方面

从20世纪70年代开始,以美国为主的部分发达国家就对基于传感器、状态监测、故障诊断和寿命预测等技术的视情维护问题展开研究,并积极探索健康管理从理论向工程实际的转化。与国外相比,国内虽在健康管理研究上的起步较晚,但目前在以北京航空航天大学、西安交通大学、电子科技大学等为主的部分高校和科研机构也形成了相应的研究团队,对健康管理理论的发展路线、关键技术和应用架构等问题展开研究。尽管如此，健康管理作为 PHM 技术与工程实际衔接最密切的一环，在国内机械产品生产企业中却未得到相应重视，一定程度上带来了理论研究缺乏实际支撑、不能满足实际需求的问题。但随着 PHM 技术在保障机械产品安全高效运行上的重要意义不断凸显，国内健康管理研究必将飞速发展。

3. 国内外 PHM 领域应用现状比较

随着现代机械产品日趋复杂化、精密化和智能化，为了保证机械产品安全、可靠地运行，降低维修费用，提高工作效率，PHM 技术获得了世界各国越来越多的重视和应用。目前，PHM 技术已被广泛应用于航空航天、汽车工业和船舶运输等诸多领域。

1）国外 PHM 技术应用现状

自 20 世纪 90 年代起，以美英为首的欧美国家便开始将 PHM 技术应用到工程实际中。其中，英国 Smith 公司开发 HUMS 是早期 PHM 技术工程应用的典型案例。据统计，装备 HUMS 系统的“黑鹰”直升机战备完好性提高了约 10%。其后，伴随着高速数据采集、大容量数据存储、高速数据传输和处理、信息融合、MEMS 和传感网络等信息技术和高新技术的迅速发展，PHM 技术也得到了进一步发展和完善，并开始在国防军事和民用技术领域得到广泛运用。

在军事领域，美军在 F－35 联合攻击机研制中开始运用 PHM 技术，以实现经济承受性、生存性和保障性三大支柱目标。F－35 联合攻击机的 PHM 系统是对原有的机内测试系统和状态监控系统的发展，实现了从状态监控向健康管理的转变。这种转变引入了故障诊断与寿命预测能力，进而从整个系统（平台）的角度来识别和管理故障的发生，有效减少了维修人力，增加了出动架次数，实现了自主式保障。随后，美军各军种也先后开发了多种 PHM 系统，如空军的综合系统健康管理（integrated system health management，ISHM）方案；海军的综合状态评估系统（integrated condition assessment system，ICAS）和预测增强诊断系统（prognosis enhancement diagnosis system，PEDS）项目；陆军的诊断改进计划、嵌入式诊断和预测同步计划等。目前，在 F－22 战斗机、C－17 运输机、M1A2 主战坦克以及 SSN－21 核潜艇等美军现役武器中均采用了相应的 PHM 技术。

在航天领域，NASA 早在 20 世纪 70 年代就提出了航天器综合健康管理的概念，并将其逐步应用于航天器的维修保障工作中。例如，为了改善可重复使用的火箭发动机的安全性和提升两次飞行任务间的维修管理水平，NASA 的 Lewis 研究中心开发了基于油液光谱分析的火箭发动机状态管理系统。进入 21 世纪后，特别是 2003 年“哥伦比亚”号航天飞机失事后，NASA 意识到仅在各个分系统层面上应用 PHM 技术已无法保障航天器的安全性和可靠性，必须从系统角度全面、综合地考虑各类故障问题，发展新的 PHM 技术，即综合系统健康管理技术。

NASA 的第 2 代可重复运载器 X－34 和 X－37 便采用了 Qualtec 公司开发的综合健康管理系统对航天飞机进行健康监控、诊断推理和故障排查，以降低可能危及航天飞行任务安全的系统故障。

在民用技术领域，PHM 技术在民用飞机、汽车、高速列车、大型燃气轮机等重要机械产品的监控和健康管理中得到广泛应用。例如，美国波音公司开发的 AHM 目前已经被应用到 B747－400、B777、A320、A330 和 A340 等民航客机的运行维护中，提升飞机安全性和可靠性的同时也大大降低了维修费用。

2）国内 PHM 技术应用现状

国内从 20 世纪 80 年代就开始对国外先进的 PHM 理论、方法和技术进行跟踪和学习，并逐步使其工程化。然而，目前国内 PHM 技术的研究主要集中在航空、航天、船舶和兵器等国防军事领域，研究主体以高校和研究院所居多，研究内容集中于体系结构及关键技术研究、智能诊断和预测算法研究，以及测试性和诊断性研究等。在航空领域，围绕型号技术攻关，针对飞控作动器系统、旋转作动器驱动装置、液压能源系统、附件机匣、供电系统、航电处理机、金属/复合材料机体结构等开展了测试性设计与验证、诊断与性能衰退预测等技术研究及相关验证。在航天领域，目前卫星电源系统主要开展太阳电池阵、蓄电池与控制器的在轨状态监测、性能退化预测、运行管理与延寿；载人航天也针对部分关键系统开展了状态监测与故障容错控制。在船舶领域，针对主机与辅机系统关键设备（柴油机、泵类设备、调距桨装置、舰面系统等），主要开展状态监测、故障诊断、运行与辅助维修决策等技术应用。在兵器领域，针对发射车开展了网络环境下的车载状态监测与辅助维修指导、监测中心增强诊断、任务与维修辅助决策工程应用。在民用技术领域，为了更好地对各类机械产品进行综合管理，国内重点研发了一系列的状态监测及故障诊断系统。例如，西安交通大学研制的大型旋转机械计算机状态监测与故障诊断系统；哈尔滨工业大学研制的机组振动微机监测和故障诊断系统；天津大学研制的设备综合管理系统（remote diagnosis & condition monitoring，RDCM）。此外，一些企业也成功引进了国外先进的 PHM 系统，如武汉钢铁集团已将罗克韦尔的 Entek XM 系统用于关键设备的振动状况监测和运行危害预警。

4. PHM 中数据获取最新进展

在 PHM 系统中，首先要确定可以直接表征或间接推理判断机械产品故障/健康状态的参数指标、信息。数据获取是从安装在被监测装备的传感器中获取并存储不同类型的监测数据，例如振动信号、温度信息、声发射信号等。它能够为 PHM 系统提供数据基础，是构建先进控制和健康管理系统的基础条件，没有先进传感器作为底层信息采集平台就不能构建出有效的健康管理系统。传感器的应用将直接影响 PHM 系统的效果，获取的监测数据的数量和质量直接决定了

PHM系统的性能。随着传感与通信技术的快速发展,越来越多先进的数据获取装备不断得到应用,数据获取过程正逐步迈向简单化。但由于种种原因,机械产品监测数据的质量仍有待进一步提高,如风机、航空发动机等机械装备通常在极端环境下服役,来自外部环境的干扰容易混杂至监测数据中,从而导致数据质量的下降。PHM技术的数据获取部分主要使用现有的一些成熟技术,针对具体情况,根据数据获取的经济性、实用性等综合考虑分析。综上,传感器的类型、测点选择、数据收集等成为工程界普遍关心的问题。

传感器类型包括温度传感器、湿度传感器、振动传感器、光学传感器及冲击传感器等,此外,还有专用的传感器,如声发射传感器、腐蚀传感器等。随着测试技术和微电子技术的不断发展,各种新型传感器技术逐渐应用到PHM系统的研制中,如光纤传感器、压电传感器、碳纳米管、微电子机械系统(micro-electro-mechanical system,MEMS)等,新型传感器具有精度高、适用范围广、智能化等特点。MEMS技术的发展促进了传感器的小型化,同时降低了功耗和用于无线通信的成本,不但具有低重量、高可靠性、低能耗及低成本的显著优势,还可以大幅提高压力、振动传感器的测量上限[5]。小型化使得基于MEMS技术的传感器既可以应用于传统传感器所不能应用的场合,也能够进一步地促进PHM系统小型化。同时,成本的降低促进了MEMS传感器的批量生产和在工程中的广泛应用。智能传感器带有微处理单元,因此该类型传感器不仅具有数据采集功能,同时还将数据处理,甚至故障诊断和预测算法集成到传感器硬件产品中,使单个传感器具有"PHM"功能。此外,光谱以及激光诊断也是新兴的传感技术。

如上所述,可用于PHM系统的传感器种类繁多,选择合适的传感器对状态监测信息的有效获取具有重要作用。PHM系统对传感器的基本要求主要包括:体积小、重量轻、集成化、多功能、适应装备工作条件和环境以及不易受电磁干扰影响。传感器类型的选择首先应该根据待检测信号的类型确定,另外,要充分考虑给定应用场合的实际约束情况。图8-3所示为传感器选择流程图[6]。传感器的通用需求包括其测量范围和特定工作环境耐受能力等,需求不同,选定的传感器类型也不同。例如,根据传感器的重量、体积、功率需量和成本限制的不同,其在飞行器系统中的使用类型与工业建筑、桥梁结构中的不同。如在PHM系统中,由故障引起的局部响应必须和全局响应分离开来,通过实验或分析确定传感检测的灵敏度、量程等信息,从而确定传感器类型及型号。同时,由一个传感器获得的测量结果依赖于特定的物理性质或材料行为。这些性质可以用来测量不同的物理量。例如,一个电阻应变片根据应用场合的不同可以分别用来测量变形、压力等。

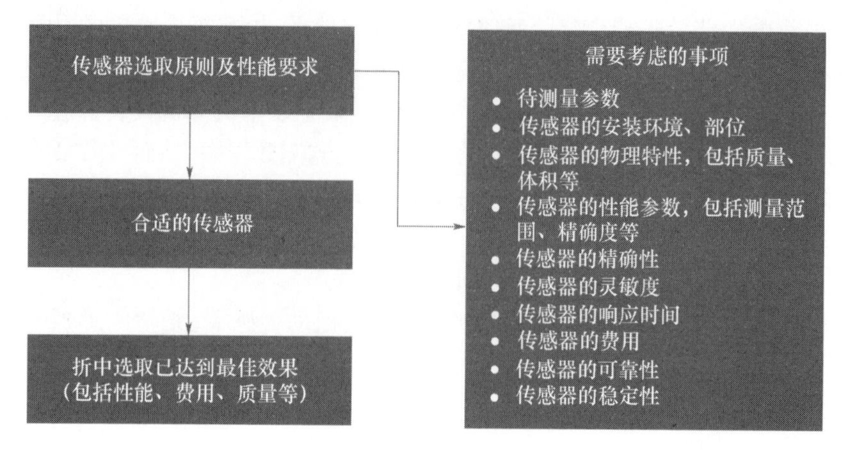

图 8-3　传感器选择流程

传感器的位置直接影响获取的监测数据的质量，从而对系统的诊断和预测精度造成影响。根据机器零部件运行信息传输选择性，测试点应该根据机器结构尽量选择在离被测零部件距离最近的地方，并确保测试信息的传输路径短、传输路径对信息的衰减和歪曲程度小。同时，测试点的选择还应充分考虑传感器安装要求，以及机器外形等实际情况。以振动信号的测量为例，应该综合考虑以下因素进行测试点的选择：测点应选择在振动信号的传递路径上，能充分反映机器的运行状态，常用的典型测点有轴承座、机座等，选定测点后，对每个测点采集3个方向（X、Y、Z）的振动信号，同时应及时对测点位置进行记录，后续试验应采用同样的测点。此外，对复杂装备应结合具体结构和工况综合考虑、合理布置多个测点。

在测点选定以后，还要开展测试点与传感器的最优配置工作，以获得测试点、传感器配置成本与可诊断性要求之间的最佳平衡。传感器的优化配置主要包括传感器配置模型建立、性能诊断指标描述、传感器优化配置算法和传感器配置性能评估等步骤[2]，同时注意测量仪器的连接、接地、屏蔽等测量环节。微弱失效信息的测量是获取机器零部件信息的重要步骤，采用准确的测量是获取机器零部件信息的重要保障。

鉴于输入数据的来源和格式的多样性（表 8-2），数据收集步骤相对复杂。需要一个或多个专用服务器来保存上传的文件，并使用自定义的脚本从中提取数据。若采集的数据量过大，则应进行分布式存储，将数据存储到多台服务器中。PHM 系统的数据可以大致分为结构化、非结构化和半结构化数据。结构化数据取决于预置数据模型，该模型定义存储在大数据表中的数据（模式）的字段和类型。结构化数据应用的经典场合包括商业、财务和人力资源数据等。然而，在机械装备运行数据获取方面，图像、视频和纯文本文件等非结构化数据更为普遍。半结构化数据在PHM系统中也是非常常见且有用的,它们不受结构化数据的严格预置模型的限制,从而获得更大的灵活性。存储在JSON或XML文件中的数据(标签表示每个字段的属性)就是半结构化数据的典型示例。在机械产品运行过程中的时间标记数据都可以方便地存储为半结构化数据。为了存储所有的机械产品运行状态数据,应该选择一个适当的文件系统和数据库,并综合考虑系统的可靠性、可用性、可测量性、灵活性、可扩展性和易用性[7]。

表8-2　数据来源及格式

数据名称	数据来源	数据格式
传感器数据	装备传感器	串行,Modbus,SPI端口读取(存储在文本文件中)
机械数据	电机控制器或SCADA软件	Text,Excel,CSV,XML
测量数据	试验仪器	CSV,Excel
过程/工作流数据	人为输入	Word,Excel,text
多媒体数据	相机	JPG,AVI,MP4

5. PHM中数据处理最新进展

1)数据预处理

机械产品的监测数据往往是“脏”数据,它们是不完整的、含有噪声的和不一致的,而数据质量的好坏直接影响了故障信息的准确表征与剩余寿命的精准预测。通过数据预处理技术将未加工的数据转换成适合分析的形式,包括数据清洗、数据转换和数据归约等,数据预处理过程如图8-4所示。

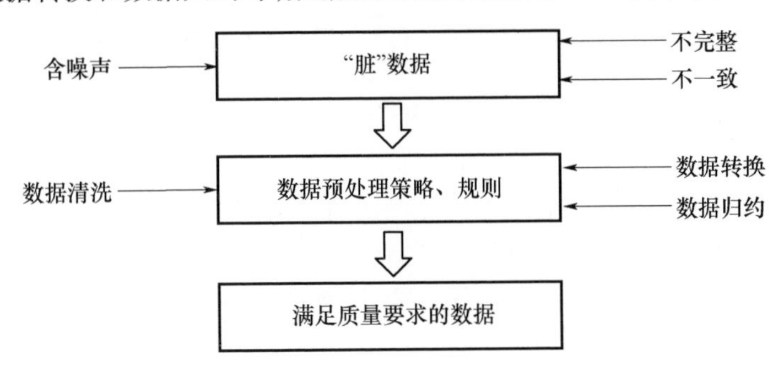

图8-4　数据预处理过程

传统的数据预处理技术往往会耗费大量的时间与精力,而且需要人工经验的干预。在实际过程中,通过观察数据获得其特性,根据数据分析的需求“对症下药”并选择合适的预处理技术,洗掉数据集中的“脏”数据,使数据质量得到改善,获得标准的、干净的、连续的数据。面对缺失值数据,可以通过删除缺失值、利用统计学知识进行填充和手工补全进行处理;面对重复记录的数据,可以通过合并或删除重复值的方法进行消重;面对噪声数据,可以通过数据平滑技术进行平滑处理,近年来有国内外学者通过聚类技术识别检测孤立点。数据转换是将现有数据转换或统一为适于分析的数据形式,主要涉及规则化、正则化和标准化,通常是为了消除量纲的影响。在对机械产品监测数据进行时间序列分析时,国内外学者对其进行对数变换或者差分运算可以将非平稳序列转换为平稳序列。数据归约是指在尽可能保留数据信息的前提下,使数据量得到最大限度的精简,尤其在面对机械产品中多信息源的监测数据,这一预处理技术显得尤为必要。数据归约技术主要包括维数归约、数量归约和数据压缩,归约后的数据可以减少后期分析过程中的计算量,同时产生与原始数据近乎相同的分析结果。

随着物联网技术的发展,机械产品的监测开始向物联网平台发展,由于待监测设备规模庞大、每台设备测点繁多、测点采样频率高、设备服役时间长,机械设备监测已经进入了“大数据时代”。例如,中联重科工程机械物联网云平台监控系统实时采集混凝土起重机、汽车起重机、挖掘机和塔式起重机等设备的工况、位置信息,每台设备传感器采集点近500个,数据每5min采集一次,监测设备12余万台,每月新增数据300GB,目前已经累积了近10年的数据,数据存量约40TB。海量的监测数据往往数据类型繁多,价值密度低,而且需要在短时间内给出处理结果,因此传统的数据预处理技术“力不能及”,需要发展出与监测大数据相匹配的分析手段与处理方法。

2）故障特征提取与健康指标构建

剩余寿命预测是PHM的关键核心技术,近年来已经成为PHM研究中的一个热点问题,并受到越来越多的关注。一般来讲,剩余寿命预测具有检测和隔离早期故障、确定当前设备的故障程度以及预测设备剩余使用寿命的能力,包括3个关键步骤:①故障特征提取;②故障诊断;③剩余寿命预测。故障特征提取是故障诊断与剩余寿命预测的基础,直接影响到后期状态识别与寿命预测的准确性。提取得到的故障特征一般用于故障模式的判别,适用于静态聚类分析,在全寿命周期内难以具备良好的趋势性,在剩余寿命预测中的效果不好,因此需要在故障特征提取的基础上进行健康指标构建,用于后期的剩余寿命预测。

机械产品或者零部件在运行过程中,很难通过直接观察确定其故障或退化程度。为了实时反映设备的健康状态,获取相应的状态监测信息,提取得到故障特征,当设备或零部件发生故障时,故障特征就会偏离正常值。故障特征一般直接利用现代信号处理方法从监测信号中提取得到,主要分为时域特征、频域特征和时频域特征。传统的时域特征主要包括均值、均方根值、峰值、峰峰值、标准差等有量纲指标和峭度指标、裕度指标等无量纲指标,这些特征计算简便并且具有明确的物理意义。近年来,国内外学者在传统时域特征的基础上,又发展出了多种时域特征提取方法。统计学方法在时域特征的构造中有着较为广泛的应用,通常来说,我们希望构造出的特征可以直接反映出机械产品偏离正常运行状态的程度或与正常运行状态的相似度,相关系数作为衡量变量之间相关程度的统计学指标,有国外学者借助这一统计指标构建特征,通过计算滚动轴承实时时域振动信号与正常阶段时域参考信号的相关系数作为特征,随着滚动轴承故障程度的发展特征的绝对值逐渐由 1 变为 0,可以有效地反映出滚动轴承的故障状态[8]。时域特征的构建往往计算较为简单,能够从统计学角度反映出机械设备的运行状况,但是时域特征通常只能用来判断是否发生故障,并不能确定故障根源。

相对于时域特征,通过对时域信号进行傅里叶变换,在频域范围构建得到的频域特征能够在一定程度上反映出故障特征频率,使结果更加直观明显,传统的频域特征主要有重心频率、频率方差和均方频率等。近年来,在现有频域特征的基础上,国内外学者又构建出了一些新的特征,并将其成功地用于机械设备的故障诊断。频域特征的构建是建立在机械设备振动机理与频谱分析的基础上,对于滚动轴承这种故障特征频率易于计算的机械零部件,可以将故障频率及其高次谐波的幅值或能量作为频域特征,在一定程度上可以判断故障的位置及严重程度。频域特征的构建需要一定的机械设备故障机理知识,对于一些简单的机械零部件能够取得较好的效果,随着机械设备结构及传递路径复杂程度的提高,频域特征的构建往往“事倍功半”。

在现代信号处理中,时域和频域分析都是基于平稳信号提出的,而机械设备的监测信号一般都是非平稳的,需要通过时频分析来描述非平稳信号的频谱及幅值随时间的变化情况,因此近年来通过构建时频域特征以实现机械设备的故障诊断获得了越来越多的关注。经验模态分解作为一种适用于非平稳非线性信号的时频处理方法,在机械信号分析中也获得了广泛应用,国外学者对机械设备监测信号进行经验模态分解后计算了能量熵作为一种时频特征,实现了滚动轴承的故障诊断[9]。此外,有国内学者利用小波分解提取滚动轴承故障能量作为特征,谱峭度作为检测信号非平稳性的重要工具,也被用于构建时频域特征。

以上用于故障判别的故障特征往往只对机械设备退化过程中的某一阶段较为敏感,难以在全寿命周期内全面地表达退化信息,需要利用数据降维或信息融合的方法将多种故障特征融合为一个健康指标,以综合反映机械设备的退化状态。将构建的健康指标作为预测模型的输入,往往会获得更为准确的剩余寿命预测结果。主成分分析作为一种常用的数据降维方法,可以用来提取数据中的主要特征分量,借此将多个故障特征进行维数约简,选择包含信息最多的第一个主成分分量作为健康指标,完成机械设备状态信息的充分表达。另一方面,国内外学者在利用信息融合方法构建健康指标上开展了全面多方位的研究,通过加权平均方法得到的健康指标简单直观,但是必须事先对各个故障特征进行分析确定权重,成为指标构建过程中的难点。贝叶斯估计法以及卡尔曼滤波法作为广泛应用的概率统计方法,在机械设备故障特征融合中也获得了一定的运用,而在实际情况中往往需要一些先验信息,限制了这些方法的应用。相对于概率统计方法,例如自组织神经网络等基于神经网络的信息融合方法可以实现知识的自动获取,能够将不同故障特征之间复杂的关系通过学习模拟出来,得到更高层次的健康指标,但是神经网络模型的建立,如隐层节点个数的确定,是健康指标构建中的一个难点。在现有的故障特征集中,有一些健康指标是强相关的,将其全部用于特征融合往往是不明智的,利用基因遗传算法、粒子群算法等基于搜索的算法选择典型的特征子集然后进行指标融合会获得更优的结果。在健康指标构建过程中,以上方法具有各自的优缺点,在实际使用过程中需要考虑具体的应用选择相应的方法,在必要的情况下也可以将不同的方法进行结合使用以获得更好的效果。

6. PHM 中的状态监测最新进展

机械产品,特别是制造业中的高端、大型、关键设备,往往处于工况恶劣、不稳定、功率大、负载重且连续运行的状态,早期故障发展导致的恶性事故时有发生,为了消除其故障隐患以避免安全事故发生,现代产业迫切需要采用保障机械产品安全服役运行的信息化技术,基于该项技术揭示机械产品运行状态的发展演变规律,进而进行机械产品状态监测,预报早期故障。机械产品状态监测研究内容主要包括 5 个部分:机械产品动态特性劣化演变规律;机械产品运行状态发展趋势特征;微弱信号特征早期故障的信号处理;机械产品状态监测预警模型构建;机械产品运行状态劣化的相关评价参数、模式及准则[10]。

1）机械产品动态特性劣化演变规律

机械产品由稳定运行状态劣化为非稳定运行状态,由非故障运行状态劣化为故障运行状态,其机械动态特性通常有一个发展演变过程。这就需要研究揭示劣化过程、故障变化演变规律及发展特点,分析故障产生机理、发展原因和发展模式,建立故障发展原因与故障发展特性的映射关系。同时,构建设备运行状态劣化演变的机械动态特性模型,这里涉及轻微损伤和磨损等微弱故障发展状态、传动系统调制信号发展状态、运行参数和载荷变化等非线性发展状态、复合故障发展状态等。

2）机械产品运行状态发展趋势特征

机械产品往往具有复杂的运行状态,进行机械产品运行状态发展趋势信息分析,其中难点问题是连续运行大型设备长历程变工况故障发展趋势特征提取。设备长历程运行中工况和负载等非故障因素会造成信号能量变化,故障发展趋势信息往往被非故障变化信息所淹没,而通常的基于能量的振动级值及功率谱的发展及变化不一定对应反映故障的发展及变化,且传统的基于能量变化的运行状态发展趋势特征提取方式往往具有不确定性，难以有效实现未来发展状态的趋势预测。因此需要进行设备故障趋势特征与变负载状态特征的解耦和分离，较大程度上消除非故障能量变化所造成的冗余信息，使得提取的故障发展趋势特征与系统负载变化等非故障变化特征弱耦合或分离，同时与机械产品故障变化强耦合，进而构建预测模型。

3）微弱信号特征早期故障的信号处理

早期故障趋势信息是一种故障征兆信息，具有明显的低信噪比微弱信号的特征，在早期故障趋势分析中有用信息极易受到设备时变非平稳运行、环境变化、测试系统噪声等干扰。传统分析方法往往难以进行有效的早期故障预测，为实现早期故障发展趋势有效分析，需要采用适于低信噪比微弱信息的信号处理，涉及的方法包括：多传感系统检测及信息融合，非平稳及非线性信号处理，故障征兆量和损伤征兆量信号分析，噪声规律（幅度、频率、相位等）与信号特点（频谱、相干性等）分析，噪声背景下小位移、微振动分析，针对微弱信息的信号处理方法（如数据挖掘、盲源分离、支持向量机、粗糙集等）以及有关随机不确定性、模糊不确定性、不完备性、不完全可靠性等信号处理方法等。

4）机械产品状态监测预警模型构建

为实现基于智能信息系统的故障预警，需要构建机械产品状态监测预警模型，构建这类模型大致有两个途径，分别是物理信息模型（一般是机械动力学预测模型）以及数据信息模型，通常这是两条相互独立及并行的研究途径，近年来有学者研究构建这两类预警模型相融合的多信息融合新型状态监测模型，如图8－5所示，采用这种多信息融合模型既利用了物理特性信息又融合了数值规律信息，有利于获得较理想的早期故障预警结果。

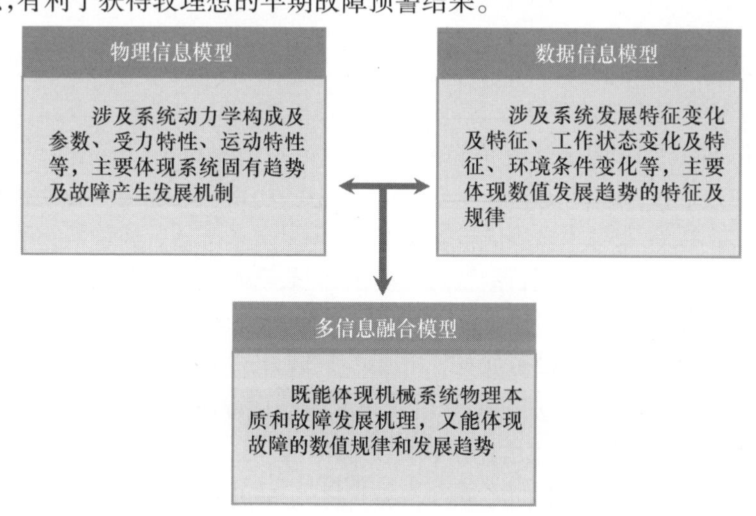

图8－5　多信息融合模型构建过程

5）机械产品运行状态劣化的相关评价参数、模式及准则

这里主要是指机械产品运行状态发展趋势的评价参数、模式及准则。具体内容涉及：确定能够表征设备状态发展趋势的参数、特征模式或模型，采用能够对运行状态发展趋势的参量、模式及聚类分析进行分类的方法，分析设备状态发展趋势的评价准则及边界条件，采用面向安全保障的统计决策理论方法并确定相关评价的错误率区间、条件及估计、验证方式等，提出能够从性能老化、传递特征退化和疲劳损伤等多方面综合评价故障演变过程和损伤及磨损积累的方法，提供故障发展趋势预测的稳定性、可靠性及维修性评估依据及判据等。

7. PHM 中故障诊断最新进展

机械产品故障诊断的目的是通过分析机器的运行状态信息，识别其故障类型，从而指导维修、提高设备的利用率、避免重大事故的发生。传统的故障诊断方法通常使用小波变换、包络谱分析、阶次比追踪等技术分析和提取机械振动信号中关键的故障信息，进而诊断机械产品的故障类型。然而，传统的故障诊断方法大多需要专业技术人员和诊断专家完成，对使用者的经验和专业知识要求很高；同时由于设备复杂、自动化程度高，需要分析的数据量也巨大，这些大量的数据全部依靠专业技术人员和诊断专家来分析显然是不现实的。近年来，随着传感测量技术、人工智能方法的飞速发展，机械产品故障诊断已从传统的“以人为本”时代跨入智能诊断时代。智能诊断以监测信号中提取的故障特征为输入，使用专家系统、人工神经网络、模糊理论、粗糙集理论、支持向量机等人工智能模型或方法识别特征携带的故障信息，进而实现机器产品故障的自动识别与分类。智能诊断摆脱了传统故障诊断方法过分依赖诊断专家和专业技术人员的困境，打破了机械产品诊断数据量大与诊断专家相对稀少之间的僵局，是 PHM 技术的关键组成部分[11]。

如图 8－6 所示，机械产品智能故障诊断方法主要分为基于浅层模型的方法和基于深度学习模型的方法。目前，智能故障诊断方法的研究主要以浅层智能模型为主，即模型结构仅含有单隐层节点，如支持向量机、自组织神经网络等。浅层智能模型由于其结构简单、易于训练等优点，已被广泛应用于各类机械产品的故障诊断中，并取得了显著成效。例如，基于专家系统的智能诊断方法已被用于导弹系统的健康状态识别；K 最近邻算法已被应用于涡轮式发电机转子的故障监测；模糊控制神经网络模型已被应用于水下机器人推进器及汽车悬挂系统的故障诊断；支持向量机已被应用于轴承不同故障类型的智能识别。尽管浅层智能模型已经实现了机械产品的智能故障诊断，但在大数据时代，设备故障愈发表现为耦合性、不确定性和并发性，由于浅层智能模型的自学习能力弱、特征提取与模型建立孤立进行，导致其故障识别精度低、泛化能力弱。因此在大数据背景下，智能诊断模型必须由“浅”入“深”。

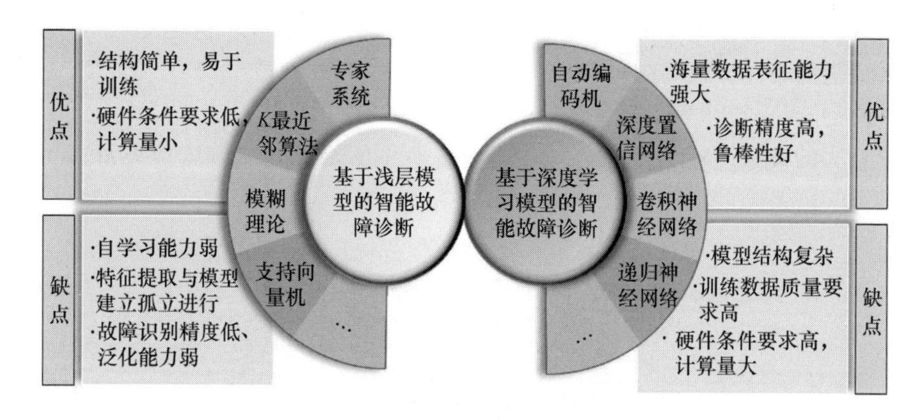

图8-6 机械产品智能故障诊断方法

面对海量的数据,智能诊断需要新理论与新方法。深度学习作为一种强大的大数据处理工具,自从2006年在《Science》首次提出便掀起了学术界和工业界的研究浪潮,在语音识别、图像识别、高能物理等诸多领域展现出前所未有的应用前景,同时也被《MIT Technology Review》杂志列为2013年十大突破性技术之首。近年来,深度学习已被逐渐应用到机械产品的智能故障诊断中,成为新的研究热点。不同于浅层智能模型,深度学习模型具有多隐层结构,模型结构更加复杂,同时也具有更强的海量数据表征能力。基于深度学习的智能故障诊断方法通过构建深层模型,模拟大脑学习过程,可以从海量数据中自动提取特征,实现复杂映射关系拟合,最终刻画数据丰富的内在信息,进而提升故障识别精度[12]。例如,自动编码机已被应用于行星齿轮箱的故障诊断;深度置信网络已被应用于往复式压缩机的健康状态识别;深度卷积神经网络已被应用于电机轴承的早期故障检测。然而,目前基于深度学习模型的智能故障诊断方法大多将深度模型作为一个新的分类器,并未把握深度学习的内涵、充分利用其有效提取原始信号非线性特征的优势;且现有深度学习工作大多研究的是单标记识别问题,即一种健康状况仅用单个标签表示,难以完整描述机械产品包含故障部件、位置、类型、程度等复杂信息的健康状况。因此,基于深度学习模型的机械产品智能故障诊断方法还有待进一步的探索和发展。

8. PHM中的寿命预测最新进展

随着科技的发展,机械产品的自身结构日趋复杂;同时人们对产品的要求越来越高,期望其能在恶劣、复杂的服役条件下安全稳定运行。而机械产品往往需服役多年,难免发生故障,一旦发生故障就对产品判废意味着巨额浪费和经济损失。因此在准确识别故障之后,更为经济的做法则是根据当前故障下机械产品的衰退特性预测其从当前健康状态到完全失效的剩余寿命,从而制订合理的健康管理计划,使机械产品在安全稳定运行的前提下创造最高的综合效益。目前国内外已有大量学者对机械产品的寿命预测方法展开研究，根据其基本理论和方法流程的不同，可将寿命预测方法概括为四大类方法，即：基于物理模型、基于统计模型、人工智能和多模型融合的寿命预测方法[13]。对近年来使用上述 4 种预测方法的文献进行统计，可得如图 8－7 所示的寿命预测方法分类及占比统计图。

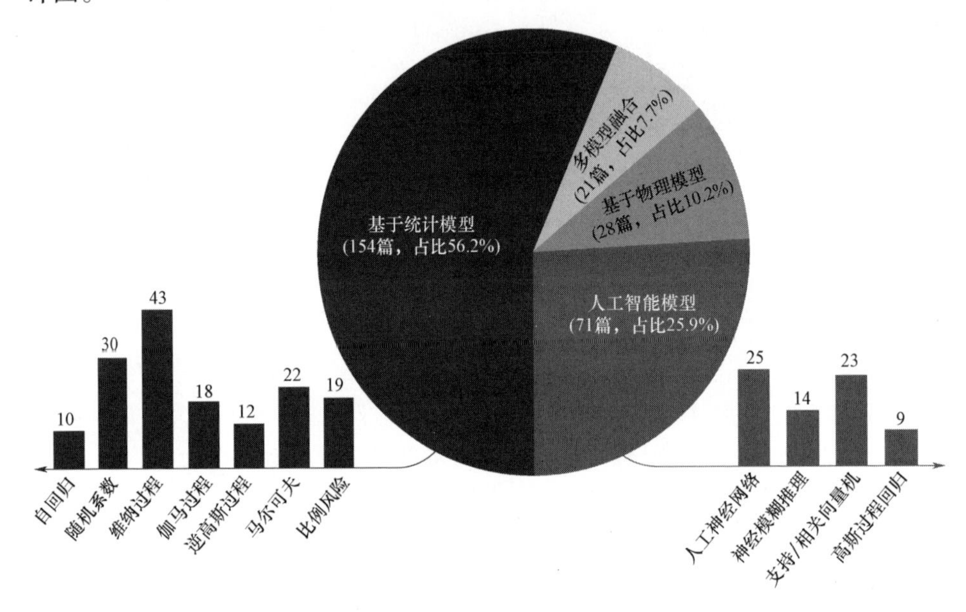

图 8－7　寿命预测方法分类及占比

基于物理模型的寿命预测方法通过研究机械产品失效机理，从而建立产品衰退过程的数学模型来描述其衰退过程并进一步实现寿命预测。这一类方法能揭示产品缺陷的演化规律，反映产品衰退的本构关系，故而相较其他几类方法，基于物理模型的寿命预测方法无论是在预测准确性还是在方法鲁棒性上都有明显优势，在过去几十年里一直是研究重点，并在工程实际中得到广泛应用。以 Paris－Erdogan 模型为例，该模型可用于描述疲劳裂纹扩展规律，在齿轮、管道容器等零部件的寿命预测、可靠性设计以及产品结构优化中得到广泛应用。近几年来，在试验研究方面，研究人员借助 SEM、TEM 等技术深入研究材料裂纹萌生及扩展机理，在此基础上通过引入裂纹临界曲面的方式改进 Paris－Erdogan 模型，使其能更准确地反映裂纹扩展规律、预测含裂纹产品剩余寿命；在理论研究方面，研究人员使用蒙特卡罗有限元等模拟计算方法，利用大规模计算集群等计算工具模拟裂纹萌生过程和扩展轨迹，从统计学角度改进 Paris－Erdogan 模型[14]。尽管如此，构建基于物理模型的寿命预测方法仍十分困难，需考虑材料内部夹杂、冶金缺陷以及应力程度等多方面因素，并通过大量疲劳试验和理论计算完善所构建方法;此外,当目标对象为衰退机理不清或内部结构复杂的机械产品时,凭借现有手段更是无法建立衰退模型。因此,虽然基于物理模型的方法在工程应用中具有诸多优势,当前在这一方面却鲜有大的进展,尚待研究人员从缺陷建模理论、缺陷演化数值模拟以及疲劳寿命试验方法等方面进行深入探索。

基于统计模型的寿命预测方法本质上是一种通过概率手段进行数据拟合的寿命预测方法。在构建基于统计模型的寿命预测方法时,首先根据专家经验建立机械产品的统计失效模型,而后利用实时测量信息计算剩余寿命及其概率密度。与基于物理模型的寿命预测方法相比,基于统计模型的方法有效地利用了机械产品历史数据和监测数据,大大降低了所建模型对产品失效机理的依赖性,并可充分利用统计模型的数学特性提高剩余寿命求解效率和精度。这类方法既能借鉴专家对产品失效的经验,也能有效利用产品历史和监测数据,因此已成为当前寿命预测领域中最常用的一类方法。根据所采用统计模型类型的不同,这类方法可进一步被细分为基于随机系数模型的方法、基于随机过程(维纳过程、伽马过程等)的方法、基于比例风险模型的方法等。近些年来,大量研究人员不断对这些方法的建模基本理论和模型求解方法进行完善,在模型参数估计、衰退状态评估和剩余寿命概率密度函数求解等方面取得了大量成果[15]。以常用的基于维纳过程的方法为例,这一方法的初期形式可概括为"指数模型 + 贝叶斯参数更新 + 剩余寿命近似求解",即假设机械产品的衰退趋势可用指数模型来描述,而后使用贝叶斯方法在线更新参数,最后利用维纳过程的正态性质,近似得到剩余寿命及其概率密度。但在过去的十年里,通过时空变换的引入,模型形式被拓宽为可描述任意衰退过程的衰退通式;而后又建立了以非线性滤波理论为主的贝叶斯框架下参数和状态在线评估体系,最终基于布朗运动在时变边界下的首达时间概率密度求解理论得到了剩余寿命近似解析求解方法,形成了如今"衰退通式 + 状态/参数在线估计/更新 + 剩余寿命解析求解"的形式[13],在预测准确性和模型通用性两方面均取得了长足的进步。但目前来看,这一类方法尚存在三大问题:①统计模型对数据质量要求较高,当机械产品历史数据较少或监测数据存在缺失时,所建立模型的有效性将大打折扣;②常用的统计模型大多为指数型、多项式型等简单模型,不能有效反映机械产品的多阶段、多模式衰退特性;③现有统计模型难以描述复杂机械产品中不同零部件之间的相互影响关系。而建立复杂的统计模型将会导致模型复杂度呈爆炸性增长,使得模型无法用于寿命预测。因此统计模型很难用于系统级剩余寿命预测。由于以上局限的存在,基于统计模型的方法尽管在建模、求解等方面具有诸多优势,在工程实际中却没有得到广泛使用。研究人员需将理论探索与工程实际相结合,针对缺失数据、具有复杂衰退形式和复杂系统结构的产品衰退建模与寿命预测展开进一步研究,让基于统计模型的方法在工程中得到有效运用。

基于物理模型和基于统计模型的方法虽各有特色,但这两种方法均要在一定程度上借助研究人员的经验知识进行建模和预测。而机械产品的种类与日俱增,研究人员不可能掌握所有类型产品的失效机理或衰退过程的统计特性。加之工业产业逐步向“大数据时代”转型升级,机械产品的监测数据浩如烟海,凭借人力进行数据分析更是煎水作冰。因此研究人员希望建立一种不依赖专家经验知识、自主从历史数据和监测数据中挖掘衰退模式并预测寿命的剩余寿命预测方法。在这一目标的指引下,研究人员自然而然地转向人工智能领域,建立基于人工智能的寿命预测方法。目前,大量人工智能方法已被引入到剩余寿命预测领域[16],如人工神经网络(artificial neural network,ANN)、支持向量机(support vector machine,SVM)、相关向量机(relevance vector machine,RVM)以及自适应模糊神经推理系统(adaptive neuro fuzzy inference system,ANFIS)等,并取得较好的应用效果。以人工神经网络中的循环神经网络(recurrent neural network,RNN)为例,研究人员利用基于长短期记忆(long short - term Memory,LSTM)单元的循环神经网络从已有产品的历史数据中挖掘机械产品运行时间、健康状态和剩余寿命三者之间的映射关系,从而直接预测机械产品剩余寿命。这一过程无需使用任何先验知识或借助相关假设,因此在针对具有复杂衰退模式的机械产品时能够摆脱基于物理模型或统计模型方法的局限,取得有意义的预测效果。在此基础上,研究人员更进一步地尝试跳出传统寿命预测工作中健康指标构建、阶段划分、寿命预测的固有框架,使用受限玻尔兹曼机(restricted boltzmann machine,RBM)等方法直接从监测数据出发进行特征学习并据此进行寿命预测[17]。但人工智能方法作为一种完全依赖数据的方法,尽管具有无需先验知识、可描述复杂衰退过程、适于处理海量监测数据等诸多优点,在现阶段来说还存在以下不足:①绝大多数人工智能方法为“黑箱”模型,研究人员难以理解其如何从数据中挖掘衰退信息、学习衰退模式;②人工智能方法的有效与否严重依赖于训练数据的数量及其质量,当训练数据不足或质量不佳时,预测效果将大打折扣;③模型结构和参数的确定缺乏理论依据。例如,人工神经网络方法中网络结构的确定、支持向量机方法中核函数的选择等问题只能依赖研究人员的经验。

由上可见,基于物理模型、基于统计模型和人工智能这三类方法虽都有一定优势,但也同时存在着不可忽视的缺陷,从而极大地限制了其在工程实际中的应用。针对这一问题,一方面,研究人员不断对以上方法的基础理论完善改进,力求从根本上减少或消除上述缺陷;另一方面,研究人员也将上述方法加以融合,构建多模型融合的寿命预测方法,从而实现扬长避短、优势互补。目前,研究人员通过将上述三类方法融合,得到以下几种常用方法[18]:①“统计模型 + 人工智能”方法:与人工智能方法相比,“统计模型 + 人工智能”方法引入了蕴含在统计模型中的机械产品衰退模式、工况条件等信息,从而大大降低了预测结果的不确定性;同时,与基于统计模型的方法相比,这一融合方法不完全依赖于已知的衰退模式和工况条件,而是通过引入人工智能方法,从数据中挖掘更深层次的衰退信息;②“物理模型 + 统计模型”方法:该方法以物理模型为基准模型,使用统计模型有效利用监测数据,补充物理模型对衰退过程描述的不足,同时利用统计模型的求解优势,得到剩余寿命概率密度。③“物理模型 + 统计模型 + 人工智能”方法:该方法充分利用现有的 3 类寿命预测方法,以物理模型为基准衰退模型、以人工智能方法分析其他衰退模型、完善衰退模型,而后以统计模型作为补充,降低模型不确定性,求解剩余寿命概率密度。这一方法能够充分利用 3 种模型的优势,取得更可靠的结果。除了以上 3 种常用的方法之外,还有“物理模型 + 人工智能”“人工智能 + 人工智能”等多种融合方法。以上方法极大地改善了使用单一寿命预测方法的局限,提升了寿命预测方法解决工程实际问题的能力。但基于混合智能模型的寿命预测方法作为一种新兴的方法,有以下三方面问题亟待解决:①混合模式确定:寿命预测发展至今,尚不存在能够有效预测所有类型机械产品的方法,已有的各种方法均为基于案例(case based)的方法。即每种方法仅在针对一类特定问题时能够取得较好效果,混合智能方法也未能摆脱这一桎梏。因此,在针对具体问题时,研究人员只能凭借经验知识混合现有模型。如何智能地从已有方法中选择并混合生成有效模型是混合智能方法面对的第一个难题;②预测结果融合:在使用混合智能方法时,往往出现多种模型得到的剩余寿命值存在差异,甚至于出现截然相反的结论。因此,使用混合智能方法时,如何融合不同方法的寿命预测结果成为第二个难题;③不确定性控制:混合智能方法中的不确定性主要来源于引入方法的不确定性以及各方法融合时的不确定性。倘若不对这些不确定性方法加以控制,会大大降低混合智能方法的有效性,甚至出现“1 + 1 < 1”的现象。因此,如何有效控制混合方法中的不确定性、得到有效的寿命预测结果成为第三个难题。

9. PHM 中的健康管理最新进展

机械产品健康管理是以机械产品生产企业的生产经营目标为依据,以提高设备效能为目的,在调查研究的基础上,运用各种技术、经济和组织措施,对设备在使用与运行、维护与修理、改造、更新直至报废的过程中进行的管理,本质上是对机械产品运动过程中的物质运动和价值运动形态的研究。由于机械产品健康管理与生产率、质量、产值、利润、资源消耗等诸多问题息息相关,因此长久以来都是 PHM 领域的关注和研究热点。广义上的健康管理包含维护策略、备件优化、风险控制和可靠性评估等内容。而在机械产品健康管理领域中,当前的研究工作和实际应用主要针对机械产品运动过程中的物质运动形态,即根据机械产品使用过程中发生的磨损、疲劳、腐蚀等性能劣化,对产品加以检测、修复、改造和更换,研究重点在于设备的可靠性、维修性和工艺性。因此,针对机械产品健康管理的研究工作主要面向维护策略研究。

随着机械产品健康管理的发展和研究不断深入,维护策略历经了事后维护、计划维护、预防性维护等阶段后,进一步形成了多种不同的维护理念,具体表现在:①维护不再是一种单纯消耗资源的活动,而被看作是创造企业利润的来源;②维护不再是一种孤立的管理活动;③维护与健康管理中的其他环节关系更加紧密,制订维护策略时不仅关注产品故障本身,还将产品故障后果纳入考虑。在这些维护理念的驱动下,形成了以产品可靠性为中心、以产品经济性为出发点的基于状态的维护策略,并取得了显著的经济效益。

基于状态的维护策略又称视情维护策略,是一种以产品技术状态为基础的预防性维护方式,可根据产品的日常点检、定期检查、连续监测、故障诊断提供的信息,使用寿命预测方法来判断产品的恶化程度,在产品失效之前对设备进行有计划的适当维护。从 Barlow 和 Proschan[19] 最早提出利用数学方法建立产品最优维护策略至今的近半个世纪里,研究人员不断利用数学模型抽象化描述设备/设备集群,并基于此建立了大量的维护策略模型。在这一过程中,逐渐形成了如图 8-8 所示的维护策略模型构建及优化技术体系。综观已有的维护策略模型,其目标函数通常为:停机时间期望值最短;单位时间内维修费用的期望值最小;系统可用度期望值最大;可修复件的可靠性与安全性指标或上述单一指标的组合。模型的决策变量主要有部件的剩余寿命;更换/修理阈值;检查间隔期等。根据建模思想和应用的优化模型的不同,已有的维护策略模型大致可以分为时间延迟模型、冲击模型、比例风险模型和马尔可夫决策模型四类[20]。其中,马尔可夫决策模型因其在时间序列问题建模和序贯决策中的优越性,是目前最为常用的优化模型,它将机械产品抽象为一个动态变化的系统,系统下一个状态与当前以及历史行动和系统状态有关,与更早决策时刻对应的系统状态和行动独立。由于系统中往往包含随机变量,因此一般采用遗传算法、禁忌搜索等智能优化算法求解得到维护策略。但目前来说,现有维护策略建模方法大多限于理论研究,在应用于工程实际时需首先解决以下问题:

(1) 维护策略模型未充分考虑维护效果:多数维护策略模型都假设只实行一种维护方式,即零部件更换,使得维护后产品达到“修复如新”的状态,并且认为维护时间可以忽略不计。然而在工程实际中,企业并不追求产品完美如新的状态,而是希望产品综合效益最大化。因此在更换方式之外,还有大修、小修、极小修等维护方式,这些维护方式对产品衰退的改善程度各有不同。这一“维护非新”现象是构建维护策略过程中必须考虑的一环。

(2) 维护策略模型未考虑备件库存和订购问题:对机械产品进行维护时一般都需要一定的维护备件。已有的大部分维护策略都假定任何时候都有维护所需的任意数量的备件。然而实际中维护备件的数量受到费用和仓储的限制,无法做到即用即取。因此在维护策略建模时也应当考虑对备件的采购和存储。

(3) 维护策略模型未充分考虑多种决策目标:现有维护策略模型大多只使用一种决策目标函数进行建模。但在很多情况下,决策建模时不能对产品的费用率、可靠性和可用度等因素进行全面考虑。

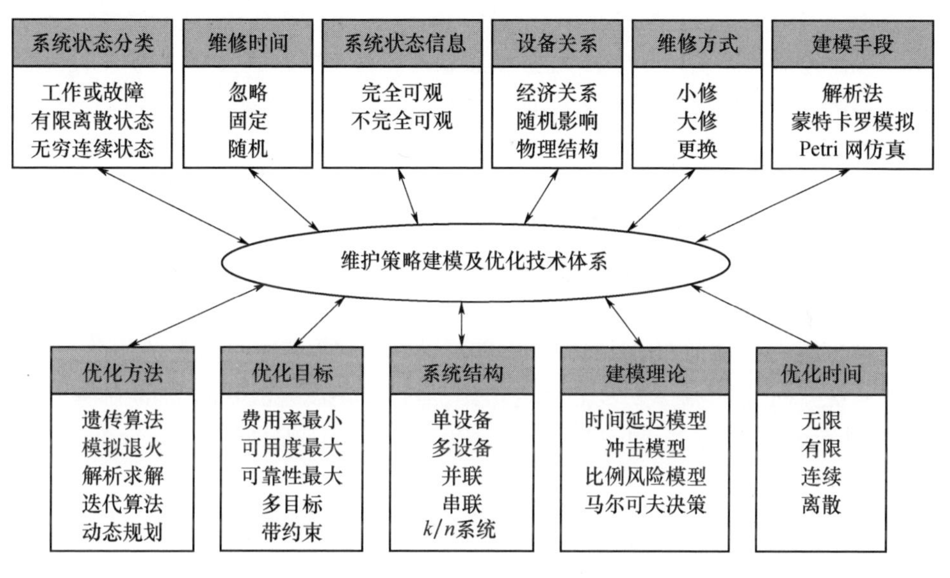

图 8-8 维护策略建模及优化技术体系

以维护策略为主的机械产品健康管理作为机械产品 PHM 技术的最终一环,融合运筹学、可靠性和机械工程等多个领域的专业知识,直接服务于产品维护和企业管理,其重要意义不言而喻。尽管维护策略在建模、应用方面存在诸多不足,但伴随着这一领域的快速发展,这些暂时性问题将得到有效解决,最终实现保障机械产品可靠性、优化企业资金利用率的目的,并成为工程技术不断创新的推动力。

8.2 机械产品故障预测与健康管理国内外研究进展比较

近年来,虽然国内各研究院所、企业和高校对 PHM 技术开展了大量研究工作,并取得了一定成果,但是由于缺乏良好的研究管理机制,研究体系分散,统一高效的协调机制欠缺,造成了理论和应用脱节,基础研究缺乏背景支撑和实验验证等致命的缺陷。总体来说,国内 PHM 技术的研究与应用还处于起步和探索阶段,且研究的重点更多地集中于机械产品的状态监测与故障诊断。相比于国外 PHM 技术的研究和应用,国内现有 PHM 技术的差距主要表现为以下几点:

(1) 在 PHM 系统集成与使能技术方面,国外目前已开展了大量的相关研究和应用工作，国内仅是跟踪国外的工程应用，设计方面相对落后，PHM 系统集成与使能工具设计相关研究较少，尚无具体工程应用案例，亟待进一步深入研究。

（2）在复杂系统健康管理方面，国外已开展了大量的基于 PHM 的维修决策研究工作和应用；同时，国外已在自愈材料、智能结构方面开展了大量的研究，部分技术已有应用。国内装备仍以周期性预防维护为主，基于 PHM 的装备任务规划与维修策略研究工作较少；我国在装备自愈研究方面开展较晚，自愈材料与智能结构研究方面以理论研究为主，而应用研究较少。

（3）在复杂系统健康诊断与预测方面，国内外在此方面研究差距不大，某些方向已达到国际先进水平。在方法研究上，国内外均开展基于故障物理、数据驱动、模型、专家知识的诊断与预测技术研究。但是，在技术成熟度上与应用广度上，国外领先国内。尤其在应用于 PHM 的新型智能传感器技术及装置研发上，国外已远领先于国内。

（4）在 PHM 能力实验验证方面，国外已开展了大量研究工作，国内在 PHM 设计验证方面，也开展了初步的研究工作，但目前还没有成熟的 PHM 体系综合建模、实验验证与能力评价技术方法体系，相关验证辅助工具与平台成果还较少。

虽然国内的 PHM 技术与国外尚还存在一定的差距，但从工业部门和复杂装备使用者的角度来看，我国对 PHM 技术的需求是明确而强烈的，必将在新一代工业和国防高端装备的研制中加大对 PHM 技术的研究与应用。

8.3 机械产品故障预测与健康管理发展趋势与未来展望

在国际范围内，PHM 技术得到了来自政府部门、国防技术研究机构、工业界以及各类学术研究机构的广泛关注，并构建了基本的理论、技术和应用研究体系，但其仍处于发展初期，还需要经历漫长的发展和成熟过程，还可以从以下方面开展工作。

1. 采用智能无线传感器网络获取监测信息

现在大多 PHM 系统采用传统的有线控制系统实现较大规模的智能化，面临系统复杂、可靠性低、费用高昂、使用维护不便等问题。高可靠性、抗干扰的智能无线网技术则可以大大降低系统的设计、制造和使用维护成本，实现灵活的系统配置，为 PHM 提供了一种全新的信息获取与处理手段，分布式数据采集与无线传输方法，能够有效地解决现有 PHM 系统存在的问题。而基于无线传感器网络的 PHM 开放式网络体系结构也为相关产品和技术的升级提供了良好的平台，随着嵌入式诊断和预测技术的快速发展，采用智能无线传感器网络获取监测信息将对 PHM 技术产生深远的影响。

2. 兼顾灵敏度和鲁棒性的状态监测和故障诊断策略

在实际系统的建模中存在诸多干扰、参数时变和采样样本的不完全等因素，往往使所建模型存在一定的误差和不确定性。且系统实际运行过程中也会受到各种不确定性因素的干扰。而且在状态监测和故障诊断时，诊断的灵敏度和鲁棒性往往是矛盾的。因此，如何在一定的灵敏度条件下提高故障诊断策略的鲁棒性对于抑制干扰、增强策略的适用性具有重要的实际意义。

3. 不确定条件下的机械产品寿命预测方法

实际工程中，设备的运行环境往往是复杂多变的，这是客观的不确定性，只要建立预测模型，必然还会带来主观的不确定性，不论是经典统计模型还是贝叶斯模型都是如此。基于失效数据和基于退化数据的统计模型方法大多是在经典频率理论框架下展开的；而多源数据融合的方法则是在贝叶斯理论框架下展开的。如何利用试验数据与预测模型结合的方法，解决失效过程的不确定性，扩展数据、改进模型和数据融合具有重要意义。

4. 大数据下的 PHM 技术转变

伴随着时代的进步与发展，机械制造正在走向智能化、个性化及信息化的高端领域，机械产品的监测数据也逐步进入大数据时代。机械大数据促使 PHM 亟需在现有基础上做出转变：

（1）思维的转变：由以观察现象、积累知识、设计算法、提取特征、智能决策为主线的传统思维转向以机理为基础、数据为中心、计算为手段、智能数据解析与决策为需求的新思维

（2）研究对象的转变：由针对齿轮、轴承、转子等机械产品关键零部件的单层次监测诊断转向针对各零部件相互作用、多故障相互耦合的整机装备或复杂系统的多层次监测诊断；

（3）分析手段的转变：由人为选择可靠数据、采用信号处理方法提取故障特征的切片式分析手段转向多工况交替变换、多因素复合影响下智能解析故障整个动态演化过程的全局分析手段；

（4）诊断目标的转变：由准确、及时识别机械故障萌生与演变，减少或避免重大灾难性事故发生转向利用大数据全面掌控机械产品群健康动态，整合资源进行智能维护，优化生产环境，保障生产质量，提高生产效率。

参考文献

[1] PELLEGRINO J, JUSTINIANO M, RAGHUNATHAN A, et al. Measurement Science Roadmap for Prognostics and Health Management for Smart Manufacturing Systems[R]. Gaithersburg: National Institute of Standards and Technology (NIST), 2016.

[2] KIM N H, CHOI J H, AN D. Prognostics and Health Management of Engineering Systems

[M]. New York: Springer International Publishing, 2017.

[3] 司小胜, 胡昌华. 数据驱动的设备剩余寿命预测理论及应用[M]. 北京:国防工业出版社, 2016.

[4] 彭宇, 刘大同, 彭喜元. 故障预测与健康管理技术综述[J]. 电子测量与仪器学报, 2010, 24(1):1-9.

[5] 尉询楷. 航空发动机预测与健康管理[M]. 北京:国防工业出版社,2014.

[6] 周林, 赵杰, 冯广飞. 装备故障预测与健康管理技术[M]. 北京:国防工业出版社, 2015.

[7] ZHANG X,WU P,TAN C. A big data framework for spacecraft prognostics and health monitoring[C]. 2017 Prognostics and System Health Management Conference,Harbin,2017.

[8] LEE J E Y. MEMS resonators in health monitoring prognostics[C]. 2011 Prognostics and System Health Managment Confernece, Shenzhen,2011.

[9] ALI J B, SAIDI L, CHEBEL-MORELLO B, et al. A new enhanced feature extraction strategy for bearing Remaining Useful Life estimation[C]. 2014 15th International Conference on Sciences and Techniques of Automatic Control and Computer Engineering (STA), Hammamet,2014.

[10] 徐小力. 机电系统状态监测及故障预警的信息化技术综述[J]. 电子测量与仪器学报, 2016, 30(3):325-332.

[11] 雷亚国,贾峰,孔德同,等. 大数据下机械智能故障诊断的机遇与挑战[J]. 机械工程学报,2018,54(5):94-104.

[12] JIA F,LEI Y,LIN J,et al. Deep neural networks: A promising tool for fault characteristic mining and intelligent diagnosis of rotating machinery with massive data[J]. Mechanical Systems and Signal Processing,2016,72: 303-315.

[13] LEI Y, LI N, GUO L, et al. Machinery health prognostics: A systematic review from data acquisition to RUL prediction[J]. Mechanical Systems and Signal Processing, 2018, 104: 799-834.

[14] BAŽANT Z P, CHAU V T. Recent advances in global fracture mechanics of growth of large hydraulic crack systems in gas or oil shale: a review[M]//New Frontiers in Oil and Gas Exploration. New York: Springer International Publishing, 2016.

[15] SI X S,WANG W,HU C H, et al. Remaining useful life estimation-a review on the statistical data driven approaches[J]. European Journal of Operational Research, 2011, 213(1): 1-14.

[16] HU C, YOUN B D, WANG P, et al. Ensemble of data-driven prognostic algorithms for robust prediction of remaining useful life[J]. Reliability Engineering & System Safety, 2012, 103: 120-135.

[17] JIN W. Modeling of Machine Life Using Accelerated Prognostics and Health Management (APHM) and Enhanced Deep Learning Methodology [D]. Cincinnati: University of Cincinnati, 2016.

[18] LIAO L, KÖTTIG F. Review of hybrid prognostics approaches for remaining useful life prediction of engineered systems, and an application to battery life prediction[J]. IEEE Transac-

tions on Reliability, 2014, 63(1): 191 - 207.

[19] BARLOW R E, PROSCHAN F. Statistical theory of reliability and life testing: probability models[R]. Florida: Florida State Univ Tallahassee, 1975.

[20] BEN - DAYA M, KUMAR U, MURTHY D N. Condition - Based Maintenance[M]//Introduction to Maintenance Engineering: Modeling, Optimization, and Management. New York: John Wiley & Sons, 2016.

（本章执笔人:西安交通大学雷亚国）

工程应用篇

第9章　数控机床行业可靠性工程应用

自2002年起,我国成为世界第一机床消费大国,2009年跃居为世界第一机床制造大国。多年来,国产数控机床在精度、速度、多轴联动和复合加工等先进功能方面的技术进展较快,但在可靠性方面与国际先进水平的差距相对较大,影响国产数控机床的市场占有率和“中国制造”的国际声誉。因此我国在20世纪90年代末开始在国家863计划、国家科技支撑计划和国家自然科学基金中立项支持数控机床可靠性的技术开发;近年来又将其列为国家科技重大专项中的关键技术予以立项支持,可见研究开发数控机床可靠性技术的重要意义。因此,认识和了解数控机床可靠性技术的研究与应用状况、存在的问题和发展趋势,对进一步深入系统地开展数控机床可靠性技术研发和工程化应用、提高国产数控机床的可靠性水平具有重要意义。

9.1　数控机床行业可靠性研究应用最新进展

1. 数控机床及其可靠性技术概述

1）数控机床的功能与地位

数控机床是一种具有程序控制系统的自动化机床。控制系统能够处理具有控制编码或符号指令规定的程序,通过信息载体输入数控装置,经运算处理发出各种控制信号,控制机床运动,按图纸要求的形状和尺寸将零件加工出来。数控机床较好地解决了复杂、精密、小批量、多品种的零件加工问题,是一种柔性高效的自动化机床,代表了现代机床控制技术的发展方向,是一种典型的机电一体化产品。

数控机床主要包括用于去除加工的数控切削机床(多为金属切削机床)、用于成形加工的数控冲/锻压机床、用于增材制造的3D打印机床和数控电加工等其他各类特种加工机床或专用机床。其中最具代表性的、应用最为广泛的是数控金属切削机床,通常所说的数控机床多指数控金属切削机床。它的基本功能是通过运动与动力的输出与控制,使刀具与工件按照预定的轨迹相对运动,去除多余的工件材料而形成所需要的零件表面。数控金属切削机床的种类繁多,主要有数控车床、数控铣床、加工中心、数控磨床、数控钻床、数控镗床和具有两种以上切削功能的数控复合加工机床等。

数控机床是组成现代制造系统(包括数字化制造、网络制造和智能制造)的物质基础,是具有高科技含量的工作母机,广泛应用于汽车、工程机械、国防军工、航空航天、海洋工程、发电设备和轨道交通等装备制造领域,小到手机、手表,大到飞机航母的制造,都离不开数控机床,而且数控机床都是其核心和关键的制造装备。高档重型数控机床多属于高端装备制造的大国重器,极易受到国际封锁,其技术水平直接影响着我国产业安全和国防安全,也代表着一个国家装备制造业的发展水平。而且,数控机床还要配备复杂的计算机控制与驱动系统和复杂多样的刀具工装与量具量仪,才能实现机床的功能,带动了很长的产业链和资金流,增加税收和促进就业。

基于以上原因,在《国家中长期科学和技术发展规划纲要(2006—2020 年)》中,将"高档数控机床与基础制造装备"列为 16 个国家科技重大专项之一,同时也将数控机床的"可靠性设计与性能试验技术"列为关键共性技术的第一项技术。"中国制造 2025"将"高档数控机床与机器人"列为推动中国制造的十大重点领域。可见,数控机床属于一个国家,特别是制造业大国的基础与战略装备,具有重要的战略和经济地位。

2) 数控机床的基本构成

数控机床种类繁多,不同类型机床的组成结构也不尽相同,但整体划分方法大同小异,机床行业主要有以下 3 种划分方法。

(1) 按数控机床机体的功能属性划分。数控机床被划分为以下几部分:输入输出设备/数控(CNC)装置、伺服系统、检测与反馈装置、辅助装置、机床本体,如图 9-1 所示。这是一种教材上常见的传统划分方法。

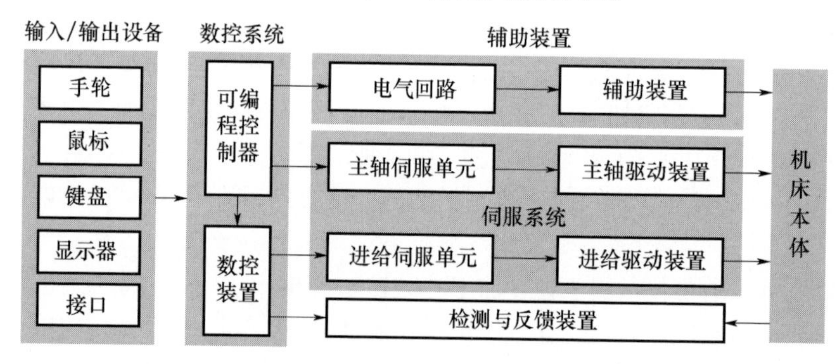

图 9-1　数控机床的组成框图

(2) 按数控机床机体的物理属性进行划分。主要可分为电气、机械和液气水部分。

数控机床的电气部分包含数据输入装置、数控系统、可编程逻辑控制器、主轴驱动系统、进给伺服系统、机床电器、速度与位置监测系统。

数控机床机械部分是指其机械结构实体，是实现加工零件的执行部件，包括机床基础部件、主运动部件、进给运动部件、换刀机构以及其他辅助装置。

液气水部分包括液压、气压传动系统和冷却润滑系统。

(3) 按数控机床的结构与功能属性进行划分。在数控机床可靠性技术研究工作中，考虑的是故障模式及溯源，故障是失去规定功能的状态，需要判断故障来源于哪个部位。例如，电主轴部件一般是主机厂外购的，其本身自带有润滑和防护装置，这部分发生故障应从主轴部件的设计、制造和使用来找原因，而如果将其划为润滑系统和防护系统，就很难区分故障部位。因此，应主要以结构部位兼顾功能属性进行划分。通常可以将数控机床划分为以下14个子系统(子系统及数量因机床不同而异)：基础部件、主轴部件、进给系统、自动换刀机构、液压传动系统、气压传动系统、润滑系统、冷却系统、排屑系统、防护系统、数控系统、电气系统、检测系统、其他机床附件，如图9-2所示。

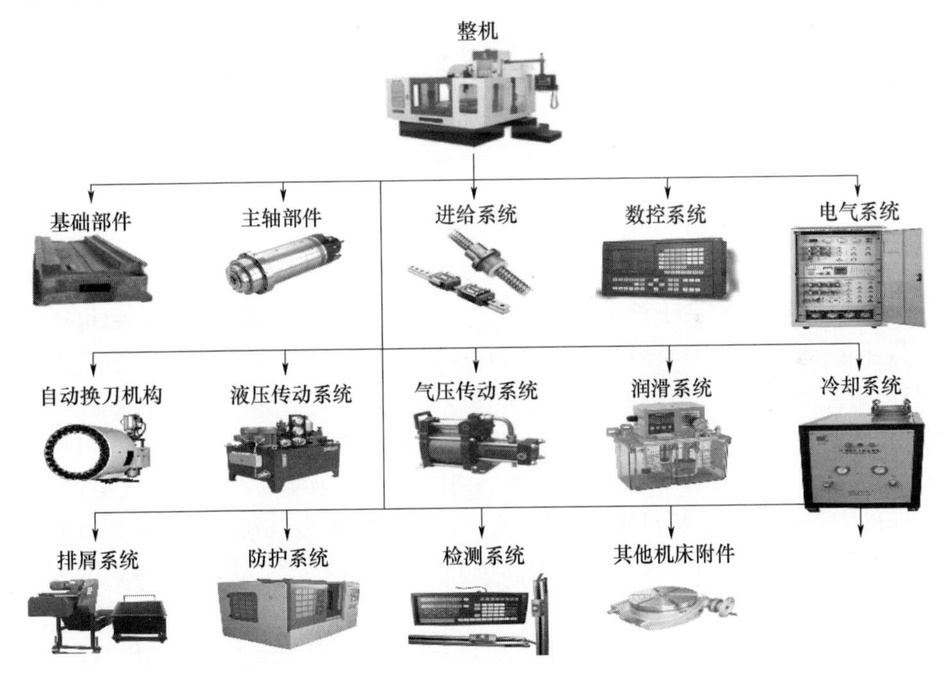

图9-2　数控机床子系统划分

3) 我国数控机床产业与技术的发展状况

1952年，世界第一台数控机床(铣床)在美国麻省理工学院诞生，之后一些工业国家，如德国、日本、英国、俄罗斯等相继开始开发、研制和应用数控机床，历经60余年已经发展为成熟的产业。我国于1958年由清华大学研制出第一台数控机床样机，1980年开始形成数控机床产业，在近20年获得了技术和产量上的迅猛发展，图 9 - 3 是中国机床工具工业协会统计的近 40 年来中国机床的生产产值和全球占比情况。结合我国制造业的增长情况可以看出，机床产业与市场需求密切相关。2011 年以来，机床消费市场虽然总体呈现高位回落，但需求水平加速升级，产品技术不断进步，数控机床已成为机床消费的主流，高端产品取得突破性进展。

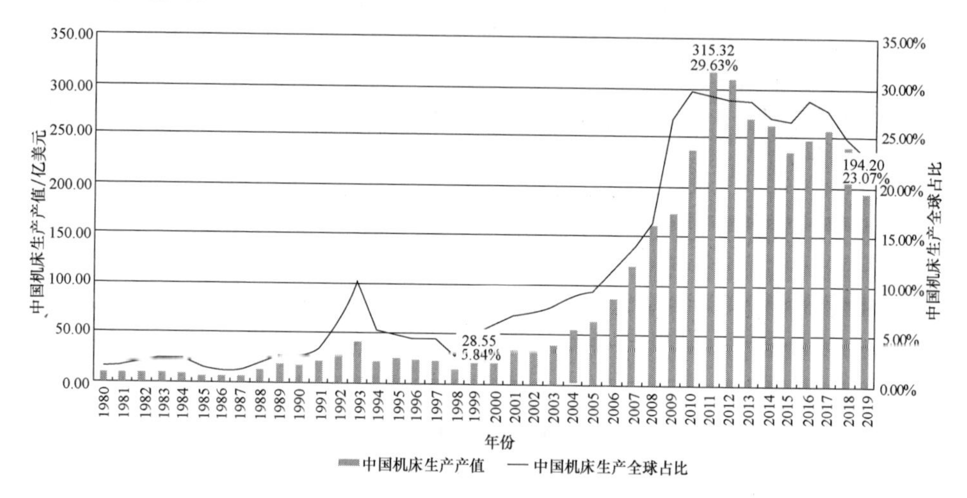

图 9 - 3　中国机床的生产产值和全球占比情况

目前，中国可供市场的数控机床种类可细分至 1000 余种，几乎覆盖了所有金属切削机床和冲/锻压机床的品种类别[1]。国内生产的数控机床大致可以分为经济型数控机床、普及型数控机床和高档型数控机床三种档次。经济型数控机床的国内市场占有率接近 100%；中档数控机床的国内市场占有率达到 70% 左右；高档数控机床方面，近 10 年来在国家政策的推动下发展较快，国内市场占有率已由 10 多年前的 2% 提高到 15% ~20%。目前航空航天、汽车、发电设备、船舶四大领域所需高端机床装备由 10 年前基本依赖进口到目前品种满足度达到 80%。国产数控机床的出口量也逐年增加，并在世界四大国际机床展览会上都有亮相，成绩明显[2]。

在机床技术方面，通过合作合资、引进、消化吸收国外技术和自主创新，特别是实施"高档数控机床与基础制造装备"国家科技重大专项以来，在数控机床关键共性技术研究和高档新产品开发方面均有所突破，产生了一批具有自主知识产权的研究成果和核心技术。技术水平主要体现在以下几个方面：

（1）加工速度。以电主轴的应用为特征，大功率电主轴的转速达到 20000r/min以上，高速磨削电主轴最高转速达 200000r/min 以上；以高速滚动丝杠和直线电机的应用为特征，高速数控机床的进给速度达 60m/min 以上，最大进给速度可达到 240m/min；加工中心的刀具交换时间（刀对刀）普遍已达到 2s

左右,最高已达0.5s。

(2) 加工精度。普通精度级数控机床的加工精度已达到5μm,精密级数控机床的加工精度达到1~1.5μm,超精密数控机床的加工精度已开始进入亚纳米级水平。

(3) 功能复合。目前车铣/铣车复合车削中心、镗铣钻/铣镗钻复合加工中心等产品已进入市场。采用复合机床进行加工,减少了工件装卸、更换和调整刀具的辅助时间以及中间过程产生的误差,提高了零件加工精度,缩短了产品制造周期,提高了生产效率和制造商的市场反应能力。

(4) 多轴联动。目前形式各异的国产多轴联动加工机床(包括双主轴、双刀架)均已进入市场,5轴联动加工中心的制造技术已逐渐趋于成熟。

(5) 可靠性水平。近年来在"高档数控机床与基础制造装备"国家科技重大专项的引导和推动下,十余年来制定并实施了一批适应于数控机床技术特点的可靠性技术规范与标准,机床的平均故障间隔工作时间(mean time between failures,MTBF)明显提高,常用的数控车床和三轴立式加工中心的MTBF从专项实施前的500h左右已经普遍提升到了1200h以上,专项立项可靠性提升课题支持研发的产品已达到2000h。

(6) 重型机床。世界上最大的25m数控立柱移动式立式铣车床、最大加工直径5m/最大工件质量500t的卧式镗车床、桥式龙门镗铣床和落地铣镗床等超重型数控机床的成功研制,显著提升了船舶、发电设备和航空航天等领域的制造能力,有效支撑了国家重大战略任务的顺利实施,改变了国际强手对数控机床产业的垄断局面,加速了国内数控机床产业与技术的发展。

国产数控机床在许多关键共性技术研究方面虽然取得显著进步,但是,一些先进功能和高性能尚依赖进口的功能部件、关键零件和数控系统,特别是在产品的可靠性和精度保持性等方面,仍与国际先进水平有一定差距,必须进一步加强政策引导、技术研发和自主创新。未来,我国数控机床产品将进一步向高速、高精、高可靠、复合化、智能化、网络化、绿色化和个性化等方向发展。

4) 数控机床可靠性的技术特点

我国数控机床可靠性的技术研究工作起步较晚,积累相对薄弱,正处于发展阶段。正确理解数控机床可靠性的技术特点对避免盲目发展和有效开展研究工作具有现实意义。

(1) 数控机床属于复杂系统。数控机床由基础部件、主轴部件、进给系统、自动换刀装置、液压系统、气动系统、润滑系统、冷却系统、排屑系统、防护系统、数控系统、电气系统、检测系统、其他机床附件等种类繁多的子系统或功能部件组成,涉及光机电气液水的运动、动力与控制。每一个子系统或功能部件仍然是一个复杂系统。例如作为数控车床自动换刀装置的数控转塔刀架,仍然是一个光机电液系统。因此,对数控机床的可靠性技术必须上升到复杂系统可靠性的层面,在充分了解数控机床产品的前提下来开展研究工作。

(2) 数控机床的故障模式多样。数控机床不仅在组成结构和零部件数量上与普通电子和机械产品不同,其故障模式也具有多样性与复杂性。除电子和机械产品表现出的击穿、断路、参数漂移和断裂、磨损、腐蚀、变形等故障模式外,数控机床在使用中还表现出失调、干涉、堵塞和泄漏等功能性故障。

(3) 数控机床属于可修复产品。产品从维修角度可分为不可修复产品和可修复产品。数控机床的使用过程呈现出正常工作—故障停机—维修(替换或修复)的状态交替的过程,属于典型的可修复产品,因此数控机床的可靠性技术必须同时考虑维修性问题,属于广义可靠性问题。

(4) 数控机床可靠性涉及多学科交叉。数控机床本身就是光学、机械、流体、电子和计算机信息等多学科交叉的产物,它的可靠性实质是可靠性理论与数控机床两大领域的结合,具有多学科交叉、综合和协作的特点。其中可靠性是一门综合性学科,涉及基础科学、技术科学和管理科学的许多领域。

(5) 数控机床可靠性涉及机床全生命周期。数控机床的可靠性与其生命周期各阶段所处的状态密切相关。机床的固有可靠性首先是由设计阶段决定,机床的制造、装配调试是设计可靠性在产品制造中的实现过程,机床的使用过程是数控机床全生命周期最长的阶段。数控机床可靠性试验则是机床可靠性保障的基础性工作,是获取数控机床故障数据、进行故障分析、建立可靠性模型、为开展可靠性设计提供客观依据的阶段。

(6) 数控机床可靠性涉及多部门协同。数控机床的可靠性技术研发和工程化应用需要研究机构与机床企业的产学研合作,需要产业链上下游制造企业以及机床用户企业的互相合作,需要机床企业内部各部门之间的协同配合与相互制约。做好上述协同创新,才能保障数控机床的可靠性水平。

综上,数控机床是一个故障模式多样、故障机理复杂、可修复的复杂系统,其可靠性保障的研究与应用在技术上多学科交叉、时间上贯穿全生命周期、空间上涉及多部门协同,是一项复杂的系统工程。需要在充分了解数控机床可靠性技术与工程特点的基础上组织多学科交叉、多部门协同的创新团队,系统深入、持之以恒地开展工作,才能取得实效。

5) 数控机床可靠性的技术需求

数控机床的可靠性涉及产品的全生命周期,目前产学研凝练出了图 9 -4 所示的数控机床全生命周期的技术路线。技术路线图左侧部分表示数控机床全生命周期的各个阶段,右侧部分表示与机床生命周期各个阶段相对应的需要研究与实施的各项可靠性技术,也就是当前实施数控机床可靠性工程的技术需求。中间部分是作为技术载体的各项技术规范与装备,通过企业的可靠性保障体系落实到机床全生命周期的各个阶段。其中右侧的各项技术构成了数控机床的可靠性技术体系。

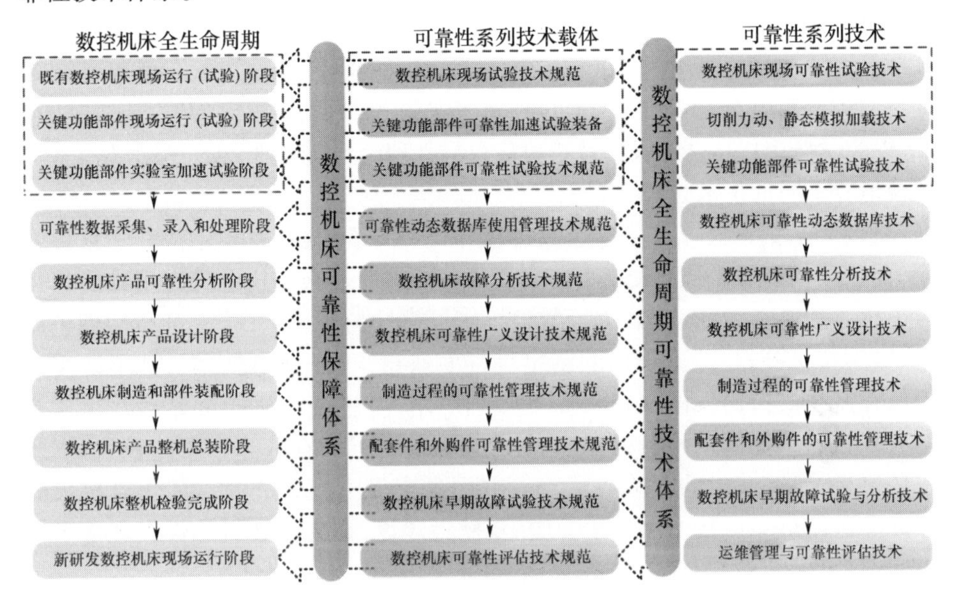

图 9－4　数控机床全生命周期可靠性技术路线

2. 数控机床可靠性技术的研究进展及存在的问题

1）数控机床可靠性技术发展综述

20 世纪 70 年代中期，随着数控机床在工业发达国家的普及和先进功能的不断增加，机床的故障问题开始引起行业的关注。英国机床工业协会的 STEWART 采用数控机床用户现场跟踪试验的方法收集了数控机床的现场故障数据，并对数控机床进行了故障分析，于 1977 年在英国 Macclesfield 召开的国际可靠性会议上做了关于数控机床可靠性的报告。报告指出：由于机床故障导致机床的停机时间占整个机床考核时间的 7.6%，每个月机床平均发生 1 ~ 2 次故障[3]。1982 年，苏联的普罗尼科夫教授总结对数控机床的研究和使用经验，撰写了数控机床可靠性领域的首本专著《数控机床的精度与可靠性》，书中系统地论述了数控机床可靠性的概念，并给出了相应的评定指标[4]。自 STEWART 和普罗尼科夫的研究之后，数控机床可靠性技术在国际上逐步受到重视。特别是德国和日本，在其“工业 2.0”和“工业 3.0”阶段已经形成了成熟的产品质量和可靠性技术体系。企业视数控机床可靠性技术及试验装备为企业的核心竞争力和核心机密，严格管控，秘不外宣。

20 世纪 80 年代末至 90 年代初，数控机床的可靠性问题开始引起我国相关行业和部委的重视，吉林大学、北京机床研究所等单位较早开展了数控机床可靠性的研究工作。原吉林工业大学在1996年成立了“数控机床可靠性研究室”，是国内最早的专门从事数控机床可靠性技术研发的研究机构，在“九五”和“十五”期间承担了数控机床可靠性方面的国家科技攻关、863计划和国家自然科学基金等课题。在此基础上，2008年吉林大学获批建设“机械工业数控装备可靠性技术重点实验室”。经过多年的研究与实践，培养了一支以教授和博士为骨干、以产学研用相结合见长的数控机床可靠性理论与技术研究队伍，并为企业和高校培养了一批技术与研究人才。

2008年，国家启动了“高档数控机床与基础制造装备”国家科技重大专项，在政策的引导和支持下，又有多家具有可靠性理论与技术研究基础的高校与主机制造企业合作，开始进行数控机床可靠性的研究工作，在可靠性理论研究、实用技术开发、技术规范的制定等方面取得了一批研究成果，其中许多成果已在专项支持研发的数控机床上得到应用，对主机产品的可靠性水平达到专项规定的指标起到积极的保障和促进作用。同时，在故障数据的积累、试验条件建设、研究队伍的锻炼与培养等方面也取得了显著进展。其中吉林大学的数控机床可靠性技术团队于2019年获批建设“数控装备可靠性教育部重点实验室”。

2）数控机床可靠性技术的研究进展

数控机床的可靠性涉及产品的全生命周期，依据数控机床全生命周期的技术路线，主要从可靠性试验、故障分析、可靠性建模与评估、可靠性设计、可靠性制造和可靠性数据库等方面对数控机床可靠性技术的研究进展状况进行综合评述。

（1）可靠性试验。

可靠性试验是产品可靠性保障的基础性工作，是获取故障数据、建立可靠性模型、进行故障分析和可靠性设计的客观依据。目前数控机床的可靠性试验主要分为机床用户现场的可靠性跟踪试验、新产品出厂前的早期故障排除试验和功能部件的实验室台架可靠性试验[5]。

① 现场试验。现场试验属于常规应力试验，可以进行大样本试验，能够全面、充分暴露故障并能真实地反映数控机床的可靠性水平，主要适用于可靠性增长试验、可靠性评估试验。现场可靠性试验主要缺点是试验周期长、工作环境艰苦并且试验条件不可控，但由于长期以来不具备数控机床可靠性台架试验的能力，现场试验几乎是其唯一的可靠性试验方法。吉林大学的“机械工业数控装备可靠性技术重点实验室”制定了《数控机床可靠性现场试验技术规范》，并进行了大量的数控机床的现场试验，积累了一批现场试验数据和现场试验经验。

② 早期故障试验。针对国产数控机床早期故障频繁、排除故障隐患无据可

依的问题，依据积累的大量故障数据，建立了表征数控机床早期故障期的故障率时变模型，开发了以企业同类机床的故障分析结果为依据、以靶向强化加载为手段、以主动激发和排除故障隐患为目标、以 96 ~ 128h 为周期的早期故障试验技术，制定了《数控机床早期故障试验技术规范》，并针对相关企业不同种类数控机床早期故障试验的需要，分别制定了不同版本的数控机床早期故障试验技术规范。

③ 台架试验。实验室台架试验可以进行可靠性加速试验和故障的主动激发试验，相比于现场可靠性试验，其试验条件可控，试验效率高。进入 21 世纪以来，特别是在“高档数控机床与基础制造装备”国家科技重大专项的引导下，国内部分企业和高校搭建了一些数控机床功能部件的可靠性试验台，如主轴、数控转塔刀架、刀库机械手、丝杠、导轨、转台和交换工作台等功能部件的可靠性试验台，但由于技术的局限性，多数试验台只能进行空运转或部分模拟实际工况的试验。

自“十一五”开始，吉林大学和南京理工大学等高校和北京机床研究所等科研单位根据加速试验应遵循的不改变故障模式和故障机理的原则，在满足载荷种类和大小、载荷速度和频率以及耐久性三项基本要求的条件下，借鉴成熟的汽车发动机及关键总成的可靠性试验原理与技术，研发了具有实际工况模拟能力的数控机床关键功能部件的可靠性试验系统。如电主轴、动力伺服刀架、刀库机械手、滚珠丝杠和滚动导轨等。主轴和刀架可靠性试验系统均具有电液伺服动态切削力模拟加载和测功机扭矩加载功能，刀库机械手均具有依据全链/盘重量谱和单刀重量谱模拟实际工况的能力，滚动导轨和滚动丝杠均具有惯性加载和液压加载功能，突破了国内以往不能进行实际工况模拟试验的落后局面。上述成果获得了多项国家专利授权，并已在机床行业的骨干企业推广应用。图 9 - 5 ~ 图 9 - 9 是部分关键功能部件的可靠性试验系统。

图 9 - 5　电主轴可靠性试验系统图

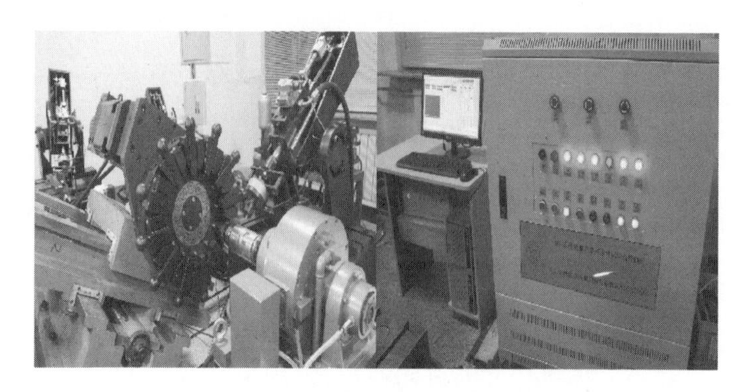

图 9-6　动力伺服刀架可靠性试验系统

图 9-7　刀库机械手可靠性试验系统

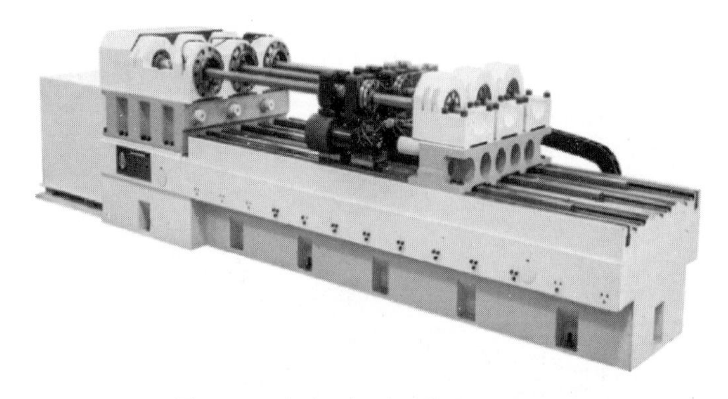

图 9-8　滚动丝杠副可靠性试验系统

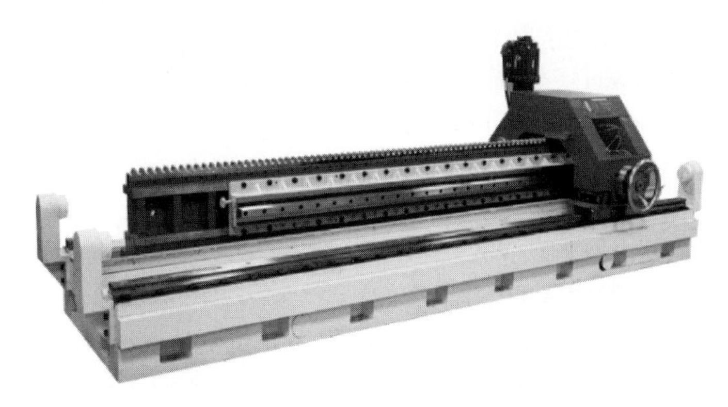

图9-9 滚动直线导轨副可靠性试验系统

为了充分利用研制出的可靠性试验装备进行可靠性加速试验,吉林大学研究建立了基于现场数据和真实试验的数控机床多维动态载荷谱。依据可靠性现场试验采集的机床工艺数据分类归集为典型工艺,逐一通过在实验室的刀具自锋利至磨钝的切削力试验,通过切削力测量转化为载荷数据。在此基础上,基于马尔可夫蒙特卡罗时域载荷扩展的POT外推方法,建立了载荷均幅值的联合分布函数,编制了数控机床多维动态载荷谱系,包括主轴和刀架的切削力谱、扭矩谱、转速谱和功率谱,刀库的单刀重量谱和金链重量谱,为数控机床的可靠性台架加速试验提供了载荷谱[6-7]。

研发的数控机床现场试验技术、早期故障试验技术和台架加速试验技术,形成了数控机床可靠性广义试验技术体系,为规范、高效和大量获取可靠性数据奠定了技术基础。

(2)可靠性建模与评估。

可靠性建模是进行数控机床可靠性评估与分析和可靠性设计的前提。20世纪60年代,美国相继颁布了MIL-HDBK-217、MIL-STD-781、MIL-STD-785等可靠性标准,其中规定了一般产品的可靠性试验和可靠性建模方法。1982年,Keller等对35台数控机床进行了为期3年的现场跟踪试验,分别利用对数正态分布函数和威布尔分布函数对机床的故障间隔工作时间进行了拟合,建立了数控机床的可靠性统计模型,并由此得到了数控机床平均故障间隔工作时间(MTBF)的估计值[8]。

吉林大学在国内较早开展了数控机床可靠性建模的研究。1995年,收集了24台国产数控车床转塔刀架1年的故障数据,利用近似中位秩公式计算故障间隔工作时间的经验分布函数,以指数分布函数来拟合故障间隔工作时间的分布,运用线性回归方法进行参数估计,得到了该批数控车床的故障间隔工作时间的指数分布函数[9]。1999年,对80台数控车床的故障数据进行可靠性建模时,发现在置信度水平较低的情况下，其故障间隔工作时间能够通过多种分布函数的假设检验，为此选取贝塔分布、伽马分布、威布尔分布、对数正态分布和正态分布等多种分布为备择模型分别进行函数拟合，然后选取各个拟合出的模型函数与经验分布间的累积误差、概率密度函数与经验分布密度的均方差以及各模型函数的柯尔莫哥洛夫检验统计量为因素集，利用模糊综合评价方法对各模型进行优选，得出其服从对数正态分布的结论[10]。

威布尔分布函数的适用范围广，当其形状参数取不同数值时，可以代表或近似代表其他若干种分布。数控机床属典型的复杂机电液系统，在数控机床寿命周期不同的时段内，故障率的曲线形状也不同，利用单重威布尔分布对故障间隔工作时间进行分布拟合时会存在一定的误差，因而进一步提出利用多重威布尔分段模型建立数控机床可靠性模型的方法。

上述方法均假设数控机床出现故障后“修复如初”，与工程实际有一定差异。针对这一问题，上海交通大学的学者在数控机床进行最小维修的假设下，提出利用非齐次泊松过程(non - homogeneous Poisson process，NHPP)和边界强度过程(bounded intensity process，BIP)模型对故障发生时间进行了建模，运用Fisher信息矩阵(Fisher information matrix，FIM)法给出了模型参数的点估计和区间估计[11-12]。

随着数控机床服役时间的延伸，可靠性通常会发生退化，处于偶然故障期的数控机床其失效率也并非常数。以往只考虑故障间隔工作时间而不考虑故障间隔工作时间发生次序所建立的可靠性模型，在用其描述和预计机床可靠性时，往往与实际情况存在差异，而且随着机床工作时间的推移，差异更加明显。针对这一问题，吉林大学提出了一种基于故障发生时间的、同时考虑故障间隔工作时间和故障间隔工作时间次序的时间动态可靠性建模方法，所建模型能够描述数控机床在任意时刻的可靠性水平，并以 18 台加工中心为实例进行建模，得到其可靠度随工作时间的变化规律[13]。

近年来随着研究工作的不断深入，逐渐注意到“故障独立”的假设对数控机床可靠性模型的精度有一定的影响，为此将故障相关性原理引入到数控机床的可靠性建模，提出了基于 Copula 函数的故障相关性可靠性建模方法，提高了数控机床可靠性的建模精度。也有学者考虑到了数控机床故障的突发失效和性能退化之间的相关性和竞争关系，提出了基于竞争失效模式的数控机床可靠性模型。

综上所述，数控机床可靠性建模的研究经历了从简单到复杂、从假设“修复如新”到“修复如旧”、从时间静态到动态、从故障独立到相关的过程，使得模型不断接近工程实际，为数控机床的可靠性评价、分析与设计提供了依据。

(3) 可靠性故障分析。

故障分析是实施数控机床可靠性增长的必要措施。国内外主要采用故障模式、影响及危害性分析(FMECA)和故障树分析(FTA)等两种方法。

① 数控机床的FMECA。FMECA的主要目的是辨认产品的各种故障模式和评价其对产品可靠性的影响,为消除或减少故障的发生提供依据。在进行FMECA时,如不进行危害性分析则为故障模式及影响分析(FMEA)。20世纪60年代,航天工业最早应用FMEA,70年代美国海军和国防部制定了相关的标准,相继应用和推广FMECA。80年代,我国开始有学者对数控机床进行故障分析方法的研究。1987年,我国将FMECA美国标准引入国内,推广应用于国防工业和机械行业。

1986年,英国学者PETER采用向专家和操作者问卷调查的方式对在英国和土耳其使用的一批相同类型数控机床的故障模式进行了分析,表明数控机床的设计者对其实际运行状况了解不足所导致的设计缺陷是致使数控机床故障频繁的主要原因[14]。

2001年,吉林大学运用常规FMEA方法对一批立式加工中心的故障进行了分析。从故障模式和故障部位两个角度对其进行了统计分析:零部(元器)件损坏占总故障模式的42.31%,液、汽、油渗漏故障模式占总故障模式的26.92%,其他故障模式比较分散;主轴和刀库机械手的故障占总故障的38.46%(其中主轴部位的故障多与换刀有关),润滑系统故障占总故障的24.36%,Z向进给系统故障占总故障的16.67%,其他系统故障比较分散[15]。在应用FMEA时,经常需要由专家对各种故障模式的危险度(S)、发生度(O)和探测度(D)进行打分,会产生主观误差。为此,2010年进一步用模糊隶属度函数表示专家对S、O和D的评分信息,对每个故障模式建立了影响因素空间图,利用加权欧式距离算法推导出风险优先系数的α截集,最后对其进行了解模糊,得到了故障模式的风险优先系数排序[16]。

FMECA是FMEA的扩展。2005年,吉林大学在应用FMEA对一批数控车床进行故障分析的基础上,进行了故障模式的危害性分析,即实施了FMECA,找出了该批数控车床的薄弱环节:CNC系统和转塔刀架的危害性(致命度)最高,是影响该系列数控车床可靠性的关键部件,进而做出了更换CNC系统的建议,并对刀架进行了改进设计[17]。传统FMECA方法考虑的是故障模式发生频率、故障模式对系统的影响以及故障率三个因素,没有考虑故障发生后的维修对系统的影响。2011年,在进行FMECA时考虑了维修程度对数控机床故障模式的影响,利用加权欧氏距离和影响因素空间图得出各故障模式的综合风险值,进而找出了数控机床的薄弱环节[18]。2012年,南京理工大学和大连理工大学先后将FMECA方法应用到了链式刀库机械手早期故障筛选试验和盘式刀库机械手的故障分析中,对FMECA的应用进行了拓展[19-20]。

② 数控机床的FTA。FTA是采用特殊的倒立树状逻辑因果关系图对产品

的故障原因进行分析的方法。通过 FTA,可以知道可能导致系统发生故障(故障树的顶事件)的基本原因(故障树的底事件),用于判明潜在故障和进行故障诊断,并通过改进设计、故障监测和预防性维修等措施降低故障的发生概率。1961年,美国贝尔实验室在导弹发射控制系统的可靠性研究中首先应用了 FTA,并取得成效。由此,FTA 方法在国际上得到了快速发展和应用。

在对数控机床应用 FTA 时,由于故障树结构复杂,计算困难。为了提高计算效率,吉林大学利用二进制判决图(binary decision diagrams,BDD)技术建立了数控机床整机和液压系统故障树,并进行了结构重要度和概率重要度的求解,得到了研究对象的可靠性薄弱环节[21]。

在进行数控机床 FTA 时,往往有许多底事件的发生概率是未知的。因此,常规 FTA 方法难以适用。电子科技大学利用模糊马尔可夫模型建立了数控机床的液压系统故障树,利用模糊理论推断故障树的不确定信息,计算得到了液压系统的模糊故障率,为液压系统的改进设计提供了依据[22]。

FMECA 和 FTA 在产品的故障分析中具有重要作用,为使企业能够有效运用其进行数控机床的故障分析,吉林大学还专门开发了用于数控机床故障分析的计算机软件系统。该软件能够实现对数控机床的故障数据管理、FMECA 和数控机床可靠性评估等功能。

(4) 可靠性设计。

产品的可靠性首先是由设计决定的。数控机床属于复杂机电系统,出于对加工精度和切削速度的要求,其机械结构普遍采用刚度设计,疲劳强度自然满足;其失效模式主要体现为功能性故障,因此相对成熟的以强度应力干涉理论为基础的机械结构可靠性设计方法不适用于数控机床,必须另辟蹊径。为了在设计层面保障数控机床的可靠性水平,研究人员进行了许多探索,并借鉴产品可靠性通用设计原则,逐渐形成了数控机床可靠性广义设计技术。吉林大学与机床企业产学研合作共同制定了《数控机床可靠性广义设计技术规范》。可靠性广义设计主要包括可靠性分配、可靠性预计和可靠性增长设计以及可靠性设计准则等。

① 可靠性分配设计。数控机床可靠性分配是将机床的可靠性指标按照给定的准则和约束条件分配给组成数控机床的各个子系统。在进行数控机床可靠性分配时需要考虑技术水平、重要度、任务情况、维修水平等多种影响因素。

吉林大学提出了基于模糊综合评判和区间层次分析的数控机床可靠性分配与预计设计法[23],将数控机床按功能分解为若干个子系统(含功能部件),其次根据团队长期积累的数控机床主机、子系统和功能部件的可靠性数据确定了影响可靠性分配的六大因素,在此基础上建立了图 9-10 所示的数控机床可靠性分配层次模型和可靠性分配模型,然后依据专家经验和可靠性数据库的数据信息采用模糊综合评判和区间层次分析方法确定权重系数向量,代入分配模型实现了整机 MTBF 面向数控机床子系统的可靠性分配,并依据分配结果进行子系统和功能部件可靠性指标的设计与选择。

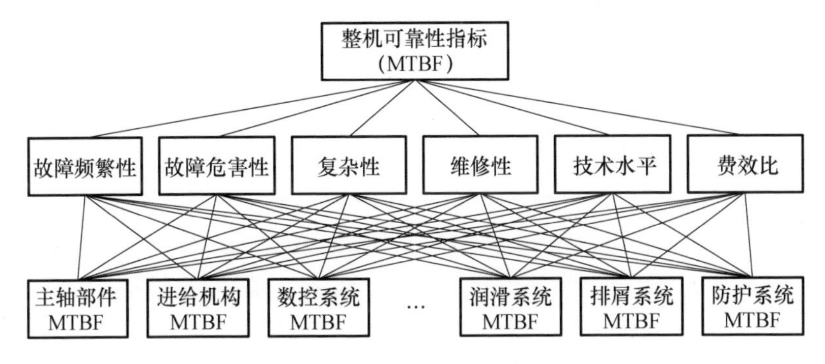

图 9－10　数控机床可靠性分配层次模型

针对设计所选子系统(含功能部件)的可靠性指标与分配指标存在差异的问题,按照整机与子系统之间的逻辑关系进行可靠性逆向建模,采用相似设备比较法建立机床子系统可靠性预计模型,实现对子系统可靠性水平的预计。若预计结果不满足设计目标,则对可靠性分配进行调整,做出再分配、再预计,直到达到整机的可靠性指标,其技术路线见图 9－11。以上技术开发,为数控机床的可靠性设计提供了关键技术。

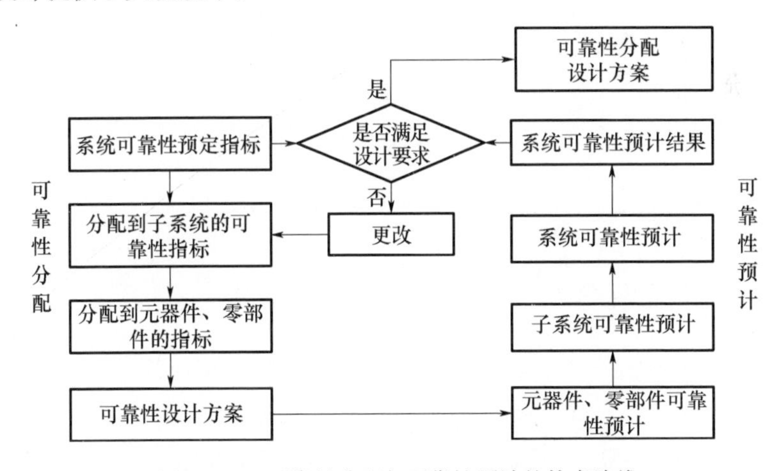

图 9－11　可靠性分配与可靠性预计的技术路线

重庆大学在进行数控机床可靠性分配技术研究时,引入了“任务”的概念,提出了一种根据数控机床的加工总任务,建立数控机床的任务剖面层次模型,在此基础上利用模糊分析处理专家的意见来对数控机床进行可靠性分配设计的方法[24]。

② 可靠性增长设计。数控机床的可靠性增长伴随其全生命周期。图 9－3 描述的是数控机床的可靠性技术路线，如果图中数控机床生命周期过程中首段的“既有同类数控机床”与末段的“数控机床新一代产品”是同一类的数控机床或同一型号的数控机床，则该技术路线就演化成为数控机床可靠性增长的技术路线。依据这一技术路线，进一步研究开发了基于故障分析的可靠性增长设计方法：在通过对数控机床的故障模式影响与危害性分析的基础上，采用灰色关联方法评价故障信息矩阵与风险优先系数之间的关联度，客观赋予故障模式影响因素中的严重度、频度和探测度权重，进而确定机床主要的故障模式及其危害度，以此指导对机床产品进行改进设计，实现数控机床的可靠性增长。

③ 可靠性设计准则。可靠性设计准则是可靠性设计的经验总结，是将在产品设计过程中为保证产品的可靠性而必须遵循的设计原则制定成规范性的要求条款，用来防止设计人员重复发生过去已发生过的错误或设计缺陷。吉林大学与沈阳机床（集团）有限公司等机床企业产学研合作，综合了标准化设计、简化设计、冗余设计、耐环境设计、维修性设计、安全设计和人因设计等可靠性设计原则，并结合数控机床的产品特点，在不断总结经验与教训的基础上，制订并不断完善了《数控机床的可靠性设计准则》，并根据不同种类的数控机床和相关企业的技术状况，分别制定了不同版本的可靠性设计准则。

上述 3 项数控机床的可靠性设计技术综合运用于产品的设计过程，形成了数控机床广义设计技术体系，其整体的技术路线如图 9－12 所示。

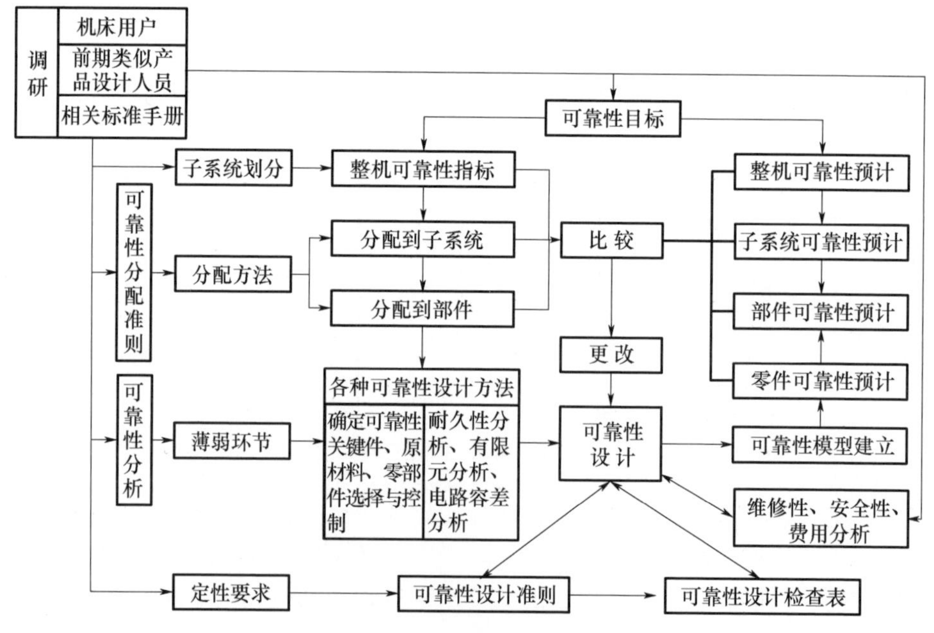

图 9－12　数控机床可靠性广义设计技术路线

（5）可靠性制造技术。

良好的可靠性设计需要高质量的可靠性制造予以实现。数控机床的可靠性制造技术主要包括零部件加工过程可靠性保障技术、装配过程可靠性保障技术和外购外协件可靠性保障技术。目前开发的数控机床可靠性制造技术可由图9－13进行表述。

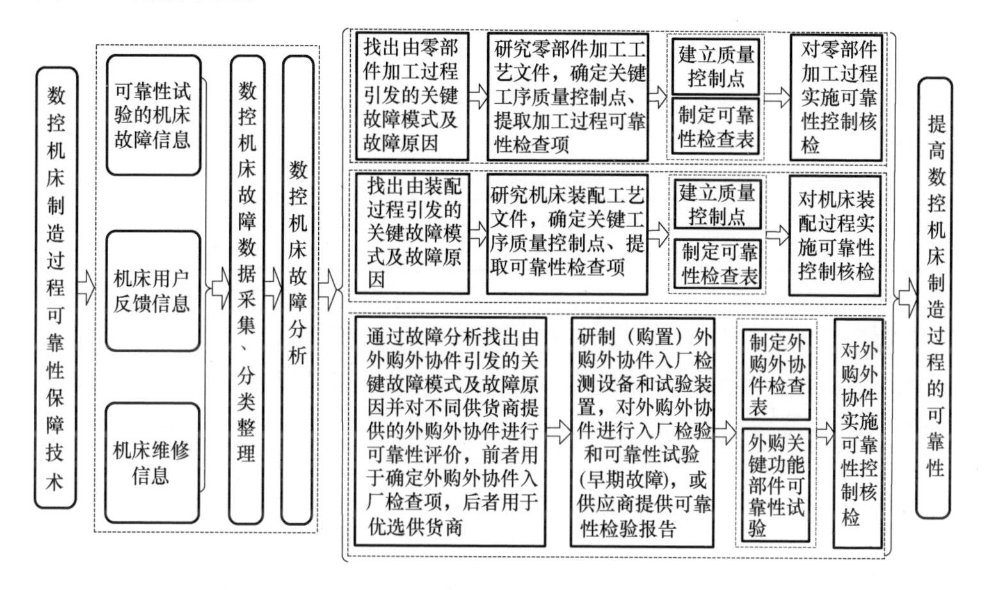

图9－13　数控机床制造过程可靠性保障技术研发路线图

（6）可靠性数据库。

持续、大量并分类有序地积累数控机床的故障、维修和工艺/载荷数据，并进行系统的故障分析和科学的可靠性评价是进行可靠性设计、编制载荷谱和加速试验的基本前提。吉林大学在长期、大规模地进行可靠性现场跟踪试验和台架试验的同时，建立了数控机床可靠性动态数据库，数据库的功能见图9－14。数据库系统基于Browser/Server架构，采用网络编程语言PHP进行开发，使其具有分级授权许可的网络共享功能。数据库不仅用于各类数控机床及其关键功能部件的可靠性数据（包括故障数据、维修数据和工艺/载荷数据）的分类储存、动态更新与检索，并集成了可靠性建模、评估与故障分析的功能，使企业的技术人员能够方便地对数据库进行工程化应用。

10余年来，在机床生产和用户企业的支持和配合下，产学研合作派出大量人员长期深入机床用户企业，按照《数控机床现场试验技术规范》进行现场跟踪试验，同时在实验室进行可靠性台架加速试验，积累了一大批数控机床的故障数据、维修数据和工艺/载荷数据。可靠性数据库的开发与数据的积累，已成为数控机床可靠性技术研发、产品可靠性设计和建立数控机床载荷谱的宝贵资料与行业及科技管理部门相关决策的数据依据。

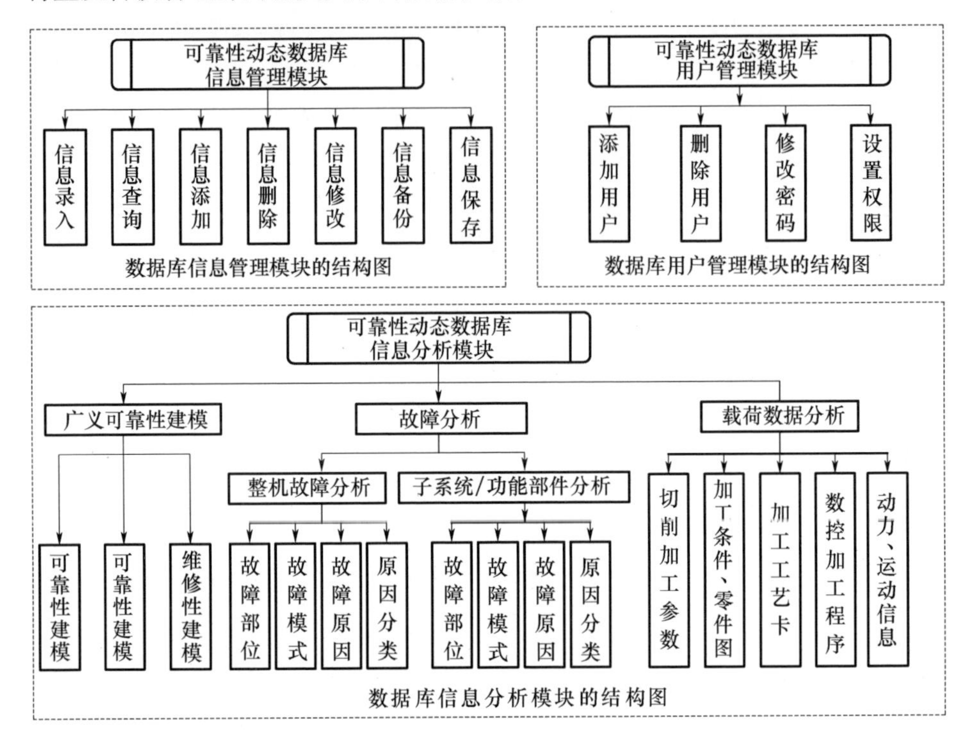

图 9 – 14　数控机床可靠性动态数据库

3）数控机床可靠性技术的应用案例

（1）加工中心的可靠性分配与预计设计案例。

加工中心与数控车床并列，是两种最典型的数控机床之一。可靠性分配技术是在满足系统可靠性指标约束条件下将可靠性指标合理分配给各子系统的过程。可靠性预计技术是针对系统的设计方案或改进设计方案进行系统可靠性指标预测计算的过程。可靠性分配与可靠性预计都是数控机床可靠性设计中的关键环节，二者存在相辅相成的关系，如图 9 – 8 所示。可靠性分配是自上而下的演绎分解过程，而可靠性预计是自下而上的归纳综合过程。可靠性分配在规定的限制条件下按照产品可靠性设计的目标进行，而可靠性预计用于检验分配后的方案是否能够达到预定的目标。在可靠性预计结果不能达到预定目标的情况下，需要进一步改进分配方案，并再次进行可靠性预计，循环往复此过程，直到满足可靠性设计要求。

2014 年，数控机床企业对某型立式加工中心实施可靠性设计，设计目标为 MTBF = 1500 ~ 1600h。主机厂要求该型机床 MTBF 达到 1500h，为了给设计人员留出调整子系统可靠性指标的余量，可靠性分配设计时以整机 MTBF 指标达到

1600h 为目标。

首先，将加工中心按功能分解为 10 个子系统（简除了基础支撑子系统等故障率极低的子系统，子系统见表 9-1），考虑了故障频繁性、故障危害性、维修性、复杂性、技术水平、费效比等影响因素，采用层次分析法确定影响因素权重，根据模糊综合评判模型得到评判向量 $\boldsymbol{B}$：

$$\boldsymbol{B}=[0.664 \quad 0.540 \quad 0.571 \quad 0.521 \quad 0.713 \quad 0.498 \quad 0.366 \quad 0.477 \quad 0.350 \quad 0.393]$$

根据评判向量 $\boldsymbol{B}$ 确定出各子系统可靠性指标，由机床设计人员根据可靠性分配结果确定初步的机床设计方案和子系统零部件及功能部件的选型清单。

然后，采用相似设备法根据机床初步设计方案进行可靠性预计。预计时选用与目标机床相近且可靠性水平已知的某 VDF 型加工中心为参考机床（其整机 MTBF 为 920h），对比分析目标机床与参考机床各子系统在功能复杂性、结构复杂性、可修复性、技术水平、零部件质量等级、工作载荷、环境条件、维护保养等方面的差异，建立机床子系统可靠性预计修正因子模型，确定出各子系统的可靠性修正因子向量 $\boldsymbol{W}$：

$$\boldsymbol{W}=[1.28 \quad 1.21 \quad 1.28 \quad 1.52 \quad 1.69 \quad 1.49 \quad 1.17 \quad 1.28 \quad 1.46 \quad 1.25]$$

根据修正因子向量 $\boldsymbol{W}$ 得到各子系统可靠性指标。按照整机与子系统之间的逻辑关系进行可靠性逆向建模，预计得到机床整机的 MTBF 指标达到 1578h，满足加工中心可靠性设计要求。

最终，由主机企业设计人员根据可靠性分配与预计结果（如表 9-1 与图 9-15所示）确定得到了满足设计要求的机床可靠性设计方案和子系统零部件及功能部件的选型清单。

表 9-1　加工中心各子系统可靠性分配与预计结果表

子系统	主轴系统	进给系统	数控系统	电气系统	刀库系统
MTBF 参考值/h	5469	9844	8203	10938	3281
MTBF 分配值/h	8300	15000	18000	18600	6500
MTBF 预计值/h	8300	15310	18000	19078	6500
子系统	气动系统	润滑系统	冷却系统	排屑系统	防护系统
MTBF 参考值/h	10938	32813	12305	24610	24610
MTBF 分配值/h	18400	33300	17000	28200	30000
MTBF 预计值/h	20552	35375	20619	36003	30720

在机床制造完成后，进行早期故障排除试验后进入用户企业，经过对 49 台机床 3000h 的现场跟踪试验结果进行可靠性评估，MTBF 为 1591h，达到了可靠性水平的预期目标。

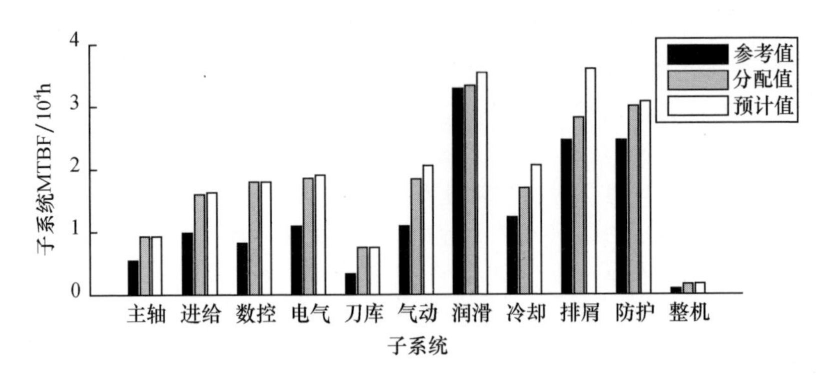

图 9－15　加工中心子系统可靠性分配与预计结果对比

（2）基于故障分析的重型数控机床可靠性增长案例。

重型数控机床体积庞大、结构复杂、技术成熟度低于中小型机床，因此可靠性水平普遍较低。为了提高重型数控机床的可靠性水平，吉林大学与重型机床企业合作承担了重型机床可靠性试验与可靠性增长方面的国家重大科技专项课题。课题执行过程中，在研究开发重型数控机床可靠性试验与可靠性增长技术的基础上，对 DL 系列重型卧式车床实施了可靠性增长工程，如图 9－16 所示。

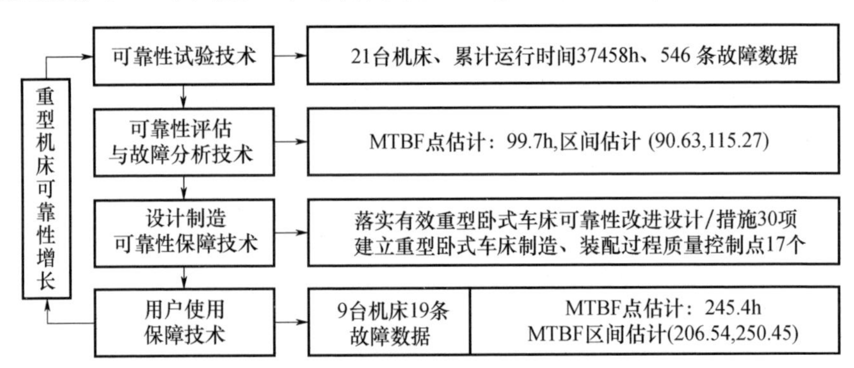

图 9－16　重型机床可靠性增长技术路线及实施情况

首先，通过对重型机床产品进行可靠性试验，获得了目标机床的可靠性数据（故障数据和维修数据），这是实施基于故障分析的可靠性增长技术的前提和基础。依据基于当量样本方法的可靠性现场试验技术，研究并制定了《重型数控卧式车床现场可靠性试验技术规范》，对 21 台重型数控卧车进行了 2000h 左右的用户现场可靠性试验，跟踪的机床累计运行时间 37458h，期间共收集机床故障数据 546 条，其中关联故障数据 380 条。

其次，对重型机床进行可靠性评价及故障分析，依据《重型数控卧式车床可靠性评估技术规范》建立了重型机床可靠性模型，得到了重型数控卧车可靠性水平 MTBF 的点估计值 99.7h 和置信度为 0.90 的区间估计(90.63,115.27)。然后对重型数控卧式车床进行了故障模式、影响及危害性分析(FMECA)。根据重型数控卧式车床的特殊结构组成将其划分为 17 个子系统,查清了重型卧车的主要故障部位为液压系统(30.68%)和电气系统(12.50%),如图 9-17 所示。然后采用灰色关联方法评价故障信息矩阵与风险优先系数之间的关联度,客观赋予故障模式影响因素中的严重度、频度和探测度权重,进而确定了对重型卧车的主要故障模式及其危害度:液、气、油堵塞不畅(15.91%)、零部件损坏(14.20%)、零部件脱落(11.36%)等,如图 9-18 所示。其中:引起液、气、油堵塞不畅的原因主要表现为液压回路设计不合理、油液回路防护差、维修保养不及时导致液压油不清洁、过滤网型号选择不合适或外购过滤网质量不达标等。针对以上故障,提出了改进机床防护设计、液压回路设计,改善机床使用环境,提供外购过滤网型号清单,加强外购件的质量和机床使用的维护和保养等 112 条改进建议和措施,企业在后续生产的新机床上实施应用了 30 条改进建议和措施。

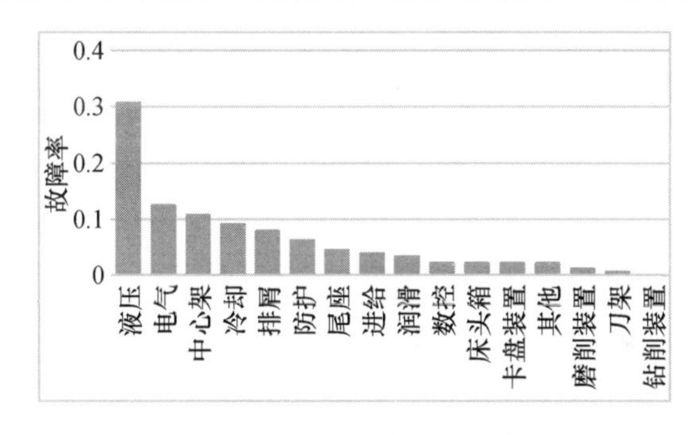

图 9-17　重型卧车故障部位故障频率图

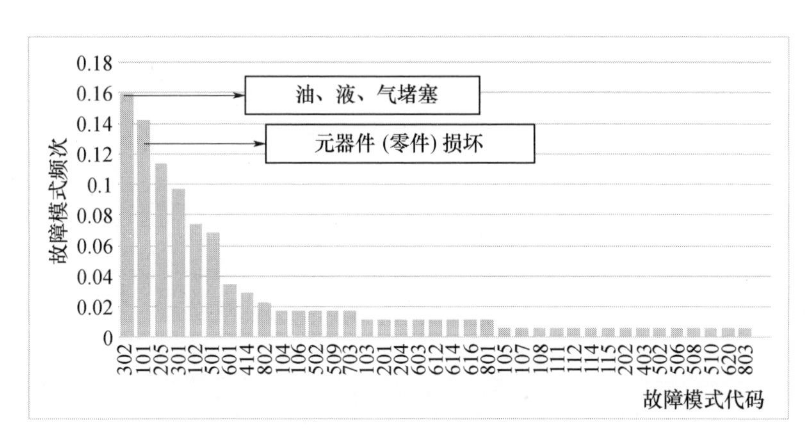

图 9-18　重型卧车故障模式频次图

最后,重型机床制造、装配过程是设计可靠性在产品制造中的实现过程,是保障机床整机可靠性的重要组成部分,为此制定了《重型数控卧式车床制造工艺可靠性保障技术规范》和《重型数控卧式车床主轴箱装配工艺可靠性保障规范》,通过风险优先数评价(RPN)确定了7个关键加工工序质量控制点和10个主轴箱关键装配工序质量控制点,编制了质量控制点的质量控制文件,通过控制文件对目标产品实施了制造、装配过程的可靠性跟踪检验与控制,使产品的可靠性水平在制造阶段得到了保障。

最后,用户是产品的最终使用者,用户现场的使用条件、维护、保养水平及操作者的技能水平等都直接影响重型数控机床的可靠性,为此修订了《重型数控卧式车床使用技术手册》和《重型数控卧式车床维修保养技术手册》,并对用户操作人员进行了技术培训。

对可靠性增长技术实施后的9台重型数控卧式车床进行了现场可靠性跟踪试验,评估结果表明,重型数控卧车可靠性水平MTBF由实施可靠性增长技术前的100h左右增长到245.4h,可靠性水平得到大幅度的提升。

4）数控机床可靠性工作存在的问题

在数控机床可靠性技术方面,虽然取得了明显的进展,但必须清醒地认识到,国内数控机床可靠性水平与工业发达国家相比还处于落后状态,技术研究与工程应用主要存在以下问题。

(1) 数控机床可靠性研究的学者和机构较少。

数控机床是一个故障模式多样、故障机理复杂、可修复的复杂系统,其可靠性的研究工作在技术上多学科交叉、时间上贯穿全生命周期、空间上涉及多部门协同,是一项复杂的系统工程。数控机床可靠性技术研究的工作周期长、耗资大、出成果慢,需要科研团队产学研合作长期持续地工作才可能取得成效。相比于其他关键共性技术的研究,目前国内对数控机床可靠性研究的科技投入力度仍然不够,专门从事该领域研究的科研机构和研究团队较少,尚未形成完善的技术体系。相关部门应加大投入,积极进行政策引导。

(2) 数控机床可靠性数据积累不够充分。

数控机床的可靠性数据不仅包括故障数据,还应包括维修数据和载荷数据。目前数控机床的故障和维修数据已经有了一定的积累,但从满足各类机床可靠性设计的需要角度来看,数据积累仍不够充分,特别是分解到子系统和功能部件的数据就更显不足。载荷数据的积累方面,已有数据只是针对规格有限的数控车床和加工中心或特定用户的特定机床,未涵盖不同用户行业,载荷谱的编制依据仍然不够充分。

(3) 数控机床故障机理研究不足。

故障机理研究是指针对故障现象通过理论与试验分析得到反映产品故障本

质的物理或化学原因。现有研究多偏重在故障独立的假设下，利用机床的故障数据进行可靠性建模与评估和故障模式影响及危害性分析，根据评估分析结果采取更换零部件和改变结构等设计改进措施。但由于故障机理研究不足，对产生故障的物理本质、故障之间的相关性和共因故障等问题认识不清，往往造成过度改进而增加成本，甚至出现改进无效的情况。

(4) 重机床整机、轻功能部件。

数控机床主要是由各类功能部件和数控系统及支撑结构组成的，因此机床的可靠性与机床功能部件的可靠性，特别是关键功能部件的可靠性密切相关。保障功能部件的可靠性水平是德、日等机床工业发达国家保证数控机床可靠性的主要技术途径。国内的中高档数控机床曾长期大量采用进口关键功能部件，国内机床功能部件企业的技术能力相对薄弱，许多企业尚处于产品中低端的低成本竞争阶段，研究机构的工作重心也偏重机床整机。而且，整机可靠性的研究通常是进行现场跟踪试验，不需要可靠性试验设备，介入的门槛较低；而功能部件可靠性的研究需要自主研发能够模拟实际工况的功能部件的可靠性台架试验设备，介入的难度较大，使一些研究者望而却步。

(5) 数控机床维修性和可用性重视不够。

用户在可靠性方面对产品的最高要求是"要用时即能用"。对于数控机床这一典型的可修复产品，就是既要求其故障间隔工作时间长，又要求其出现故障后功能恢复容易、维修时间短。也就是既要求其可靠性高，又要求其维修性好。同时考虑可靠性与维修性的指标就是可用性，也称为广义可靠性。目前机床行业、检测机构和科研课题指标在产品可靠性方面尚只对可靠性指标进行考核，因此，研究者对数控机床的维修性和可用性重视不够，虽然已有相关研究和文章发表，但从满足机床用户需求的角度，还远未达到应有的重视程度。

(6) 数控机床可靠性技术研究尚未覆盖全生命周期。

按照数控机床全生命周期的技术路线，机床用户的使用阶段是最长和可靠性具体体现的生命周期阶段，使用可靠性技术的研究尚未引起足够的重视，亦是与国际先进水平的主要差距之一。国产数控机床的随机软资料，包括产品说明、验收规程、包装运输装卸及安装条件、安装调试规程、使用说明书(手册)、维护说明书(手册)、保养说明书(手册)、附件说明、服务项目说明等与德、日进口机床存在明显差距，在对机床操作人员的技术培训方面差距更为明显，严重影响国产数控机床产品的使用可靠性。其次，机床运输过程的可靠性保障技术研究少有涉及，不良的包装与运输产生机床可靠性隐患的案例也是偶有发生的。

9.2 数控机床行业可靠性研究应用国内外比较

1. 中小型数控机床可靠性水平

目前国际上数控机床产业的技术发达国家当属德国和日本等工业发达国家。自20世纪80年代以来,从理论和试验两个方面对数控机床的可靠性展开了研究,其中最具代表性的是德国的德玛吉,其主要的研究方法是从数控机床的现场故障数据、维修数据和载荷的采集和功能部件的可靠性试验入手,长期对产品进行现场跟踪和台架加速试验,积累了大批的可靠性数据,建立可靠性动态信息数据库,进行数理统计分析和处理,找出故障的分布规律和原因,及时改进设计和采取故障纠正措施;对整机和关键功能部件实施可靠性增长,保障了数控机床产品的可靠性水平。德国的机床行业已经形成了成熟的产品质量和可靠性技术体系,"可靠性"理念已深入人心。日本不仅对于民用产品(家电、汽车等)的可靠性研究举世瞩目,在数控机床领域也同样非常注重可靠性数据的采集和统计分析,森精机、马扎克和大隈等从数控机床的故障诊断入手,区分故障模式,溯源故障原因,提出可靠性设计和改进措施。

德、日等国家数控机床制造企业的可靠性管理技术与员工的职业伦理均保持在较高的水平,机床的可靠性数据记录完整规范,收集的历史时间长,积累丰富,可靠性设计依据充分。但其数据、技术与试验装备均属于企业的核心机密,秘不外宣。对内严格管控、对外严密封锁,亦不申报专利和发表文章,同时也禁止合作的研究机构发布相关的故障数据。综合近年来对"十一五"期间和"十二五"初期对从德国、日本和意大利等进口数控机床产品的现场跟踪试验和国际上的少量报道,中小型数控车床和立式加工中心的 MTBF 均已普遍达到 2000h 以上,并且随着技术的进步在不断提高。

国产数控机床在"高档数控机床与基础制造装备"国家科技重大专项的支持下,通过产学研用合作创新,初步构建了数控机床可靠性技术体系,主要研究成果已在我国数控机床的骨干企业以及功能部件骨干企业得到应用。经过长期的现场跟踪考核试验,"十一五"期间专项支持研发的立式加工中心和数控车床等新产品,其可靠性指标 MTBF 分别由专项实施前的 500h 和 600h 左右提高到 900h 和 1000h 左右;到"十三五"末期,通过进一步实施专项的"千台数控机床可靠性提升工程"等课题,经过进一步的技术迭代,专项立项支持的立式加工中心和数控车床等新产品的 MTBF 已达到 2000h[25],进一步缩小了与国际先进水平的差距。

2. 重型数控机床的可靠性水平

对于重型数控机床,在机床结构、运动控制、加工对象、负载特性、故障模式和故障机理等方面明显不同于中小型数控机床，其体积庞大、结构复杂、切削负荷大、功能集成度高，属于超复杂机电液系统；在制造批量方面属于单件小批生产，技术成熟度低于中小型机床，因此可靠性水平普遍较低。为了提高重型数控机床的可靠性水平，吉林大学与北京北一机床股份有限公司、武汉重型数控机床集团有限公司合作承担“重型机床可靠性评价与试验方法研究”课题，摸清了国产和进口重型数控机床的可靠性水平底数。目前，较为常用的、保有量相对较多的立式车床和龙门铣床的 MTBF 达到 400～500h 左右，结构复杂的重型数控龙门镗铣床和重型卧式车铣床等重型机床的 MTBF 由“十二五”初期的 100 余小时提高到“十三五”中期的 220h 左右。

9.3　数控机床行业可靠性研究应用发展趋势与未来展望

数控机床可靠性技术研究经历 30 余年，在机床的可靠性建模、故障分析、可靠性设计和可靠性试验等方面取得了明显进展。本领域学术水平不断提高，研究成果为数控机床产品可靠性水平的提高和产品的升级提供了技术支持。目前正在形成可靠性动态与相关性建模、故障树智能化应用、可靠性广义设计、功能部件的可靠性台架加速试验和整机状态智能识别的早期故障试验、机床故障的远程智能监控和基于大数据的故障分析与预警等数控机床可靠性技术领域的研究热点。

目前，数控机床可靠性技术已成为机床行业最为关注的关键共性技术，提高数控机床的可靠性是市场和行业的迫切需求。从数控机床可靠性技术的发展规律和行业需求的角度进行技术展望，主要应实现以下技术愿景：

（1）要强化全生命周期可靠性的技术理念，研究开发数控机床全生命周期过程各阶段的可靠性技术。在可靠性试验、建模、分析、设计等研究的基础上，进一步开展或加强数控机床制造可靠性、安装调试可靠性、早期故障排除、运输可靠性、使用可靠性、维修性设计、预防性维修和故障预警等可靠性技术的研究，为数控机床提供全生命周期的可靠性保障技术。

（2）要完善数控机床可靠性技术体系。通过对全生命周期过程各项可靠性技术的系统研究，对研究成果不断积累和完善，筛选拣出覆盖数控机床全生命周期的各项核心技术，在此基础上制定系列的数控机床可靠性技术规范和技术标准，建立、开发和完善数控机床可靠性技术的网络共享数据库和故障案例库并且不断丰富数据库内容，构建并完善具有数控机床产品特色的可靠性技术体系。

（3）要构建企业的数控机床可靠性技术管理体系。数控机床可靠性的技术需求来自企业，技术的研究离不开企业，技术的应用更是在企业。因此，应在机床企业建立产品的可靠性技术管理体系，以保障产学研合作研发的顺利实施和可靠性技术研究成果在企业的工程化应用。同时,不断提高机床企业的可靠性技术自主研发能力,使企业逐渐成为数控机床可靠性的技术研发主体。

参考文献

[1] 国家制造强国建设战略咨询委员会. 中国制造2025 蓝皮书(2017)[M]. 北京:电子工业出版社, 2017.

[2] 中国机械工业年鉴委员会, 中国机床工具工业协会. 中国机床工具工业年鉴(2016)[M]. 北京:机械工业出版社, 2017.

[3] STEWART E. A survey of machine tool breakdowns[R]. Scotland:MTIRA,1977.

[4] Проников А С. Точность и надежность станков с числовий[M]. Москва:МАШИНОСТРОЕНИЕТ, 1982.

[5] 杨兆军, 陈传海, 陈菲,等. 数控机床可靠性技术的研究进展[J]. 机械工程学报, 2013, 20: 130 – 139.

[6] HE J L, ZHAO X Y, LI G F, et al. Time domain load extrapolation method for CNC machine tools based on GRA – POT model[J]. International Journal of Advanced Manufacturing Technology. 2019,103(9 – 12):3799 – 3812.

[7] LI G F, WANG S X, HE J L, et al. Compilation of load spectrum of machining center spindle and application in fatigue life prediction[J]. Journal of Mechanical Science and Technology. 2019, 33(4): 1603 – 1613.

[8] KELLER A Z,KAMATH A R. Reliability analysis of CNC machine tools[J]. Reliability Engineering,1982,3(6):449 – 473.

[9] JIA Y Z,WANG M L,JIA Z X. Probability distribution of machining center failures[J]. Reliability Engineering and System Safety,1995,50:121 – 125.

[10] WANG Y Q,JIA Y Z,YU J Y,et al. Failure probabilistic model of CNC lathe[J]. Reliability Engineering and System Safety,1999,65:307 – 314.

[11] 王智明,杨建国,王国强,等. 多台数控机床最小维修的可靠性评估[J]. 哈尔滨工业大学学报,2011,43(7):127 – 130.

[12] 王智明,杨建国. 数控机床可靠性评估中的边界强度过程[J]. 上海交通大学学报, 2012,46(10):1623 – 1631.

[13] 杨兆军, 李小兵, 许彬彬, 等. 加工中心时间动态可靠性建模[J]. 机械工程学报, 2012, 48(2): 16 – 22.

[14] MCGOLDRICK P F,KULLUK H. Machine tool reliability – A critical factor in manufacturing systems[J]. Reliability Engineering,1986,14(3):205 – 221.

[15] 戴怡,贾亚洲,申桂香. 立式加工中心的故障分析与改进措施[J]. 中国机械工程, 2001,12(11):1209 – 1211.

[16] YANG Z J,XU B B,CHEN F,et al. A new failure mode and effects analysis model of CNC machine tool using fuzzy theory[C]// 2010 IEEE International Conference on Information and Automation. Harbin Engineering University,Harbin,2010.

[17] 于捷,贾亚洲. 数控车床故障模式影响与致命性分析[J]. 哈尔滨工业大学学报,2005,37(12):1725 - 1727.

[18] 许彬彬. 基于维修程度的数控机床可靠性建模与分析 [D]. 长春:吉林大学,2011.

[19] 金渊源,冯虎田,李春梅,等. 链式刀库及机械手早期故障筛选试验机分析方法[J]. 组合机床与自动化加工技术,2012,12:72 - 75.

[20] LU X H,JIA Z Y,GAO S N,et al. Failure mode effects and criticality analysis (FMECA) of circular tool magazine and ATC[J]. J. Fail. Anal. and Preven,2013,13:207 - 216.

[21] 陈传海,杨兆军,陈菲,等. 基于 BDD 技术的数控机床故障树分析[J]. 工程与试验,2010,50(3):13 - 16.

[22] LI Y F,HUANG H Z,LIU Y,et al. A new fault tree analysis method:fuzzy dynamic fault tree analysis[J] Eksploatacja i Niezawodnosc - Maintenance and Reliability,2012,14 (3):208 - 214.

[23] 杨兆军,郝庆波,陈菲,等. 基于区间分析的数控机床可靠性模糊综合分配方法[J]. 北京工业大学学报,2011,37(3):321 - 329.

[24] 张根保, 柳剑, 王国强. 基于任务的数控机床模糊可靠性分配方法[J]. 计算机集成制造系统, 2012, 18(4): 768 - 774.

[25] 国家科技重大专项. 国家科技重大专项"高档数控机床与基础制造装备"专项成果发布会[EB/OL]. (2017 - 6 - 26) [2022 - 5 - 15]. http://www.nmp.gov.cn/tpxw/201706/t20170628_5236.htm.

(本章执笔人:吉林大学杨兆军)

第10章　核电行业可靠性工程应用

国家“十三五”规划纲要提出“安全高效发展核电”，推动我国由核工业大国向核工业强国迈进。《核安全与放射性污染防治“十三五”规划及2025年远景目标》中，“持续改进，保持核电厂高安全水平”“强化管理，提高核安全设备质量可靠性”是其中两项重点任务。

10.1　核电行业机械设备可靠性研究应用最新进展

1. 核电行业机械设备可靠性发展概述

20世纪70年代初至90年代末，我国大陆核电处于起步阶段。1984年第一座自主设计和建造的核电厂——秦山核电厂破土动工，1991年12月15日成功并网发电。其间，还分别建成了浙江秦山二期核电厂、浙江秦山三期核电厂、广东大亚湾核电厂、广东岭澳一期核电厂和江苏田湾一期核电厂等。这一阶段我国核电厂建造数量少，装机容量小，但为我国核电事业积累了宝贵的经验与数据，为核电快速发展奠定了良好基础。

进入21世纪以来，我国核电行业步入了发展的快车道。核电发电量呈加速增长趋势，核能技术水平实现了跨越式发展，自主创新能力得到显著提升，形成自主三代大型先进压水堆技术品牌“华龙一号”“国和一号”以及具有第四代特征的高温气冷堆技术。小型堆、第四代核能技术、聚变堆研发保持与国际同步水平。一大批关键设备和关键材料相继实现国产化，为后续进一步提升我国核电自主创新能力和国际竞争力提供了强有力的技术支撑。

截至2020年12月底，中国大陆商运核电机组达到48台，总装机容量为49.88GW，仅次于美国、法国，位列全球第三。其中，有28台机组在世界核电运营者协会的综合指数达到满分，占世界满分机组的1/3。截至2020年底，我国在建机组17台，总装机容量18.53GW，在建机组数量和装机容量多年位居全球首位。

1）核电行业机械设备的基本构成、分类及功能作用

通常把核电厂的组成设备称为核电设备，各系统的设备约有48000多套件，其中机械设备约6000套件，电气设备5000多套件，仪器仪表25000余套件，总重约6.7万t。一座2×600MW的压水堆核电厂约有290个系统，分别归属核岛（NI）、常规岛（CI）和电厂辅助设施（BOP）。

核电厂设备具有数量巨大、种类繁多的特点，需要依靠设备安全等级的划分，执行不同要求的设计、制造、抗震、质保与监督管理等规范性任务。不同的安全等级对设备本身的要求差别较大，所以如何进行安全等级的划分对于以最合理、最经济的方式达到核电厂设备运行维修的最优化至关重要。

在大部分有关法规、规范中，安全等级的划分都是基于核电厂的三项基本安全功能，即反应性控制、堆芯余热排出和放射性的包容。这三项基本功能是指导安全分级的核心思想。我国核安全法规《核动力厂设计安全规定》(HAF102—2016)中提到："划分安全重要物项的安全重要性的方法，必须主要基于确定论方法，并适当辅以概率论方法"。具体内容可参照《用于沸水堆、压水堆和压力管式反应堆的安全功能和部件分级》(HAD 102/03)。针对核电厂物项安全分级，总体上而言划分为安全级和非安全级两大等级。凡承担或支持上述三项基本安全功能的物项，其损坏会导致事故的物项以及其他具有防止或缓解事故功能的物项应列为安全级；其余为非安全级。

民用核安全设备(简称核级设备)包括民用核设施中执行核安全功能的机械设备和电气设备，属于安全级物项，是民用核设施安全防护实体屏障的核心。其质量和可靠性对民用核设施的安全稳定运行十分重要。国家对民用核安全设备实施核安全监督管理，是为保证民用核设施运行安全所必须履行的义务。从《核安全法》到《民用核安全设备监督管理条例》及相关的HAF600系列部门规章，国务院核安全监管部门一直以这些法律法规作为对民用核安全设备实施许可和监督管理的法律依据，条例第二款规定对民用核安全设备实行目录管理，具体目录由国务院核安全监管部门商有关部门制定并发布。国家核安全局于2016年4月对2007年12月29日公布的《民用核安全设备目录(第一批)》进行了修订，见表10－1。

表10－1　《民用核安全设备目录》(国家核安全局2016年修订)

核动力厂及研究堆等核设施通用核安全设备		
设备种类	设备类别	设备品种举例
核安全机械设备	钢制安全壳	
	安全壳钢衬里	
	压力容器	
	储罐	
	热交换器	管壳式热交换器、板式热交换器
	管道和管配件	直管、热交换器传热管、管道预制、弯头、三通、异径管
	泵	离心泵、往复泵、屏蔽泵、其他类型核安全级泵
	堆内构件	
	控制棒驱动机构	

续表

核动力厂及研究堆等核设施通用核安全设备		
设备种类	设备类别	设备品种举例
核安全机械设备	风机	离心式风机、轴流式风机
	压缩机	离心式压缩机、往复式压缩机
	阀门	隔离阀、单向阀、安全阀、释放阀、调节阀、其他类型核安全级阀
	支承件	设备支承件、管道支承件、阻尼器
	波纹管,膨胀节	金属波纹膨胀节、特种型式金属膨胀节、金属波纹管
	闸门	人员/应急闸门、设备闸门
	机械贯穿件	
	法兰	
	铸锻件	容器类铸锻件、泵阀类铸锻件、支承类铸锻件
	设备模块	
核安全(1E级)电气设备	传感器	温度计、流量计、压力变送器、液位计、辐射监测探测器、核测仪表
	电缆	中压电力电缆、低压电力电缆、控制电缆、仪表电缆、同轴电缆、电缆附件
	电气贯穿件	
	仪控系统机柜	仪控机架、机柜,仪控盘、台、屏、箱
	电源设备	应急柴油发电机组、蓄电池(组)、充电器、逆变器、不间断电源
	阀门驱动装置	阀门电动装置
	电动机	交流电动机、直流电动机
	变压器	配电变压器
	成套开关设备和控制设备	交流中压开关柜,交流低压开关柜,直流开关柜,电气盘、台、屏、箱
核燃料循环设施后处理厂专用核安全设备		
设备种类	设备类别	设备品种举例
核安全机械设备	储罐	反应炉(器)、萃取设备、产品贮存容器、贮槽、后处理首端专用设备、箱室设备
	热交换器	蒸发器
	泵	输运高放溶液的泵
	阀门	穿地阀
核安全(1E级)电气设备	传感器	吹气装置、临界事故报警仪

从表10-1中可以看出核级机械设备共有19大类,可分为非能动设备和能

动设备(能动部件指依靠触发、机械运动或动力源等外部输入行使功能的部件,见 GB/T 17569—2013,压水堆核电厂物项分级),对于泵、阀门、风机、压缩机、阻尼器、控制棒驱动机构等核级机械能动设备,除了进行应力分析和强度校核外,还需要进行实验验证等设备鉴定。

2)我国核电行业机械设备产业与技术的发展状况

中国核电产业拥有一条完整的产业链条,包括核电运营、研究设计、核电设备制造、土建安装、核燃料供应以及核电产业社会化服务等多个方面和领域。中国的核电产业总体上处于世界先进水平,可以支持及支撑我国核电的长远发展,核电发展的远景为我国核电装备产业的发展提供了巨大的市场机会,发展前景可观。

核电设备制造是核电产业链条中极为重要的一环,核电设备费用占核电厂全部投资的近一半,设备制造的质量与成本直接关系到核电的安全与经济,关键设备的国产化、自主化是核电健康快速发展的重要条件。目前,我国以三大动力集团、中国第一重型机械集团(简称“中国一重”、中国第二重型机械集团(简称“中国二重”)为代表的核岛主设备制造的布局已经形成,并且拥有了世界上最先进的核电制造装备和最大产能,每年可以生产 10 台套以上的核电主设备,绝大多数核电设备及原材料都可以在国内完成生产。

中国的核电产业,经过了 30 多年的发展已经居于世界前列。从第一个 10 年浙江秦山 30 万千瓦机组的问世,中国核电产业完成了一个“入门”级别的尝试,第二个 10 年,虽电力需求下降,但秦山二期核电厂的探索,为最近这个 10 年核电产业的急速发展做出了铺垫和有力保障,30 多年不间断建设和发展核电产业的经验,让中国在全球第三代核电建设过程中发挥了重大作用,也创造了优秀的业绩,自主研发了拥有完全自主知识产权和出口权的三代核电技术“华龙一号”和“国和一号”,实现了从弱到强的飞跃,谱写了辉煌的篇章。中国在世界核电位次上所取得的地位,因自己的努力而名副其实。

3)核电行业机械设备可靠性的技术需求

《核安全与放射性污染防治“十三五”规划及 2025 年远景目标》中,“持续改进,保持核电厂高安全水平”“强化管理,提高核安全设备质量可靠性”是其中两项重点任务。《中国制造 2025—能源装备实施方案》中先进核电装备包括先进大型压水堆、高温气冷堆、快堆、模块化小型堆、核燃料及循环利用共 5 个部分 130 项关键设备技术攻关,其中大部分是机械设备,既是机遇,也是挑战。2021 年《政府工作报告》指出“在确保安全的前提下积极有序发展核电”,国家“十四五”规划纲要提出“建成华龙一号、国和一号、高温气冷堆示范工程,积极有序推进沿海三代核电建设”,推动我国由核工业大国向核工业强国迈进。随着未来核电行业的持续快速发展,机械设备可靠性的技术需求将日益增强。

2. 本行业可靠性技术的最新进展及存在的问题

1）核电行业机械设备可靠性技术应用发展综述

核电厂概率安全分析(probabili sticsafety assessment for nuclear power plants, PSA)起源于20世纪70年代。1975年美国拉斯莫森教授发表的研究报告《反应堆安全研究》(WASH-1400)是全世界公认的第一份完整的核电厂概率安全分析报告。概率安全分析是一种系统工程方法。它采用系统可靠性评价技术(即故障树和事件树分析)和概率风险分析方法对复杂系统的各种可能事故的发生和发展过程进行全面分析。从它们的发生概率以及造成的后果综合进行考虑。

我国大亚湾核电厂于1996年开始PSA设备可靠性数据库的开发与建立,随后秦山一期核电厂、秦山二期核电厂、秦山三期核电厂、方家山核电厂、福建福清核电厂、海南昌江核电厂等的PSA设备可靠性数据库相继开发成功,机械科学研究院核设备安全与可靠性中心承担了这些核电厂的PSA设备可靠性数据库开发、可靠性参数估计、软件编制及数据收集等工作。

2012年,在国家核安全局的部署下,生态环境部核与辐射安全中心启动了国内运行核电厂概率安全分析数据库项目,牵头建立国内统一的概率安全分析数据收集与处理平台,依岩等在《运行核电厂PSA设备可靠性数据采集与处理》一书中介绍了中国运行核电厂概率安全分析设备可靠性数据库的创建过程,对国家核安全局发布的《中国核电厂设备可靠性数据报告》(2015版)的内容进行了详细说明,随后国家核安全局陆续发布了2016版、2018版和2020版《中国核电厂设备可靠性数据报告》[1]。

核电厂有关可靠性技术的应用还包括以可靠性为中心的维修(RCM)、维修规则体系开发应用以及核电厂设备可靠性管理等。

核电厂可靠性保证大纲(RAP)是为保证核电厂满足期望的合理的可靠性要求而制定并实施的一套技术和管理文件。核电厂可靠性对于核电厂满足其安全性和经济性要求非常重要。随着美国AP1000三代核电技术的引进,西屋公司在其设计的AP1000型核电厂的安全分析报告中提交了核电厂可靠性保证大纲(RAP)供中方审查。2012年10月19日,国家能源局发布能源行业标准《核电厂可靠性保证大纲编写指南》(NB/T 20183—2012)。我国CAP1400的初步安全分析报告也提交了设计阶段的可靠性保证大纲供安审方审查。

目前由中国原子能科学研究院设计的示范快堆(CFR-600)在设备研发过程中引入了可靠性实施方案,制订可靠性工作目标、可靠性工作原则、可靠性工作内容和可靠性技术要求,开展设计可靠性分析、过程可靠性分析和控制、可靠性指标验证、可靠性保证计划和可靠性评审。

AP1000压水堆提高安全性的措施之一是采用了具有高可靠性的爆破阀,机械科学研究院核设备安全与可靠性中心王鑫等在ICRMS2016发表的《Reliability

Studyon Cutting off the Shear Capofthe Squib Valve from a Passive PWR》通过有限元 LS－DYNA 软件和结构可靠性分析中的改进均值法相结合，计算得出爆破阀活塞成功切断剪切帽的可靠度，并对其进行灵敏度分析，指出影响爆破阀活塞切断剪切帽可靠度的主要随机变量，为爆破阀的可靠性评定提供参考。

上海核工程研究设计院牵头承担的先进压水堆重大专项的“CAP1400 关键设备（如主泵、爆破阀等）和材料可靠性研究”课题，经过 4 年实施，于 2021 年通过验收，该课题基于获取 CAP 系列关键设备可靠性指标的现实背景和提高核电设备可靠性保障的实际要求开展 CAP 系列关键设备可靠性的相关研究。通过调研获得适用于核电设备的可靠性设计、分析、试验方法，从而能够快速、有效、准确地对复杂系统的可靠性进行分析研究，正确估计实际系统的性能。针对典型设备（如：爆破阀、主泵、控制棒驱动机构、蒸汽发生器、钢制安全壳等）的特点，采用不同的可靠性分析方法和试验，开展了可靠性分析评价，并且得到影响设备失效的参数敏感性数据，从而为设计改进提供有益的参考。

2）核电行业机械设备可靠性技术应用的最新进展

（1）核岛重要设备可靠性分析。

核岛设备的可靠性对核电厂的安全运行至关重要，反应堆压力容器等重要设备一旦发生事故，可能会导致严重的后果，甚至发生放射性物质的泄漏和释放，应该从设计、制造、运行及检验等全寿命期来保障其可靠性。虽已开展了不少核岛设备的可靠性研究，然而，核岛重要设备的设计与评估仍主要采用偏保守的安全系数进行确定性分析，而非直接采用可靠性分析方法。

① 设备设计中不确定性的考虑。美国 ASME 规范（BPVC）和法国 RCC 系列标准是目前核岛设备设计的主要标准，占国际主导地位，我国核电厂主要以这两个标准为基础。这些标准针对设备设计中的不确定性因素，往往取用偏保守的安全系数，给出了相应的设计评定准则。

我国核安全导则《核动力厂安全评价与验证》（HAD 102/17）对于放射性物质大量释放的目标做了相应规定：对已有的核动力厂，为 10^{-5}/（堆・年）；对新的核动力厂为 10^{-6}/（堆・年）。同样地，《核安全与放射性污染防治“十二五”规划及 2020 年远景目标》再一次强调，新建核电厂发生大量放射性物质释放事件的概率低于 10^{-6}/（堆・年）。确定性评估方法不能直接给出结构的失效概率，因而不能直接回应以放射性物质泄漏频率表述的核安全要求。而概率分析方法充分考虑输入参数的不确定性，其评估结果以失效概率形式表述，与核安全要求的形式相一致。

近年来，概率分析方法在核电领域得到越来越广泛的重视。美国电力研究协会按照核电厂温度－压力限值曲线的安全系数，采用概率断裂力学方法，提出了给定失效概率下的压力－温度限值曲线，被 2013 版及以后 ASMEBPVC 第Ⅺ

卷采用。美国核能管理委员会(NRC)针对承压热冲击(PTS)瞬态,建立了辐照后的材料无延性转变温度与失效概率之间的关系,并依此确定了目标可靠度下材料无延性转变温度限值。

概率评估方法需要概率分析程序与详细的输入参数分布,计算量大,直接用于工程评定尚存在困难,有必要对确定性评定方法所对应的失效概率进行分析。浙江工业大学李曰兵等[2]提出了满足确定性验收准则条件下结构失效概率的估算方法,构建了满足现行标准下核岛设备的可靠性分析流程。

② 材料性能指标的可靠性试验。材料性能是核电设备设计评估中的重要不确定性来源之一,尤其是材料的断裂性能。核电承压设备用钢,具有明显的韧脆转变行为和辐照脆化效应。随着核电厂运行,材料辐照脆化、应变时效和瞬态下低温冲击加剧了设备发生脆性断裂的风险和断裂行为的不确定性。

韧脆转变区材料的断裂韧度具有明显的分散性,如图 10 - 1 所示[3]。传统断裂力学假定材料的断裂韧度是材料的特定性能数值,并没有严格的概率统计意义。近年来,基于威布尔分布的主曲线法已广泛应用于表征 RPV 材料的断裂韧度。按 3 个试样中的最小值确定断裂韧度特征值,会造成评定结果难以满足高置信度要求。

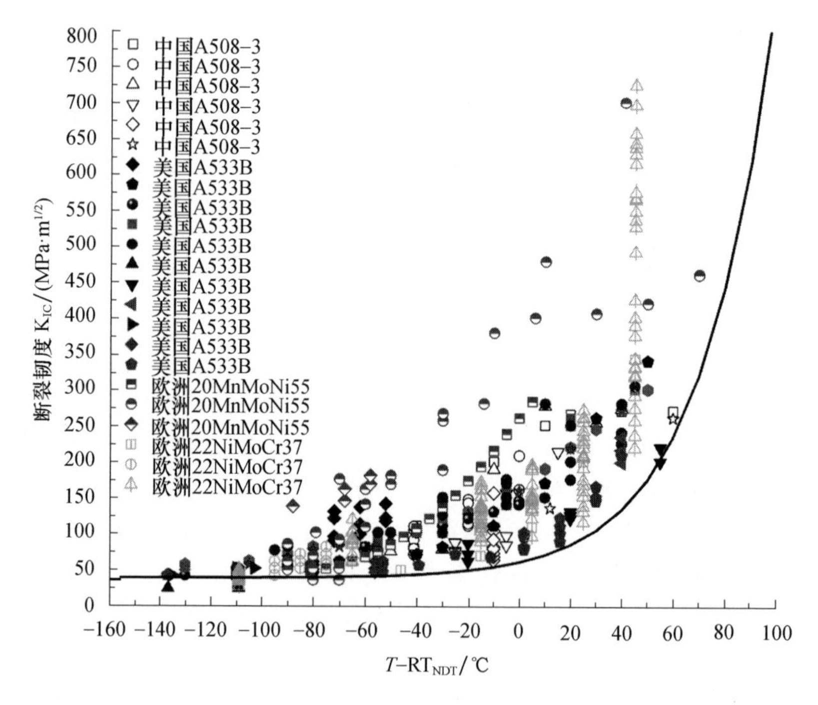

图 10 - 1　断裂韧度下限曲线(T 表示温度,RT_{NDT} 表示无延性转变温度)

断裂韧度的测试本身也具有一定的不确定性。ASTME1820 和 ISO12135 标准是测试主要标准，这两个标准在钝化线和阻力曲线拟合等方面存在较大的差异，断裂韧度测试结果有较大不同[4]。浙江工业大学提出了根据材料应力应变特性选用试验标准的建议[5]。

③ 关键部件的可靠性验证。由于严重事故条件下 RPV 结构的失效受诸多因素制约，综合了局部熔化、塑性流动和蠕变损伤等现象。为验证严重事故时堆芯熔融物容器内滞留（IVR）条件下 RPV 的可靠性，国际上采用了多个缩比试验和数值模拟相结合的方法研究 IVR 条件下 RPV 的蠕变变形和失效。

（2）核电厂概率安全分析。

① 我国的概率安全分析政策、法规和规范。国家核安全局作为我国的核安全监管机构一直致力于推动我国概率安全评价技术的发展和应用，从 20 世纪 80 年代中期就组织国内相关单位开展概率安全评价研究工作。我国政府在中华人民共和国《核安全公约》国家报告中明确表示"中国核行业主管部门、核安全监督部门都非常重视并努力推广概率安全评价技术在核安全领域中的应用"。

国家核安全局于 2004 年 4 月颁布《核动力厂设计安全规定》（HAF102）和《核动力厂运行安全规定》（HAF103），并于 2016 年 10 月对《核动力厂设计安全规定》（HAF102）进行了修订。《核动力厂设计安全规定》提出了必须在安全评价中采用确定论和概率论分析方法的要求；针对严重事故，结合概率论、确定论和工程判断，确定严重事故重要事故序列的要求。《核动力厂运行安全规定》规定核动力厂营运单位必须收集和保存运行经验的数据，以用作核动力厂老化管理、核动力厂剩余寿期评价、概率安全评价和定期安全审查的输入数据，必须考虑使用概率安全评价作为定期安全审查的输入等要求。2006 年 6 月国家核安全局批准发布核安全导则《核动力厂安全评价与验证》（HAD102/17），对概率安全评价的方法、范围以及需要满足的目标给出了明确的指导。

为积极、有序地推动概率安全分析技术在国内核安全领域中更深层次应用，2010 年国家核安全局发布的《概率安全分析技术在核安全领域中的应用》制定以下技术政策：

a. 纵深防御概念对保证核安全的重要作用已被大量实践所证实，仍应继续得到贯彻，但在某些条件下，纵深防御的重点及其防御层次可能有所调整，通过应用概率安全分析技术，可以为这种调整的合理性提供技术基础。

b. 概率安全分析方法在核安全活动中应用的深度和范围应与目前概率安全分析的质量、模型的详细程度以及数据所能支持的程度相适应。

c. 概率安全分析通常采用现实的方法和假设。对于某些特定的应用，为简化分析或为不可预见的工况提供一定的安全裕度，可采用保守的方法和假设。

d. 在使用概率安全分析技术时，应特别注意不确定性的评估和处理。

e. 概率安全分析的质量对于概率安全分析技术的应用是一个至关重要的因素。有关各方应致力于不断提高概率安全分析的水平并逐步完善概率安全分析的质量，相应的模型和数据应可供公开审查。国家核安全局鼓励核工业界持续改进概率安全分析方法和数据搜集、评价，鼓励信息共享、技术交流和同行评议，以此来共同推进概率安全分析技术的发展和应用。

f. 在国内概率安全分析相关的法规和标准尚不完善时，核工业界可以对国际上成熟的法规和标准提出拟采用的建议，在获得国家核安全局同意后，可在有关的工作中加以参照。

g. 国内现有的以及翻版加改进的核动力厂主要是依据确定论安全要求设计的，概率安全分析技术应用的重点在于识别核动力厂的薄弱环节、加强核安全决策的科学性、更有效地利用核安全监管资源和减轻营运单位不必要的负担。

h. 对于某些新型的反应堆，例如采用了非能动安全系统的反应堆，现有的某些具体安全要求可能对其并不完全适用。在满足总的安全目标的前提下，支持在确定这些新型反应堆的具体安全要求时更多地应用概率安全分析技术，必要时可对现有的某些具体安全要求进行适当调整。

② 概率安全分析的三个等级。概率安全分析（PSA）包括的内容很广，它可以是单个部件或系统的可靠性分析，也可以是对整个核电厂进行总的风险评价。但是，用概率论的方法对一座核电厂的安全性进行全面评价，这是个既复杂又庞大的计划，需要相当多的人力和物力。为此，核电厂的 PSA 可划分成几种不同的范围，人们可以根据对核电厂进行概率安全评价的目的，以及具备的人力和物力，选择其中一部分内容进行分析，在国际实践中已经形成了三个级别的 PSA：

一级 PSA：系统分析。对核电厂运行系统和安全系统进行可靠性分析，确定造成堆芯损坏的事故序列，并做出定量化分析，求出各事故序列的发生频率，给出反应堆每运行年发生堆芯损坏的概率。一级 PSA 可以帮助分析核电厂设计中的薄弱环节，指出防止堆芯损坏的途径。

二级 PSA：一级 PSA 结果加上安全壳响应的评价。分析堆芯熔化物理过程和安全壳响应特性，包括分析安全壳在堆芯损坏事故下所受的载荷，安全壳失效模式，熔融物质与混凝土的相互作用，放射性物质在安全壳内释放和迁移。结合一级 PSA 结果确定放射性从安全壳释放的频率。二级 PSA 可以对各种堆芯损坏事故序列造成放射性释放的严重性作出分析，找出设计上的弱点，并对减缓堆芯损坏后事故后果的途径和事故处理提出具体意见。

三级 PSA：二级 PSA 结果加上厂外后果的评价。分析放射性物质在环境中的迁移，求出核电厂厂外不同距离处放射性浓度随时间的变化。结合第二级分析的结果按公众风险的概念确定放射性事故造成的厂外后果。三级 PSA 能够对后果减缓措施的相对重要性作出分析，也能对应急响应计划的制定提供支持。

③ PSA 应用展望。现在,PSA 作为一项重要的必不可少的安全分析与评价技术,其在核电厂安全管理与监管中的应用越来越广泛,取得的成效越来越大,因此越来越受到各国核监管当局以及核电业界的重视,发展前景广阔。

国内 PSA 应用工作起步较晚,相关的法规尚未完善。目前 PSA 相关工作的依据文件主要参照美国的相关文件。1995 年的 PSA 技术应用的政策声明和 1998 年一系列的管理导则,是风险指引型方法应用的重要参考。《核动力厂设计安全规定》(HAF102)明确规定了"必须对核动力厂设计进行安全分析,在分析中必须采用确定论和概率论分析方法",并已颁布 PSA 应用的政策声明。有理由相信,随着监管部门推动 PSA 应用的力度不断加大,我国 PSA 应用将进入一个新的发展阶段。这是当前核电事业蓬勃发展的需要,也是核电可持续发展的需要[6]。

(3) 核电厂设备可靠性数据库。

设备可靠性数据库[7-8]可以为电厂 PSA 和以可靠性为中心的维修(reliability centered maintenance,RCM)提供基本的设备可靠性数据。收集和分析电厂设备的可靠性数据同时还可以为核电厂的系统和部件可靠性评价、定期安全评价、预防性维修、纠正性维修、电厂技术改造和更新、备品备件优化管理以及老化寿期管理等活动提供重要的数据支持。

核电厂设备可靠性数据库的开发工作主要包括:设备类的定义及设备样本的选取,应涵盖电厂 PSA 和 RCM 所需的全部设备类和设备;定义设备类的边界及失效模式;核电厂设备基础可靠性数据和信息的收集;确定各种可靠性数据(设备的运行数据、维修数据、试验数据、故障数据、变更历史等)及其数据源;制订数据采集规程;确定通用数据源;数据采集及分析;评估电厂特定设备可靠性参数。国内目前投运的商用核电厂均已建立了自己的设备可靠性数据库。

为了指导国内运行核电厂开展设备可靠性数据采集工作,国家核安全局于 2015 年印发了《核电厂设备可靠性数据》,并于 2019 年对其进行了适应性升版,同时将文件名修改为《核电厂设备可靠性数据采集指南》,对各营运单位开展设备可靠性数据采集工作提出了明确要求。2015 年 7 月,国家核安全局发布了首份反映国内运行核电机组设备可靠性状况的数据报告——《中国核电厂设备可靠性数据报告》(2015 版)。

随着国内核电厂运行堆年的不断增加,设备可靠性数据的不断积累,《中国核电厂设备可靠性数据报告》(2020 版)对各营运单位最新报送的数据进行了整合、处理,给出了我国运行核电机组商运至 2018 年底共计 41 台机组 289 堆·年的 44 个常用设备类的可靠性数据统计结果,以及 6 个安全重要系统的不可用数据统计结果。其中,昌江核电厂、三门核电厂、海阳核电厂和台山核电厂为首次报送数据,数据报告首次涵盖 AP1000 和 EPR 核电厂运行数据。在此基础上,以美国NUREG/CR－6928(2007年发布)作为通用数据源,采用适当的数据处理方法进行了参数估计。

(4) 核电厂RCM技术应用。

RCM是目前国际上流行的、用以确定设备预防性维修工作、优化维修制度的一种系统工程方法,也是发达国家军队及工业部门制定军用装备和设备预防性维修大纲的首选方法。随着RCM技术的发展,在不同领域其定义也不同,但最主要、最基本的定义仍属JohnMoubray教授的定义:RCM是确定有形资产在其使用背景下维修需求的一种过程。

大亚湾核电厂是国内最早开展RCM应用的核电厂[9]。陈志林在文献[10]中阐述了RCM理念、分析方法在大亚湾核电厂的应用,描述了RCM分析成果指导现有状态监测和维修运行活动的程序,以及RCM分析成果在提高系统可靠性方面和降低系统及设备的运行和检修成本方面带来的变化,介绍了利用ENTEK状态监测软件分析设备故障及设备故障处理跟踪流程。

秦山核电厂从2005年开始着手调研学习,探索RCM的理念及具体应用,分析了传统RCM和SRCM的优缺点后,决定采用SRCM方法。SRCM是改进型(streamlined)的RCM。它的分析过程相对于传统RCM给予了某些优化,将分析资源集中于系统关键/重要功能,并在分析中针对主要的故障模式展开故障模式及影响分析(FMEA),得出系统设备重要度后,分别针对重要度不同的设备进行维修策略选择[11]。

秦山核电厂方家山核电机组是新建的百万级核电机组,用SRCM方法对系统设备实施可靠性管理,开发了SRCM导则,根据电厂性能指标要求进行了SRCM策划、准备、系统关键及重要性分析、设备关键及重要性分析、设备预防性维修大纲编制。在系统关键及重要性分析中,需要确定系统边界、系统功能、分析系统功能故障的后果。设备关键及重要性分析中,需列出设备、识别设备故障模式、识别设备故障影响及后果,并对设备进行分级、分析关键及重要设备故障原因、进行关键、重要设备维修任务选择,对一般级别的设备规定维修的原则。侯健红在《可靠性维修在方家山核电机组的开发与应用》中结合实际应用事例阐述SRCM在新建核电厂的开发与应用经验,并提出了SRCM分析过程中亟待解决的问题[12]。

(5) 维修规则体系开发应用。

核电厂对一些重要系统或设备出现因维修不当导致的故障时,或出现维修过度的情况时,是否能够采取有效且合理的维修评价及调整引起各国核电监管部门和核电厂营运单位的关注。历史经验表明,维修不足、过度维修以及维修不当会对核电厂的运行和经济性产生不利影响。相反,持续监测维修有效性,以确保始终获得期望的结果,保证关键的构筑物、系统和部件(SSC)能够执行其预期功能,对核电厂安全可靠的运行和整体性能的提高有着十分重要的意义。[13]

20 世纪 80 年代末期,美国核管理委员会(NRC)与业界评估发现,核电厂停堆或降功率事件绝大多数与设备维修作业直接相关,因此于 1991 年 7 月公布了核电厂维修有效性的监测要求,即维修规则(以下简称 MR)。要求核电厂要有一套机制来监测设备维修的有效性,并于 1996 年 7 月正式生效实施。同时,发布了核电厂维修有效性的监测导则,对各电厂进行具体的指导。

我国国家核安全局于 2017 年 8 月 9 日发布了《改进核电厂维修有效性的技术政策(试行)》,该技术政策是对《核动力厂运行安全规定》(HAF103)中关于核电厂维修相关要求的进一步补充和拓展,主要用于指导核电厂营运单位对维修有效性以及维修活动的风险进行监测和管理,与《核电厂维修》(HAD103/08)相辅相成。

① 维修规则的内容。

维修规则期望通过维修有效性评价来提高核电厂 SSC 性能,以使核电厂能够更安全可靠地运行。符合下述标准的 SSC 均属于 MR 的范围:

a. 安全相关的 SSC 在发生设计基准事故期间或之后,用来确保反应堆冷却剂压力边界的完整性;且有能力停堆并使其处于安全状态,或确保能够预防或缓解事故后果的能力,避免发生厂外放射性泄露超过法规 10CFR100 中的标准。

b. 非安全相关的 SSC:用于缓解事故或瞬态,或用于执行电厂应急运行规程;其失效可能会导致安全相关 SSC 无法执行其安全功能;其失效可能会导致紧急停堆或启动专设。

维修规则除了给出如何筛选需要进行有效性评价的 SSC 的范围外,还规定了对这些 SSC 开展维修活动时应遵守的条款:

a. MR 界定的系统或设备,应监测其性能或状况,若无法达成预定性能准则应进行特别监测,并作适当改善,直到其恢复正常性能准则。

b. MR 界定的系统或设备,经过适当的预防保养,如显示其性能符合标准,只要按照维修计划,继续执行一般性能监测即可。

c. 至少每一燃料周期(最长不可超过 24 个月)要对性能目标监测及预防性维修工作的成效评估一次,评估时要参考实际运转及业界经验,必要时须调整维修项目或周期,避免因维修过度或太少而使设备可用率与可靠性无法达成最佳匹配。

d. 对于经风险评估为安全重要的系统或设备,在执行维修作业之前(包括但不限于定期试验、维修后试验、纠正性和预防性维修工作),应评估及管理因执行该维修作业所增加的风险。

② 核电厂实施维修规则的基础。早在 2007 年国内学者就提出“我国核电厂已具备了实施维修规则的基本条件,应结合风险指引安全分级计划的实施,开

展具有我国核电厂特色的维修规则实施方案，推进我国核电厂维修有效性监测要求的法规和导则研究、制定工作”。

国家核安全局在2010年发布的技术政策《概率安全分析技术在核安全领域中的应用》及随后的工作极大地推动了国内核工业界对PSA技术的发展和应用，其中也包括PSA在维修领域的应用。目前我国运行核电厂均已建立PSA设备可靠性数据库系统，为PSA模型提供设备失效率、不可用等数据，这些数据与维修规则要求采集的数据基本类似，这也为维修规则数据的采集打下了基础。

③ 核电厂实施维修规则的现状。三门核电厂的机组和海阳核电厂的机组是我国从西屋公司引进的AP1000型第三代核电机组。西屋公司提供的一系列技术文件中有几份都涉及维修规则的相关内容，且已经在D-RAP大纲（即设计阶段可靠性保证大纲）中向业主提供了MR范围内风险重要功能的设备清单，三门核电厂和海阳核电厂可以根据其实际情况在此基础上进行适当地调整，大大减少了工作量，在机组商运前后即可逐步建立维修规则管理体系、编制相应的技术支持文件。

目前三门核电厂已初步建立了维修规则管理体系，完善了MR范围的设备清单，并编制了相应的软件。秦山核电厂和大亚湾核电厂于2017年开展了维修规则试点研究工作，并于2020年开始试行。

（6）核电厂设备可靠性管理。

核电厂设备可靠性管理将大范围的设备可靠性活动进行整合和协调，纳入同一流程。对核电厂人员评估重要设备可靠性水平，制订和实施长期设备健康计划，监测设备绩效和状况，以及按照设备运行经验持续调整预防维护任务和频率具有重要意义。

2014年6月29日，国家能源局发布行业标准《核电厂设备可靠性管理导则》（NB/T 20281—2014），该标准规定了核电厂设备可靠性管理的基本原则、流程及技术内容，适用于核电厂商业运行阶段设备可靠性管理工作的规划、实施和改进。

核电厂设备可靠性管理的基本原则：①应制定核电厂设备可靠性管理的基本制度和流程，且流程的规划与建立应合理利用和整合电厂已有设备管理资源；②核电厂设备可靠性管理应明确相应具体负责部门和人员；③核电厂设备可靠性管理流程及工作内容的制定应符合核安全法规和电厂政策的要求；④核电厂设备可靠性管理的每项任务应制定必要的技术导则或指导规范。

核电厂设备可靠性管理的流程及一般技术内容包括6个方面：设备分级识别、设备性能监测与评估、设备纠正行动、设备可靠性持续改进、设备预防性维修、设备长期策略。

广东大亚湾核电厂从建设开始就非常重视设备可靠性管理工作，投产前组织国内相关单位有经验的工程技术人员编写预防性维修大纲，使得设备的可用性有了最基本的保证。为适应群堆管理的需要和进一步提高机组的安全运行水平，大亚湾核电运营管理有限公司应运而生，通过统筹优化现有资源，对原来的两个电厂的设备管理机构进行了整合，形成了统一的设备管理队伍。在成功建立生产运行体系、设备维修体系及技术支持体系的基础上，通过不断引进、吸收和创新，现已基本建立一套有大亚湾特色的核电厂设备可靠性管理体系，该体系的建立为大亚湾核电厂长期安全稳定运行奠定了基础[15]。

浙江三门核电厂采用了 AP1000 技术，该堆型是美国西屋公司开发的一种两环路 1000MWe 的非能动压水反应堆。三门核电厂在借鉴国外核电厂管理经验的基础上，逐步将设备可靠性管理理念应用于三门核电 AP1000 机组的设备管理中。设备可靠性管理首先对设备进行了等级划分，然后针对不同等级的设备，采取不同的可靠性管理策略[16]。

（7）核电厂可靠性保证大纲。

可靠性保证大纲起源于可靠性管理的需求，起源于设备（特别是军用装备或军工产品）的质量管理需求。由军需的推动，美军的可靠性标准体系在 20 世纪 70 年代后期已基本完整建立。其成果在航空航天和核电厂等安全高度相关且成本极为昂贵的行业得到应用，其标准为国际组织（如 IEC、ISO 等）和包括我国在内的一些国家所采纳。

国际原子能机构（IAEA）于 2001 年 12 月正式发布了题为《先进轻水堆可靠性保证大纲（RAP）指南》的技术文件，指出可靠性保证大纲要规定保证核电厂具有可接受的安全等级的设计和运行要求，为制订核电厂决策程序，保证和优化核电厂性能提供基础。

2007 年 3 月美国核管理委员会（NRC）将 SRP17. 4 可靠性保证大纲正式写入审查核电厂安全分析报告的标准审查大纲（SRP）修订版中，同年 6 月在管理导则 RG1. 206 中给出 C. I. 17. 4 可靠性保证大纲的指导。

2012 年 10 月 19 日，国家能源局发布能源行业标准《核电厂可靠性保证大纲编写指南》（NB/T 20183—2012）。该标准规定了核电厂可靠性保证大纲编写的基本原则，以及核电厂设计和运行可靠性保证大纲的要求。该标准适用于核电厂可靠性保证大纲的编写，是编写核电厂可靠性保证大纲的指导性文件。

可靠性保证是核电厂实现其安全性和经济性的重要手段之一，应与核电厂设计、建造、安装和运行阶段的其他活动相结合，如质量保证等。核电厂可靠性保证大纲是为保证核电厂满足期望的可靠性水平而制订的技术管理文件，包括对必要的可靠性组织机构及其职责、要求开展的工作项目、依照的工作程序和赋予的资源保障、可靠性工作计划等内容的描述。核电厂可靠性保证大纲分为设计可靠性保证大纲(D－RAP)和运行可靠性保证大纲(O－RAP)。

① 核电厂可靠性保证大纲的目标

建立一种管理机制,在核电厂的设计中运用可靠性工程的方法,通过系统分析和成本收益比的权衡,为核电厂中有可靠性要求的 SSC 建立合理的可靠性基准值,以确保核电厂设计的可靠性能够满足期望的要求,并在核电厂投入运行之后管理和维持所设计的可靠性。

② 核电厂可靠性保证工作的基本原则

核电厂可靠性保证工作的基本原则如下:

a. 可靠性要求源于核电厂对安全性和经济性的要求,应与维修性、保障系统及其资源要求相协调,确保可靠性要求合理、科学并可实现;

b. 可靠性可作为与性能和费用等同的基本设计参数来处理,应建立适当的要求,提供履行和实施职责所必要的资源;

c. 可靠性与其他系统参数一样,可在设计中预计、在采购中规定、在试验中测量、在建造和运行中控制;

d. 可靠性保证工作宜遵循预防为主、早期投入的方针。

③ 核电厂可靠性保证大纲的编写要求

设计可靠性保证大纲(D－RAP)是核电厂设计方达到设计预期可靠性的重要途径,也是向采购方(核电厂业主)的承诺,通常由核电厂设计方编写。运行可靠性保证大纲(O－RAP)是核电厂 SSC 达到预期可靠性的重要途径,也是核电厂业主向社会公众的承诺,通常由核电厂业主编写。D－RAP 所确定的可靠性指标基准值,以及维修、监测活动等结果可为 O－RAP 的编写提供输入信息,为运行阶段可靠性保证活动的确定和实施提供基础。

对 D－RAP 的详细要求,包括七个方面:a. 负责部门及职责;b. 确定可靠性工作计划;c. 可靠性设计;d. 可靠性设计准则的制定与实施;e. 确定重要 SSC 可靠性要求;f. 确定采购、建造、调试阶段的可靠性保证措施;g. 重要设备的维修、试验、检查要求。

对 O－RAP 的详细要求,包括 7 个方面:a. 确定可靠性管理部门及其职责范围;b. 可靠性信息收集及传递;c. 可靠性指标监测;d. 可靠性指标评估;e. 原因分析和纠正措施建议;f. 纠正措施实施及反馈;g. 确定可靠性保证活动与其他管理活动的关系。

3)核电行业机械设备可靠性技术的应用案例

(1) 设计阶段的应用案例:承压热冲击下反应堆压力容器的概率评定

反应堆运行过程中发生严重失水事故(LOCA)时,反应堆压力容器(RPV)存在承压热冲击(PTS)瞬态。随着核电厂运行接近寿命末期,中子辐照会导致材料的断裂韧性下降,严重的 PTS 瞬态就可能引起内表面附近的缺陷快速扩展并穿透壁厚。因此,有必要对 RPV 进行 PTS 分析,保证在全寿期内 PTS 条件下的 RPV 结构完整性。

1999 年美国 NRC 启动了 PTS 的再评估项目以发展基于风险的 PTS 筛选准则。该项目统筹概率风险分析(PRA)、热工水力(TH)分析和概率断裂力学(PFM)分析,以裂纹穿透频率(TWCF)为基准建立了新的 PTS 温度鉴别值。

我国借鉴美国 NRC 早期的筛选准则,于 2010 年颁布了 PTS 评定标准《压水堆核电厂反应堆压力容器承压热冲击评定准则》(NB/T 20032—2010),规定了金属的温度鉴别值,作为 RPV 抵御 PTS 所必需的材料断裂韧度下限。当 RPV 堆芯带区材料的转变温度超过鉴别值时,标准规定应针对热冲击损伤后果进行详细分析,其中包含采用 PFM 分析方法,但未给出详细分析方法。

浙江工业大学高增梁等[17]综述了 PTS 筛选准则及其制定依据,总结 PFM 分析方法在 PTS 下 RPV 评定中涉及的主要内容,包括不确定因素统计分析、裂纹启裂模型及穿透模型等。利用自主开发的 PFM 程序对典型 PTS 瞬态进行案例分析。图 10-2 给出了 RPVPTS 失效概率评价流程图。在电厂整个寿期内开展分析可得到电厂全寿期内任意操作寿命时的 PTS 裂纹穿透频率(TWCF)。

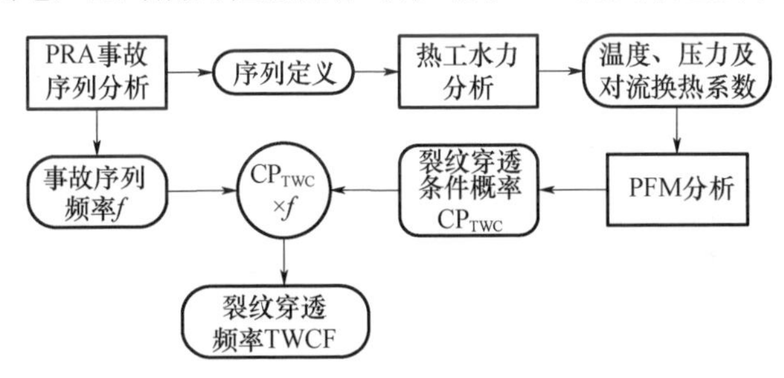

图 10-2　RPV PTS 失效概率评价流程图

美国核电管理导则 RG1.154 中规定其可接受准则为 5.0×10^{-6}/(堆·年)。核电监管部门依据堆芯损坏频率(CDF)和早期大量释放频率(LERF)两个指标控制核电厂的概率要求。管理导则 RG1.174 中给出了核电厂执照申请基准变更时风险指引决策方法及其接受准则,要求 CDF 低于 1×10^{-4}/(堆·年)和LERF 低于 1×10^{-5}/(堆·年)。依据执照基准变更引起的 CDF 增量和 LERF 增量进行审核,CDF 增量上限为 1×10^{-5}/(堆·年),LERF 增量上限为 1×10^{-6}/(堆·年)。NRC 分析了 TWCF 与 CDF 和 LERF 之间的联系,以 1×10^{-6}/(堆·年)为可接受准则制定了新的 PTS 筛选准则。

PTS 条件下的 PFM 分析需要确定所涉及的不确定性因素,建立这些不确定因素的统计模型。确定 RPV 的失效判据,建立相应的极限状态函数。最后选择合适的方法计算 RPV 的失效概率,并进行随机变量的敏感性分析。

在参数不确定性基础上，要计算核岛设备的失效概率，还需要规定相应的失效准则。在 PTS 条件下，RPV 中的初始裂纹可能因材料辐照脆化及低温冷却而发生脆性断裂。对 RPV 在 PTS 条件下进行定量评定时，要考虑初始裂纹的启裂、裂纹扩展及中止的可能性。裂纹启裂后向外壁方向扩展，辐照降低，温度升高，裂纹尖端的材料断裂阻力增加，便可能由脆性断裂转为韧性撕裂。

在给定瞬态下，可以根据不确定性因素的统计模型及失效准则，按照蒙特卡罗方法计算出 RPV 的条件失效概率。图 10－3 给出了 2 个典型 PTS 瞬态失效频率的累积概率分布曲线。按照概率断裂力学分析方法，当 RPV 达到设计寿命时裂纹的条件启裂概率和启裂频率如图 10－4 所示。启裂频率的 50% 中值和 95% 上限值随中子注量的变化如图 10－5 所示。由图可见，随着中子注量的增加，启裂频率中值呈上升趋势。在设计寿命下，SLOCA 瞬态工况的 50% 和 95% 起裂频率分别为 2.24×10^{-12}/(堆·年) 和 4.49×10^{-9}/(堆·年)，MLOCA 瞬态工况的 50% 和 95% 启裂频率分别为 7.90×10^{-9}/(堆·年) 和 4.28×10^{-7}/(堆·年)，满足核安全概率要求。

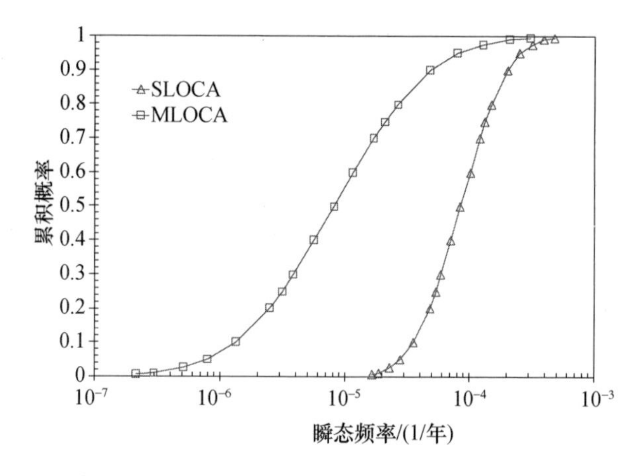

图 10－3　MLOCA 和 SLOCA 瞬态的累积概率分布

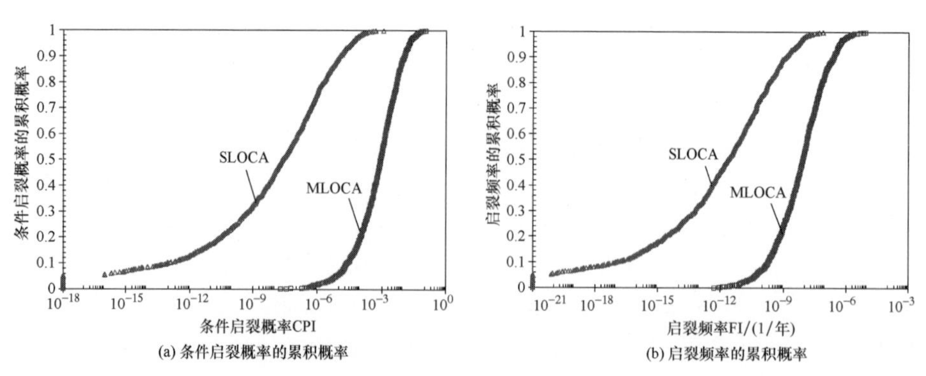

图 10－4　两个瞬态工况下裂纹的条件启裂概率和启裂频率

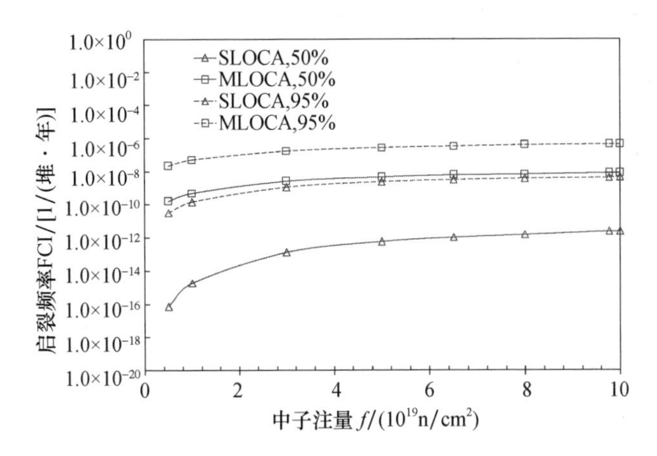

图10-5 50%和95%的启裂频率随中子注量的变化(横坐标单位中的"n"表示"中子")

概率安全评价方法作为确定性评价方法的重要补充,为RPVPTS分析提供了更好的实用工具。该方法充分考虑了评定参数的不确定性,评定结果以失效概率的形式定量反映结构的完整性状态,而不仅是"完全-不安全"。这与按失效概率表述的核安全要求相一致,在今后将变得越来越重要。尽管该方法已经经历了30多年的发展,但仍存在一些问题:a. 概率评定方法需要在整个PTS瞬态中进行详细的断裂力学计算,运算量大、评定效率不高;b. 由于核电部件的失效概率比较低,难以进行直接验证;c. 缺乏可用数据是概率评价方法面临的另一个重要问题。

(2)运行阶段的应用案例:核电厂辅助给水汽动泵可靠性分析研究。

辅助给水系统属于核电厂专设安全设施之一,由辅助给水电动泵和辅助给水汽动泵组成,其主要作用是在正常给水系统任何一个环节发生故障时,作为应急手段向蒸汽发生器(SG)二次侧供水,使一回路维持一个冷源,排出堆芯剩余功率,直到余热排出系统允许投入运行为止。在全厂断电事故工况下,汽动泵作为最终的排出堆芯余热措施,而其他事故工况下电动泵优先投运。在此阶段,堆芯导出的热量通过蒸汽发生器产生蒸汽,蒸汽排入冷凝器或向大气排放。

① 辅助给水汽动泵的功能和边界。辅助给水泵是正常给水系统供水发生故障时的备用泵。例如在现场电源出现故障、主给水系统管路或主蒸汽系统管路发生破损的时候,辅助给水泵加入工作。正常运行期间,辅助给水系统辅助给水泵处于备用状态,每个月进行一次定期试验,每次运转约1h。同时,在某些工况下,辅助给水泵及其系统也代替主给水泵及其系统进行工作,排出反应堆的释热。这些工况是:①机组启动及反应堆冷却剂系统的加热;②热停堆;③使反应堆冷却剂系统冷却至余热排出系统可以投入运行的程度。从安全角度来看,当

主给水系统的任何一个环节如主给水泵、给水管路、低压给水加热器系统、凝结水抽取系统或者凝汽器真空系统发生故障时,辅助给水泵及其系统立即投入运行以排出堆芯剩余热量,直到余热排出系统可以运行。辅助给水汽动泵主要装置:泵本体、汽轮机、润滑装置、冷却装置、增速装置,以及相应的传动装置。辅助给水汽动泵主要零部件:泵壳、泵轴、泵轴承、叶片、汽轮机、冷却设备、润滑设备、联轴节、增速器。

② 可靠性数据的采集与分析。失效及失效模式:设备失效即设备丧失了执行任何一种预定功能的能力。对于辅助给水汽动泵,失效是指由于辅助给水汽动泵或其子系统故障,使汽动泵在有需求时不能启动或运行,失去其安全功能。辅助给水汽动泵失效模式包括:①启动失效(FS):拒绝起动;②运转失效(FR):非计划的停机;流量低、振动大等重要性能严重恶化;③破裂(RU):严重泄漏或严重漏油。

需求次数:辅助给水汽动泵的需求次数即辅助给水汽动泵的需求启动次数。辅助给水汽动泵的需求主要分为定期试验需求和非计划需求。

运行时间:辅助给水汽动泵的运行时间就是相应泵的转动时间,包括定期试验时间和非计划需求时间。收集了国内某电厂从商运开始至2016年2月22日的可靠性数据。经过统计,辅助给水汽动泵累积需求次数共396次,累积运行时间共220.1h。

故障统计分析:运行期间未发生失效。从运行环境角度来看,没有导致设备可靠性下降的因素。从定期试验项目的历史执行情况来看,结果大都满足试验验收准则,定期试验中没有发现设备性能下降的情况,对于个别存在的一些小的缺陷已经得到了纠正,且不影响设备的正常功能。从设备的历史维修和故障情况来看,从商业运行开始至2016年2月22日,没有发现设备失效或者存在重大缺陷的情况,进行纠正性维修的缺陷,大部分在日常巡检中发现,而且这些缺陷和本试验验证的设备功能没有关系。对于发现的缺陷进行了纠正,对于出现频次比较高的问题进行了技术改造以避免再次发生。运行经验表明辅助给水汽动泵的可靠性良好。

辅助给水汽动泵参数计算如果如表10-2和表10-3所列。

表10-2 运行失效率的计算结果

累积运行时间/h	运行失效次数	先验均值	误差因子
220.1	0	1.3×10^{-4}/h	1.8
经典估计结果			
点估计值	95%置信上限值	5%置信下限值	误差因子
3.18×10^{-3}	1.36×10^{-2}	0	1.0×10^{1}

续表

贝叶斯估计结果(伽马分布)					
转换后的先验参数值	α	7.06×10^{0}	后验参数值	α	7.06×10^{-0}
	β	5.43×10^{-2}		β	5.45×10^{4}
95%贝叶斯上限值		2.17×10^{-4}	后验均值		1.29×10^{-4}
5%贝叶斯下限值		6.10×10^{-5}			

表10-3 需求失效概率的计算结果

累积需求次数		需求失效次数	先验均值		误差因子
396		0	4.20×10^{-5}/次		10
经典估计结果					
点估计值		95%置信上限值	5%置信下限值		误差因子
1.77×10^{-3}		7.54×10^{-3}	0		1.0×10^{1}
贝叶斯估计结果(贝塔β分布)					
转换后的先验参数值	α	5.33×10^{-1}	后验参数值	α	5.33×10^{-1}
	β	1.27×10^{4}		β	1.31×10^{4}
95%贝叶斯上限值		1.52×10^{-4}	验均值		4.07×10^{-5}
5%贝叶斯下限值		4.02×10^{-7}			

结论:

a. 使用国内某电厂自身的数据分析了辅助给水汽动泵的可靠性,以此为例解释了可靠性分析方法,和可靠性参数计算方法。

b. 给出了辅助给水汽动泵运行失效率和启动失效概率等关键可靠性参数的点估计和区间估计。

c. 经过数据收集和分析判断,在目前需求次数和运行时间较短的情况下,辅助给水汽动泵未发生需求失效和运行失效,采用上述经典估计方法,对于零失效的情况使用"χ^2在50%的规则"将零次失效按0.7次失效近似得到的需求失效概率和运行失效率偏于保守,而采用法国EPS 900&1300PSA主报告中的可靠性数据作为先验数据进行贝叶斯估计得到的可靠性参数估计较为客观;同时并未发现设备随时间延长而失效次数增多、可靠性降低的趋势[18-20]。

d. 核电行业机械设备可靠性技术应用方面存在的问题:核电行业机械设备既具有一般机械设备特别是反应堆压力容器、蒸汽发生器、稳压器、主泵等主设备的单件小批的共同特点,还具有在核电厂不同工况及辐照、高温、高湿、盐雾以及地震等环境下服役的特殊性,因此核电设备不仅存在一般机械设备可靠性分析遇到的共性问题,对于在特殊环境和服役条件下的核电行业机械设备的可靠性分析方法、可靠性试验、可靠性评估等方面,均增加了相应的难度。

虽然核电厂概率安全评价技术作为系统分析的工具已经相当成熟,运行核电厂的设备可靠性数据收集与可靠性参数的评估也有了统一的要求,但相比之下,核电行业机械设备在设计阶段的可靠性技术应用、可靠性试验验证及可靠性评价还处于起步阶段,涉及核电行业机械设备可靠性的标准体系刚刚建立,缺乏用于机械设备结构可靠性分析的国产关键部件材料数据库。

10.2 核电行业机械设备可靠性研究应用国内外比较

国家核安全局已发布了反映国内运行核电机组设备可靠性状况的数据报告《中国核电厂设备可靠性数据报告》(2015 版、2016 版、2018 版、2020 版),客观地反映了我国运行核电厂设备的可靠性水平。

生态环境部核与辐射安全中心初永越等在《核电厂 PSA 数据库平台的创建与应用》[7]一文中叙述了我国概率安全分析数据库创建的工作过程,对国家核安全局发布的《中国核电厂设备可靠性数据报告》(2015 版)的内容进行了详细说明。最新形成的中国运行核电厂概率安全分析通用数据如表 10-4 所列,将《中国核电厂设备可靠性数据报告》与国际上最具代表性的美国 NUREG/CR-6928(2007 版)、法国《用于 900MW 和 1300MW 概率安全分析的设备定义和通用可靠性数据》和俄罗斯《SRINPP 数据报告》进行分析比较,下面是对 PSA 中重要度较高的部分设备类的失效次数和可靠性参数进行简单的对比分析与讨论:

表 10-4 设备可靠性数据统计表(2020 版)

序号	设备类	失效模式	5%置信下限	均值	95%置信上限	误差因子	分布类型(2)	数据来源(1)
1	电动泵	FS:启动失效	1.05×10^{-4}	1.41×10^{-4}	1.86×10^{-4}	1.33	LN	D
		FR:运转失效	2.78×10^{-6}	3.44×10^{-6}	4.21×10^{-6}	1.23	LN	D
2	汽动泵	FS:启动失效	$8.38\text{E}\times10^{-4}$	$1.49\text{E}\times10^{-3}$	$2.47\text{E}\times10^{-3}$	1.72	LN	D
		FR:运转失效	$8.70\text{E}\times10^{-5}$	$2.94\text{E}\times10^{-4}$	$6.01\text{E}\times10^{-4}$	2.63	γ	B
3	柴油机泵	FS:启动失效	$4.17\text{E}\times10^{-7}$	$3.88\text{E}\times10^{-3}$	$1.77\text{E}\times10^{-2}$	206	β	M
		FR:运转失效	$1.29\text{E}\times10^{-6}$	$1.57\text{E}\times10^{-4}$	$5.64\text{E}\times10^{-4}$	20.9	γ	M
4	电动阀	FO:拒开	$3.56\text{E}\times10^{-4}$	$4.25\text{E}\times10^{-4}$	$5.03\text{E}\times10^{-4}$	1.19	LN	D
		FC:拒关	$3.44\text{E}\times10^{-4}$	$4.11\text{E}\times10^{-4}$	$4.89\text{E}\times10^{-4}$	1.19	LN	D
		FA:运行中卡死	$1.90\text{E}\times10^{-8}$	$4.83\text{E}\times10^{-8}$	$1.02\text{E}\times10^{-7}$	2.31	LN	D
		SA:误动作	$4.32\text{E}\times10^{-9}$	$1.39\text{E}\times10^{-8}$	$2.80\text{E}\times10^{-8}$	2.55	γ	B

续表

序号	设备类	失效模式	5%置信下限	均值	95%置信上限	误差因子	分布类型(2)	数据来源(1)
5	气动阀	FO:拒开	$3.37E\times10^{-4}$	$4.12E\times10^{-4}$	$4.99E\times10^{-4}$	1.22	LN	D
		FC:拒关	$1.23E\times10^{-4}$	$1.70E\times10^{-4}$	$2.30E\times10^{-4}$	1.36	LN	D
		FA:运行中卡死	$5.63E\times10^{-8}$	$1.00E\times10^{-7}$	$1.66E\times10^{-7}$	1.72	LN	D
		SA:误动作	$2.13E\times10^{-7}$	$2.92E\times10^{-7}$	$3.93E\times10^{-7}$	1.36	LN	D
…	…	…	…	…	…	…	…	…

注:1. 表中数据来源:“B”表示用美国 NUREG/CR－6928 数据和电厂统计数据经贝叶斯处理后的后验数据,“D”表示根据电厂统计数据使用经典估计方法计算得到的数据,“M”表示美国 NUREG/CR－6928 数据,“W”表示该设备类无先验数据且电厂统计失效次数小于5次,暂不进行处理的数据。

2. 分布类型中:γ表示伽马分布,β表示贝塔分布,LN表示对数正态分布。

(1) 电动泵估计得到的启动失效概率与运转失效率均低于其他国家数据,反映了我国核电机组电动泵的实际运行状况良好。汽动泵通过估计得到的启动失效概率和运转失效率与其他国家数据水平相当。

(2) 电动阀估计得到的拒开和拒关失效概率与其他国家数据水平相当。气动阀估计得到的拒开和拒关失效概率与其他国家数据水平相当,运行中卡死失效率低于美国数据,误动作失效率与其他国家数据水平相当。

(3) 应急柴油发电机组的启动失效次数和运转失效次数分别达到了49次和16次,其累计需求次数为8198次,累计运行时间10186.6h。通过估计得到启动失效概率高于其他国家数据,运转失效率与法国数据相当,但高于美国和俄罗斯数据。统计结果在一定程度上反映出现阶段我国应急柴油发电机组的设备可靠性水平的不足,应引起重视。营运单位应对应急柴油发电机组的性能进行长期监督,开展趋势分析,必要时采取改进措施提高应急柴油发电机组的可靠性。

(4) 控制棒及驱动机构统计到功能丧失2次、需求次数15123次。设备失效概率高于其他国家数据。虽然目前统计到的失效数据样本还没有足够多,但控制棒及驱动机构的可靠性对于概率安全分析乃至核电厂的安全都非常重要,应引起足够重视,进行跟踪研究。

总的来看,我国数据与其他国家数据相比,设备可靠性水平总体相当。

值得注意的是该数据报告仅反映了我国运行核电厂设备可靠性水平,但由于统计的设备中既有国外进口设备也有国产的设备,统计数据中并没有加以区分,因此不能进一步给出用于我国核电厂的国产机械设备与进口机械设备的可靠性水平对比分析,有待今后进一步细化。

10.3 核电行业机械设备可靠性研究应用发展趋势与未来展望

“十四五”是碳达峰的关键期、窗口期，国家从能源供应安全经济和可持续发展角度统筹考虑，重新将核电作为一种达峰主力能源发展，为核电发展营造了新的政策机遇期。核电是目前唯一可以大规模代替煤炭、为电网提供稳定可靠电力的能源，在中国绿色低碳能源体系建设中不可或缺，而且当前核电装机及发电量比例很低，有足够的发展空间。预计 2030 年中国核电装机容量可达 100 ~ 120GW，核电发电量占比达到 8% 左右。2040 年以后，中国核电装机容量将达到 150GW，发电量占比接近目前 11% 的世界平均值，比现在翻两番。同时，以“华龙一号”为主打的自主研发核电技术已成为国家高层积极向海外推广的国家名片，核电行业可靠性技术的发展将有力助推中国核电“走出去”。

在《核安全与放射性污染防治“十三五”规划及 2025 年远景目标》中指出多项涉及可靠性技术方面的发展方向：①逐步完善概率安全分析基础数据，推动行业概率安全分析技术交流，选择具备条件的核电厂，在技术规格书修订和在役检查等方面开展概率安全分析试点应用。②强化经验反馈，完善关键部件材料可靠性数据库。③开展风险指引型核安全监管技术研究，制定适用于我国监管要求的风险指引型核安全监管框架，制订具体行动实施程序，开发数据库平台。④加大概率安全分析技术成果应用，研究并试点开展风险指引型监督检查。

针对核电行业设备可靠性的标准体系尚未建立的现状，2017 年获批的大型先进压水堆核电厂国家重大专项下中国先进核电标准体系研究（第二阶段）课题的子课题 1“全范围体系整合及基础研究”中设立了“核电可靠性标准体系”专题于 2021 年通过验收，借助三代非能动核电技术自主化探索实践的有利时机，开展核电设备可靠性标准研究，建立了我国核电设备可靠性标准体系框架，解决我国核电可靠性标准体系的空白。同时通过本专题的研究，探索出我国自主化核电设备可靠性标准体系建设的有效路径，为我国核电设备可靠性标准体系后续的建设和完善建立示范效应，今后要加快核电可靠性相关标准的制修订工作。

CAP 系列是三代非能动核电厂，且 CAP1400 是国际上最大装量的三代非能动核电厂，因此出于安全运营的考虑，对核电设备的可靠性提出了要求。从分析理论和方法的角度对核电设备可靠性进行的研究工作尚处于起步状态，作为大型先进压水堆核电厂国家重大专项下压水堆重大共性技术及关键设备、材料研究项目所属课题之一“CAP1400 关键设备（如主泵、爆破阀等）和材料可靠性研究”于 2021 年通过验收，该课题形成的相关成果和开发的软件可进一步拓展应用到核电其他系统/设备的可靠性分析工作中。今后应进一步发挥课题建立的可靠性团队和验证平台的作用,为开展其他设备的可靠性分析提供有力支撑;鉴于当前部分关键设备可靠性数据积累不足,在工程应用中,应灵活发挥本课题可靠性分析成果,将其与智能监测和诊断技术相结合,保障关键设备安全可靠运行。同时,后续还需结合工程运行经验反馈,建立关键设备可靠性数据收集管理体系,如建立主泵、控制棒驱动机构、蒸汽发生器等关键设备的可靠性档案,定期收集运行数据和大修检测数据,以进一步完善关键设备的可靠性定量评价体系,支撑工程应用。

总之,随着我国核电技术自主化发展和核电走出去的发展战略,必将推动核电行业可靠性技术的推广应用和技术水平的提高,进而达到国家"十四五"规划纲要提出的"积极有序推进沿海三代核电建设"的目标,推动我国由核工业大国向核工业强国迈进。

参考文献

[1] 国家核安全局. 中国核电厂设备可靠性数据报告(2020版)[R]. 2020.

[2] 李曰兵,金伟娅,高增梁,等. 核压力容器缺陷验收确定性准则的失效概率分析[J]. 机械工程学报,2015,51(06):27-35.

[3] YU M F,CHAO Y J,LUO Z. An Assessment of Mechanical Properties of A508-3 Steel Used in Chinese Nuclear Reactor Pressure Vessels[J]. Journalof Pressure Vessel Technology,2015,137:031402-1-7.

[4] 关鹏涛,李相清,郑三龙,等. ASTM和ISO标准断裂韧度测试方法比较研究[J]. 机械工程学报,2017,53(06):60-67.

[5] 李曰兵,高增梁,雷月葆. 断裂韧度特征值的概率分析[J]. 核动力工程,2015,36(05):132-135.

[6] 李春,张和林. 概率安全分析的发展及应用展望[J]. 核安全,2007(1):54-59.

[7] 初永越,黄志超,依岩,等. 核电厂PSA数据库平台的创建与应用[J]. 核安全,2016,15(3):21-26.

[8] 依岩,李娟,黄志超,等. 运行核电厂PSA设备可靠性数据采集与处理[M]. 北京:中国原子能出版社,2015.

[9] 陈宇,黄立军. 以可靠性为中心的维修(RCM)在世界核能领域的应用及发展[R]//中国核科学技术进展报告(第一卷):核能动力分卷(上). 2009.

[10] 陈志林. 以可靠性为中心的维修体系在大亚湾核电站的应用[J]. 中国设备工程,2006(6):13-14.

[11] 黄志军. 秦山核电厂SRCM的应用实践[J]. 中国核电,2013,6(4):348-351.

[12] 侯健红. 可靠性维修在方家山核电机组的开发与应用[J]. 中国核电,2013,6(1):74-78.

[13] 李娟,依岩,张博平. 核电厂维修有效性评价[M]. 北京:中国原子能出版社,2014.

[14] 潘晓辉. 论红沿河核电厂设备可靠性管理[J]. 设备管理与维修,2016(3):11-13.

[15] 高立刚,王宗军,戴忠华. 大亚湾核电站设备可靠性管理体系创新[J]. 核科学与工程,2006,26(2):156-164.

[16] 陈秀娟. AP1000 核电厂设备可靠性分级研究与探讨[J]. 核安全,2014,13(2):9.

[17] 高增梁,李曰兵,雷月葆. 承压热冲击下反应堆压力容器的概率评定进展与案例分析[J]. 机械工程学报,2015,51(20):67-78.

[18] WANG W J,DU A L,LV J L,et al. Reliability Analysis of Turbine-Driven Auxiliary Feed-water Pumpof Nuclear Power Plant[C]. 2016 11th International Conference on Reliability, Maintainability and Safety(ICRMS),Hangzhou,2016.

[19] 谭坤,李乐,马静娴,等. 数据可靠性分析贝叶斯方法的研究及其在核电厂中的应用[C]. 2015 年全国机械可靠性技术学术交流会暨第五届可靠性工程分会第二次全体委员大会,常州,2015.

[20] 杨旻学,徐贝贝,宋强. 核电厂应急柴油发电机组可靠性分析研究[C]. 2015 年全国机械可靠性技术学术交流会暨第五届可靠性工程分会第二次全体委员大会,常州,2015.

(本章执笔人:中机生产力促进中心马静娴、闫国奎,
浙江工业大学高增梁、金伟娅)

第 11 章　航空行业可靠性工程应用

高可靠性一直是航空装备的重要目标,特别是第二次世界大战之后,可靠性技术率先在航空领域大力发展,并逐步成为一项独立的学科。

11.1　航空行业机械可靠性研究应用最新进展

可靠性理论的研究最早应用于电子产品,电子产品的可靠性技术也已经发展得相对成熟。随着认知的深入,研究人员越加发现对于机械产品往往难以采用常用的适用于电子产品的可靠性手段。因此,航空机械产品可靠性发展相较于电子产品要缓慢,主要原因在于以下几方面[1]:

(1) 受限于成本因素,机械产品无法像电子产品那样开展大样本量的试验,可供开展试验的样本量往往只有若干台,且试验成本高、试验周期长;

(2) 航空机械产品的故障模式及机理具有多样性,并且对于内外应力条件具有依赖性;

(3) 航空机械产品的零部件大多以耗损型失效为主,其寿命分布形式不如电子产品那样显著,当前已有的可靠性设计、试验与分析方法或标准大多是针对电子产品制定的,对于机械产品并不适用;

(4) 航空机械产品零部件一般都是为特定用途设计的,通用型不强,因此不利于积累共同数据。

随着航空工业的飞速发展,机械产品日趋复杂化、大型化、高参数化,对航空机械产品的要求越来越高,使故障发生机会显著增多,其中灾难性的事故时有发生。例如,1985 年 8 月,日航波音 747 客机坠毁,520 人丧生;1986 年 1 月,由于火箭助推器内的橡胶密封圈因温度低而失效,导致美国“挑战者”号航天飞机爆炸,造成了 7 名宇航员全部遇难和重大的经济损失。众所周知,机械产品的安全可靠是机械设计的主要目的之一,可靠性与其他性能一样,都必须在产品研制设计过程中充分考虑,而由制造和管理来保证。有效地增强产品质量、降低产品成本、减轻整机重量、提高可靠性和作业效率是可靠性设计的主要目标。

机械可靠性是指机械产品在规定的使用条件下、规定的时间内完成规定功能的能力。针对机械产品的可靠性理论及方法的研究于 20 世纪 70 年代基本构建,主要是依据结构强度可靠性设计。然而,随着应用范围、应用对象的扩大,传统疲劳可靠性理论、方法及模型中存在的问题也不断暴露出来。因此,针对航空产品机械可靠性的相关理论研究及其应用成为国内外研究人员研究的热点问题。

现对1969年以来的国外文献进行了搜索,关键词如表11-1所列,搜索结果为156篇文献。按照技术类别、国别和应用领域分别分类,统计从20世纪60年代开始,按10年计数,可得到如图11-1~图11-3的结果。其中,技术类别分为可靠性设计与分析、可靠性评估、可靠性预测和可靠性试验;国别分为美国、欧洲国家、俄罗斯、日本和其他国家;应用领域分为整机、机体结构、飞控系统、机载设备、零部件和发动机。通过对比可以看出,虽然各国对可靠性的研究在不断加强,但美国在可靠性研究方面的投入远远高于其他国家,各国主要研究方向为可靠性设计与分析,机体结构的可靠性是主要研究对象。以下将结合当前国内外航空机械产品的发展,对一些关键可靠性技术的发展及应用状况进行说明。

表11-1　与航空相关的关键词

类别	关键词
飞机	Aircraft + reliability
	Airplane + reliability
发动机	Aircraft + Engine + reliability
机载设备	Airborne equipment + reliability
	Airborne product + reliability
机体结构	Aircraft + construction + reliability
	Airframe + reliability
	Fuselage + reliability

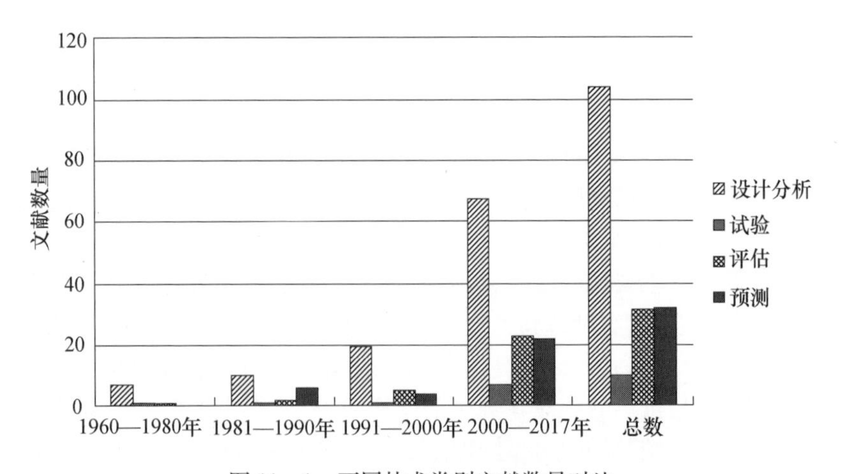

图11-1　不同技术类别文献数量对比

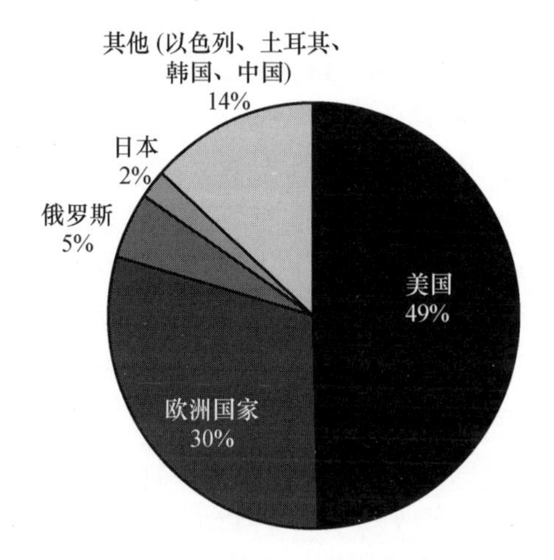

图 11－2 各国文献数量对比

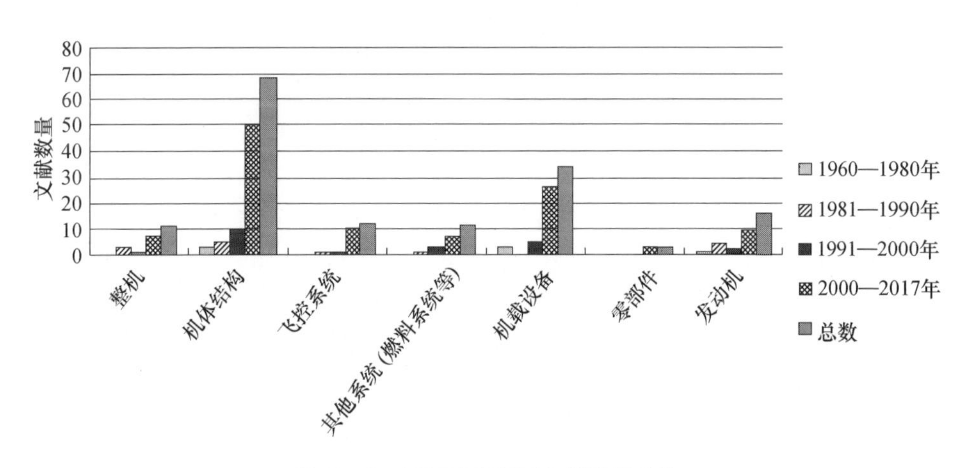

图 11－3 不同应用领域文献数量对比

1. 可靠性设计与分析

可靠性设计的基本任务是在故障物理学研究的基础上，结合可靠性试验以及故障数据的统计分析，提供实际计算的数学和力学模型、方法及实践。可靠性设计的思想可以追溯到第二次世界大战时期，以结构安全度为主题的研究奠定了结构可靠性理论的基础，从此可靠性技术开始引起理论学术界和实际工程界的普遍关注与重视，相应的理论与方法不断出现。

1）稳健优化设计

稳健优化设计通过综合考虑产品性能、质量和成本，选择出最佳设计，不仅可以提高产品的质量，而且可以降低成本。在机械产品设计中，正确地应用稳健设计的理论与方法可以使产品在制造和使用中，或是在规定的寿命期间内当设计因素发生微小变化时都能保证产品质量的稳定[2]。稳健设计方法起源于日本学者田口玄一创立的三次设计法(系统设计、参数设计、容差设计)。随着计算机技术、优化技术和CAD技术的发展,又给稳健设计方法中注入了许多新的内容,逐渐形成现今的稳健设计方法,并在学术界和工程界引起重视与兴趣。

机械产品稳健设计中一种有效实用的途径是通过极小化灵敏度来实现稳健设计,在设计阶段通过灵敏度分析,使产品的质量对不确定因素的敏感性最小,使产品具有稳健性。这种方法的优点是能设计出允许更大容差的产品而同时具有较低的成本,是使所设计的产品具有对设计参数变化的不敏感性(即具有稳健性),机械产品的可靠性稳健设计是在可靠性设计、优化设计、灵敏度设计和稳健设计的基础上进行可靠性稳健设计,把可靠性灵敏度融入优化设计模型之中,将可靠性稳健设计归结为满足可靠性要求的多目标优化设计问题[2]。

稳健性优化设计主要考虑不确定性条件下对于产品的影响。而将不确定性概念应用于航空产品可靠性设计的思想是近些年才开始引起研究人员关注的。1998年美国航空航天学会(AIAA)邀请了工业界10位专家就优化方法在他们各自领域的应用现状和需求发表看法。通过这次调查,发现工业界需要的是在各种不确定因素下产品具有稳定性能的优化设计方案,并且这种方案要有利于飞机今后的改型或系列化。之后,美国NASA兰利研究中心的多学科设计优化部(MDO Branch)开始认真考虑在各种不确定下飞机总体和气动优化问题,试探性地将稳健优化应用于跨声速翼型设计。研究结果发现:如果将飞行速度看作在Ma0.7~0.8的一个随机量,用稳健优化方法获得的翼型虽然在某点速度上其升阻比不如确定性优化方法的结果,但在整个速度范围内,其升阻比总体上要比确定性优化方法的结果好得多。2002年NASA多学科设计优化部在广泛征求工业界和学术界基础上,出版了白皮书《基于不确定性的航空航天器多学科设计优化方法:需求与机会》。这本白皮书规划了他们在未来若干年里要进行的研究工作,其重点就是要在飞行器优化设计中要考虑不确定性因素的影响。2003年,密西西比州立大学的Q. Xie等研究了一种飞机概率优化结构设计的方法,减轻结构重量,并且满足质量、安全、生产能力和承载能力的要求。基于分析和半经验的方法进行结构和失效分析,基于高级一阶二次矩的方法进行组件失效率分析,用序列二次规划的方法解决优化问题。2004年至今AIAA每年都组织召开关于不确定分析与设计优化的专题学术研讨会。美国一些大学的飞机设计研究小组,也在研究如何在考虑不确定性的条件下进行优化设计,如圣母大学、麻省理工学院、佐治亚理工学院、弗吉尼亚工学院等。

国内相关研究人员针对航空机械产品的稳健优化设计也开展了相应的研究工作。彭茂林等[3]通过建立了一种基于响应面法的可靠性稳健设计优化模型,对某涡轮叶片型线进行设计优化,经过优化后,静、动叶的动能效率均值分别提高 1.5% 和 6.4%，动叶片结构强度可靠度由初始的 91.3% 提高到了 99.9%。杨军等[4]将有限元分析和稳健设计有效结合，提出基于方差传递模型的飞机蒙皮拉形工艺稳健设计方法，该方法可以有效减少蒙皮拉形工艺的质量波动，提高工艺稳健性。韩冰海针对某航空齿轮减速器中单级斜齿圆柱齿轮系统，建立齿轮传动系统的多目标稳健设计优化模型，使得传动系统的整体重量减少 47.4%，接触疲劳强度安全系数降低了 5.6%。杜尊令[5]针对航空涡轮盘，利用有限元仿真构建参数化模型，并在此基础上分析了在任意分布参数下涡轮盘可靠性稳健优化设计问题。

2）损伤容限设计

在第二次世界大战以后的 10 年中，随着航空工业的发展，飞机性能提高，新结构形式的采用以及高强度材料的广泛运用，世界各国原先按静强度原则设计的军用机和民用机中出现了多起疲劳破坏事故，其中以英国彗星号飞机连续两起灾难性疲劳破坏事故为顶峰。因此在新飞机的设计中，除了传统的静强度和动强度要求外，还特别强调结构的安全寿命设计和疲劳强度的控制，并通过全尺寸疲劳试验进行验证和定寿。根据“安全寿命”的概念进行飞机设计，就是说：在设计时认为结构中是无缺陷的，在整个飞机使用寿命期间，结构不会发生可见的裂纹。通过结构细节的疲劳设计，部件以及整机的疲劳试验来验证飞机的“安全寿命”。为此，设计时安全系数取得很大。安全寿命设计准则，美国空军飞机沿用到 20 世纪 70 年代初期，英、法、德等欧洲国家仍在不同程度地沿用着。从 20 世纪 60 年代末期起，原按疲劳安全寿命设计的多种美国空军飞机出现了断裂事故。例如，1969 年美国发现 F－111 机翼枢轴断裂使左翼脱落而全机坠毁。事后分析枢轴在热处理时出现缺陷而引起脆性断裂。这说明，所谓“安全寿命”设计并不一定保证安全。为此，美国空军对 1971 年的军用规范做了修改，在安全寿命概念基础上，作为过渡性措施增加了破损－安全设计和试验的新要求。该准则按结构类别分别提出了安全寿命要求（不可检缓慢裂纹扩展结构）、剩余强度要求（破损－安全结构）和安全裂纹扩展寿命要求（可检结构）。并通过全尺寸疲劳试验和剩余强度试验进行验证。欧美第一和第二代喷气式民用飞机曾普遍采用这种方法进行结构设计。在商用运输机方面，破损－安全概念曾一度被认为已完全解决了结构疲劳问题，然而随着飞机使用年限的增加，结构固有的破损－安全特性在丧失，并导致一系列事故：1976 年 4 月，AVRO 公司生产的一架 AVR0748 飞机由于机翼上的疲劳破坏造成飞机在阿根廷失事，该飞机是 AVRO 公司首次按破损－安全原则设计的。之后不久，一架 Dan－Air 公司的波音 707 飞机在赞比亚国际机场，一个按破损－安全设计的水平安定面飞掉了，其原因也是疲劳。

20 世纪 50—70 年代初的大约 20 年间，美国空军在飞机结构疲劳上得到的主要教训是:安全寿命设计不能合适地考虑在原材料、制造、运输等过程中可能产生的缺陷。70 年代初的大量事故调查和研究表明,50% 以上的疲劳失效是由制造过程中产生的制造缺陷所致,这促使美国空军从 1974 年以后,放弃了安全寿命的设计方法而转向损伤容限/耐久性设计思想上来。飞机结构损伤容限设计技术,是在总结以往飞机设计经验和断裂力学这一新兴学科的建立与发展完善基础上,于 20 世纪 70 年代中期以设计规范形式确定下来的一种新的设计方法。1974 年美国空军首次颁布了全新的飞机结构抗断裂设计的第一部规范——《美国空军飞机损伤容限要求》(MIL - A - 83444),在此之前,美国多种军机已经采用了损伤容限的原则和概念进行新机设计和老机评定。1969 年,洛克希德 - 佐治亚子公司的 C. Richard 等提出,损伤容限作为飞机设计的一个首要考虑的指标,并用具体实例对损坏结构的内部负载路径进行了描述。1978 年美国联邦航空局通过联邦航空条例 FAR25. 571 的修改而引入损伤容限的原则。从那时起所有的商业运输机均按损伤容限思想进行设计,并且对现有的老龄飞机按同样原则进行了评估。我国也相应制定了《军用飞机结构完整性大纲——飞机要求》(GJB 775. 1—89)以及《军用飞机损伤容限要求》(GJB 776—89)。我国民航局也参照美国联邦航空局民用航空条例制定中国民用航空的适航性条例,对结构损伤容限设计提出了明确要求。

在相应标准、法规出台的同时,损伤容限设计不断在航空产品上得到了应用拓展。Chana[6] 等研究了不同直升机载荷谱处理方法以及不同寿命设计方法对直升机寿命估算结果的影响。研究表明,对直升机部件真实载荷谱分别采用峰 - 谷值法和修正的雨流法不影响直升机的寿命估算结果;采用损伤容限方法估计的直升机部件寿命要远远小于安全寿命法估计结果,损伤容限设计方法往往会给出较为保守的寿命估计。Newman 等[7] 研究了不同载荷谱下铝合金直升机桨叶的疲劳裂纹扩展特性。采用改进的条带屈服模型解决直升机谱载下的裂纹闭合效应问题,根据该模型分别模拟了紧凑拉伸(CT)试样和含初始缺陷桨叶的疲劳裂纹扩展曲线,并与试验值进行了对比。对于 CT 试样,模型预测寿命较试验值大 15% ~30% ;对于桨叶试样,模型预测值在裂纹增长初始阶段与实测值非常吻合,但总预测寿命较实测值短 30% 。张纪奎等[8] 提出用稳定裂纹扩展阶段曲线来表征材料的损伤容限特性,从而能较为全面地反映材料的疲劳强度特性。

3) 容错技术

容错技术是提高航空产品可靠性的有效手段之一。即使系统中的一个或多个组件发生故障,容错技术也会保持系统的正常运行。冗余技术作为容错的基本手段,它被应用于航空领域各种关键设备上[9]。例如,波音 777 飞机中使用的 FBW(Fly - By - Wire)系统可为硬件设备提供三重冗余,包括计算系统、电源系统、液压动力和通信系统[10]。冗余技术的应用提高了航空产品的任务可靠性。然而,共因失效是对冗余系统故障的主要威胁因素,有可能会同时破坏所有的冗余设备[11]。对于航空系统,共因失效这种零部件失效相关性是普遍存在的。谢里阳等[12]探讨了冗余系统存在“共因失效”这类失效相关性的原因,并建立了冗余系统共因失效概率模型。

此外,容错技术还允许系统通过故障检测,识别和调节程序来维护其功能[13]。在航空工业中,这些技术已被广泛应用于容错控制系统。一般来说,容错控制系统可分为被动容错控制系统和主动容错控制系统。前者用于在故障发生后保持其功能,而不改变结构或相关参数,而后者改变结构或参数(称为可重构控制系统)[14]。与被动容错控制系统不同,主动容错控制系统需要通过故障检测和诊断获得的故障信息来通知重新配置。波兰的 B. Dolega 针对电传飞控系统的传感器和执行器,通过故障检测和故障隔离建立容错控制系统,以提高系统的可靠性。王灿灿[15]针对某型涡扇航空发动机在气路部件故障情况下,研究其在整个飞行包线内的容错控制方法。最终实现整个闭环控制系统在线的故障诊断和性能恢复,在保证发动机稳定安全工作的基础上减少发动机推力以及喘振裕度等性能损失。

2. 可靠性预测

可靠性预测是一种根据所得的有效数据计算器件或系统可能达到的可靠性指标或对于实际应用的产品计算出它在特定条件下完成规定功能的概率的预报方法。

1) 常用可靠性建模

(1) 故障树。

故障树分析是以系统故障为导向的,通过对系统自上而下的分析过程用来描述哪些单元的故障、外部事件或者这些事件的组合是如何导致系统发生某种特定故障发生的。故障树方法能够解决多种故障之间存在复杂逻辑关系的情况,并可以进行定性和定量的分析。通过对故障树的最小割集进行不交化处理,就能够计算得到顶事件发生的可能性。

20 世纪 60 年代,美国的沃森和默恩斯两人在导弹的随机故障问题中第一次应用故障树分析,并且成功地进行了预测。随后,故障树分析方法被波音公司应用在了飞机的设计上。目前针对航空产品开展故障树分析十分普及[16-17]。并且,随着美国联邦航空管理局(FAA)开始将无人机广泛纳入国家空域系统(NAS)中,故障树分析也开始用于对无人机的系统安全评估中[18]。在国内,故障树分析方法成为航空领域中可靠性分析的主要方法。其中,通过构建 CFM56 - 7B 发动机滑油系统的故障树模型,找到故障诱因依次为后收油池供油口盖封严损坏、后收油池滑油回油管接头处裂纹、发动机使用 MJ0291 滑油后导致密封材料损坏。针对国产某型飞机起落架的可靠性问题，通过建立顶事件为“地面支撑功能失效”的故障树，并最终确定油气腔密封是诱导故障发生的主要因素[20]。

（2）Petri 网。

Petri 网以研究系统的组织结构和动态行为为目标，着眼于系统中可能发生的各种状态变化及变化间的关系，适用于离散时间动态系统的建模与分析。孙宝贤等[21]通过对机械系统可靠性采用“安全－中介－失效”3 级工作模式的分析方法，同时通过利用 Petri 网模型对系统进行故障分析，运用随机事件的并运算和交运算，给出了具有中介状态的机械系统可靠性向量的计算方法。有学者提出可以利用基于 Petri 网的动态性描述故障的产生和传播过程。Georgilakis 等[22]采用随机 Petri 网分析了变压器故障诊断与修复过程建模中的适用性，并给出了最常见类型的变压器故障（过载、漏油、短路和绝缘失效）的仿真结果。莫志军[23]基于航空发动机的结构层次性，构建故障重点防范部件转子系统的故障诊断树，完成故障 Petri 网模型的搭建，实现了航空发动机故障快速定位。

（3）马尔可夫模型。

马尔可夫模型法主要用于系统可靠性建模和分析，以离散系统的状态作为输入信息，以状态转移概率矩阵等方式表示某些事件的发生。JohnMcGough 等研究用马尔可夫链预测数字飞控系统的可靠性。四川大学李润国[24]基于隐马尔可夫模型，对航空发动机气路部件的健康状态进行了评估，并基于实际数据对航空发动机进行了剩余寿命预测。Liu 等[25]考虑到多通道传感器信息包含更丰富的特征信息，采用耦合隐马尔可夫模型来评估轴承的退化状态。吉晨[26]使用两个随机变量来描述系统的动态变化和各种变量之间的依赖关系、具有处理不完整或复杂大规模数据的离散隐马尔可夫模型（DHMM）应用于航空发动机轴承故障预测中。

2）疲劳寿命预测

在航空领域，机械可靠性的研究都在重点关注于结构疲劳寿命问题。这方面的开创性工作首推 Wirsching 在 20 世纪 70 年代末的研究。在国外，通用电气（GE）公司和 NASE 针对 F404 发动机轮盘的破裂问题，研究了本构模型 Bodner－Partom 对航空发动机热端部件应力和应变响应的预测能力。加拿大国家研究委员会通过考虑裂纹的成核和扩展，提出了基于物理失效的整体疲劳寿命预测方法。NASALewis 研究中心提出了一种通用的方法预测飞机发动机和压缩机转盘的疲劳寿命和可靠性。这一方法结合用单元应力值的残存概率计算出的寿命，同时考虑转盘旋转速度和设计变量，设计变量包括转盘直径、厚度，螺栓孔大小、数量和位置等。Matthew E. Melis 等用威布尔统计对两组不同飞机燃气涡轮发动机压气机盘的两系列的低周疲劳试验数据进行重新分析和比较。

在国内航空领域的疲劳可靠性研究过程中，沈阳航空发动机设计研究所王相平等[27]针对航空发动机可能承受的多种类型的循环载荷,其内部部件可能处于多轴应力的情况,应用局部应力、应变的近似计算方法及多轴疲劳寿命预测模型对航空发动机轮盘进行寿命预测。王明清等[28]结合齿轮材料的时变强度,建立齿轮可靠度的时变模型,推导齿面接触疲劳和齿根弯曲疲劳两种相关失效下时变概率计算公式。

目前国内外的相关研究主要集中在单元的疲劳可靠性分析上,对系统整体的疲劳可靠性分析相对较少。例如,针对航空发动机齿轮传动系统,系统寿命最初认为是由系统中的“最短板零部件的寿命水平”决定,因此只需研究单一齿轮中的单个或多个部位的材料或结构是否发生损伤破坏,进行相应的寿命建模。随着对于单元故障相关性的研究深入,有学者已经指出:各零件之间的相互耦合及其失效相关性,是机械装备和机械系统可靠性设计的关键问题,直接关系着能否突破约束机械产品可靠性发展的理论瓶颈[29-30]。

3. 可靠性试验

可靠性试验是产品研制和生产过程中完善产品设计、评价和考核产品的各项质量特性(如功能和性能、环境适应性、安全性、可靠性、维修性和测试性等是否达到相应水平和/或是否符合合同要求)必不可少的手段。因此,在产品研制一开始,就在充分分析产品寿命期剖面和环境剖面、基本特性和历史、相似设备、时间和费用等可得资源的基础上,制订一个完善的综合性试验大纲,并尽早在产品研制和生产的各个阶段加以应用,充分发挥试验的作用,以便降低成本,及时快速地研制出高质量的产品。因此,可靠性试验已成为产品研制和生产工作的重要组成部分。

可靠性试验工作目前已经广泛地开展,并且已经形成了一系列相关标准用以指导试验实施。随着我国航空工业的蓬勃发展,目前国内航空领域各类型号正在经历从关注通用规范的考核性试验通过与否到加强研制过程中可靠性试验验证的转变,旨在研制过程中通过试验尽可能暴露、发现并解决问题[31]。本部分将对几类典型的可靠性试验技术及其应用发展进行阐述。

1) 环境应力筛选

环境应力筛选(ESS)是为了发现和排除不良零件、元器件、工艺缺陷和防止出现早期失效,在环境应力下所做的一系列试验。ESS 的目的是通过向产品实施合理的环境应力,将其内部的潜在缺陷加速变成故障,并加以发生和排除的过程,其目的是剔除产品的早期故障。

在 1980 年,美国发布的 MIL - STD - 785B 中首次提出 ESS 这个术语,并将 ESS 作为工作项目正式纳入标准范畴。随后出台了更具影响力的 MIL - STD - 2164,我国以此为蓝本制定了 GJB 1032—1990。随着国内对环境应力筛选技术认识的提高,其在航空产品的研制生产中的应用日趋广泛,并且取得了较好的效果。例如,某型空空导弹整机级产品选取合适的温度循环筛选和随机振动筛选方案,获取了较为满意的筛选度[32]。

2）可靠性增长试验

在产品的研制初期,必须经过反复试验—改进—再试验的过程,在这个过程中,产品不断暴露出各种缺陷,而经过分析和改进后,产品的可靠性不断提高,这就是可靠性增长试验。

早在20世纪60年代,美国就已开始推进可靠性增长试验技术工作的展开。美国国防部于1969年率先将可靠性增长技术纳入了可靠性工作计划,陆续颁布了一批可靠性增长技术标准。通过颁发了《可靠性增长试验》(MIL - STD - 1635),鼓励承包商通过可靠性研制试验与增长试验来提高产品的设计可靠性,以便保证顺利通过可靠性鉴定试验。在1981年颁布的《可靠性增长管理》(MIL - HDBK - 189)提供了可靠性增长管理的程序。该标准建议使用Duane模型进行可靠性增长试验计划的制定,并使用AMSAA模型或Duane模型评估可靠性增长,同时还介绍了8个离散型增长模型和9个连续型增长模型,成为可靠性增长技术的重要里程碑[33]。在国内,钱学森教授于1975年、1977年、1981年三次提出要开展变动统计学和小子样变动统计学研究,指出可靠性增长理论是可靠性理论研究的三大方向之一[34]。从1975年起,国内开始研究可靠性增长理论与方法,并制定了相应的标准——《可靠性增长试验》(GJB 1407—1992)以及《可靠性增长管理手册》(GJB/Z77—1995)。

同时,可靠性增长试验在各个方面得到了充分的应用。2005年Ellner等[35]利用Stein因子重新描述各失效模式引起的失效率,建立了基于Stein因子的连续型系统可靠性增长预测模型,即APM - Stein模型。Srivastava[36]讨论了系统在开发阶段的可靠性增长及预测问题。针对航空发动机,金向明等[37]通过可靠性增长预测模型充分利用定型前内场台架试验及外场试飞提供的大量数据对技术状态不断变化的发动机进行可靠性评估。明志茂等[38]基于新的Dirichlet先验分布,建立了一种可靠性增长的贝叶斯评估与预测模型。同时,国内通过对CZ - 2F运载火箭实施可靠性增长试验,提高了各系统单机产品的可靠性水平,保证了火箭的连续发射成功。

3）可靠性强化试验

可靠性强化试验是从20世纪80年代后期开始发展的一项新的试验方法。在产品的方案研制阶段,可靠性强化试验是一种非常有效的快速暴露产品薄弱环节、发现产品缺陷的可靠性试验方法,它可有效地提高产品的固有可靠性,缩短产品研制周期,节约成本[39]。1994年,美国波音公司在此基础上开展了用于实现可靠性增长为目的的可靠性强化试验,通过人为施加远远超出产品设计规范所允许的极限应力快速有效地激发产品设计和制造缺陷,从而大幅度提高了试验效率,并且能够快速暴露产品设计缺陷[40]。据统计,在波音777改型中机电设备未经可靠性强化试验,其现场可更换单元(LRU)的外场更换率高达35%,而经历可靠性强化试验的LRU外场更换率降至4%。由此可见,可靠性强化试验是提高航空产品可靠性的有效方法[41]。

目前,可靠性强化试验已经应用在国内航空领域内各型号研制过程中,为保障新型号研制成功和在役装备的可靠性增长发挥了重要的作用。例如:某型发动机在成附件可靠性强化试验中暴露出继电器失效、振动传感器绝缘垫片碎裂、转速传感器外壳焊缝脱焊、作动筒漏油、起动机传动系统齿轮齿根断裂等故障或问题90项,其中工艺问题占44%,设计问题占28%,材料问题占22%,其他问题占6%[31]。这些故障的解决对完善设计、改进结构、提高设计水平提供了宝贵的经验。此外,在某型空空导弹的研制过程中,结合空空导弹试验费用高、样本量小等特点,通过控制产品破坏极限发生的实际,改进试验剖面,从而实现了尽早暴露产品的薄弱环节、缩短试验周期的目的,最终共暴露27处薄弱环节,包括壳体连接处掉漆、产品连接螺钉断裂、产品内部结构件断裂等[42]。

4)加速试验

为了考核产品寿命与可靠性水平,在产品正式投产之前需开展加速试验。加速试验技术采用严酷于产品正常使用的环境条件,加速产品失效或退化过程,从而在短时间内获取寿命或退化数据进行可靠性和寿命评估[43]。

加速试验技术已经在航空领域研究中获得了较为成功的应用。例如,俄罗斯(苏联)针对液压系统的关键部件最早开展了加速试验,并出台了一系列的实施加速试验的方法指南,指出液压柱塞泵加速试验的应力施加方式有多种,综合了提高载荷(压力、流量、转速、流量切换频次)和劣化使用环境(介质温度)两种方式。美国也出台了相应的试验标准——MIL-P-19692E。国内也有针对某型飞机液压主泵开展加速试验,并预测了该产品的寿命[44]。同样,加速试验技术在其他机械产品中也得到了实际的工程运用,例如:关节轴承[45]、低压电机[46]、滚动轴承[47]等。在导弹的定寿延寿方面,美国的"民兵导弹贮存计划"采用加速试验技术为导弹贮存寿命提供48个月的使用寿命预报[48]。俄罗斯在导弹延寿中采用加速试验技术对C-300防空导弹进行贮存寿命研究,只用6个月的加速试验即获得了贮存寿命10年的结论[49-50]。

11.2 航空行业机械可靠性研究应用国内外比较

高可靠性是航空装备研发与生俱来的关键目标。航空产品当中,机械部件的可靠性发展水平相较于电子部件要缓慢。航空行业机械可靠性最开始主要聚焦于机械结构强度可靠性设计和疲劳可靠性研究。美国在航空可靠性研究方面的投入高于其他国家，在飞机发动机系统可靠性、飞机整机可靠性试验领域，美国领先于其他国家。下面重点就航空产品可靠性试验、可靠性数据积累与共享、可靠性指标与使用保障费用三个方面简要比较国内外航空行业机械可靠性研究应用情况。

1. 航空产品可靠性试验

可靠性试验是保障航空产品可靠性水平的关键环节。

国外航空发动机成附件研制过程明确规定了不同研制阶段的技术活动要求、技术管理活动要求和典型交付物，对设计和试验活动实现了强有力的控制。美国政府和军方通过航空发动机全生命周期管理改革，重点加强研制阶段设计、试验的标准和管理力度，航空发动机试验周期和总试验时数进一步延长。以美国著名的高可靠性发动机 T700 为例，其成附件在研制过程中就历经了 15 万 h 的试验。随着成附件性能的提高，美军在《航空涡喷涡扇涡轴涡桨发动机联合使用规范指南》(JSSG2007B)中又对航空发动机成附件环境应力筛选试验和可靠性增长试验提出了新的要求。

我国航空发动机成附件的研制主要遵照《武器装备研制项目管理》(GJB 2993)和《军工产品定型程序和要求》(GJB 1362A)的规定进行，但现行的研制程序并不完全适用于成附件的研制过程，容易造成研制反复、需求无法满足等问题，不利于可靠性试验的开展。以某型燃油泵试验过程为例：首先在厂内完成功能性能试验考核，再依据 1985 年国防科工委颁发的 1325 号文进行寿命试验，然后按照 GJB150A 或 RTCA/DO 开展环境试验，最后随发动机整机完成设计定型试验。当存在进度紧张、设备条件不达标或资金紧缺等问题时，成附件本该严格开展的试验往往被简化，或被系统/整机试验替代，使得成附件在定型前试验时数不足，不能充分暴露设计缺陷，导致成附件在使用阶段故障频发。据统计，现役的各型发动机成附件故障占发动机总故障的 70% ~90%，已成为影响航空发动机可靠性指标的主导因素。

国外，高加速应力筛选(HASS)在军民用领域已取得一系列成功应用，美军已开始在大纲中转向采用 HASS。国内民用产品领域的中兴、华为等企业采用了 HASS，并促进了《电工电子产品加速应力试验规程高加速应力筛选导则》(GB/T 32466)的诞生。然而国内军用领域对 HASS 的应用还处于探索阶段。可靠性增长摸底试验的目的在于利用较短的时间暴露产品设计的薄弱环节，以便在产品设计定型前改进设计，且可对产品的可靠性水平做出初步的判断，并为可靠性增长试验提供关键产品输入。可靠性强化试验(RET)和高加速寿命试验(HALT)均起源于国外并在各个工业部门得到了广泛应用，国内在机载电子设备的 RET 和 HALT 的研究与应用方面也日益广泛，并取得显著成效。

根据美国发动机研制经验，航空发动机试验主要包括发动机试验、零部件试验、成附件试验和材料试验。具体包括对关键件和重要件的结构强度试验、超温超转及破裂试验、低周疲劳试验、持久性试验和加速任务试验等。其目的是通过地面试验模拟真实的使用状态和可能发生的情况进行考核验证,发动机的试验过程就是一个不断地暴露故障和排除故障的过程,只有暴露才能解决,才能改进提高。为了确保试飞安全,F414 发动机将规范规定的 60h 加速模拟任务持久试车(ASMET)一直增加到进气畸变条件下的 300h。按当时 MIL - E - 5007F(AS)G 标准规定的第二阶段小批量投产定型试车,至少需要 300h 的加速模拟任务持久试车,并在其前后上下台阶/推力瞬变试车各达 25h。F414 将 300h 加速模拟任务持久试车增加到 1000h 及上下台阶 45h。经过反复试车、反复排故,在第一阶段首飞前定型试验合格后,发动机首飞前,发动机试车时间已累计 6523h。F414 虽然已有 F404、F412 发动机的研制经验,但它仍在工程和制造发展计划中安排了 14 台发动机进行地面试车,并用 10 台发动机做备件,制定了 1000h 的试车计划。在发动机试飞方面,用 21 台发动机在帕塔克森海军航空站 7 架 F/A - 18E/F 飞机做飞行试验。由上可知,通过严格充分的性能试验和成倍增加耐久性试车时间是提高发动机可靠性、减少研制风险的有效途径。目前我国对发动机试验越来越重视,研制工作基本能按照 GJB 241A、GJB 242A 等标准和有关规定进行,但目前仍然存在试验设备和能力不足(例如:高空台数量太少,影响研制质量进度,某高空台试验计划按照小时来实施),有些整机试验项目未进行(如整机抗腐蚀性试验等),部分成附件环境鉴定试验中不能真实地模拟其工作状态(例如:某发动机成附件 25 项产品环境鉴定试验中,只有 2 项产品的振动试验是在工作状态下进行的)等。建议参考国外航空发动机相关研制经验,在研制发动机时试验条件和环境应从严要求,试验环境应尽可能地是逼真环境(温度、压力和载荷)或在实战环境下进行,以保证研制的航空发动机能在规定的各种严酷的实际环境下进行工作,提高其可靠性。

2. 航空产品可靠性数据积累与共享

航空装备系统可靠性研究的重要难点在于基础可靠性数据的缺乏与共享。

国外航空产品可靠性、经济性分析所用的数据与知识具有高度的商业机密性,通过公开的或相关的商业渠道无法获得相关核心数据。因此我国需要立足于国内实际,打通现有历史数据的通道,开展典型航空型号可靠性数据的采集和处理工作,建立可靠性数据管理架构,形成飞机产品可靠性数据的积累机制。

欧洲航空航天与防务工业协会(ASD)综合后勤保障规范委员会联合美国航空工业学会(AIA)共同制定了《在役数据反馈国际规范》(S5000F)。该规范内容共包括 20 章,表中 RAMCT 为可靠性、可用性、维修性、功能性和测试性。第 9 章“产品健康与使用监测数据反馈”介绍了收集和反馈健康和使用监测数据所涉及的常见活动、基本定义和基本数据字段。产品健康和使用监控是结合数据收集和分析技术，用来确保和改进可靠性、可用性和安全性，提升产品的整体性能。产品健康和使用监控依据利益攸关方的需求，即监控产品的部位、监控措施、采集数据、数据提取、报告数据、验证数据、数据分析传输、数据访问等，结合数据输入、存储、传输、分析等流程，实现产品运行监控、故障诊断、性能预测，最终实时反馈产品的运行状态，进而确定 ILS 需求，保障产品安全性，降低维修成本。波音、空客等民用飞机制造商运用 S5000F 规范并结合其他 S 系列 ILS 规范搭建了用于自主研发机型的运行可靠性分析与反馈平台，例如波音的 AnalytX、空客的 Skywise，实现了产品运行过程中的可靠性分析，并将分析结果用于指导全寿命周期管理，在保证满足持续适航的要求下，达到提高签派可靠性、降低运营支持成本的目的。

近年来，随着民用飞机行业迅猛发展，国产民用飞机型号陆续投产并步入运营阶段，尽管国内民航组织制定了一系列相关的民用飞机可靠性管理要求，例如《航空器制造厂家运行支持体系建设规范》(MD－FS－SEG006)、《可靠性方案》(AC－121－54R1)、《大型飞机公共航空运输承运人运行合格审定规则》(CCAR－21－R5)等，但是国内在可靠性管理方面仍亟待加强。国产民用飞机事业起步相对较晚，加之缺乏民用飞机运营经验，尚未形成体系化的可靠性管理和运营支持方案；国内现有的民用飞机可靠性管理要求与国际规范存在差异，无法有效对标可靠性管理要求，构建的全寿命周期可靠性管理体系不完善；基于数据的全寿命周期管理已成为民用飞机发展的必然趋势，然而国产民用飞机在全寿命周期可靠性管理方面目前正处在起步阶段，尚未基于有效的标准规范形成完善的可靠性管理框架。在民用飞机领域，针对 S5000F 规范，目前上海飞机客户服务有限公司已着手开展其翻译工作，中国航空综合技术研究所针对数据单元进行了初步研究。

当前国产民用飞机正处在稳步发展阶段，其运行可靠性分析与反馈以及全寿命周期管理体系也在逐步完善中，为了能够占据有利的未来民用飞机市场地位，有必要借鉴 S5000F 规范建立健全可持续的运行数据反馈流程，规范民用飞机运行可靠性分析与反馈业务，实现国产民用飞机单机及机群运营阶段性能分析与监控，搭建具有自主知识产权和符合行业规范的民用飞机运行可靠性管理体系，进而结合其他 S 系列 ILS 规范实现国产民用飞机全寿命周期活动管理，以及健全完善国产民用飞机 ILS 体系的建设，为民用飞机安全、可靠、经济的运行提供有力保障，最终目标是在保障满足持续适航要求的条件下，有效提升国产民用飞机运行可靠性能力，提高日利用率和签派可靠性，降低 AOG 和全寿命周期运营支持成本。

3. 航空产品可靠性指标与使用保障费用

美国航空产品可靠性研究水平世界领先，但是也无需迷信美军航空产品的可靠性，客观评价其成就和不足，可以为我国航空可靠性水平的提升提供科学、准确的技术路径。

美国政府问责局（GAO）于 2020 年 11 月 19 日发布关于“美国军用飞机战备完好率基本未达到目标及其使用保障费用波动大”的报告，该报告涉及海军、陆军、空军和海军陆战队共 46 型飞机，涵盖加油机、反潜机、轰炸机、运输机、指挥与控制机、战斗机和旋翼机，统计数据从 2011 财年至 2019 财年。报告主要结论：①46 型飞机中空军、海军和海军陆战队的平均年度战备完好率呈下降趋势；②超过 24 型飞机始终没有达到战备完好率目标，仅 3 型飞机在多数财年内达到战备完好率目标；③2018 财年美国军机使用保障费用总计超过 490 亿美元。从统计结果可知：①零件短缺和延期是战备完好率下降主要原因，其次是意外更换零件和维修件、非计划维修、制造资源减少、仓库级维修延期等；②可靠性问题最严重的飞机是海军和海军陆战队的 F/A－18A－D“大黄蜂”以及海军陆战队的 CH－53E“超级种马”，其次是海军的 C－2A“灰狗”、E－2C“鹰眼”、F/A－18E/F“超级大黄蜂”。

11.3 航空行业机械可靠性研究应用发展趋势与未来展望

虽然针对航空机械研究产品的可靠性工作已经开展多年，但是目前仍然存在一些问题需要后续改进。下面将进一步从基础理论、基础技术和应用技术三个方面对航空行业机械可靠性的发展趋势进行论述。

1. 基础理论方面

1）最优化理论

最优化理论是从众多可能的选择中作出最优选择，使系统的目标函数在约束条件下达到最大或最小。对于航空机械产品而言，往往需要权衡多个指标因素，例如，成本、重量、性能等指标，为了实现可靠性的指标，需要采用最优化理论找出最优方案用以实现产品在性能和成本等方面的平衡。而相应的以可靠性为中心的最优化理论及其相应算法的发展将会是促使产品合理设计的关键。

2）不确定性理论

工程实际中不可避免地存在着与材料特性、边界条件和载荷等有关的各种不确定性，了解、度量和控制各种不确定性对于结构可靠性设计及综合性能保证具有重要作用。而在较长一段时间认为概率论为处理不确定信息的唯一方法和理论，但是随着应用的加深和人们对不确定性信息处理的更高要求，概率论在很多方面表现出它的局限性和不可描述性。最近的几十年来，随着研究的深入，处理不确定信息方法也取得了较大的发展，主要有 Zadeh 的模糊集对经典集合论的推广,Choquet 在容度理论中的单调测度论对经典测度论的推广等。研究的成果不仅涉及数学、物理等基础性理论,还拓展到了信息学科、航天技术等高科技领域。

2. 基础技术方面

1）建模仿真技术

航空机械产品设计过程中应与仿真技术相结合,用以在设计早期找出影响产品正常使用的薄弱环节。目前,针对航空机械产品建模仿真工作已经全面开展,并已经扩展到了结构应力、热应力、传热学、流体力学、噪声问题和电磁场等领域。但是当前主要还是集中在单一载荷条件下。由于航空机械产品真实受载环境往往是多载荷并存情况,例如:流固、热固等耦合受载环境。单一仿真加载条件难以反映真实受载情况,因此,需要在当前研究基础上开展多平台仿真技术研究,尽可能真实模拟实际受载环境。此外,为了更好指导产品的设计优化,应引入参数化建模仿真技术,通过调整模型的结构材料等参数来修改控制仿真输出结果,从而便于机械产品开展可靠性设计与分析工作。

2）优化设计技术

目前的可靠性优化均建立在确定性模型的基础上,依据广义应力强度干涉理论,在考虑了材料、结构、工艺等内因的分散性和外界载荷的波动性基础上,以可靠度为约束或目标进行产品的优化设计,并没有考虑模型参数的不确定性,因此可靠度为一个确定的值,然而在实际分析过程中,由于模型参数不确定性的影响,理论确定的可靠度为一个区间,并且缺少面向可靠性的产品优化设计,因此需要在全面考虑设计、工艺等内因的分散性、外界环境载荷波动性和模型参数不确定性的基础上,建立面向可靠度的产品优化设计方法,同时寻找适用于产品可靠性设计的优化算法。

针对表征产品长寿命指标的耗损性失效,目前比较缺乏行之有效的面向寿命的产品优化设计方法。因此,在综合考虑材料、结构、工艺和环境等因素的分散性和模型参数不确定性下,建立面向寿命(寿命的目标值设计和公差设计)的产品优化设计方法是一个急需解决的问题,同时对于产品寿命的优化问题仍然存在巨额计算迭代过程和时间花费等问题。

3）健康监测技术

目前美国 NASA 已制定了三个层次的健康监测技术发展规划,从失效物理、数据分析、传感器等基础技术研究(第一层),到子系统级的检测、诊断、预测和失效缓解技术研究(第二层),再到机体结构、机载产品和推进系统等健康监测设计(第三层),最后实现对整机的健康监测[51]。该项计划针对 3 个重点领域的 7 个任务方向(机体结构、推进系统、机载系统、环境风险检测与管理、PHM 体系结构、PHM 能力验证、系统集成与评价)开展。未来的发展趋势:①通过考虑设备健康评价的各个学科相关的信息,综合利用多学科规律认知手段,实现健康演化规律的认知;②利用设备运行大数据信息以及统计故障物理信息,利用深度学习、人工智能等大数据分析手段,实现复杂系统健康行为分析与挖掘以及故障诊断与性能衰退预测。

3. 应用技术方面

1）可靠性试验

针对航空机械产品需要各种类型的测试,旨在验证可靠性的不同方面。例如,商用飞机的主要结构部件必须通过静态和动态应力测试,以验证其静态强度和抗疲劳性能符合可靠性要求。此外,还需要进行可靠性验证测试,以验证组件或系统的可靠性要求是否得到满足。在产品开发阶段,可靠性增长试验和高加速寿命试验等开发测试旨在帮助设计人员找到薄弱的设计要点并改进设计。这些测试有助于改进和验证航空机械产品的固有可靠性。

可靠性试验发展的趋势是快速激发故障的高加速应力试验方法,并用于对产品进行强化设计,也就是高加速寿命试验和高加速应力筛选。这两种试验分别用于研制阶段的改进设计和批生产阶段剔除早期故障。其试验效率较传统的可靠性研制/增长试验和环境应力筛选高得多,并大大节省了研制费用。如高加速应力试验在发现设计缺陷方面,从传统试验的几周和几个月可缩短到几天或几个小时,而高加速应力筛选用于剔除早期故障的时间可从 80 ~ 120h 减少到1 ~ 2h。

按照国外的经验,由于高加速寿命试验和高加速应力筛选中的环境应力远远超出规范和使用中实际遇到的应力值,通过高加速寿命试验的产品,可不必进行可靠性鉴定试验。他们认为花费大量时间和费用,不如将这些资源用于进行高加速寿命试验,以提高产品的耐应力极限。倘若一定要评估产品的可靠性水平,则可以应用短时高风险方案进行验证。因此,随着产品设计思路从满足规范要求向达到技术基本极限的转变,高加速寿命试验和高加速应力筛选试验将在一定范围内逐步取代传统的可靠性试验。

2）人因可靠性

航空领域则是人因失误引发事故的高发区。尽管航空机械产品可靠性不断提高,但是人为失误比机械组件故障发生概率要大 2 ~ 3 个数量级,称为人机系统整体可靠性的薄弱环节。人因可靠性分析是以分析、预测、减少与预防人的失误为研究核心,以行为科学、认知科学、信息处理和系统分析、概率统计等理论为基础,对人因可靠性进行分析和评价的新兴学科,是人机工程学的延续和发展[52]。

现有的人因可靠性分析过多地依赖于专家判断或人因可靠性分析人员的个人观点,使人因可靠性分析结果的标准化程度降低,分析结果的一致性不佳;分析的结果难以得到验证,也很难得到有效的再利用或再验证。因此,人因可靠性研究方法应与工程生理学、心理学及信息论等学科进一步渗透;将人所特有的心理活动过程及生理反应特点体现在人 - 机 - 环境系统可靠性评估中。

参考文献

[1] 喻天翔,宋笔锋,万方义,等. 机械可靠性试验技术研究现状和展望[J]. 机械强度,2007,29(2):256 - 263.

[2] 张义民. 机械可靠性设计的内涵与递进[J]. 机械工程学报,2010,6(14):167 - 188.

[3] 彭茂林,杨自春,曹跃云,等. 基于响应面法的可靠性稳健设计优化[J]. 航空动力学报,2013,28(8):1784 - 1790.

[4] 申丽娟,杨军,赵宇. 基于方差传递模型的飞机蒙皮拉形工艺稳健设计[J]. 机械工程学报,2011,47(1):145 - 151.

[5] 杜尊令. 任意分布参数航空发动机涡轮盘可靠性灵敏度与稳健设计[D]. 沈阳:东北大学,2010.

[6] CHAN S L H,TIONG U H,BIL C,etal. Some factors influencing damage tolerance under helicopter spectra[J]. Procedia Engineering,2010,2(1):1497 - 1504.

[7] JR J C N,IRVING P E,LIN J,et al. Crack growth predictions in acomplex helicopter component under spectrum loading[J]. Fatigue & Fracture of Engineering Materials & Structures,2006,29(11):949 - 958.

[8] 张纪奎,程小全,郦正能. 基于损伤容限设计的机体金属材料力学性能综合表征与评价[J]. 材料工程,2010(7):49 - 53.

[9] CARROLL J S. Redundancy as a design principle and anoperating principle[J]. Risk Analysis,2004,24(4):955 - 957.

[10] YEH Y C. Safety critic alavionics for the 777 primary flight controls system[C]//AIAA/IEEE Digital Avionics Systems Conference,Florida,2001.

[11] BROOKER P. Experts,Bayesian Belief Networks,rare eventsan daviation risk estimates[J]. Safety Science,2011,49(8):1142 - 1155.

[12] 谢里阳,周金宇,李翠玲,等. 系统共因失效分析及其概率预测的离散化建模方法[J]. 机械工程学报,2006,42(1):62 - 68.

[13] GANGULI S,MARCOS A,BALAS G. Reconfigurable LPV control design for Boeing 747 - 100/200 longitudinal axis[C]//Proceedings of the American Control Conference,Anchorage,2002.

[14] ZHANG Y,JIANG J. Integrated active fault - tolerant control using IMM approach[J]. IEEE Transactions on Aerospace and Electronic Systems,2001,37(4):1221 - 1235.

[15] 王灿灿. 航空发动机气路部件故障容错控制方法研究[D]. 南京:南京航空航天大学,2016.

[16] LI Z,GU J,XU T,etal. Reliability analysis of complex system basedon dynamic fault tree and dynamic Bayesian network[C]. International Conference on Reliability Systems Engineering,

Beijin 2017.

[17] LU W, WEI L. Fuzzy fault tree analysis on G1000 system[C]. International Conference on Information Science, Electronics and Electrical Engineering, Sapporo, 2014.

[18] BEIZER J A, GRAAS F V, HAAG M U D. Wide – scale integration of unmanned aircraft systems into the National Airspace System through a fault tree analysis approach[C]//IEEE/AIAA, Digital Avionics Systems Conference, St Peterslourg, 2017.

[19] 陈农田,马婷,王杰,等. 模糊故障树分析法在航空发动机滑油渗漏分析中的应用[J]. 计算机测量与控制,2016,24(6):64 – 67.

[20] 刘剑,任和,陆朝阳. 蒙特卡罗故障树方法在某型飞机起落架系统可靠性分析中的应用[J]. 航空维修与工程,2014(5):89 – 92.

[21] 孙宝贤,胡启国,王文静,等. 基于 Petri 网考虑中介状态的机械系统失效相关可靠性分析[J]. 重庆交通大学学报(自然科学版),2011,30(1):157 – 161.

[22] GEORGILAKIS P S, KATSIGANNIS J, VALAVANIS K P. Petri net based transformer fault diagnosis[J]. IEEE Xplore, 2004, 5:980 – 983.

[23] 莫志军. 基于复杂网络的航空发动机故障传播特性研究[D]. 长沙:湖南科技大学,2016.

[24] 李润国. 航空发动机气路部件退化仿真及健康评估[D]. 成都:成都电子科技大学,2015.

[25] LIU T, CHEN J, DONG G. Zero crossing and coupled hidden Markov model for arolling bearing performance degradation assessment[J]. Journal of Vibration & Control, 2014, 20:2487 – 2500.

[26] 吉晨. 航空发动机轴承故障智能诊断方法研究[D]. 北京:北京化工大学,2014.

[27] 王相平,周柏卓,杨晓光. 多轴疲劳理论在航空发动机零部件寿命预测中的应用[J]. 沈阳航空航天大学学报,2004,21(4):1 – 4.

[28] 王明清,陈作越. 齿轮传动多模式失效的时变可靠性分析[J]. 机械传动,2011,35(4):50 – 53.

[29] 谢里阳,林文强. 机械设备与系统中的失效相关性分析[C]. 国际机械工程学术会议,上海,2000.

[30] 张义民. 机械动态与渐变可靠性理论与技术评述[J]. 机械工程学报,2013,49(20):101 – 114.

[31] 王桂华,蔚夺魁,洪杰,等. 航空发动机可靠性试验方法研究[J]. 航空发动机,2014,40(5):13 – 17.

[32] 周育才. 空空导弹环境应力筛选研究[J]. 航空兵器,2004(2):34 – 37.

[33] 郭建英,于春雨,孙永全. 可靠性增长技术及其标准化[J]. 质量与可靠性,2016(1):12 – 15.

[34] 刘飞. 固体火箭发动机可靠性增长试验理论及应用研究[D]. 长沙:国防科学技术大学,2006.

[35] ELLNER P M, HALL J B. AMSAA maturity projection model based on steine stimation[C]

Reliability and Maintainability Symposium, Virginia, 2005.

[36] WANTI S P, NIDHI J. Reliability Prediction During Development Phaseofa System[J]. Quality Technology & Quantitative Management, 2011, 8(2): 111 – 124.

[37] 金向明,高德平,赵艳云,等. 基于可靠性增长预测模型的航空发动机可靠性评估[J]. 航空动力学报,2010,25(6):1335 – 1339.

[38] 明志茂,易晓山,张云安,等. 航空发动机可靠性增长的 Bayes 评估与预测模型研究[C]. 全国机械可靠性学术交流会,杭州,2007.

[39] 谢章用,李晓阳,姜同敏,等. 可靠性强化试验在暴露产品故障中的应用[J]. 装备环境工程,2013(3):96 – 99.

[40] 温熙森. 可靠性强化试验理论与应用[M]. 北京:科学出版社,2007.

[41] 王德言,张建国,钟琼华,等. 环境试验与可靠性试验技术的发展[J]. 装备环境工程,2005,2(5):10 – 13.

[42] 陈铁牛,吴昌,王海波. 可靠性强化试验技术在空空导弹研制中的应用[J]. 航空兵器,2015(4):39 – 43.

[43] NELSON W. Accelerated Testing: Statistical Models, Test Plans, and Data Analysis[M]. Hoboken: Wiley, 2008.

[44] 马纪明,阮凌燕,付永领,等. 航空液压泵加速寿命试验现状[J]. 液压与气动,2015(6):6 – 12.

[45] 赵元. 基于加速退化试验的关节轴承寿命预测方法[D]. 长沙:国防科学技术大学,2012.

[46] 杨士特,杨惠敏,茆诗松,等. 低压电机快速试验的统计分析[J]. 应用概率统计,1990(1):108 – 112.

[47] 王坚永,庄中华,吴秀鸾,等. 滚动轴承可靠性加速寿命试验研究[J]. 轴承,1996(9):23 – 28.

[48] 李久祥. 导弹贮存试验获取最佳效益的途径[J]. 质量与可靠性,2002(2):34 – 36.

[49] 侯希久. 国外导弹贮存可靠性技术概述[J]. 质量与可靠性,1997(4):44 – 46.

[50] 周堃,罗天元,张伦武. 弹箭贮存寿命预测预报技术综述[J]. 装备环境工程,2005,2(2):6 – 11.

[51] 艾骏. 航空可靠性工程技术发展研究[M]//2014—2015 航空科学技术学科发展报告. 北京:中国科学技术出版社,2015.

[52] 阳富强,吴超,汪发松,等. 1998—2008 年人因可靠性研究进展[J]. 科技导报,2009,27(8):87 – 94.

[53] 冯文康. 航空发动机成附件可靠性试验综述[J]. 大众标准化,2021(4):165 – 167.

[54] 冯蕴雯,路成,薛小锋,等. S5000F 介绍及在民用飞机运行可靠性分析反馈中的应用[J]. 航空工程进展,2020,11(2):147 – 158,166.

[55] 冯欢欢,GAO 报告显示:美国军用飞机可靠性惨不忍睹[N]. 中国航空报,2021 – 5 – 11(009).

[56] 李丹,李景山,徐鸣,等. 航空发动机可靠性综述[J]. 电子产品可靠性与环境试验,

2021,39(z1):117 - 122.

[57] 李富亮,徐佳汇,李贤贞. 航空发动机整机可靠性验证试验方法研究[J]. 内燃机与配件,2021(7):16 - 17.

[58] 鞠成玉,王守敏,任智勇. 飞行试验阶段航空装备可靠性评估方法[J]. 火力与指挥控制,2021,46(2):163 - 168,173.

[59] 马红亮,冯蕴雯,刘骞,等. 一种航空发动机运行可靠性评估方法[J]. 航空工程进展,2021,12(5):42 - 49.

[60] 徐小芳,高雅娟. 航空发动机可靠性定性评价分析及预测方法研究[J]. 航空维修与工程,2020(11):70 - 72.

[61] 王正,范加利. 航空装备可靠性管理系统研究[J]. 工业控制计算机,2020,33(9):122 - 123,130.

(本章执笔人:北京航空航天大学陈云霞,湖南涉外经济学院徐永成)

第12章　航天行业可靠性工程应用

航天科技的发展给国家安全、科技进步、经济发展、环境监测、资源保护、减灾救灾等军、民、商诸多领域均带来了日新月异的变化。进入21世纪以来,越来越多的国家认识到航天科技发展的重要性,掀起了新一轮航天科技竞争热潮。我国航天科技工业取得了突出的成绩,航天产品质量与可靠性保证能力也不断提升,跟踪研究国内外航天科技发展、把握世界航天科技发展的竞争态势,对我国航天科技实现跨越式发展、建设航天强国、统筹谋划我国航天未来发展具有重要的现实参考意义。

12.1　航天行业机械可靠性研究应用最新进展

1. 航天产品简介

1）航天产品种类及作用地位

航天产品涉及运载火箭、导弹、人造卫星、飞船及深空探测器等诸多领域,由于航天产品种类较多,本章主要涉及以下三类产品:运载火箭、飞航导弹、人造卫星。

运载火箭是人类克服地球引力、进入空间的主要工具,是发展空间技术、确保空间安全的基石,是实现航天器快速部署、重构、扩充和维护的根本保障,是大规模开发和利用空间资源的载体,是国家空间军事力量和军事应用的重要保证,是国民经济发展和新军事变革的重要推动力量。确保安全、可靠、快速、经济、环保地进入空间,推进太空探索技术发展,促进人类文明进程,是中国运载火箭的发展目标[1]。

飞航导弹是现代战争的代表性武器和新军事变革的基石,主要依靠弹体产生的气动力及发动机推力,在大气层内沿着机动多变的巡航弹道飞行,其特点是体积小、重量轻、多平台通用性强,成本优势明显,红外特征低、超低空机动突防能力强。当前,战略战术打击任务的边界不再非常明晰,尤其是精确制导飞航导弹凭借超高的命中精度,能够完成诸如“斩首行动”这样的纵深打击战略任务,具有“常规威慑”的现实价值。飞航导弹能够避免弹道导弹发射引起的核误判,兼有遏制作用和精确打击的双重功能,即在未来高技术战争中它既能遏制战争升级、防止事态恶化,又能在威慑失效时,对敌方高价值的、严密设防的战略、战役目标进行适时有效的精确打击。

人造卫星是指能够环绕地球飞行并在空间轨道运行一圈以上的无人航天器。人造卫星是发射数量最多、用途最广、发展最快的航天器。全球高速远程通信、视频会议以及国际互联网络应用需要许多卫星,国防和商业的航天相关技术的需求趋于多元化,其可以扩展到许多领域,包括推进、导航、制导与控制、通信、跟踪、数据中继、天气预报、遥测、侦察、勘测、预警、导弹防御以及星际探索等。

2)航天产品特点及可靠性的重要性

航天工程系统及其产品的研制活动一般具有探索性、先进性、复杂性、高风险性突出特点,并具有高可靠性、高质量、小子样研制等特征,因此,对航天产品提出了“一次成功”等特殊要求[2]。探索性是指在航天工程实践中,科学、技术和工程问题相耦合,给工程实施带来众多不确定性;先进性是指航天工程需要最新科技成果集大成,即需要综合运用相关专业领域最前沿的研究成果,使得航天工程成为技术先进性最为突出的复杂工程系统;复杂性是指跨学科集成,跨行业协作,系统庞大,参与人员众多,技术和管理复杂性高;高风险性是指发射后不可维护,局部问题可能导致整体失效。

航天产品一般为单件研制,在小子样情况下实现高可靠性、高质量要求,特别是重大航天工程中影响大,“一次成功”的难度极大。以上这些特点和要求都对航天系统开发和产品研制工作提出了严峻挑战。另外,航天技术快速发展,越来越多的没有航天产品研制经验的新单位和人员加入到系统开发队伍中来,在一定程度上增加了技术集成和工程管理难度。

例如,卫星型号产品研制是一项极其复杂的系统工程,需要不同专业领域技术人员经过研究、设计、试制和试验等长期共同协作完成,同时需要采用多种先进技术、工艺等,具有高耗资、高技术风险的特点。通常,卫星产品都要求具有较长寿命周期,一旦发射,基本不再有机会维护或维修,对产品的可靠性提出了很高要求。随着研究探索范围的不断加大,卫星工作条件更加恶劣,工作环境不确定性更大,对产品、技术的要求更加苛刻。

此外,许多大型航天系统是基于早期弹道导弹技术,往往优先考虑发射成本与计划,其次才考虑发射飞行质量与可靠性。从 1957 年现代航天时代开始,大多数航天国家都经历过发射失败。一个航天任务涉及一个运载器和一个或多个复杂的卫星或者有效载荷,价值一般都是成百上千万美元,调查发射失败的原因,能为改进运载系统和节省成本提供有价值的信息。对于各种航天发射项目财政问题大都是至关重要的。一个小型运载火箭,如美国的“飞马座”,价值 1500 万美元,但是一个多用途、可重复使用运载器,如美国的航天飞机,价值就超过 10 亿美元。一颗小型实验卫星价格几百万美元,但是一颗先进的侦察卫星或者科学卫星就可能超过 10 亿美元。而一次发射失败可能造成的经济损失统计，还不包括为重新发射所花费的经费、时间以及精力或者国际声望损失的代价。因此，航天运载器的可靠性对于一个国家航天计划的成功实施至关重要。

2. 航天行业可靠性技术研究及应用进展

1）运载火箭产品可靠性技术研究及应用进展

我国运载火箭起步于20世纪60年代，经过半个多世纪发展，共经历了5个阶段，已研制了四代多种运载火箭，具备发射低、中、高不同轨道和不同有效载荷的能力。截至2016年7月，我国“长征”系列运载火箭已飞行231次，将311个航天器送入预定轨道，发射成功率96%。运载火箭技术发展为航天技术提供了广阔的舞台，推动了中国卫星及其应用以及载人航天技术的发展，有力支撑了以“载人航天工程”“北斗导航”“月球探测工程”为代表的中国国家重大工程的成功实施，为中国航天的发展提供了强有力的支撑[1]。

长征火箭以其不断提升的可靠性在世界范围赢得美誉。尤其是在近几年高密度发射任务的带动下，以控制系统冗余技术改进、增压系统冗余为代表的一批可靠性增长成果的应用使长征系列运载火箭的可靠性水平得到了提升，实现了部分产品的升级换代，进一步提高了长征系列运载火箭的技术水平。在2011年及2012年，中国运载火箭发射次数连续两年稳居世界第二，充分验证了火箭的可靠性水平，促进了中国运载火箭产业化进程[1]。

以我国新一代中型运载火箭长征七号的高可靠性研制为例，在充分继承和借鉴国内外运载火箭型号成功经验基础上，长征七号运载火箭创新性地提出了在以“两分析”、“九设计”和“双试验”（简称“2+9+2”）为代表的长征七号可靠性工程技术方案，结合型号研制实际改进了故障及模式影响分析（FMEA）工作，总结提炼和应用了可靠性设计“九要素”，研究应用了可靠性强化试验技术，发展完善了运载火箭各类产品可靠性指标验证技术[3-9]。“2+9+2”可靠性工程技术方案的成功应用，克服了各种制约因素，有效解决了长征七号运载火箭研制中的可靠性问题，促进了我国运载火箭可靠性工程技术体系的发展和完善[3]。

长征七号运载火箭研制过程中的“2+9+2”可靠性工程技术方案，共分三个阶段，示意图见图12-1[3]。

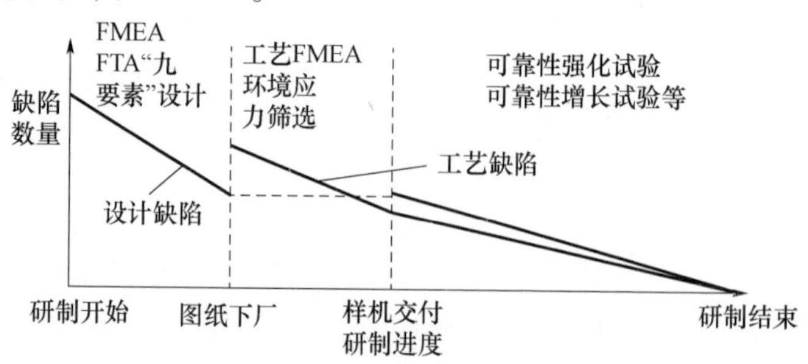

图12-1 “2+9+2”可靠性工程技术方案

第一阶段:从开始研制到初样图纸下厂。在此阶段,要全面系统开展设计FMEA和故障树分析工作,提前辨识潜在产品故障模式、故障原因、故障底事件,并采取“九要素”设计措施,从源头减少设计缺陷。

第二阶段:从初样图纸下厂到初样样机交付。在此阶段,要针对性开展工艺FMEA工作,完善产品生产工艺,减少工艺缺陷;要针对电子产品开展环境应力筛选和老炼试验,保证样机质量。

第三阶段:从样机交付到研制结束。在此阶段,要通过可靠性强化试验、可靠性增长试验等方法,进一步暴露分析工作发现不了的设计和工艺缺陷,并通过质量问题归零和举一反三办法,实现可靠性增长,将设计和工艺缺陷降低到可接受水平。

长征七号运载火箭可靠性工程“两分析”,即“故障模式及影响分析(FMEA)”和“故障树分析(FTA)”,主要通过“自下而上”与“自上而下”相结合的方法,提前发现潜在故障模式和影响因素,提出针对性措施。

在相关标准基础上,长征七号运载火箭FMEA工作进行了如下改进和创新:①严酷度等级和发生可能性判别准则按产品层次和产品类别进行了细化,提高了可操作性;②细化了发射准备阶段和飞行阶段的故障检测方法,为维修性、测试性分析预留了接口;③明确了分析报告模板及相关表格格式,方便分析和汇总;④明确FMEA工作须采用工作小组的模式开展,发挥团队作用;⑤将FMEA与单点故障识别与控制工作有机结合,实现了故障模式、关键特性、强制检验等前后衔接。

经过方案设计阶段、初样研制阶段和试样研制阶段的迭代分析与改进,在首飞前,长征七号运载火箭发射准备阶段共识别1种Ⅰ类单点故障模式、110种Ⅱ类单点故障模式,飞行阶段共识别29种Ⅰ类单点故障模式、173种Ⅱ类单点故障模式,设置了1923个三类关键参数和62个强制检验点进行控制。

在相关标准基础上,长征七号运载火箭FTA工作采取了“自顶向下”分解的思路,首先由型号总体设计部门以“任务失败”为顶事件,梳理出分系统层的底事件;分系统再以相应底事件为顶事件,梳理出设备层的底事件……,以此类推,最终梳理出元器件、零部件级底事件。经FTA,在首飞前,长征七号运载火箭共479个一阶最小割集,均采取了针对性的控制措施。

长征七号运载火箭可靠性工程“九设计”,即保证产品可靠性的九个关键设计要素,主要用于从设计源头提高产品固有可靠性。为从设计源头提高产品可靠性,减少设计反复,实现可靠性设计“一步到位”,在长征七号研制过程中,型号队伍成立了可靠性“九要素”设计指南编写组,制定了编写计划,按照“四个注重”(即注重全面性、注重有效性、注重操作性和注重持续改进)的思路,系统开展了可靠性设计经验、设计禁忌总结提炼工作。

长征七号可靠性设计“九要素”主要包括:①器件与原材料选用设计。此要素重点从元器件、原材料选用方面进行考虑并采取周密设计措施,为保证产品可靠性奠定基础。②力学环境适应性与机械设计。此要素重点围绕如何制定力学环境条件、如何使产品在静载荷、振动、冲击、加速度、噪声等力学环境条件作用下正常工作,而需在产品设计上采取的一系列措施。③真空、热环境适应性设计。此要素重点围绕如何使产品在真空、热环境条件(如真空、低气压、高温、低温、辐照、热真空等)作用下正常工作,而需在产品设计上采取的一系列措施。④防水、防潮、防烟雾、防霉菌设计。此要素重点围绕如何使产品在自然环境条件下正常工作,而需在产品设计上采取的一系列措施。⑤电磁兼容性设计。此要素重点围绕如何使产品在电磁环境条件(包括电磁、静电、雷电等)作用下正常工作,而需在产品设计上采取的一系列措施。⑥冗余设计。此要素重点围绕影响安全和任务成败的关键产品,在设计上采用元器件冗余、单板冗余、设备冗余、线路冗余等手段保证发生故障时仍能完成产品规定功能。⑦裕度和降额设计。此要素重点围绕提高产品“强度”或降低产品工作“应力”,使产品在各种偏差情况下依然能够完成规定功能而在产品设计上采取的一系列措施。⑧防差错与可测试设计。此要素重点围绕如何保证在装配、测试、操作、使用等过程中,不因人为操作差错而导致产品故障,而在产品设计上采取的一系列措施。⑨气液密封设计。此要素重点围绕如何保证气体、液体不发生泄漏,而在产品设计上需要采取的一系列措施[3]。

长征七号运载火箭可靠性工程“双试验”,即可靠性强化试验(RET)和可靠性增长试验(RGT),主要用于快速暴露可靠性薄弱环节、确定状态、摸清裕度、验证指标。为及早暴露设计、工艺薄弱环节,快速确定设计状态和摸清产品安全裕度,长征七号运载火箭在研制过程中首次开展了可靠性强化试验,该试验与长征二号F环境安全余量摸底试验相比:①放在可靠性增长试验之前进行;②按照降温步进、升温步进、温度循环步进、随机振动步进、温度循环和随机振动综合5个项目进行试验。由于没有专门的可靠性强化试验设备,没有经费和周期投产专门的试验产品,长征七号可靠性强化试验方法在借鉴国外经验的同时进行了适当修改,最终顺利完成了可靠性强化试验。共有29台控制系统关键设备、16台测量系统关键设备和2台增压输送系统关键设备开展了可靠性强化试验,16种19台产品暴露了23处薄弱环节,进行了改进和举一反三。

长征七号运载火箭通过“2 +9 +2”可靠性工程技术方案的实施,适应性改进和运用FMEA技术、可靠性“九要素”设计以及可靠性强化试验技术,系统解决了电气、结构、机电、机械、火工品、发动机等产品的可靠性设计、分析、试验和评估问题,实现了火箭的高可靠性研制目标,实现了火箭高可靠性一次设计到位和分步验证到位,为首飞成功和连续成功奠定了坚实基础。

近年来，在空间站建设等重要发射任务需求牵引下，新一代运载火箭无论从总体方案设计，还是技术指标要求，都具有跨越式提升，对新一代运载火箭的发射和飞行可靠性提出了更高的要求。其中，火箭发射可靠性不低于0.92，飞行可靠性不低于0.98[10]。为此，新一代运载火箭从立项之初，即以“高可靠、高安全、高质量”为设计目标，以全寿命、全要素的可靠性工程的方法和标准系统、规范地开展质量与可靠性工作，并结合新一代运载火箭技术风险多、研制难度大的特点，提出面向全系统、全寿命、全过程，涵盖设计、研制和生产单位的“2+9+2”质量与可靠性工作方法的实践，通过这种研制模式实现与系统工程、质量工作、标准化工作、产品化工作以及基础可靠性工作的相互结合。在新一代运载火箭研制不同阶段，可靠性工程的研制过程可分解为可行性论证、方案、工程研制（初样和试样）、应用发射4个阶段，各阶段可靠性工程的研制流程如图12-2所示[10]。

2）导弹产品可靠性技术研究及应用进展

导弹属于长期贮存、一次使用的产品，导弹系统复杂，工作可靠性要求高。与其他航空飞行器相比，导弹系统除了工作可靠性要求高以外，由于具有长期贮存后经过简单测试即发射的特殊需求，其贮存可靠性直接关系到导弹的战备完好性。目前，常规的可靠性技术在导弹型号研制中得到了较好的应用。在导弹型号研制中，开展了关键零部件或结构与系统的可靠性建模，进行系统可靠性分配，明确各分系统、设备的可靠性指标；各设备全面开展了可靠性建模、预计、分配工作，并形成相应的技术报告；依据可靠性总体制定的“故障模式及影响分析（FMEA）技术要求”开展了故障模式影响分析，并形成相应的技术报告。

在导弹型号研制中，普遍开展一次成功技术保障分析、产品质量复查等工作，在每次进场前均组织对一次成功技术保障分析结果、产品质量复查结果进行评审，审查关键环节及其控制因素是否分析到位，采取的措施是否合理可行，风险是否可控，为飞行试验成功奠定基础。编制了《飞航导弹武器系统可靠性设计准则》，共包括27类产品部分。各产品按照可靠性设计要求进行元器件、原材料选用，开展成熟设计、简化设计、热设计、降额设计、电磁兼容性设计分析、抗震及减振设计等，对具备条件的元器件进行100%的二次筛选或补充筛选。确定了型号可靠性关键产品，对结构件进行特性分析给出关重件，对关重件实施重点控制。同时，开展了环境应力筛选、可靠性增长（摸底）试验，对提高产品可靠性起到了积极作用。一般在型号转阶段、定型或鉴定等关键阶段，普遍开展可靠性评估工作，给出了产品可靠性指标达成情况，对确保型号顺利完成转阶段、定型或鉴定等发挥了重要作用[11-21]。

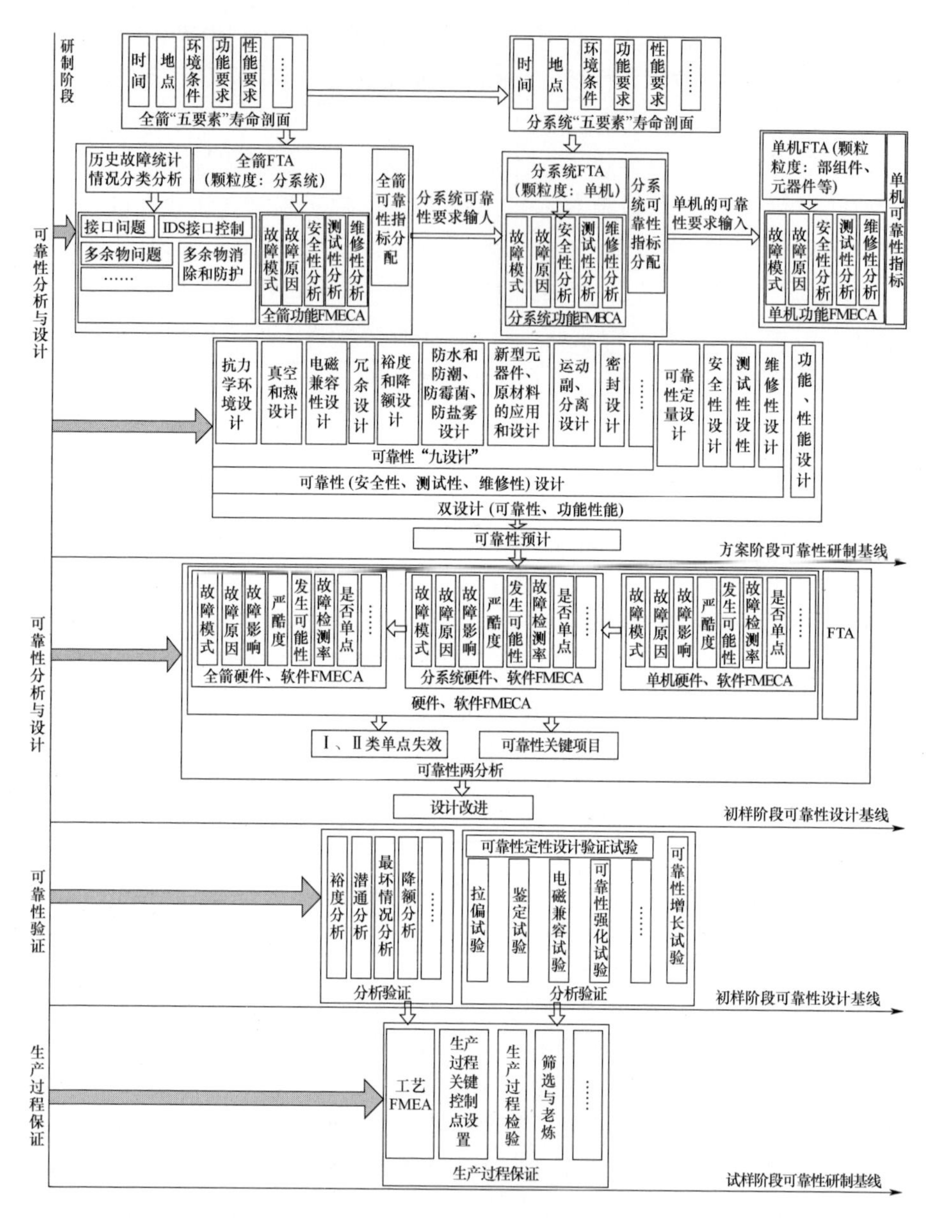

图 12-2　可靠性工程研制流程

近年来，围绕导弹产品贮存可靠性、可靠性提升、小样本条件下可靠性评估等需求，国内学者和工程技术人员开展了相关可靠性技术研究及应用工作[17-21]。王鑫等[17]为研究立式贮存对发动机药柱贮存可靠性的影响，开展了基于全寿命周期载荷的固体火箭发动机药柱可靠性研究。在通过高温加速老化试验获取贮存温度下推进剂延伸率随贮存时间的变化规律基础上，开展了考虑老化、温差、重力和弹射过载与内压联合载荷下的发动机随机有限元分析以及发动机实测振动载荷数值模拟和动态疲劳损伤计算,获得了动态立式贮存次数与药柱可靠性的关系。唐成等[18]围绕空-空导弹战斗部贮存可靠性评估,针对战斗部贮存可靠性试验数据具有删失性,且大多数情况下无寿终数据的特点,在战斗部贮存可靠性试验的基础上,考虑试验数据的删失性,采用威布尔分布函数和最大似然估计方法得到了导弹战斗部贮存可靠度及其贮存寿命。宋贵宝等[19]针对新型导弹可靠性评估中存在相似信息的利用问题,研究了如何利用相似信息进行可靠性评估的分析方法,阐述了利用相似信息的理论基础,分析了运用贝叶斯方法时对验前信息可信度的确定方法,提出了通过综合旧型导弹相似信息和新型导弹变异度的方法,得到新型导弹对旧型导弹的继承因子,最后通过融合历史后验与更新后验对新型导弹做出可靠性评估。吴进煌等[20]围绕舰载战术导弹值班可靠性评估,真对舰载导弹值班任务下的故障数据特点,基于随机截尾数据分析方法,建立了舰载导弹值班可靠性评估模型,给出了舰载战术导弹值班可靠性计算方法。航天科工集团北京动力机械研究所围绕弹用涡轮发动机贮存可靠性问题,开展了弹用涡轮发动机典型薄弱环节特性分析,建立了弹用涡轮发动机贮存可靠性分析与评估技术体系,形成了弹用涡轮发动机高效使用维护技术,并应用于多种型号导弹发动机产品。

3）卫星产品可靠性技术研究及应用进展

在卫星产品可靠性技术研究及应用方面,卫星产品研制单位结合自身型号特点,制订了可靠性保证大纲及工作计划,确定可靠性设计准则、分析项目、试验项目及要求,在研制阶段有效开展可靠性设计、分析和试验工作[22-29]。卫星型号产品在研制中,重点实施了故障模式及影响分析(FMEA),抗力学环境设计、热设计、电磁兼容性设计、静电防护设计、抗辐射设计、裕度设计(强度、寿命、功能等裕度设计),元器件选用、可靠性试验验证充分性分析等可靠性工作项目(即“1+6+2”),主要包括以下内容[28]:

(1) FMEA 主要由各型号根据《卫星故障模式影响和危害度分析》等标准,结合自身特点开展 FMEA 策划和实施工作,将 FMEA 工作要求纳入型号产品可靠性保证大纲,并制订相应的 FMEA 实施指南。

(2) 抗力学环境设计综合考虑了运输、贮存和飞行等状态下的力学环境适应性,重点关注产品的强度设计裕度,并通过对单机、整星力学试验等方式来验证抗力学环境设计情况。

(3) 热设计主要根据产品特点,建立产品热分析模型,进行热环境分析、热控设计,提出热环境适应性设计要求,关注热设计裕度的符合性。重点关注大功耗单机产品的热设计,进行相应的仿真分析,同时考虑由热引起的变形因素等。

(4) 电磁兼容性设计主要从元器件选择、印制板布局布线、屏蔽、滤波、隔离、搭接、接地等方面综合考虑。根据任务及环境剖面开展电磁环境分析及系统间的电磁兼容试验。

（5）静电防护设计主要根据卫星各阶段经历的环境制定空间静电防护设计要求，必要时在型号研制的初样阶段进行静电防护设计验证，并在卫星各操作环节增加防静电措施。

（6）抗辐射设计是卫星需重点开展的一项可靠性工作，一般先考虑卫星运行轨道等空间飞行环境，再根据卫星特点进行空间辐射环境适应性分析，提出抗辐射设计要求。对于抗辐照总剂量，通过耐辐照能力试验进行验证；对于单粒子效应，通过采取有效的防护措施，使器件即使发生了单粒子效应也不会对电路既定功能造成影响。

（7）裕度设计主要考虑功能裕度、强度裕度、密封裕度、寿命裕度、防热裕度、安全裕度等。对于电子元器件均按要求进行降额使用，设计结果通过仿真分析、计算或试验进行验证；结构件、机电产品、高压容器、火工品等一般均有相关标准明确安全裕度的取值。

（8）元器件选用除满足产品功能性能要求外，应充分考虑产品结构特点、使用环境、成熟度、可靠性设计要求等因素。各型号按要求制定了元器件优选目录，对于目录外元器件、进口元器件，根据需要开展选用分析和试验验证，并按要求履行使用申请和审批手续。

（9）可靠性试验验证从可靠性试验项目、试验要求、试验过程、试验中出现的故障和解决措施等方面进行。目前可靠性验证试验一般与产品功能、性能试验等统筹考虑，以尽可能兼顾经济性。同时部分单位由于受试验条件等限制，部分可靠性验证试验与实际产品使用时的情况不完全相符。此外，单机、部件和材料一般开展热真空试验、真空放电试验、微放电试验、冷热交变试验、紫外辐照试验、总剂量辐照试验、单粒子效应试验、静电放电试验、材料真空出气试验等，蓄电池、转动部件等开展空间长寿命验证试验等。

近年来，面向北斗卫星导航系统应用需求，在北斗区域导航系统建设的关键阶段，为进一步深化可靠性工作、降低工程研制风险，卫星系统组织开展了可靠性专项工作，以“项目源于型号，成果用于型号”为基本原则，以“聚焦薄弱环节，补弱固强，统筹谋划，确保成功”为基本思路，扎实开展了可靠性技术研究及应用工[30]作。根据可靠性专项总体思路，分析梳理了薄弱环节，得到关键故障模式及关键产品清单，如表 12 - 1 所列。在此基础上，梳理了关键产品薄弱环节，结合卫星可靠性工作要求（表 12 - 2），从设计分析强化、试验验证、工艺改进 3 个方面，明确了 40 多项具体工作项目，并策划形成 16 个子项目。可靠性专项工作的实施，有力保障了北斗卫星导航系统的建设，取得了显著成绩，同时为全球导航卫星和其他型号可靠性工作提供了重要借鉴。

表12-1 北斗区域导航卫星关键故障及产品清单

任务阶段	序号	成败型故障模式	故障影响	关键产品
发射或转移轨道段	1	太阳翼展不开	整星能源丧失,后续事件无法完成,发射任务失败	火工切割器
	2	推进无推力	卫星不能完成变轨,发射任务失败	推进管阀件、贮箱等
	……			
在轨工作段	12	时间频率丧失或变差	卫星失去时间基准,导航能力丧失,星座稳定运行受到严重影响	铷钟、基准单元
	……			

表12-2 卫星可靠性工作要求

工作项目类型	工作项目	设备				
		可行性论证	方案设计	初样研制	正样研制	在轨/返回
故障分析	1. 故障模式及影响分析(FMEA)	×	√	√	○	×
	2. 故障树分析(FTA)	×	√	√	○	○
	3. 潜在通路分析(SCA)	×	△	△	○	×
	……					
环境防护与环境适应性设计	1. 单粒子效应防护设计	×	□	□	□	×
	2. 表面充放电防护设计	×	□	□	□	×
	……					
可靠性设计	1. 机构可靠性设计	×	√	√	○	×
	2. 抗力学环境设计	×	√	√	○	×
	3. 热设计	×	√	√	○	×
	……					
可靠性验证与评估	1. 可靠性研制试验、增长试验	×	√	√	○	×
	2. 环境应力筛选(ESS)	×	×	×	√	×
	……					

注:"√"表示适用;"×"表示不适用;"△"表示按需选用;"□"表示评审后应用。

12.2 航天行业机械可靠性研究应用国内外比较

中国航天在60多年的发展历程中,积累了大量的可靠性工作经验和教训,与此同时充分借鉴国外航天大国可靠性工程经验,并紧密结合中国航天型号研制实际,在不断探索实践的基础上走出了一条“型号牵引、自主创新”的发展之路,逐步总结并形成了具有中国航天特色的可靠性工程技术与管理成果,对确保航天型号产品的质量与可靠性,保证航天科技工业的快速发展发挥了重要作用。例如,中国航天工作者借鉴麦道公司管理方法,基于自身的实践与探索,形成的技术归零和管理归零的“双归零”,就是独具特色的质量可靠性保障方法体系,是中国航天管理史上重大思想创新、管理机制创新和制度创新,承载了航天文化的某些精髓,可以视为科技与工程伦理研究中一个宝贵的、源于前沿科技领域的负责任创新案例。

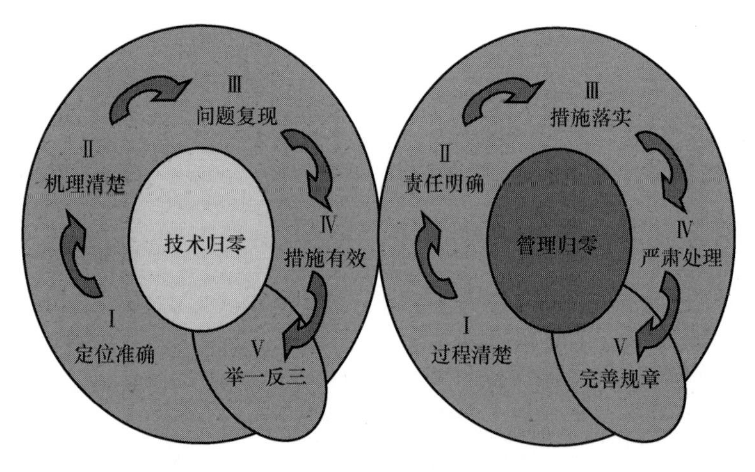

图 12－3 “双归零”质量保障体系示意图

“双归零”之“双”指“质量”和“管理”,其中,两项归零各包括 5 方面的要求,所以“双归零”又称“双五归零”[31],图 12－3 所示为“双归零”质量保障体系示意图。

近十年来,我国在载人航天、探月工程、北斗导航系统、新型飞航武器装备等任务需求牵引下,可靠性技术在运载火箭、飞航导弹、人造卫星等型号产品的应用更加深入,在型号产品研制、质量保证等方面发挥了重要作用,取得了突出成绩;随着我国航天产品的快速拓展,以及大量新型航天产品快速研制,对可靠性技术的研究及应用在以下几提出了更高的需求,总结如下:

(1) 在装备能力建设方面,我国可靠性工程技术的综合水平还需大幅提升;研制阶段可靠性工程技术发展及应用还不能充分满足航天产品或系统建设发展的需求,在使用或服役过程中,相关产品的可靠性问题时有发生。

(2) 在工程能力建设方面,可靠性工程条件保障和手段建设有待加强。一方面,在部分航天产品研制单位中,保证产品可靠性的基础保障条件依然缺乏;

另一方面,在可靠性工程技术工程论证、验证等方面的技术手段仍然需要加强。

(3) 在技术能力建设方面,可靠性工程技术综合论证能力、设计与验证能力、基于可靠性工程技术水平的装备运用与保障能力、可靠性工程相关的技术标准与规范等仍有待提升;需要大力研究发展数字化可靠性设计与分析能力。

12.3 航天行业机械可靠性研究应用发展趋势与未来展望

面向未来航天任务与国防建设需求,航天运载器在继续向大吨位、高可靠性、高环保性及强适应性等方向发展的同时,也呈现出向低成本、快速响应方向发展的趋势;卫星向高可靠性、长寿命、高空间与时间分辨率、大容量、高速率等方向发展;人类逐步突破地球轨道载人航天技术,向载人深空探测发展。飞航武器装备向着高速化、高机动性、高可靠性、长服役寿命等方向发展。与此同时,航天产品或系统的质量与可靠性工作,向着综合化(集成化)、实用化、自动化、信息化、智能化、精细化和军民两用化方向发展。

1) 综合化

综合化是质量与可靠性技术的主要趋势。随着科学技术的快速发展,各种技术之间相互渗透影响,特别是计算机辅助工程(CAE)、计算机辅助设计(CAD)、计算机辅助制造(CAM)、计算机辅助工艺设计(CAPP)的深入发展和广泛应用和并行工程(CE)思想的逐步深入应用,军工产品的研制、生产与使用都部分或全部采用了CAE/CAD/CAM/CAPP的技术,国外及国内部分单位大力提倡采用综合产品与过程开发方法(IPPD),将产品从方案开始到生产及现场保障的所有活动综合起来,由不同专业的各类人员组成综合产品组(IPT),同步优化产品设计、制造和保障过程,达到满足产品技术战术性能指标和费用约束的目标,有的还专门开发了产品研制综合平台,如航天飞行器集成化设计与制造系统(AVIDM)等。这种多学科综合设计的思想,能充分利用各种专门技术和工具,集中智慧、相互协同,是获取系统整体性能最优产品,是军工产品研制过程改进的一大方向。在这种工程设计综合化大趋势下,必然要求质量与可靠性工作的综合化,体现在如下几个方面:

(1) 计划的综合化:广义的可靠性包括了可靠性、维修性、安全性、测试性和保障性的范畴,这些质量特性的工作都有自身特别的工作项目但正在向综合化方向发展,比如NASA将这些工作统一定义为安全性、可靠性和质量保证(SR&QA)或者称为安全与任务保证(SMA),在某型号的地面保障设备研制等项目中就统一制定一个可靠性、维修性、安全性(RMS)大纲等。

(2) 设计控制的综合化:质量与可靠性设计要求(准则)的综合化,设计检查的综合化和设计评审的综合化。

(3) RMS 分析的综合化。如失效模式及影响分析(FMEA)技术是从工程实践中总结出来的最重要、最有效的可靠性分析技术之一,由于产品失效与设计、制造过程、使用、承包商,供应商以及服务有关,因此 FMEA 又可细分为设计 FMEA(dFMEA)、工艺 FMEA(pFMEA)、使用 FMEA(oFMEA) 和保障(或服务) FMEA(sFMEA)以及与软件这一特殊产品类型相关的软件 FMEA 和接口 FMEA(iFMEA),这些 FMEA 工作在传统军工产品研制过程中是分别在不同阶段或针对不同产品类型分别进行的,而在集成制造(IPPD)环境下要求 FMEA 的综合化,也使其成为了可能。

(4) 质量检验与可靠性试验验证的综合化。要做好型号研制试验的统筹策划,充分利用研制试验、增长试验、环境试验、鉴定试验、现场初步使用试验(如航空的试飞、船舶的试航等)的试验信息评估产品的 RMS 指标。

(5) 质量与可靠性信息的综合化。信息的综合化已经体现得非常明显了,体现在信息管理体系的综合化、现场信息采集卡的格式设计、计算机信息管理系统的设计和运行、信息的综合利用和共享等方面。目前,我们将 RMS 综合信息一般称为“质量与可靠性信息”或“质量信息”。在有关管理文件或标准中都是以这一综合的形式发布的。但是,目前在维修性和保障性数据的完整性方面尚存在较大问题(如故障诊断时间,维修工具使用记录,拆卸、安装人时等)。

2) 实用化

由于受到费用和进度的影响,RMS 工作项目要强调有效性和实用性,并不是越多越好。要用好一些实用的成熟技术,如 FMEA,故障报告、分析及纠正措施系统(FRACAS),故障树分析(FTA),环境应力筛选(ESSP)等,一些新的 RMS 技术也在逐步成为实用的成熟技术,如高加速寿命试验(HALT)、加速可靠性增长试验(ARGT)、可靠性强化试验技术、健壮设计技术、机内测试(BIT)技术等。

3) 自动化

加强质量与可靠性管理、设计、分析的计算机辅助工具的开发,推进质量与可靠性工作的自动化,已成为质量与可靠性技术发展的重要趋势。这对于保证质量与可靠性设计与分析的正确性,提高质量与可靠性工作的技术管理水平,缩短型号的研制周期,以及质量与可靠性新技术的推广应用,将有巨大的促进作用。

此外,故障检测与诊断的自动化、维修与后勤保障的自动化将极大地改善装备的保障能力,缩短保障时间,提高新一代武器装备的战备完好性,降低装备的使用和保障费用。而质量与可靠性信息收集、处理的自动化将大大提高质量与可靠性管理工作的效率。

4）信息化（数字化）

信息化是当前整个国民经济和军工产品保证的大趋势，也是质量与可靠性技术发展的必然走向。高精度设计仿真技术、虚实结合试验技术、数字化智能化可靠性设计与分析等数字化能力的发展，将带来质量与可靠性技术的新突破。未来将充分利用数字化通讯和网络传输技术的普遍应用带来的便利条件，使用交互式电子技术手册、交互式移动质量与可靠性数据采集工具，以及网上质量报警系统等，进一步提高质量与可靠性的管理水平与管理效率。

5）精细化

质量与可靠性工作要深入，必须精细化，要深入认识各种失效模式及其失效机理，在美国山地亚国家实验室提出的以失效物理为基础的可靠性工程方法，强调在产品工作原理样机开发的同时组织研究产品的制造工艺、失效机理、失效模式和失效模型，运用系统工程方法开展产品研制，使产品具有故障告警和维修预测功能。

6）军民两用化

实现军民两用是当前世界国防工业的重要发展战略，美国已经将联邦研究与发展预算的一半以上用于军民两用项目。可靠性技术研究机构也应在这些方面努力为国民经济的其他领域服务，并实现自身滚动发展的造血能力。

以载人航天工程、探月工程和高新技术武器装备等为代表的重大任务，对航天产品的质量与可靠性提出了更高的要求。在航天产品或系统研制实践中，需要更加深入开展可靠性技术研究及应用，不断进行质量管理创新，持续推进和完善零缺陷系统工程管理，助力航天科技工业新的跨越式发展，更好满足国防建设、国民经济建设和社会发展的需要。

参考文献

[1] 秦旭东，龙乐豪，容易．我国航天运输系统成就与展望[J]．深空探测学报，2016，3(4)：315－322.

[2] 袁家军．航天产品成熟度研究[J]．航天器工程，2011，20(1)：1－7.

[3] 范瑞祥，程堂明，李彩霞，等．长征七号运载火箭“2＋9＋2”可靠性工程综述[J]．载人航天，2017，23(3)：285－289.

[4] 遇今，周苏闰．中国空间技术研究院可靠性工程实践[J]．质量与可靠性，2015，179(5)：1－3.

[5] 吕箴，张华，丁秀峰，等．新一代运载火箭可靠性量化评价技术研究与应用[J]．上海航天，2016，33(S)：13－17.

[6] 尹大鹏．面向航天产品制造过程的质量管理方法研究[J]．国防制造技术，2016，3：42－44.

[7] 李彩霞，贺元军，徐文彬，等．航天运载火箭可靠性强化试验技术发展思考[J]．质量与

可靠性,2015,176(2):3-5, 22.
[8] 李彩霞, 徐文彬,贺元军,等. 运载火箭可靠性指标验证与评估[J]. 导弹与航天运载技术, 2014, 336(6):36-38.
[9] 周源泉, 李宝盛. 中国长征系列运载火箭的可靠性分析[J]. 质量与可靠性, 2009, 141(3):1-4.
[10] 徐文彬,马骥,李彩霞,等. 质量与可靠性工程在新研火箭设计中的实践[J]. 航天工业管理,2015,(2):11-15.
[11] 周光巍, 王丽丽. 空空导弹贮存寿命的可靠性论述[J]. 航空兵器,2015, 4:59-62.
[12] 苏国庆, 蔡汝山,胡巨刚,等. 空地导弹研制全过程可靠性提升方案[J]. 电子产品可靠性与环境试验,2016,34(4):33-38.
[13] 戴宗亮, 李小兵,吴博文,等. 基于改进 GM(1,1)模型的导弹贮存可靠性预测方法[J]. 火力与指挥控制, 2017, 42(1):102-105.
[14] 宋贵宝, 崔加鑫. 导弹加速寿命试验及可靠性评估[J]. 舰船电子工程, 2016,36(2):27-30.
[15] 谭汉清, 王在铎. 海军战术导弹可靠性试验工程实践[J]. 强度与环境, 2014,43(1):49-53.
[16] 王丽丽. 可靠性预计在空空导弹研制中的应用[J]. 电子产品可靠性与环境试验, 2015, 33(5):11-15.
[17] 王鑫,赵汝岩,高鸣,等. 立式贮存固体火箭发动机装药可靠性及影响因素研究[J]. 推进技术, 2020,41(8):1823-1830.
[18] 唐成,薛标,王利侠,等. 空-空导弹战斗部贮存可靠性评估[C]. 2019 年装备服务保障与维修技术论坛,南昌,2019.
[19] 宋贵宝,张峰伟. 利用相似导弹信息的 Bayes 可靠性评估方法研究[J]. 舰船电子工程, 2014,34(3):124-126.
[20] 吴进煌,贾燕军,刘 琳. 舰载战术导弹值班可靠性评估方法[J]. 海军航空工程学院学报,2016,31(4):485-488.
[21] 张弛, 周芳,胡绍华,等. 海军战术导弹武器系统可靠性试验技术分析及发展建议[J]. 装备环境工程, 2017, 14(7):83-86.
[22] 张金祥, 曹喜滨,林晓辉,等. 小卫星的安全性及可靠性设计[J]. 哈尔滨工业大学学报, 2001,33(6):812-815.
[23] 浦轲. 卫星产品可靠性设计原理概述[J]. 航天返回与遥感, 2004, 25(4):62-67.
[24] 袁媛, 葛宇,李楠,等. 关于商业卫星质量与可靠性控制的思考[J]. 质量与可靠性, 2016,186(6):21-23.
[25] 张华, 宗益燕,韦锡峰,等. 地球同步轨道卫星多阶段任务可靠性建模[J]. 航天器环境工程, 2016, 33(4):439-445.
[26] 张鹏. 现代小卫星可靠性分析方法研究[D]. 哈尔滨:哈尔滨工程大学, 2011.
[27] 张雪松. 小卫星发射的可靠性[J]. 卫星与网络, 2015(12):36-39.
[28] 薛毅, 张志国,吴雷. 卫星型号可靠性保证工作探讨[J]. 质量与可靠性,2016,185(5):

14 – 17.
[29] 舒适, 周志涛,那顺布和,等. 基于在轨运行状态的卫星稳定性与可靠性研究[J]. 航天器环境工程, 2015, 32(2): 201 – 205.
[30] 北斗区域导航卫星可靠性专项实施[J]. 中国质量,2019(4):47 – 51.
[31] 范春萍. “双归零”与负责任创新:中国航天质量保障案例研究[J]. 工程研究—跨学科视野中的工程, 2017,9 (5): 465 – 473.

（本章执笔人:航天科工集团北京动力机械研究所马同玲、王正、杨鑫）

第13章 装甲车辆行业可靠性工程应用

装甲车辆是集火力、防护、机动和信息性能于一体的陆军主要地面突击兵器,是一种具有强大直射火力、远程精确打击能力、坚固的装甲防护、快速的越野机动性和反应快速的电子信息指控系统的战斗车辆。装甲车辆自诞生以来,以其强大的火力、优异的机动性和良好的防护性而被称为陆战之王,从历年来的多次战争来看,装甲车辆一直是决定战争胜负的主要力量。近年来,随着我国装甲车辆复杂程度的提高和装甲装备技术含量的增加,装甲车辆的可靠性问题越来越突出。造成装甲车辆可靠性问题主要是由于以下两方面的发展不平衡不协调造成的,一方面是军方从战备完好性及使用角度出发,对装甲车辆提出了更为系统的可靠性维修性保障性要求;另一方面是装甲车辆系统越来越复杂、采用的新技术越来越多,导致可靠性工程技术难以有效地支撑装备研制的可靠性要求。虽然目前装甲装备的部分指标已达到世界先进水平,但与之不协调的是研制生产部门的可靠性技术应用还属于刚刚起步阶段,各产品研制生产单位的可靠性技术应用水平远未达到标准化、系统化、制度化的要求,不能满足用户对产品可靠性工作的要求[1-3]。

13.1 装甲车辆行业可靠性研究应用最新进展

1. 装甲车辆及其可靠性技术特点

1) 装甲车辆的功能与作用

装甲车辆是现代地面战争的主要突击力量,它适应于在国土疆域各个战略方向,可以在各种复杂地形和气象条件下,担负起消灭或压制敌方坦克、装甲车辆、反坦克及炮兵武器、摧毁敌方工事和障碍物、歼灭敌人有生力量等多种作战任务。进攻时,它可以承担突破、追击、迂回、合围和纵深攻击等任务;防守时,它又可以发挥反突击作用[4]。

2) 装甲车辆的基本构成

装甲车辆一般由推进系统、武器系统、防护系统、通信系统、电气设备以及其他特种设备和装置组成。

推进系统一般由动力装置、传动装置、行动装置和操纵装置组成。发动机是动力装置的核心,多为柴油机或燃气轮机。传动装置可将发动机产生的动力传给主动轮或水上推进器,以改变装甲车辆的速度、牵引力和行驶方向。行动装置用以支撑车辆,保障车辆正常行驶和克服障碍,由履带推进装置和悬挂装置等组成。操纵装置用来控制车辆推进系统各机构动作,由液压泵及压气机等能源件和控制、传导、执行件等组成。

武器系统包括火力和火控系统两部分。火力系统的主要武器为坦克炮,使用的弹药通常包括穿甲弹、破甲弹、杀伤爆破弹和多用途弹等弹种。辅助武器多为7.62mm并列机枪、12.7mm或7.62mm高射机枪等。火控系统用以搜索、控制装甲车辆武器瞄准和射击,主要由火控计算机、火炮双向稳定器、激光测距机、微光夜视仪和热像仪等组成。

防护系统包括车体和炮塔、特种防护装置和各种伪装设备。车体和炮塔是装甲车辆防护的基础,外部通常有复合装甲、反应装甲或屏蔽装甲等特殊装甲。特种防护装置和伪装设备是指自动灭火抑爆装置、三防装置、烟幕装置及其他伪装器材和光电对抗设备。

通信系统主要包括无线电台、车内通话器、信号枪和信号旗。装甲车辆上一般装有1部短波或超短波调频电台和1套车内通话器。

电气设备由蓄电池、发电机及各种照明器材、线路等组成。其他设备包括空调、采暖、导航等装置。

3)装甲车辆的发展状况

装甲车辆诞生于1914—1918年爆发的第一次世界大战期间,早期的坦克尚处于探索阶段,外形各不相同,但都具备了火力、机动和防护三大特性。第二次世界大战是坦克称雄战场的时代,随着技术的成熟和大量装备部队,以及反坦克武器的大量使用,促使坦克的装甲不断加厚,加快了中型车辆的发展,这一时期的坦克结构基本定型,装甲厚度大增。

第二次世界大战后至20世纪50年代产生了真正意义上的第一代装甲车辆,这一代装甲车辆凭借坚固壳体和高机动性以及良好的密封空间,成为原子战争条件下的理想作战工具,第一代装甲车辆分为重型(质量在40~60t左右,火炮口径在122mm以下)、中型(质量在20~40t以内,火炮口径小于105mm)和轻型车辆(质量在10~20t以内,火炮口径小于85mm),但以中型车辆为主。第一代装甲车辆的技术特点主要包括:①武器系统性能显著提高,火炮口径增至90~100mm,火控系统明显进步,光学测距仪、火炮稳定器等用到了车辆上;②机动性有一定提高,发动机采用了增压器,主要采用双功率流传动装置;③防护技术有新发展、装甲进一步加厚并安装了三防装置。

20世纪60—70年代中期为第二代装甲车辆,随着战术核武器和反坦克导弹大量装备部队,要求坦克具有威力更大的火炮、更坚固的装甲防护以及更高的机动性,主战坦克应运而生。二代装甲车辆的技术特点主要有:①火炮口径多数增至105mm,安装了红外夜间瞄准镜等设备,具有初步的夜间作战能力;②普遍采用增压柴油机、动液式或机械式双功率流传动装置、高强度扭杆悬挂装置;③装甲厚度增加,普遍安装了三防装置、灭火装置和烟幕装置。

20世纪80年代开始,各国陆续研制出第三代装甲车辆。第三代装甲车辆大量采用高新技术,包括数字式计算机技术、光电技术和新材料技术,火力控制、通信和装甲防护性能较之早期取得了里程碑式的进步。三代装甲车辆的技术特点主要有:①武器系统发展到一个新的水平,射程远、杀伤威力大的滑膛炮成为主流,自动装弹机、激光测距机、热像仪等设备被广泛应用到车辆上;②在防护方面,各种复合装甲逐渐取代单一装甲,车体和炮塔还加装了爆炸反应装甲,广泛应用了自动灭火抑爆系统、三防装置和防红外侦查涂料,部分车辆开始装备主动防护系统。

随着计算机技术、通信技术、自动控制技术、隐身技术和新材料技术的发展和应用,未来装甲车辆的反应将更加敏捷,对空防护能力将得到加强,杀伤力会更强,机动性和生存能力都将有较大提高。未来装甲车辆的发展趋势是数字化、隐身化、轻型化和高技术化。

4）装甲车辆可靠性技术特点

由于装甲车辆承担任务的多样性,赋予其更多的战术技术性能,需要在机动、防护、火力、信息等多方面展现其强大的作战能力,这就造成了装甲车辆组成系统的异常复杂,也使装甲车辆与航空航天及舰船等武器装备相比有较大的不同。同时,我国的装甲车辆研制工作起步较晚,研制经验积累相对薄弱,历经了仿研、跟研、自研阶段,目前正处于发展阶段,其可靠性特点主要体现在以下几个方面。

（1）系统复杂,关联度强,故障模式多样。装甲车辆是集机械、电子、液压与液力、光学、信息和材料等多个技术领域的高度集成的复杂武器装备。装甲车辆作战能力的高度集成性,作战地域环境的全面复杂性,使其组成各系统之间匹配关系复杂,相互关联度极强。同时,每一个子系统或大的功能部件仍然是一个复杂的系统,比如综合传动装置是集机械、电子、液压与液力于一体的复杂系统,火控系统是集机械、电子、光学、光电、液压和软件于一体的更复杂的系统。装甲车辆这一特点也造成了装甲车辆的故障模式多样、原因复杂、关联性强。

（2）结构紧凑,负荷环境恶劣,故障多发。装甲车辆为了实现其综合作战效能的提升,需加大火炮口径、提高装甲防护能力和发动机功率,而这些都将导致整车体积和重量的增加。而从另一方面为了提高其战场生存能力,需减小外廓尺寸和车重,以减少被发现概率和增强机动性。为了解决这一矛盾,在整车总体设计过程中不得不在控制装甲车辆重量在一定范围的前提下,采取最大限度地减少“装甲内部容积”的方案,以获得较小的外廓和车重,实现无效空间的最低。

由此造成各系统部件负荷环境异常恶劣：如动力舱内动力、传动、辅助系统的高度集成，造成舱内环境在100℃以上，局部达到200℃，对舱内电子、液压部件的耐温性提出了极高要求。在这种紧凑的结构约束下，在恶劣负荷环境作用下，装甲车辆的故障频发。

（3）全地域作战，使用环境变化剧烈，故障诱因多源。与航空航天使用环境相对固定相比，装甲车辆作战使用需求要求其必须适应我国全地域作战使用环境。环境适应性既包括气候环境和地理环境，也包括复杂的电磁环境和核、生、化条件下作战环境。气候环境中包括寒区的低温和热带的高温高湿气候，地理环境中包括丘陵、沙漠、高原、内陆湖泊以及海上等，路面环境包括铺面路、土路、起伏路、碎石路和冰雪路面等，并且各个环境条件之间的组合和使用分配的比例也是随机的。因此，带来装甲车辆故障的诱因包含高低温、振动、冲击、低气压、电磁环境、核、生物、化学、沙尘、盐雾、潮湿等等方面。

（4）故障诱因复杂，实验室环境很难模拟。装甲车辆的工作载荷和环境载荷都非常复杂，而且各个载荷（工作和环境）条件之间的组合和使用分配的比例也相对随机。因此，单个系统部件在台架上的可靠性试验结果，由于不具备系统和整车的条件与环境，难以准确反应在整车工况下的可靠性情况。目前装甲车辆的整车试验无法在实验室中准确模拟，装备最终的定型只有通过整车的定型试验来确认。因此，装甲车辆的可靠性考核验证不能仅依靠系统部件的实验室考核，对车辆的可靠性考核必须是多样本、全地域环境的相当里程的累计结果。

（5）装备量大，服役周期长，要全寿命周期考虑可靠性。装甲车辆不同于飞机、战略导弹和舰船的高价值、批量极小的生产特点，在装备中属于价值适中、装备批量大的产品。并且由于全地域使用的特点，装甲车辆列装地域也非常广泛，从南疆高原地区到东部沿海地区，从北方严寒地区到南方湿热地区均有大批量装甲车辆服役。同时由于装甲车辆技术继承性强，可实现局部技术改造升级，装甲车辆服役周期相对较长。低可靠性水平的新型装甲车辆不但影响装备性能的发挥，降低部队战斗力的形成，增加部队保障负担，还将导致装备全寿命周期费用的大幅增加。因此，装甲车辆的可靠性要从全寿命周期考虑。

2. 装甲车辆可靠性技术的研究进展及存在的问题

1）装甲车辆可靠性技术发展综述

对于民用车辆，通过对国外车辆行业可靠性工作的调查分析，以机电产品为主的汽车行业可靠性工作有许多值得我们学习和借鉴的经验。美国、英国和日本汽车行业在开展可靠性工作时，并没有完全按照美国军方可靠性工作模式来开展所有的工作项目，而是结合汽车产品的特点，有选择性地重点开展了故障模式及影响分析工作，尤其是根据汽车安全性和用户满意度等方面的特殊要求，开展了设计和工艺的故障模式及影响分析（FMEA）工作。为此，美国三大汽车集团公司还联合制定了行业标准,将过程失效模式及后果分析(process failure mode and effects analysis,PFMEA)和设计失效模式及后果分析(design failure mode and effects analysis,DFMEA)纳入汽车行业必须开展的可靠性工作项目,并因此产生了良好的效果。在日本的汽车行业,FMEA 已成为每个设计人员完成设计后必须完成的技术性校核检验分析工作。正是注重可靠性工作的实效,日本的汽车可靠性也因此得到长足进步,这也是世人有目共睹的。目前,世界主要汽车企业,为了适应日益激烈的市场竞争及全球化的新产品开发周期缩短趋势,减少产品寿命周期费用,提高顾客满意度,已实现了通过先期的可靠性设计分析,提高新产品首次设计的成功率,降低设计费用和产品设计后期的回朔性更改,提高投资回报。汽车行业设计理念和设计方法的转变,突出的特点是更加注重多学科综合优化设计,可靠性工作的重点也从可靠性验证评估向可靠性设计开发转移,并且在设计过程中强调系统研发、多学科(机械、液压、电子、电气、软件等)集成和寿命周期费用的分析[5-6]。

我国汽车行业亦非常重视可靠性技术的应用,尤其是可靠性试验技术的应用,有许多值得装甲车辆行业借鉴。如汽车行业的整车可靠性耐久性试验、可靠性加速试验、台架的可靠性试验与使用中的数据耦合问题,均强调了工程需求与实效。总体分析,我国汽车行业可靠性技术应用主要体现在以下几方面:①重视设计过程的 FMEA 和零部件的结构强度分析;②重视零部件的实物疲劳试验和使用寿命评价;③注重整车的使用试验信息及用户满意度分析;④注重售后服务及售后服务信息的利用;⑤注重对失效产品的失效物理分析。而对于可靠性模型及可靠性预计等工作则不做具体要求。

通过对国内外汽车行业可靠性工作模式与现状的分析,目前汽车行业普遍推行以下可靠性技术和方法:FMEA、故障树分析、概率设计等可靠性设计技术、加速寿命试验、可靠性测试技术以及产品失效机理分析技术。从上述工作项目看,实效、实用是其最大的特点。

装甲车辆可靠性是实现车辆安全、可靠、经济和有效功能四项基本要求的主要技术手段,是装甲车辆设计成功的基本因素。

我国装甲车辆可靠性技术研究起步较晚,1991 年成立了兵器工业质量与可靠性研究中心,作为装甲车辆可靠性技术研究的支撑单位,开始了“机械可靠性设计分析技术”“光学惯性仪表及系统加速寿命试验技术”等项目的预先研究。2005 年成立了兵器工业环境可靠性试验中心,开展装甲车辆环境与可靠性试验研究工作,针对 99A 等多种型号装甲车辆的惯性导航、车电系统等产品开展了环境与可靠性试验,为早期发现问题、解决问题发挥了重要作用。

20 世纪末,在三代坦克研制后期,可靠性工作在装甲车辆行业逐步开展,此阶段的可靠性工作主要集中在编制可靠性工作大纲、开展可靠性技术培训、进行装备可靠性水平评估以及协助总体开展一些可靠性管理工作，而可靠性设计工作开展得较少。经过多年的发展，装甲车辆行业在机械产品可靠性设计、分析、可靠性试验等方面占据了领先地位，2008 年成立国防科工局机械产品可靠性研究中心，面向全行业承担技术研究、技术推广、监督评价、质量检验等工作[7]。

目前在中国北方车辆研究所、西北机电工程研究所、西安现代控制技术研究所等装甲车辆研究所设有可靠性研究室，主要开展装甲车辆可靠性管理工作和技术应用，并通过开展预先研究、基础科研和技术基础研究等，形成的部分科研成果已在产品研发中予以应用，取得了良好的社会价值和军事效益。

2）装甲车辆可靠性技术的研究进展

（1）可靠性设计与分析。

为了更好地配合型号研制工作，协助产品设计人员开展可靠性设计工作，在装甲车辆研制任务中成立了可靠性工作专项组，在产品寿命周期内的不同阶段，可靠性专项组有序的开展可靠性各项工作项目：可靠性工作策划、制订可靠性大纲、发布可靠性工作指南/标准、开展可靠性设计分析、形成装备定型文件，同时在工作开展过程中对前期工作结果反复迭代、补充完善。在这过程中输出相应的过程及结果文件包括工作策划报告工作计划/可靠性大纲、指南/标准、可靠性分析报告、可靠性工作项目报告及定型文件。可靠性工作的主要流程如图 13－1所示。

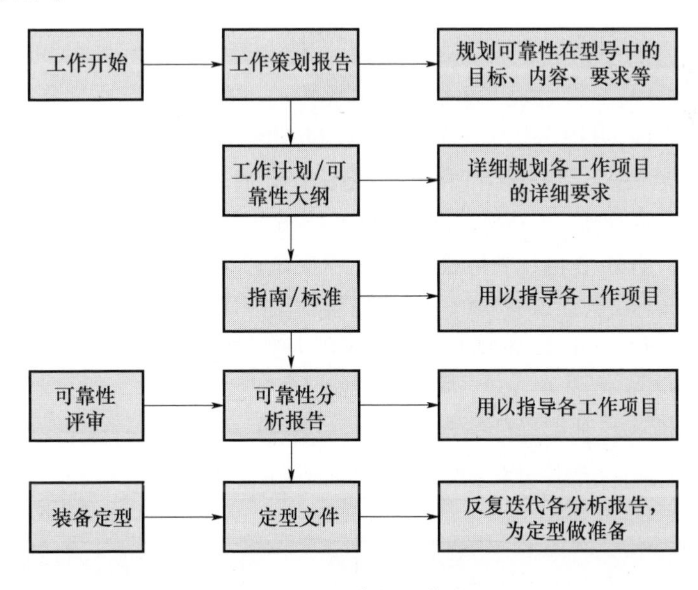

图 13－1　可靠性工作流程

通过将多年的装甲车辆可靠性设计经验总结提炼,已形成适用于装甲车辆的可靠性规范体系,如图 13-2 所示。

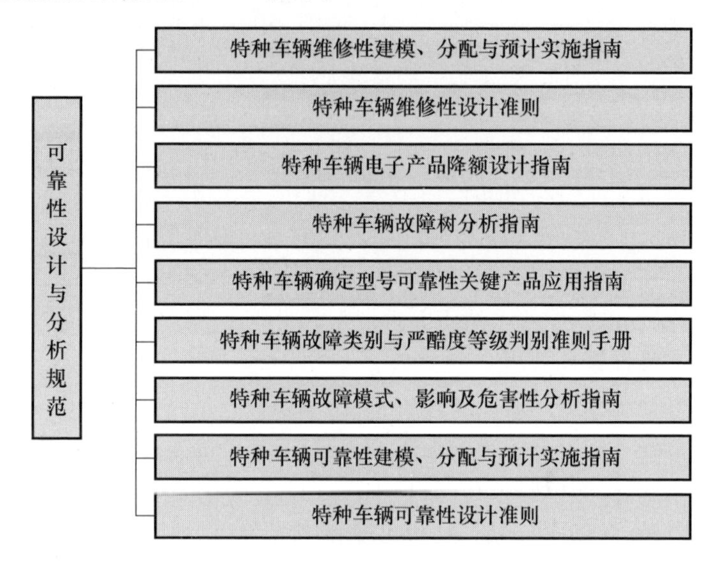

图 13-2　装甲车辆可靠性设计与分析规范

(2) 可靠性试验。

装甲车辆可靠性试验可分为两级:整车地区性道路试验和零部件台架可靠性试验。

① 整车地区性道路试验主要在平原、高原、寒区、热区等具有不同环境条件的地区开展试验,以检验装甲车辆在不同温度、湿度、气压、路面等条件下的车辆机动性及可靠性,以给出整车可靠性鉴定与验收结论。

a. 样本量要求。基型车:3~5 辆;变型车:2 辆或 3 辆。

b. 试验里程规定。(a)标准试验里程:履带装甲车辆,10000km;轮式装甲车辆,40000km。其中磨合行驶里程不计入考核试验里程。(b)基型车辆,按不少于 100% 标准试验里程试验。(c)在基型车已定型底盘上变型的车辆,按 60% 标准试验里程试验。(d)在基型车未定型底盘上变型的车辆,按不少于 100% 标准试验里程试验。

c. 试验地区行驶里程分配比例规定,见表 13-1。

表 13-1　试验地区行驶里程分配比例表

试验地区	试验里程比例/%	
	履带装甲车辆	轮式装甲车辆
常温地区	65	65
严寒地区	10	10

续表

试验地区	试验里程比例/%	
	履带装甲车辆	轮式装甲车辆
高原地区	15	15
湿热地区	10	10
合计	100	100

d. 特殊试验里程规定。(a)夜间行驶里程,不少于总里程 5%。(b)抢救车刚性牵引行驶里程,不少于总里程 20%。(c)转动炮塔与主炮操作工作里程,不少于总里程 10%。

e. 试验路面行驶里程分配比例规定,见表 13-2。

表 13-2 试验地区行驶里程分配比例表

试验路面	履带装甲车辆/%		轮式装甲车辆/%	
	金属履带	挂胶履带	一线车	二线车
铺面路	0	20(20)	20(20)	25(25)
沙、碎石路	40(40)	30(30)	30(30)	30(30)
起伏土路	35(55)	25(45)	25(45)	20(40)
冰雪路	10	10	10	10
沙漠	12	12	12	12
高原公路	3	3	3	3
其他路面	(5)	(5)	(5)	(5)
合计	100	100	100	100

注:根据装备需求不同,括号内为另一种比例分配。

② 零部件台架可靠性试验包括可靠性增长试验、可靠性摸底试验、可靠性强化试验,在台架环境下施加一定工作应力,以暴露被试品的潜在缺陷,并及时采取纠正措施,使得可靠性水平得到提升[8]。

通过将多年的装甲车辆可靠性试验经验总结提炼,已形成适用于装甲车辆的可靠性试验规范体系,如图 13-3 所示。

(3) 可靠性故障与数据分析。

在装甲车辆可靠性试验过程中,会产生大量的故障相关信息,对这些故障数据的收集和分析是提高装甲车辆可靠性的关键。

为保障装甲车辆可靠性故障信息收集全面、系统,通常故障信息收集表格覆盖了可靠性、维修性、测试性、保障性等近25项收集信息，包括故障现象、故障原因、故障类别、故障原因分类、故障模式、现场处理措施、维修级别、维修时间、维修人数、维修工时、维修工具、维修步骤、改进措施及效果等。有些单位结合信息化系统开发故障库，如中国北方车辆研究所，结合五性设计分析系统，开发了外场数据库，实现与Excel的数据导入、导出，集中管理试验故障信息，便于设计人员筛选与查找。

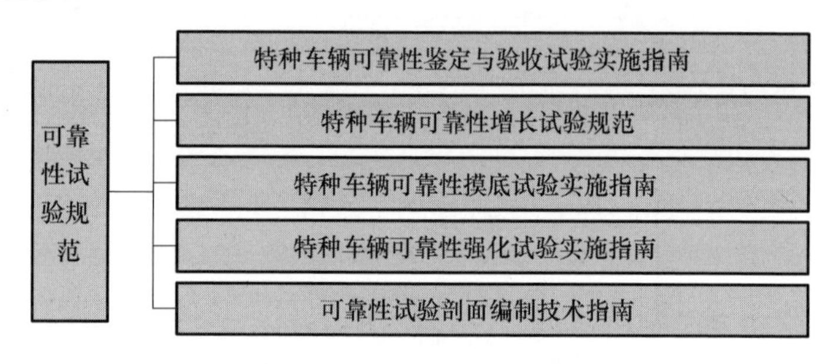

图13－3　装甲车辆可靠性试验规范体系

（4）可靠性评估。

基于整车及关键部件故障信息的可靠性评估已形成一套完成的分析流程，并在型号研制中得到广泛应用。在收集统计整车故障信息后，将收集到的信息按照关联任务故障、关联非任务故障、非关联故障、不记为故障四类，在此基础上对整车及综合电子系统等关键系统的平均故障间隔时间（MTBF）、平均关键故障间隔时间（MTBCF）、首次大修前工作时间、任务可靠度等可靠性耐久性指标的点估计值及区间估计上下限进行评估。

除了基于故障数据评估的方法以外，基于故障物理的装甲车辆关键部件可靠性评估目前以方法研究为主，如基于振动信号的柴油机可靠性评估、基于磨损磨粒信息的动力传动装置可靠性评估、考虑焊接残余应力的车体可靠性评估等，这些复杂大部件的可靠性评估技术研究成果在部分车型中开展适用性应用研究，尚处于推广应用阶段[9]。

3）装甲车辆可靠性技术的应用案例

（1）装甲车辆可靠性工作流程。

装甲车辆可靠性分析贯穿车辆全寿命周期，在不同的设计阶段开展不同的可靠性设计分析工作，这些设计分析工作并不是独立的，而是反复迭代完成的[10]，其在不同设计阶段的设计流程如图13－4和图13－5所示。

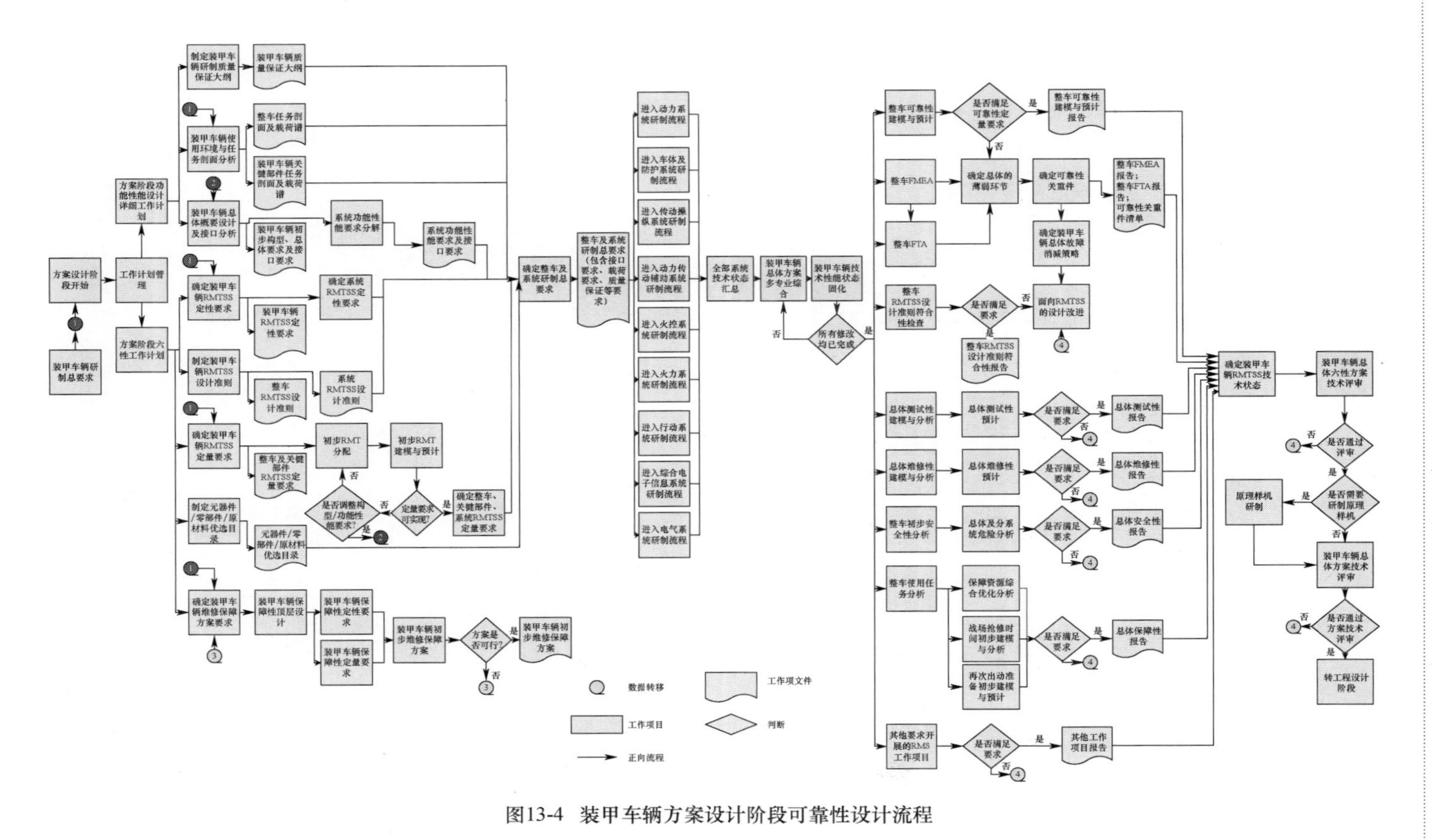

图13-4　装甲车辆方案设计阶段可靠性设计流程

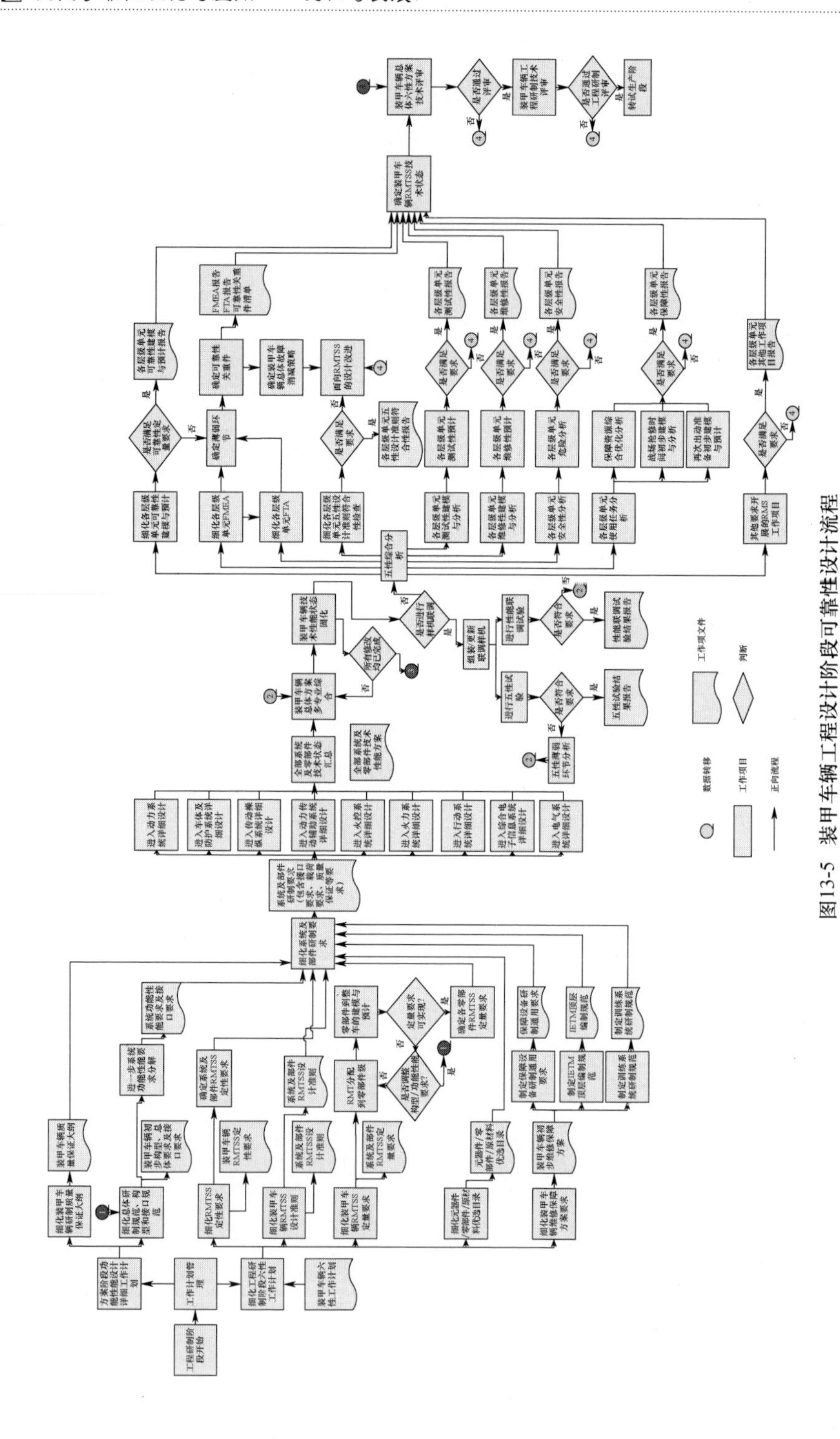

图13-5 装甲车辆工程设计阶段可靠性设计流程

(2) 可靠性设计与分析应用案例。

以装甲车辆传动系统为例,这种结构支撑件、轴承、轴、齿轮组成的典型机械系统,由于支撑变形过大可能引起轴承偏载或齿轮啮合失效,而自身并没有失效;再如,当把轴的直径加粗时,轴强度增加的同时,反而增加了系统刚度,处于系统中的齿轮、轴承、支撑件会把更大的动态冲击载荷传递下去,对整个系统产生可靠性影响;还有,机械系统往往存在多点支撑和多功率分流的情况(如行星传动),存在载荷共同分担的情况,当改变其中之一时,将会对并联的零件产生直接的可靠性影响。因此,其可靠性分配不能简单采用指数分布规律,按照串联模型进行分配,在工程中采用基于专家知识修正的指标分配方法,在分配过程中考虑各组成分系统的影响因素,包括复杂程度、技术水平、工作时间、环境条件,根据专家对分系统的评分结果对分配的失效率进行修正,进一步得到各分系统的 MTBF,各影响因子的内涵如表 13 -3 所列,评价表格形式如表 13 -4 所列。

表 13 -3　装甲车辆传动系统影响因子内涵

因子	内涵
复杂程度	部件的复杂性,主要指结构上的复杂性,也包括功能上的复杂性。 判断依据主要包括: (1) 按产品类别,复杂程度:液力机械＞液压机械＞机械; (2) 按零件数量,零件数量越多复杂性越高; (3) 按连接关系,连接件越多,连接方式越多复杂性越高; (4) 按功能状态,功能状态越多,复杂性越高
环境因子	部件使用剖面的严酷程度,此项准则与装甲车辆整车作战剖面和综合传动箱整机使用剖面有映射关系 判断依据主要包括: (1) 使用剖面严酷度:承载类部件 > 辅助类部件; (2) 使用剖面严酷度:机械承载类部件 > 液力机械类部件 > 液压机械类部件
工作时间	部件使用时间或使用频率占整机使用时间或使用频率的比例,此项准则与装甲车辆整车作战剖面有映射关系。 判断依据主要包括: (1) 以主轴工作时间或旋转周数为基准; (2) 特殊剖面下,可考虑百公里换挡次数与平均值的比值,修正行星变速机构、液压控制装置等部件的占空因子; (3) 特殊剖面下,可考虑百公里转向次数与平均值的比值,修正转向泵马达占空因子
技术成熟度	部件及其零件的技术成熟度 判断依据主要包括: (1) 定型产品技术成熟度大于未定型产品; (2) 类似综合传动箱上采用过的产品技术成熟度大于新研产品; (3) 在以往型号上进行改进的,改进较小的产品技术成熟度大于改进较大的产品

表 13-4　装甲车辆传动系统可靠性分配表格示例

部件	复杂程度	技术水平	工作时间	环境条件	各单元评分数	各单元评分系数	MKBF(各子部件分配值)	可靠度(10000km)
前传动总成								
操纵电控系统								
测试系统								
油泵组								
供油系统								
液压操纵系统								
联体泵马达								
辅助传动								
行星变速机构								
箱体部件								

在完成传动系统的结构功能设计后，开展可靠性预计，采用基于专家知识修正的可靠性预计方法，其预计表格形式如表 13-5 所列。

表 13-5　装甲车辆传动系统可靠性预计示例

序号	组件名称	复杂度	技术水平	工作时间	环境条件	各组件评分数	各组件评分系数	组件的故障率	当前可靠性指标预计值
1	箱体部件								
2	辅助传动								
3	油泵组								
4	联体泵马达								
5	供油系统								

(3) 可靠性试验应用案例。

为充分暴露机械部件的潜在缺陷，以装甲车辆传动装置为例，在研制阶段开展 3 种可靠性试验，整机道路谱动态考核试验、整机可靠性摸底试验、整机可靠性强化试验。

试验设计中要充分考虑传动装置的复杂工作条件，在油门、制动、转向、换挡、道路阻力系数、弯道直径、坡度等条件同时变化的情况下，检查多工况耦合时传动装置功能和性能、可靠性是否满足设计要求，并及时采取纠正措施，使传动装置的可靠性水平得到增长[11]。

道路谱动态试验主要考核综合传动装置在各种工况耦合下的动态特性，主要考虑输入转速、转矩、档位、方向盘转角、制动随时间的历程下各个接口的可靠性、各个组别长时间匹配工作的可靠性。

可靠性模拟试验主要考察传动装置在贴近实际工况下的可靠性,在综合应力(热应力、振动应力和机械应力)环境条件下进行,主要包含空损试验,直驶加载试验、换挡试验、中心转向试验。

可靠性强化试验主要考察综合传动装置在各种极限工况下的可靠性,主要考虑输入转速、转矩、档位和温度因素,开展特定工况下的稳态试验,综合应力(热应力、振动应力和机械应力)环境条件下进行。按照应力环境达到理论上的极限值为指导原则,开展超速(模拟发动机超速)、超载(模拟爬32°坡)、超温(模拟传动油温极限130℃)、泵马达极限工况(52MPa)条件下的强化试验。

通过在研制阶段开展可靠性试验,发现传动装置薄弱环节,暴露故障并改进设计,保证了后续传动装置鉴定评审顺利完成。

(4) 可靠性评估应用案例。

① 整车可靠性评估。装甲车辆可靠性评估在整车级采用点估计法,以某型车为例,在可靠性试验阶段将记入可靠性考核的故障分为关联任务故障(AB)、关联非任务故障(ANB)、不记为故障(AC)、非关联任务故障(NAB)、非关联非任务故障(NANB)。主要评估整车基本可靠性(MMBF)的点估计值、整车任务可靠性(MMBCF)的点估计值。

② 关键复杂大部件可靠性评估。

a. 耐久性类指标的评估。

(a) 指标定义。大修寿命为与装备及其可修复的重要部件有关的一种耐久性参数,其度量方法为:在规定的大修寿命期内,在规定的置信度下,装备及其可修的重要部件满足不发生耐久性损坏概率条件下的工作时间。使用寿命为与装备主要不可修复零部件有关的一种耐久性参数,其度量方法为:在规定的使用寿命期内,在规定的置信度下,零部件不发生耐久性损坏概率条件下的工作时间。

(b) 评估方法。按照《装甲车辆试验规程　耐久性试验》(GJB 59.62),用非参数估算方法制定试验方案。该类试验方案根据给出的置信度和耐久度要求,以及能够提供试验的样本量,计算出能够发生的耐久性损坏数。

b. 任务成功类指标评估。

(a) 指标定义。成功率是产品在规定条件下完成要求功能或者试验是成功的概率。其度量方法是整个试验中成功的试验次数与试验总次数的比率。

(b) 评估方法。按照《设备可靠性试验　任务成功率的验证试验方案》(GB 5080.5—85),根据给定的任务成功率制定定数试验方案。

该类试验方案,指标给出了任务可靠度的最低可接受值,对应标准中的"不可接收的成功率"R1,在制定此类试验方案时,选取鉴别比在3以下,根据鉴别比公式,求出可接收的成功率R0,根据选取的订购方和承研方风险,查标准中的

表2,确定试验方案。方案给出了对应参数下的试验次数和允许不成功次数。

装甲车辆复杂大部件在不同研制阶段、产品层级会产生大量可靠性信息,以传动装置的可靠性信息为例,除失效时间外,还包括丰富的油液磨粒分析数据、分解鉴定数据、性能稳定性数据等,这些数据来源覆盖多摩擦副、多载荷级别、多研制阶段和多产品层次,为此开展多源信息融合的可靠性评估。基本思路是首先根据可靠性信息的类型选择基于故障物理或基于概率统计的可靠性评估方法,然后利用贝叶斯可靠性数据融合方法,逐步对不同类型、不同层次、不同阶段的可靠性评估结果进行融合,最终得到综合传动箱可靠性综合评估结果。整个试验评估过程能够对综合传动箱典型故障模式的故障物理模型(包括基于油液Cu元素浓度和厚度时序变化的摩擦片磨损故障物理模型、基于直径时序变化的液压阀阀芯磨损故障物理模型)、基于故障物理的可靠性评估技术(包括伪失效时间法和故障特征量分布法)进行多源可靠性数据融合(包括多层次可靠性数据融合和多阶段可靠性数据融合)。

4)装甲车辆可靠性技术研究存在的问题

尽管兵器装备建设取得了很大成绩,但装备的质量与可靠性水平亟待提高。总体来看,兵器可靠性基础能力还比较薄弱。从我国现有装甲车辆可靠性水平与国外发达国家三代装甲车辆的可靠性水平对比分析看,我国的装甲车辆总体可靠性水平偏低,主战坦克或步兵战车可靠性水平距离发达国家主流装备还有一定差距,由于机电产品的增加,许多产品的故障检测、故障定位困难,故障检测时间长,严重影响到装备的可用性,与国外差距巨大。在可靠性行业较为公认的一种说法是装备的可靠性“三分技术、七分管理”,但在兵器行业装甲车辆研制过程中,在可靠性管理、可靠性设计分析、可靠性试验等方面均存在一些问题,具体表现在以下几点:

(1)可靠性管理存在的问题。

从行业可靠性管理能力方面,可靠性管理与工作标准规范的制定与贯彻、质量与可靠性技术监督检验鉴定、技术仲裁、配套件外协件的军品准入质量与可靠性监督能力等,都不能满足兵器装备发展的需要。

分析行业技术政策状况可以看出:从领导到管理干部、从集团公司各机关到企事业单位,重视生产过程的管理(计划和质量),忽视研制过程的可靠性工程管理;重视质量管理教育,忽视可靠性工程管理和可靠性技术专业培训;重视产品研制计划和性能指标的考核、奖惩,忽视产品可靠性工作计划和可靠性指标体系的考核和奖惩等现象非常普遍,这种技术政策促成了对可靠性工程的态度为“说起来重要、做起来次要、忙起来不要”。

在型号研制过程中,都强调可靠性的重要性,但是在实际设计开展过程中,可靠性的管理职能很弱,有些项目甚至几乎没有话语权。一般来说,在型号研制过程中,在设计师系统内,会设置可靠性专项组,负责整个项目的可靠性推进工作,包括工作计划制订、指标分解、设计指南规范下发等;在设计过程中在不同阶段对设计人员进行技术支持,在不同的节点进行可靠性评审把关;在型号定型阶段负责可靠性数据收集整理,对故障进行判定,进行整车及大系统的可靠性分析评估工作。但是目前,只有在个别型号中,单独进行可靠性评审,真正做到可靠性设计分析做得不到位,不允许进行方案、工程设计评审,其他大部分项目基本上流于形式,可靠性管理的职能很难体现。

(2) 可靠性设计分析技术存在的问题。

从可靠性设计分析技术应用情况看,兵器可靠性技术在型号中的应用也是近几年才得到重视,可靠性工作有一定成效。然而,由于我们可靠性技术研究起步较晚,加之兵器产品品种多、兵器工业的基础能力较差,与国内外先进水平和型号的迫切需求相比,还存在不小差距。单位之间、型号之间可靠性工作也不平衡,系统化、规范化还不够。

在有些重点型号中,可靠性设计分析的工作项目开展还是取得一些成绩的。工作项目主要包括可靠性建模分配预计、可靠性设计准则的制定及落实、FMECA、FTA、降额设计,有限元、耐久性、热设计等专项分析,还有制订元器件优选目录等。通过这些工作项目的实施,确实提高了产品的可靠性水平,但是这只是个别项目,其他大部分项目可靠性工作项目开展得不够。而且,即使开展了这些工作项目的型号,开展的深度也不够,比如FMEA的最低约定层次只开展到功能电路级,没能开展到元器件级;比如FTA地底事件没有真正到底,还有很多原因没有分析等。

目前,行业内的相关厂所的可靠性设计手段较为薄弱,难以满足装甲车辆总体设计中可靠性维修性测试性保障性设计、分析、评估等工作。通过对目前装甲车辆研制过程中可靠性工作的分析发现,制约可靠性设计分析与性能结构设计同步开展的主要因素是基础保障条件不健全,开展可靠性设计分析的软硬件不配套,目前已有的可靠性分析工具仅局限于指标的预计、分配,FMEA等方面,而且开展的效果也不明显,甚至是为了分析而分析、为了评审而写报告,对于整车性能与可靠性优化权衡与优化、全寿命周期费用分析、综合保障分析、可用性分析等手段极其欠缺,致使许多可靠性工作难以深入开展。而且,现有的设计手段不系统,仅有可靠性分析软件不能系统地开展可靠性维修性保障性测试性及全寿命周期费用分析,不能有效地支撑装甲车辆研制全过程[6]。

另外,国外在可靠性基础数据方面,积累了大量的数据,建立了装甲车辆设计分析评估、使用剖面、环境剖面、载荷谱数据、路面谱数据、相关标准、试验方法规范等方面的数据库,形成了较全面可靠性基础平台,为装甲车辆的设计分析试验评估提供了强有力支撑,而我国可靠性基础薄弱,数据分散,没有形成数据库,相关标准、规范较少,迫切需要建设可靠性基础平台。

(3)可靠性试验存在的问题。

近年来,我国装甲车辆的研发条件得到了很大的改善,一些室内常规试验测试技术得到了很大进步,初步解决了我国装甲车辆研制过程中许多实验验证技术问题。在有些型号研制过程中,会结合台架进行强化试验和可靠性摸底试验。

但兵器产品可靠性试验开展的范围和深度还很不够,求其原因,有管理上因素,也有技术上的因素。现有的台架试验基本上属于单一参数的准静态测试,其路面激励、自然和电磁等环境模拟、整车系统参数间的相关性与实战化运用条件相差甚远。这里固然有装甲车辆结构紧凑、工作环境恶劣、可测试性差,获得的试验数据结果准确性差,导致实验室模拟环境的载荷输入和边界条件的有效性不高等因素,但更主要的是由于装甲车辆使用环境的复杂,现有试验模拟设备没有能力完全模拟实战化运用的自然环境和路面激励等条件。而且,目前在装甲车辆研制过程中,由于从微观上缺乏对故障机理权威的深入分析,装甲车辆研制中发生的许多故障,往往是"头痛医头,脚痛医脚",没有从故障发生的根本原因去采取措施,也难以做到举一反三,装甲车辆上低层次的质量与可靠性顽疾一直无法得到根除。

(4)可靠性评估存在的问题。

装甲车辆各部件结构复杂、故障模式多样、故障模式相关性较强,机械部件失效涵盖磨损、疲劳、断裂等多种失效模式,还涉及运动学、结构力学、热力学、流体力学等物理过程。工程中缺乏适用的可靠性验证评估技术支撑,只能从试验成败型数据角度,在二项分布假设下对失效概率进行粗略的评价,无法揭示失效发生、发展过程的本质规律,因而也无法实现科学、准确的可靠寿命评估。

受技术水平和装甲车辆传统研制体制制约,目前装甲车辆可靠性评估以定型试验中的成败型数据为单一信息源,在小子样、长寿命条件下,可靠性评估工作风险极高,评估结果精度较低。装甲车辆可靠性评估方法以失效时间作为统计分析对象,将装备试验数据分为正常和失效两种状态,不考虑产品使用过程中的微观变化,不适用于柴油机等寿命长、可靠性高、性能退化显著的复杂大部件。同时,由于成本和安全性等原因,整车及复杂大部件难以开展大样本试验和完全寿命试验,多数采用定时截尾试验方法,研制过程试验样本为 4 ~6 台,影响了评估结果的可信度。

目前装甲车辆在研制过程中的各个阶段都会产生大量的可靠性相关数据,由于缺乏有效的可靠性综合评估技术指导,上述多源可靠性信息无法得到综合利用,昂贵的整车及整机试验伴随着严重的信息浪费,不但影响了装甲车辆可靠寿命的评估精度,也成为大部件定寿延寿工作的瓶颈。

13.2　装甲车辆行业可靠性研究应用国内外比较

1. 装甲车辆整车可靠性水平

国外装甲车辆中可靠性水平较高且有代表性的是 M1A2、豹Ⅱ及 T－80 坦克等。M1A2 坦克的整车基本可靠性达到 450km 以上，战备完好率达到 98%。据有关文献报道，T－80 出口到印度的试验样车在印度严酷的自然环境中进行了 2000km 性能试验和可靠性试验，未发生任何故障，其可靠性水平可见一斑。从装甲车辆可靠性水平与国外的差距看，我国的装甲车辆总体可靠性水平距离发达国家主流装备还存在一定差距[3]。

2. 关键大部件和系统的可靠性水平

20 世纪 90 年代以来，我国的装甲车辆进入了快速发展时期，其主要性能指标接近或局部赶超西方先进装备水平，尤其是关键系统大部件如装甲车辆的火力、火控等作战性能方面表现良好，但在可靠性指标的实现上，与俄罗斯的 T－72 坦克等主流车辆相比却存在较大的差距。同时以装甲车辆的负重轮来说，欧美采用控型控性成形及性能热处理技术生产，负重轮的承载能力显著提高，结构重量降低 15% 以上，负重轮寿命已超过 10000km，比国内负重轮寿命高不少。

3. 研制过程中可靠性管理与可靠性技术应用

在可靠性管理与技术应用方面，美军方经过近 20 多年的实践与探索，正逐步从注重统计与计算分析向注重可靠性技术的实用性方向转变。特别是 2000 年以后，美国国家实验室提出以失效物理为基础的可靠性工程方法后，失效分析技术、工艺可靠性技术、可靠性维修性保障性综合分析技术、耐久性分析技术、原材料、零部件和元器件选择与控制技术等众多实用技术在可靠性行业得到广泛应用。从近期国外可靠性发展趋势分析，可靠性工作模式正从基于统计基础的可靠性分析逐渐向基于失效物理的可靠性工程分析方向发展。纵观国外可靠性技术的发展，实用化、标准化、综合化是其最主要的发展方向。从俄罗斯的装甲车辆可靠性工作来分析，其可靠性工作没有美军可靠性工作那样系统，也没有美军对装备可靠性要求那么严格，但俄罗斯依靠对机械产品可靠性的独特认识以及对装备工艺系统可靠性的分析，在装备可靠性水平与装备批生产质量稳定性以及产品生产效率等方面达到一个非常好的平衡。

目前美国陆军积极改进现役装备，仍在走“研改兼顾，常改常新”的装备发展道路，推进冷战时期生产的大量武器装备的现代化进程，提高现有装备的可靠性水平。美军的主要做法包括：

（1）成立可靠性改进工作组，确保各项目能执行切实可行的系统工程策略，包括可靠性增长工作。

(2) 制定可操作的可靠性指南和标准,并不断进行更新完善。

(3) 在装备全生命周期过程中采用可靠性项目计分卡,主要用于可靠性要求计划、可靠性试验、故障跟踪和报告以及可靠性验证和确认等领域,可用于评价项目的可靠性进展情况。

(4) 制订专门的可靠性提升长期发展计划,在装备研制过程重视模拟实际环境的可靠性强化试验。

(5) 建有完善的兵器产品质量监督检验鉴定体系。

(6) 重视软件的缺陷引发的可靠性问题。

(7) 积极开发、应用高效适用的可靠性试验技术。

(8) 持续提高装备保障信息化程度。

我国装甲车辆的研制起源于20世纪50年代,以苏联模式为基础发展而来。主要是根据我国装甲车辆发展情况,以跟踪引进消化发展为主。在装甲车辆的研制过程中,追求战技性能的实现,部件、系统及整车都以实现整车指标性能为目标,对装甲车辆的质量特性和使用性能重视程度相对较弱,装甲车辆的可靠性要求大部分没能落实到装备的研究设计中。装甲车辆可靠性技术研究起步较晚,从“九五”开始,开展了一些项目的预先研究,逐渐开展了可靠性技术在工程中的应用。从二代步兵战车开始,逐渐在型号中推广可靠性工作。经过多年的发展,虽然在预研领域承担了不少的项目,但是工程应用较弱,虽然在型号研制中推行可靠性工作,但是管理力度和技术应用不够,可靠性工作与型号研制没有很好地结合,“两张皮”现象依然严重。这种情况造成兵器产品的可靠性水平较差,目前我们正在进行现役装甲车辆的可靠性增长改进科研项目,拟通过这个项目提高装备的可靠性水平,提升工业部门的可靠性设计能力,改变目前兵器产品可靠性较差的现状。

进入21世纪初期,伴随着装备建设自主创新和实现装甲车辆体系化建设的需要,通过引入可靠性先进理论和技术体系,对装甲车辆可靠性的要求逐渐明晰,在装甲车辆研制立项时,通常兼顾军事需求和技术能力,提出基本能够满足任务完成的可靠性要求。但受制于研制周期、费用等因素,仍以填补装甲车辆空白、应急发展为主,注重战技性能和可靠性基本指标的实现,没有很好地将可靠性系统工程纳入到装备研制过程中,以实现产品设计与可靠性一体化协同设计,与世界先进国家的研制模式仍有较大差距。

13.3 装甲车辆行业可靠性研究应用发展趋势与未来展望

综上所述,装甲车辆可靠性技术应用虽然取得了一些成绩,但是在可靠性管理、可靠性设计分析、试验评估等各个方面还存在着较多的问题，虽然在典型型号项目研制上，可靠性技术应用取得了显著的效果，但是并不代表整体水平。在可靠性技术发展的基础上，在装甲车辆设计时，应坚持问题为导向、面向服务于装甲车辆实战化运用、全面提升装甲车辆可靠性设计、试验、批产、服务和质量监督检验鉴定能力，形成装甲车辆全生命周期可靠性的基础数据库、知识库和标准、规范等，提升装甲车辆整体可靠性水平。从装甲车辆可靠性技术的发展规律和行业本身的需求角度进行技术展望，力争实现以下技术愿景：

（1）顶层设计，体系化论证和建设。为做好装甲车辆可靠性水平的提升工作，顶层设计应从论证、设计、试验、工艺制造到产品售后的各个阶段全面开展可靠性论证，并配套必要的条件建设。

（2）重点强化装甲车辆性能和可靠性一体化，同步提升可靠性设计评估、实验验证和工艺制造水平。重点开展可靠性设计理论与技术研究及性能/可靠性设计一体化条件建设，建立健全一体化研发模式与能力；开展可靠性试验方法研究与条件建设，为可靠性设计与再设计提供依据；开展可靠性关键工艺技术改造与条件建设，确保产品的生产制造过程可靠性。

（3）建立健全可靠性设计制造规范体系，建立基础数据库，夯实可靠性基础平台。建立健全装备可靠性设计、试验、制造和服务保障标准和规范，建设装甲车辆行业基础数据库，为论证部门、设计部门、使用部门、维修部门、保障部门服务。

（4）强化全生命周期理念，健全生命周期可靠性技术体系。在可靠性设计、分析、试验、评估等研究的基础上，进一步开展工艺可靠性、使用可靠性等可靠性技术的研究，为装甲车辆提供全生命周期的可靠性技术体系。

（5）完善研发条件，提升可靠性水平。通过装甲车辆可靠性能力提升的发展规划实施，在未来10年左右的时间里，使我国现役及新研装甲车辆的可靠性、维修性、保障性和测试性有本质的提高，整体水平达到目前国际先进水平。与现役装备的可靠性指标相比，普遍提升一倍以上。初步建成覆盖厂所、部队的一体化的全天候装备远程服务保障网络。初步建立涵盖设计、评估、试验、工艺、基础平台等各个环节的可靠性研发条件，使我国兵器产品可靠性研究水平达到或接近同期国际先进水平，可靠性设计完全融入装备的研制流程。

参考文献

[1] 毛明，姬广振，刘树林，等．兵器产品可靠性能力提升重大工程论证报告[R]．北京：中国北方车辆研究所，2014.

[2] 刘树林，等．多型装甲装备部队调研报告[R]．北京：中国北方车辆研究所，2014.

[3] 吴纬，刘锋，等．某现役装备可靠性增长项目论证报告[R]．北京：中国北方车辆研究

所,2013.
[4] 郑慕桥,冯崇植. 坦克装甲车辆[M]. 北京:北京理工大学出版社,2003.
[5] 刘树林,等. 装甲装备五性发展规划[R]. 北京: 中国北方车辆研究所,2012.
[6] 刘树林,张忠,等. 装甲装备核心能力体系化建设论证报告[R]. 北京: 中国北方车辆研究所,2013.
[7] 李云龙,刘树林. 强基工程装甲装备可靠性条件建设论证报告[R]. 北京: 中国北方车辆研究所,2016.
[8] 梅文华. 可靠性增长试验[M]. 北京:国防工业出版社,2003.
[9] 曾毅. 新型坦克设计概述[M]. 北京:北京化学工业出版社,2013.
[10] 章国栋. 系统可靠性与维修性的分析与设计[M]. 北京:北京航空航天大学出版社,1990.
[11] 孙志红. 坦克电传动系统的发展和展望[J]. 车辆动力技术,2005(1)23 - 27.

(本章执笔人:中国船舶综合技术经济研究院刘树林,
原在中国北方车辆研究所工作)

第14章　风电行业可靠性工程应用

随着各行业对能源的需求的增加,可再生能源迅速崛起。风能作为清洁、可再生能源的代表得到了快速的发展。据前瞻产业研究院《2018—2023年中国风电运维市场前瞻与商业模式创新分析报告》数据显示,截至2017年,全球风电累计装机容量达5.39亿kW。

我国风能资源丰富,陆地可开发利用的风能总量为2.53亿kW,仅次于俄罗斯和美国,目前已成为风电装机规模较大的国家之一。据国家能源局统计资料显示,2015年,我国装机容量已达到1亿kW,截至2017年年底,风电累计并网装机容量达到1.64亿kW,风电出口量达340万kW,2050年风电装机容量预计将达到10亿kW。

我国风电装机能力虽提升速度快,但在风力发电机组可靠性方面与国际先进水平仍有距离,这影响着国产风力发电机组的市场占有率及国产风力发电机组的国际声誉。因此,正确认识和了解风力发电机组可靠性技术的现状、存在的问题和发展趋势,对进一步深入系统地开展风力发电机组可靠性技术研究、提高国产风力发电机组的可靠性水平具有重要意义。

14.1　风电行业可靠性研究应用最新进展

1. 风力发电机组及其可靠性工作的难点

1) 风力发电机组的功能与地位

风力发电机组主要由两部分组成:风力机及其控制部分和发电机及其控制部分,即风力发电机组是能够将风的动能转换成机械能,再将机械能转换成电能的大型机电一体化系统,涉及机械、电气、液压、控制、电网并网、计算机技术及环境等多门学科。

同时,新能源的开发受到广大学者及国家的高度重视,风能作为新能源的代表,由于其洁净、可再生等特点被《国家中长期科学和技术发展规划纲要(2006—2020年)》选为重点开发能源。在国务院发布的《中国制造2025》中将"推进新能源和可再生能源装备、先进储能装置、智能电网用输变电及用户端设备"列为重点发展项目。可见,风电技术的进步对提高经济水平和发展可持续能源具有重要的地位。

2）国内风力发电机组产业与技术的发展状况

据调查数据显示，2007年，我国风力发电机组制造商达到40家，其中，国有和国有控股公司17家，民营制造企业12家，合资企业7家，外商独资企业4家。2011年，4家企业跻身全球十大风电设备制造商。2017年，全球风电整机制造商前15强中，中国共有7家风电企业入围。如今，在国家风电设备国产化政策的大力支持下，风电设备零部件制造水平有了较大提高，现已具备了齿轮箱、叶片、电机等关键部件制造能力。

当前国产风力发电机组主要有两种类型，分别为双馈式异步风力发电机组和直驱式同步风力发电机组，两者的市场占有率分别约为77%和23%。双馈式异步风力发电机组通过偏航系统调整对风方向与变桨系统调节叶片方向，风力带动叶片旋转，再通过齿轮箱进行增速，并拖动发电机发电，即双馈式异步风力发电机组是通过齿轮箱等传动系统将风能传递给发电机，其结构如图14－1所示。该风力发电机组的发电机定子绕组直接与电网相连，转子绕组由三只滑环引出，并通过一个双向变流器接至电网；风力机的转速可以在同步转速的±30%之间变化，调速范围较宽，能够显著地提高机组在额定风速以下的风能利用率，可以较好地兼顾开发成本和风能转换效率，故而受到了风电厂商的普遍青睐。不过，双馈式异步风力发电机组在实际应用中也暴露出自身存在的一些缺点，比如：齿轮箱造价昂贵，故障率较高，维修困难，且漏油问题很难妥善解决，限制了系统整体可靠性的提高；现在商业运行的机组中多存在电刷和滑环，在大功率高转速场合其寿命有限，需要定期检修，后期维护工作量大。直驱式同步风力发电机组的风轮直接驱动发电机，主要由风轮、传动装置、发电机、变流器、控制系统等组成，传动结构少。由于直驱式同步发电机组的风轮可将风能直接传递到发电机，亦称无齿轮风力发动机，该风力发电机组中的发电机采用多极电机与叶轮直接连接进行驱动的方式，免去齿轮箱这一传统部件，直驱式同步风力发电机组结构如图14－2所示。由于齿轮箱是目前兆瓦级风力发电机组中容易过载和过早损坏率较高的部件，因此，没有齿轮箱的直驱式同步风力发电机组，在低风速时具有低噪音、高寿命、运行维护成本低等优点。该风力发电机组中的发电机定子通过一个全功率电力电子变换器与电网相联，理论上可实现全速范围的发电运行，但由于没有多级变速齿轮箱，发电机转速受风力机低转速制约，即转速非常低，一般为15～20r/min，导致输送相同容量功率条件下，发电机转矩很大，于是发电机体积较大、且极对数多，无齿轮箱的直驱方式提高了电机的设计成本，但由于低速使得直驱发电机体积大而笨重，制造技术不够成熟，故所占市场份额相对双馈式异步风力发电机组而言，直驱式同步风力发电机组仍较低。

由于直驱式同步风力发电机组没有齿轮箱等设备，理论上其可靠性应比双馈式异步风力发电机组来说更高，但直驱式同步风力发电机组的技术出现时间较晚，虽然其传动链短、传动效率高，但有害冲击载荷全部由发电机系统承受，故对发电机的性能要求很高。同时，为了提高发电效率，发电机的极数多在 100 极左右，致使发电机的体积庞大，结构也相应变得非常复杂，一旦发生故障则需要对整机进行检测，维修时间长且维修成本较高。

风力发电是解决当前能源与环境问题的有效手段，风力发电机组的制造技术成熟度也已逐步提升，但据不完全统计，由于装机数量迅速增加，风力发电机组的故障率呈现出增长趋势，故风力发电机组可靠性与安全性是现今风电行业的关键问题。

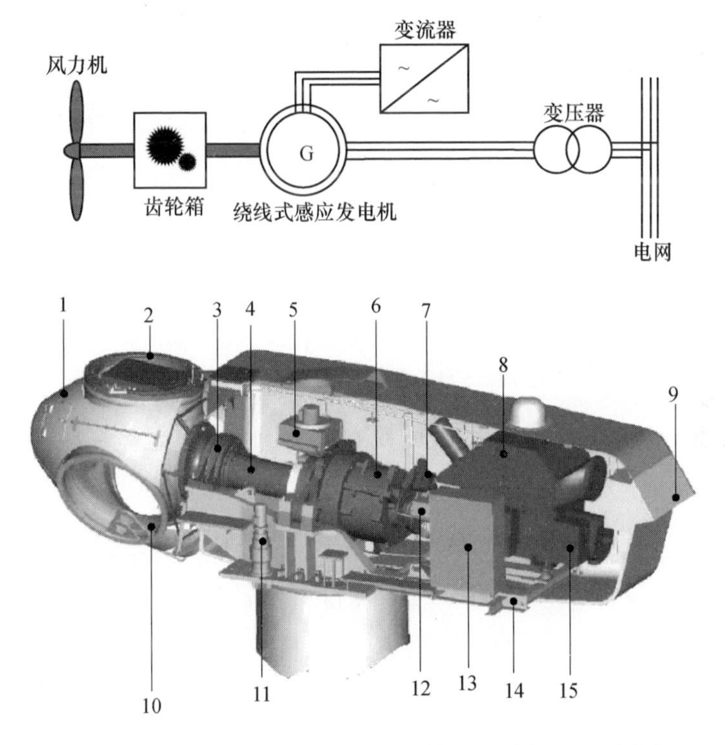

1—导流罩；2—叶片轴承；3—轴承座；4—主轴；5—油冷却器；6—齿轮箱；
7—液压停车制动系统；8—热交换器；9—通风孔；10—转子轮毂；
11—偏航驱动；12—联轴器；13—控制柜；14—底座；15—发电机。

图 14－1　双馈异步式风力发电机组结构图

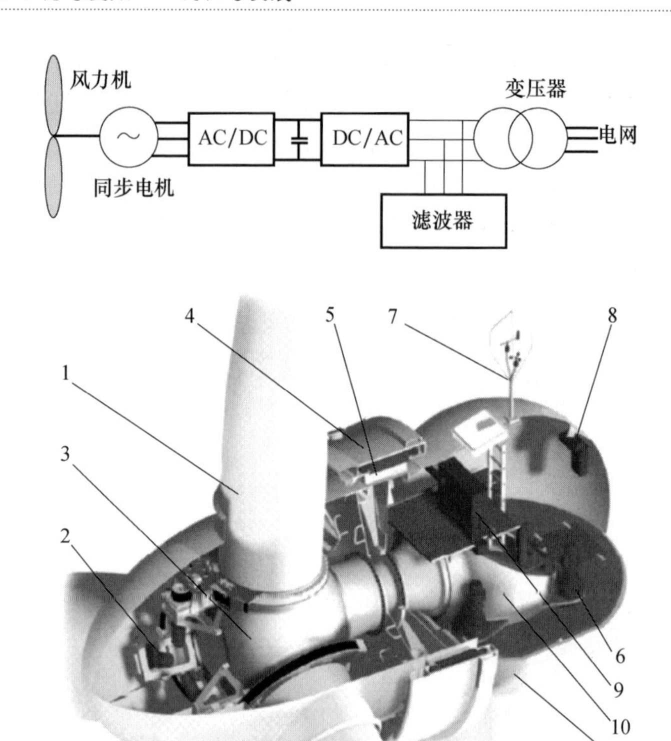

1—叶片;2—变桨驱动;3—轮毂;4—发电机转子;5—发电机定子;6—偏航驱动;7—测风系统;8—刹车系统;9—控制箱;10—机舱底座;11—发动机外壳;12—塔架。

图 14 - 2　直驱同步式风力发电机组结构图

3）风力发电机组的种类

风力发电机组可以按照许多不同的特征进行分类,按照驱动链是否存在齿轮箱,风力发电机组可以分为双馈式异步风力发电机组和直驱式同步风力发电机组。同样,风力发电机组还可以按照风力机轴的位置和发电机的运行特征进行分类。

(1) 按照风力机轴的位置划分。

风力机(也称为风轮)作为风力发电机组的关键部件之一,肩负着将风能转换为机械能的任务,关系着整个风力发电系统的效率和性能。按照风力机轴的位置,风力发电机组可分为水平轴风力发电机组和垂直轴风力发电机组。

水平轴风力发电机组结构特征表现为风力机围绕一个水平轴旋转,风力机轴与风向平行,叶片是径向安装的,与旋转轴垂直,并与风力机的旋转平面成一角度(称为安装角)。叶片在高速运行时有较高的风能利用率,但启动时需要较高的风速,水平轴风力机是目前应用最为广泛、技术最为成熟的一种风力机型,我国首台 10MW 海上风电机组即为水平轴风力发电机组,如图 14－3 所示。

垂直轴风力发电机组的研究则相对偏少,理论基础薄弱。其风力机围绕一个垂直轴旋转,风力机轴与风向垂直。在风向改变的时候无需对风,在这点上相对于水平轴风力发电机组是一大优势,它不仅使结构设计简化,而且也减少了风力机对风时的陀螺力。相信随着相关理论研究的不断深入,垂直轴风力机一定会受到越来越多的关注。某 4kW 螺旋翼型风力发电机组即采用了垂直轴风力机,如图 14－4 所示。

图 14－3　中国首台 10MW 海上风电机组

图 14－4　4kW 螺旋翼型垂直型风力发电机组

(2) 按照发电机运行特征划分。

发电机及其控制系统是风力发电机组的核心部分,负责将机械能转换为电能,决定着整个发电机组的性能、效率和输出电能质量。按照发电机的运行特征,可分为恒速恒频风力发电机组和变速恒频风力发电机组。

比较典型的并网型恒速恒频风力发电机组如图 14－5 所示,其具有结构与控制简单、性能可靠的优点。恒速恒频风力发电机组由于转速不变,无法进行最大功率点跟踪控制,发电效率降低;当风速快速升高时,由于转速不变,风能将通过桨叶传递给主轴、齿轮箱和发电机等部件,产生很大的机械应力,从而引起这些部件疲劳损坏。该类型风力发电机组由于在低风速区域效率低,主要应用于小功率、机组容量低于 600kW 的系统。

由于变速恒频发电机组可以使风力机在很大风速范围内按最佳效率运行,故其越来越引起人们的重视,这也是当前风电技术发展的主要方向之一。自 20 世纪 90 年代起,国外新建的风力发电机组,尤其是兆瓦级以上的大容量机组,开始逐渐采用变速恒频技术。变速恒频技术,就是通过在发电机和电网之间加入电力电子变换装置,实现发电机与电网频率之间的解耦,允许风力机的转速在适当的范围内变化,而最终输出的电压和频率与电网相同。与恒速风力发电机组相比,具有诸多的好处,譬如:在额定转速以下,风力机的转速可以随风速变化,使风力机在最佳叶尖速比附近运行,以最大风能利用系数捕获风能;风力机等效为一个巨大的储能飞轮,对气动功率的波动起到一个缓冲的作用,可以减小阵风对传动链带来的转矩脉动;风力机和电力电子变换器对气动功率的缓冲作用,可避免风能的波动直接反应到电网上,有效地降低风力发电机组(风电场)对电网稳定性和电能质量的影响;低风速下风力机转速的降低可有效地减小气动噪声。目前,主流的变速风力发电机组主要有双馈感应风力发电机组和全功率变换型风力发电机组两种。

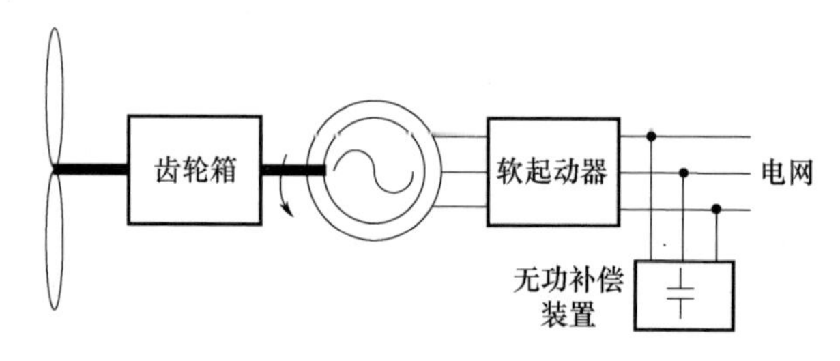

图 14-5　恒速恒频风力发电机组结构

4)风力发电机组开展可靠性工作的难点

风力发电机组包括传动系统、齿轮箱、偏航系统等多个子系统,而各个子系统内部零部件具有一定关联性且相互作用明显,整个风力发电机组具有典型的复杂系统的特性,且故障模式多样,所处环境也十分恶劣,开展可靠性工作具有一定难度,目前针对风力发电机组开展可靠性工作的难点主要有以下 5 个方面:

(1)复杂系统。风力发电机组是涉及多学科耦合的大型复杂机电系统,各部分零件结构复杂,执行功能各异,相互作用明显,具有典型的复杂系统特征,且零部件数量过多,实现监控较为困难,进行可靠性工作难度较大。

(2)故障模式多样。风力发电机组的构成复杂,故障模式多样。其中发电机的常见故障包括轴承故障、定子故障、转子故障以及偏心故障等。齿轮箱常见的失效形式有轴承失效、齿轮疲劳、磨损、断裂失效等。偏航系统等部件也有着多种故障模式。

(3)维修度差异大。风力发电机组传动系统中的零部件既有可修复的,又有不可修复的。如发生螺栓松动、油管堵塞等现象需及时修复,齿轮、轴承等一旦损坏就需要替换,很难进行修复。因此,风力发电机组的可靠性应综合考虑可靠度、可用度,并以有效度作为可靠性评价指标。

（4）工作环境恶劣。我国大部分风力资源丰富的地区经济发展情况往往较为落后，基础设施差，风场发展情况欠佳。内蒙古东北及西北地区属于高寒地区，最低温度为 -40℃左右，且持续时间较长。新疆、甘肃等地区气候干燥，风沙侵蚀较为严重。沿海地区空气湿度大，盐雾大且雷区多。简言之，风力发电机组在服役过程中面临的自然环境较恶劣，主要包括低温、风沙、盐雾及雷区等。

（5）数据收集不完善。我国风电装机技术虽然发展较快，但可靠性工作的技术水平发展较慢，缺乏有针对性的数据资源。监测系统引入后，风力发电机组状态数据的收集、分类及处理仍不完善，且企业间数据连通性差，得出的可靠性预测及故障诊断结果存在较大误差。

我国风力发电机组可靠性的技术研究工作起步较晚，积累相对薄弱，正处于发展阶段，故正确理解风力发电机组可靠性的技术特点才能有效开展可靠性研究工作。

2. 风电行业可靠性技术的研究进展及存在的问题

1）风电行业技术发展及应用现状

（1）国外风电行业技术发展及应用现状。

欧洲是风力发电机组投入商业运行较早的区域，最初采用的小功率定桨定速机组结构简单，功率小，不具备投商条件，随后苏联、丹麦、瑞典、美国等国家开始了对风力发电机组的开发。1931 年，苏联建造了一台 30kW 的风力发电机组。1941 年，美国建造了一台 1250kW 的风力发电机组，由于其结构复杂且技术不够成熟，导致该风力发电机组运行十分不稳定。直到 1980 年，国际上风力发电机组技术日益走向商业化，各型号的风力发电机相继问世，当时主要风力发电机组容量有 300kW、600kW、750kW、850kW、1000kW 和 2000kW。1991 年，丹麦建成了世界上第一个海上风电场，总装机容量为 4950kW。随后，荷兰、瑞典、英国也相继建立了海上风电场。1997 年，德国研制出世界上第一台直驱式风力发电机组。不久后，由德国研发的半直驱型 5000kW 风力发电机组开始试运行。兆瓦级风力发电机组技术日益成熟，各个国家对于风力发电机组的各项要求也越来越高，2017 年丹麦研发的世界最大风力发电机组 AD8 - 180 已完成吊装。2018 年 3 月，美国 GE 公司推出容量更大、效率更高的 1.2 万 kW 的海上机型 Haliade - X。2018 年 4 月，日本三菱重工推出智能风力发电机组产品组合，包括智能基础载荷、智能减振器、更快的数据采集、智能表监测。在技术上，为了开发储量丰富的海上风能资源，实现风力发电机组的实时监控，国外风电行业正着重于海上风电设备和智能风力发电机组件的开发。

（2）国内风电行业技术发展及应用现状。

我国风电行业起步较晚，于 1983 年从丹麦引进三台 55kW 的风力发电机组后，又相继引入多台100kW风力发电机组。此后，大量学者及技术人员开始对风力发电机组进行研究，在获得仿制和生产许可后，国内第一个兆瓦级风电场于1995年在新疆建成。进入21世纪后，我国对风力发电机组技术的研究也逐步深入。2010年，东海大桥风电场作为国内首个海上风电场正式投产。2018年，金风科技研发的GW6.X平台采用全球海上市场主流的直驱永磁技术路线，并发布EFarm雷达控制技术，以解决不断变化的风况给风力发电机组的载荷设计带来极大不确定性问题。远景能源有限公司推出了激光雷达技术及智能叶片，激光雷达技术可以提前预知风速信息，降低叶片载荷，智能叶片上的涂层可以让机器视觉摄像头监控整个叶片的动态过程。明阳智慧能源集团股份公司推出了半直驱海陆风力发电机组，解决了山地复杂区域风电场风速过低的问题。通过借鉴国外风力发电机组的研发方向，我国对海上风电设备和智能风力发电机组的研究也取得了一定成果。

2）风电行业可靠性分析国内外发展情况

（1）国外可靠性分析研究进展。

随着风力发电机组整机系统的迅速发展，对于整个机组及核心部件的可靠性分析工作也相继开展。国外学者收集了风力发电机组的故障数据，为可靠性分析提供参考依据，如Hahn等对德国风场的1500台风力发电机组进行数据收集，分析了风力发电机组15年的运行状态[1]。Ribrant等对瑞典风场700多台风力发电机组的运行数据进行分析，并指出齿轮箱是影响整机可靠运行的关键部件[2]。Travner等在研究风力发电机组可靠性建模和评估后指出风力发电机组的关键部件在运行7~8年后会出现故障[3]。Spinato等对6000多台风力发电机组进行分析，指出随着运行时间的增加变速箱故障率呈上升趋势，但是发电机及变频器呈现出故障率逐渐降低的趋势[4]。为使数据具有全面性和实时性，美国、西班牙等国家将数据采集与监视控制（supervisory control and data acquisition，SCADA）系统和内容管理系统（content management system，CMS）[5]应用于风电场中，以便对风力发电机组状态进行实时监测。

在上述数据库的基础上，针对关键部件的可靠性分析研究逐渐开始深入。Bacharoudis等通过故障数据对风力发电机组的可靠性进行了分析，并建立了极限风速下叶片强度和稳定性的概率评估模型[6]。Marzebali等利用故障特征谐波振幅作为诊断齿轮齿廓局部缺陷的故障指标[7]。Morshedizadeh等利用SCADA数据建立自适应神经模糊推理系统，对风力发电机组的健康状态进行预测[8]。Sohouli等建立了时变可靠性分析模型，并对叶片进行了可靠性分析[9]。Bangalore等利用SCADA数据及人工神经网络算法对齿轮箱进行状态监测及可靠性分析[10]。

国外风电行业数据库中的数据收集时间长，样本数据多且针对性强，利用故障数据与SCADA系统数据结合进行可靠性分析,进一步提高了可靠性分析的准确性。

(2) 国内可靠性分析研究进展。

我国风电行业的装机水平的发展已位于世界前列,但可靠性水平较国外而言仍有一定差距。风力发电机组的集中大量投产致使故障集中出现,国内学者也开始对风力发电机组的可靠性进行研究。刘波等利用寿命分布函数随时间的变化曲线,建立了齿轮箱系统Copula可靠性模型,并给出风力发电机组齿轮箱系统可靠度随时间和零件寿命相关程度参数的变化规律[11]。张礼达等针对低温、雷击及台风等恶劣气候对风力发电机组的可靠性影响进行了分析[12]。周琼芳等针对高原风场电气设备运行中存在的主要问题进行了研究,并提出了相关解决措施,为处于高原环境的风力发电的电气设备标准体系的建立提供支持[13]。针对风场物理环境因素对风力发电机组可靠性的影响,为提高可靠性分析水平,国内部分公司开始利用SCADA系统对振动信号进行分析,从而对风力发电机组进行远程监控[14]。Song等利用贝叶斯Copula模型对SCADA数据进行处理,以实现风力发电机组的健康状态预测[15]。Pei等根据利用SCADA数据对偏航系统的零点故障进行检测,提高偏航角测量的可靠性[16]。

目前我国对于风力发电机组的可靠性分析主要以单一子系统为主,在国家高技术研究发展计划的推动下,以郭建英为代表的哈尔滨理工大学团队针对风力发电机组的复杂系统特性,选用贝叶斯网络的方法对整个机组进行可靠性分析,利用蒙特卡罗方法模拟产生不同分布的单元寿命模拟值,再通过逻辑运算获得风力发电机组寿命模拟值,较好地解决了寿命数据匮乏的难题,推断出风力发电机组的寿命分布及可靠性测度的点估计和区间估计,为解决复杂系统可靠性分析的诸多难题提供了一种思路[17-18]。

目前我国的可靠性工作主要集中于理论方法的研究,仍需对风力发电机组中的复杂系统特性进行深入研究。对于关键零部件,故障预测时未充分考虑现场环境的影响和零部件间的耦合关系,需对风力发电机组进行监控,利用监控数据进行故障诊断及分析。

3) 风力发电机组的故障诊断

风力发电机组中的监控数据在一定程度上反映了风力发电机组的健康情况,均可被用于风力发电机组的故障诊断。目前大部分风力发电机组健康状态监测系统是以分析振动信号为主,需要在风力发电机组的关键部件上安装多个振动传感器,并配置相应的数据采集系统,成本较高。

(1) 国外风力发电机组的故障诊断研究进展。

根据WindStats的风力发电机组故障数据显示,国外的风力发电机组的电气系统故障最多,且造成的停机时间仅次于齿轮箱,故国外学者基于电气信号对风力发电机组故障诊断方法做了大量的探索研究，特别是针对电动机的故障诊断。电气信号中所包含的与故障相关的信号比较微弱，且通常被电机固有的电气信号和随机噪声掩盖，提取故障特征比较困难。Yacamini 等通过电机的动力学模型揭示了电流信号与电机系统中扭矩波动之间的耦合关系，对电机故障进行的诊断，为提取风力发电机组的电流信号特征提供了思路[19]。Kia 等利用模型研究了含齿轮箱的电机传动系统的故障问题，分析了电流信号与齿轮箱故障之间的关联特性，并验证了数值分析的结果[20]。美国佐治亚理工学院的 Rajagopalan 等利用加窗傅里叶变换和 Wigner – Ville 分布分析了动态的电流信号，对直流无刷电机的转子故障进行了诊断[21]。Jin 等利用同步采样方法，从变工况的电流信号中提取出故障特征，进而利用关联维数分析风力发电机组的故障[22]。通过对电气信号的分析来进行风力发电机组的故障诊断研究，则无须增加额外的传感器，且成本较低、信号可靠。

(2) 国内风力发电机组故障诊断研究进展。

据现有统计资料显示，我国风力发电机组中故障次数最多的也是电气系统，但是电气系统故障导致的停机时间较短，齿轮箱故障导致的停机时间最长，故国内学者着重于提取振动信号的特征对齿轮箱等机械设备进行故障诊断。Huang 等根据风力发电机组的故障特点，提出了一种基于小波神经网络的方法，对风力发电机组齿轮箱进行故障诊断[23]。针对风力发电机组微弱故障信号的非平稳、瞬态等特点，严如强等提出了一种融合连续小波变换和平稳子空间分析的信号分解方法，有效地提取了风力发电机组齿轮箱的故障特征[24]。冯志鹏等提出了基于经验模式分解的频率解调方法，对齿轮箱的故障情况进行了识别[25]。国内也有少数学者利用电流信号对电动机进行故障诊断，杭俊等利用派克变换和傅里叶变换对电流信号进行分析，根据特征频率幅值变化的特点诊断由于绕组不对称导致的风力发电机组故障[26]。

通过比较国内外故障诊断研究进展可知，国内外学者均针对风力发电机组的故障特点对故障诊断方法进行了深入研究。国外学者致力于开发成本相对较低的、以电气信号为基础的故障监测系统，重点对电气系统进行故障诊断。国内学者侧重于对机械设备进行故障诊断，且对以振动信号为基础的故障诊断方法研究较为深入。

4) 风力发电机组的故障分析

风力发电机组的关键部件包括齿轮箱、发电机及叶片等。在风力发电机组运行过程中，受交变应力、冲击载荷等作用的影响，齿轮容易发生齿面磨损、齿面擦伤、点蚀、断齿等故障。发电机长期运行于电磁环境中，容易发生振动过大、发电机过热、轴承过热、转子/定子线圈短路、转子断条以及绝缘损坏等故障。叶片长期暴露于外部环境中，承受着较高的应力，容易发生变形、裂纹等现象。

目前对风力发电机组整体的故障分析主要是对 SCADA 系统的监控数据进行分析,再通过失效模式及影响分析(FMEA)、贝叶斯网络、神经网络等方法对关键部件进行分析,对部件在系统运行中的薄弱环节进行重点防护。

(1) 风力发电机组的 SCADA 系统分析。

SCADA 数据采集与监控系统集成在风力发电机组中,用于记录各个子系统和关键部件的运行状态。该系统监测参数众多,包括电机保护、偏航动作开关等离散参量,又包括温度、风速、振动、电压和电流等连续参量[27]。现有风电场 SCADA 系统主要由就地监控部分、中央监控部分和远程监控部分组成,就地监控部分布置在每台风力发电机组塔筒的控制柜内。每台风力发电机组的就地监控部分能对此台风力发电机组的运行状态进行监控,并对其产生的数据进行采集。中央监控部分一般布置在风电场控制室内。工作人员能够根据画面的切换了解部件信息,可以随时对风电场同一型号风力发电机组进行控制。远程监控部分根据需要布置在不同地点的远程控制。远程控制一般通过调制解调器等通信方式访问中控室主机进行控制,其中风力发电机组 SCADA 系统功能框图如图 14-6所示。

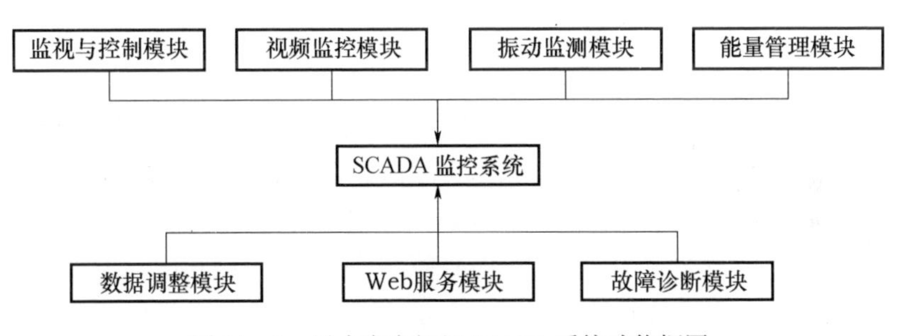

图 14-6　风力发电机组 SCADA 系统功能框图

Feng 等通过建立与齿轮箱相关的物理模型,分析齿轮箱中润滑油温度与齿轮箱转速、发电机功率的关系,通过分析 SCADA 数据中齿轮箱润滑油温升的信息,预测齿轮箱的失效[28]。Schlechtingen 等对 18 台 2000kW 风力发电机组的 SCADA 数据进行了长达 35 个月的连续监测学习,提出了一个基于自适应神经网络-模糊推理模型的异常检测系统,检测出了液压系统漏油,冷却系统过滤网堵塞,风速计工作异常等故障[29]。

目前,虽然在利用 SCADA 数据进行风力发电机组故障诊断与预测方面取得了一些研究进展,但是 SCADA 数据中隐含的风力发电机组健康状态的信息,仍需要结合相关算法进一步挖掘,应重点开发出合理有效的算法用于 SCADA 数据的分析。

(2) 风力发电机组的 FMECA 分析。

目前基于故障模式、影响及危害性分析(FMECA)的风力发电机组可靠性研究较少。FMECA 由 FMEA 以及危害性分析(criticality analysis, CA)组成,其中 FMECA 分析流程如图 14-7 所示。

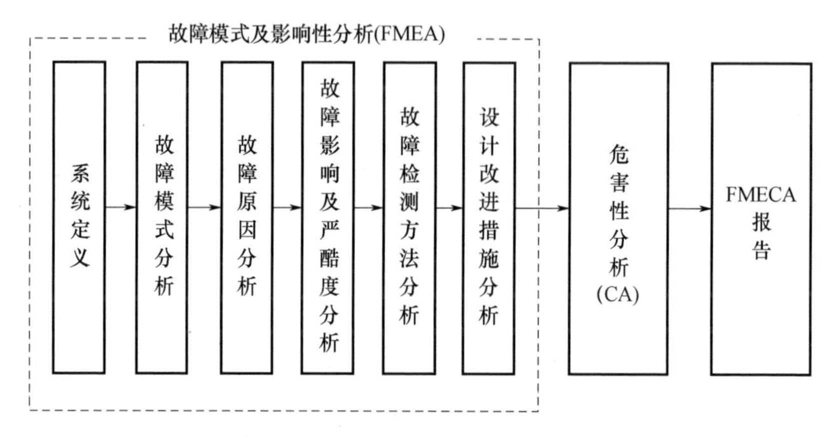

图 14-7 FMECA 分析流程

通过对所研究对象可能发生的故障模式进行归纳统计,分析每个故障模式发生的原因和潜在的故障影响,并按照每个故障模式产生影响的严重程度、发生概率以及不可探测性对其进行风险评分,按照风险等级对其进行分类,以便鉴别设计上的薄弱环节,并通过采取补偿措施来消除或减轻薄弱环节的影响。在 CA 阶段,利用风险顺序数(risk priority number, RPN)法去量化评价各故障模式的风险等级,其综合考虑的因素包括故障潜在影响的严酷度(S),故障发生的频度(O)和故障可探测度(D),RPN 为严重度、频度、探测度三者的乘积,其数值越大,表示故障的潜在风险等级越高,需要采取优先补偿和改进措施的要求越高。根据 RPN 值的大小,可以鉴别系统设计中的薄弱环节。

风力发电机组 FMECA 是厘清其故障特征与保障安全、可靠性运行的基础,Arabian-Hoseynabadi 等将某 2MW 风力发电机组分解为 11 个关键零部件并据此开展基于 FMECA 的可靠性分析。该研究收集了风力发电机组的 27 种故障模式及其 27 项故障原因。研究确定了材料损坏、断裂和电子设备故障是此 2MW 风机的关键故障[30]。在风力发电机组大型化的趋势下,Bharatbha 识别了某 5WM 风力发电机组的 16 个零部件的 33 种故障模式,最终确定了轮齿打滑(叶片)和主轴变形为大型风力发电机组的关键故障并给出了维护策略[31]。Dinmohammadi 等将海上风力发电机组分解为 16 个零部件并开展其 FMECA 分析,确定了塔架为海上风机日常维护的关键件[32]。为将可靠性分析深入到关键故障原因层面，Sinha 等对海上风力发电机组的齿轮箱开展了可靠性分析研究，分析了 36 种故障模式，追溯到了疲劳等关键故障原因[33]。Scheu 等收集了海上风力发电机组的 337 种故障模式，经 40 位领域专家的审慎分析得出了关于海上风力发电机组设计与视情维修等方面的诸多建议[34]。周昊等对海上浮式风力发电机组的 12 个关键零部件开展 FMECA 分析，确定了盐雾、极端海况是海上浮式风力发电机组故障的主要诱因[35]。

（3）风力发电机组的贝叶斯网络分析。

贝叶斯网络是将图形理论和概率理论结合起来的概率网络，其基本组成由节点及逻辑线段组成，在利用贝叶斯网络进行故障诊断及可靠性分析时，节点代表相应的故障，再利用因果关系将节点连接为有向无环的逻辑网络。贝叶斯网络推理能够实现由因到果以及由果到因的双向推理过程，即因果推理和诊断推理。因果推理是由故障原因推理结论，目的是由原因推导出结果事件发生的可能性大小，在确定节点故障发生概率的前提下，再利用各节点间的条件概率进行推理，从而确定导致最终故障发生的可能性大小。诊断推理是由结论推理故障原因，目的是由确定的结果推导出原因事件发生的可能性大小，是在某故障已经发生的条件下，通过贝叶斯定理进行条件概率的计算，从而得到引发该故障发生的原因事件的发生概率。

贝叶斯网络推理可以充分解决复杂系统中不确定性较强的问题，所以对风力发电机组等不确定性较强的复杂系统进行可靠性分析时具有一定优势。哈尔滨理工大学建立了由故障原因（cause）层、故障模式（mode）层及故障影响（effect）层组成的 CME 贝叶斯网络模型。该模型可以简化风力发电机组故障诊断贝叶斯网络模型结构，且能解决由风力发电机组故障信息耦合性造成的贝叶斯网络模型构建困难的问题。

5）风力发电机组可靠性技术典型应用案例

（1）国产风力发电机组 SCADA 系统可靠性评估技术应用案例。

以江苏省某风电场 61 台 1500kW 级国产风力发电机组为研究对象，该风电场的一期工程于 2008 年 12 月投入运营。该批次风力发电机组中安装了 SCADA 系统，可以监控和实时记录系统的运行状态，包括系统状态状态、机械状态、发电机状态以及环境情况（如温度、风速、风向等）。此外，故障停机时会生成停机记录，并提供停机原因、发生时间和持续时间等信息。现开展的研究工作以该风电场 2009 年 6 月至 2013 年 7 月间 SCADA 数据为基础。

① 故障率分析。该批次风力发电机组故障停机次数和持续时间的统计分析如表 14 – 1 所列。

表 14-1 故障停机次数和持续时间的统计分析

故障持续时间 t	$t \geq 1$h	$t < 1$h	合计
停机次数	2884	4315	7199
停机次数占比/%	40.1	59.9	100
总停机时间/h	25102	897	25999
停机时间占比/%	96.6	3.4	100
平均停机时间/h	8.70	0.21	3.66

由表 14-1 可知，故障持续时间 $t \geq 1$h 的停机（称为“Ⅰ类故障”）共 2884 次，发生次数占比为 40.1%，占总停机时间的 96.6%；故障持续时间 $t < 1$h 的停机（称为“Ⅱ类故障”）共 4315 次，但平均停机时间只有 0.21h。可得，该批次每台风力发电机每年的平均故障次数为 28.38 次。国外某 1500kW 风力发电机组每台的平均故障次数仅为每年 3.6 次。显然，该批次国产风力发电机组每台的平均故障次数过多。进一步分析 SCADA 系统记录的故障数据发现，Ⅰ类故障中多数会发生部件损坏。此时，系统报警停机且无法自动重启，需要维修或者更换部件后才能继续运行。风力发电机组总故障次数与Ⅰ类故障次数随时间的变化情况如图 14-8 所示。

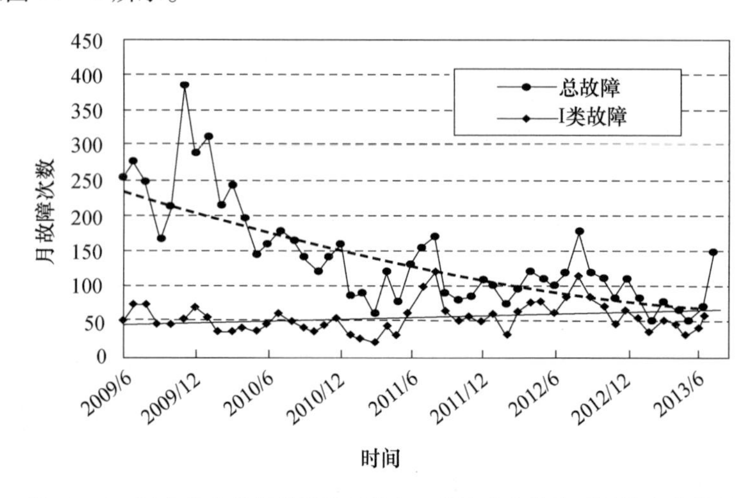

图 14-8 风力发电机组总故障次数与Ⅰ类故障次数随时间的变化情况

风力发电机组寿命早期的故障次数分布基本符合浴盆曲线，即前期故障次数高，随后快速下降并趋于平稳。在前期故障中，Ⅰ类故障比重较小，该类故障的故障次数虽然有一些波动，但总体上仍较为平稳。Ⅱ类故障事件主要包括两种，第一种为风力发电机组某些指标在短时间内超过额定值，随后又恢复正常的故障。第二种为风力发电机组运行状态或环境参数不正常，部件没有损坏，但

SCADA系统报警、风力发电机组停机，随后系统自动重启，或者在人工干预后手动重启的事件。两类事件都未影响风力发电机组正常运行，前者SCADA系统虽会发出警报但风力发电机组不会停机，后者的故障持续时间短，对系统运行影响不大。总之，Ⅰ类故障持续时间长，经济损失大，而Ⅱ类故障对风电场效益的影响较小，故需要重点对Ⅰ类故障进行研究。

② 零部件故障特征分析。风力发电机组可靠性是系统中零部件可靠性特征的综合反映。因此，有必要进一步分析风力发电机组零部件可靠性，寻找影响系统可靠性的关键部件，各子系统故障次数的帕累托图如图14－9所示。

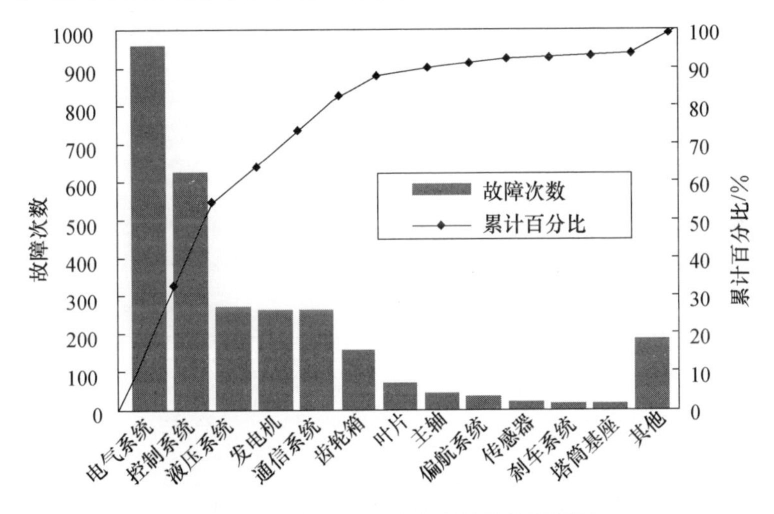

图14－9 各子系统故障次数的帕累托图

此外，故障持续时间也是衡量系统可靠性和维修性的重要指标。根据故障时间是否超过24h可以对故障进行分类，将持续时间超过24h的定义为主要故障，不超过24h的定义为次要故障。通过统计两类故障的平均故障次数和平均故障停机时间，可得到零部件故障分布，电气系统、控制系统的故障次数虽然多，但是大多数均为次要故障，停机时间较短。发电机、齿轮箱和主轴的故障次数相对较少，但是故障停机时间长。原因在于电气系统和控制系统中有大量的电子元器件，易发生故障但是维修较为方便，而发电机、齿轮箱和主轴中的零件多属于机械件，体积和重量大，日常维护和维修困难。

综上所述，从故障次数的角度考虑，电气系统和控制系统故障次数之和占到了总故障次数的55%，是影响该批风力发电机组可靠性的关键部件，但是此类部件维修相对容易。从维修的角度看，发电机、齿轮和主轴等部件对风力发电机组可用度有很大影响，此类部件维修时间长、成本高，备件昂贵，一旦发生故障就可能给风电场造成较大的经济损失，应制定合理的预防性维修措施，通过实时监测和维护以消除潜在隐患。

③ 齿轮箱的 FMECA 分析。齿轮箱的故障造成的停机时间长,经济损失大,是影响风力发电机组可用度最主要的原因,且齿轮箱的故障多为磨损所致,故针对齿轮箱的润滑油进行分析。其中严酷度、频度及探测度评分标准由文献[36]给出,齿轮箱润滑 FMECA 分析如表 14－2 所列。表 14－2 可以看出,该企业风力发电机组齿轮箱 RPN 值最高的故障原因为齿轮箱发热和润滑油管路泄露,最终将导致的故障皆为齿轮箱部件磨损。所以,在对齿轮箱可靠性分析时,除了对齿轮箱部件的检查外,应加强对油泵、输油管路、机舱散热装置、温度传感器及压力开关进行检查。

表 14－2　齿轮箱润滑 FMECA 分析

故障模式	故障影响			故障原因	严酷度	频度	探测度	RPN	对策措施
	局部	上层	最终						
润滑油温度过高	润滑油黏度降低	润滑不良	齿轮箱部件磨损	齿轮箱部件磨损	4	4	2	32	检查齿轮箱部件；加强机舱内通风；更换温度传感器；检查散热系统
				齿轮箱发热油温度上升	4	6	4	96	
				温度传感器工作异常	4	6	2	48	
				机舱散热系统工作异常	4	6	2	48	
润滑油温度过低	润滑油黏度变高	部件润滑不良	齿轮箱部件磨损	温度传感器工作异常	4	6	2	48	更换温度传感器；检查加热装置
				机舱加热装置工作异常	4	6	2	48	
润滑油油位过高	润滑不良	部件磨损	影响机组效率	齿轮油泄漏	6	2	4	48	检查密封装置；检查机舱加热装置；检查压力开关
				油位开关产生误报	4	2	4	32	
				油位开关工作异常	4	2	4	32	
润滑油油位过低	油泵工作异常	部件润滑不良	齿轮箱部件磨损	润滑油在低压力下循环	4	2	2	16	检查油泵；检查输油管路；检查机舱散热装置；检查压力开关
				润滑油管路泄漏	6	4	4	96	
				油温较高、黏度降低	4	2	4	32	
				压力开关老化、整定值偏移	4	4	4	64	
				液压管路有渗漏	6	2	2	24	
				齿轮箱部件磨损严重	6	2	4	48	

(2) 国产风力发电机组贝叶斯网络可靠性评估技术应用案例。

哈尔滨理工大学针对风力发电机组的关键部件齿轮箱建立了 CME 贝叶斯网络模型并进行了分析,其中 C 层(故障原因层)故障节点 C_1、C_2、…、C_{17}分别表示:冲击载荷、轴弯曲、较大硬物挤入啮合区、材质缺陷、疲劳折断、大载荷作用、较高油温、油不清洁、油位低、荷载集中、轴承润滑不良、温度传感器故障、交变载荷作用、轴承侵入异物、安装不合理、轴承材料缺陷及齿轮箱减震装置欠佳。M

层(故障模式层)故障节点 M_1、M_2、…、M_7分别表示:齿轮折断、疲劳损伤、齿面胶合、轴承烧损、轴承疲劳损伤、轴承损坏及轴承配合间隙过大。E 层(故障影响层)故障节点为 E_1、E_2、E_3分别表示:齿轮箱振动故障、齿轮箱停运故障及齿轮箱损坏。以 E_3事件为例,齿轮箱损坏事件贝叶斯网络如图 14－10 所示。

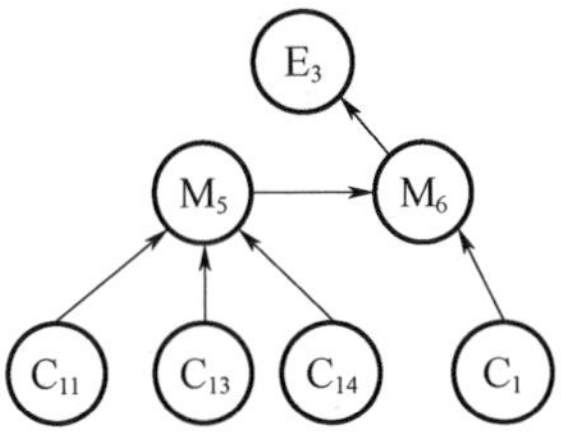

图 14－10　齿轮箱损坏事件贝叶斯网络

结合专家经验采用“概率刻度”的方法确定节点的先验概率以及条件概率分布。其中节点 C_1、C_{11}、C_{13}、C_{14}的先验概率分别为 0.25、0.85、0.25、0.85。其余故障事件条件概率如表 14－3所列,表中 Y 表示该节点所代表故障发生,N 表示不发生。

表 14－3　故障节点条件概率

M_5条件概率	原因节点		
	C_{11}	C_{13}	C_{14}
1	Y	Y	Y
0.85	Y	Y	N
	Y	N	N
0.50	Y	N	N
0.25	N	Y	Y
0.75	N	Y	N
	N	N	Y
0	N	N	N
M_6条件概率	原因节点		
	M_5	C_1	
1	Y	Y	
0.85	Y	N	
0.75	N	Y	
0.15	N	N	
E_3条件概率	原因节点 M_6		
0.6	Y		
0.15	N		

通过分析表 14－3,并结合贝叶斯理论可以得出:在齿轮箱轴承正常工作的条件下,齿轮因受到冲击载荷的作用导致轴承损坏的概率是 75%。不考虑冲击载荷对系统的影响前提下,因轴承疲劳损伤造成轴承故障的概率高达 85%。由此可见在设计齿轮箱的初期提高其设计强度可以大大减少冲击载荷对系统的影

响，在日常的管理工作过程中，保证轴承的正常工作是十分必要的。通过轴承疲劳损伤节点的条件概率可以得出如下结论：轴承侵入异物以及轴承润滑的不良是导致轴承疲劳损伤的主要原因，保证轴承良好的润滑或消除轴承异物可以大大降低轴承疲劳损伤的可能性，应该定期对轴承以及相关部件进行清理并保证轴承的良好润滑。

在风力发电机组投产前，各部件的性能都达到相关标准，通过应用案例可知，整体的风力发电机组可靠性的提升需结合实时使用情况，对易损耗零部件进行寿命评估和状态预测，再结合各部件的可靠性指标进行检查，避免零部件故障集中出现。

6）风力发电机组可靠性设计要求

（1）风力发电机组设计标准。

在进行风力发电机组设计时，为保证风力发电机组的功能完整性及工程完整性需严格按照相关标准进行设计。根据国际电工委员会标准 IEC 61400－1：2017 和德国劳埃德船级社《风能转换规则》等制定。

在选择国内外设计标准作为设计依据时应注意时效性、适用性及各国风力发电机组所处风场的环境差异。而针对国内风场的自然条件，需要重点参考的风力发电机组设计标准明细如表 14－4 所列。

表 14－4　风力发电机组设计标准明细

标准号	标准名
IEC 61400－1：2017	风力发电机组第 1 部分：设计要求
IEC 61400－12：2017	风力发电机组第 12 部分：风力发电的动力性能试验
IEC/TS 60050－415：1999	国际电工词汇第 415 部分：风力发电机组系统
IEC/TS 61400－23：2001	风力发电机组系统第 23 部分：风轮叶片与尺寸结构试验
IEC/TS 61400－13：2001	风力发电机组系统第 13 部分：机械负载的测量
IEC/TS 61400－24：2002	风力发电机组发电系统第 24 部分：避雷装置

（2）风力发电机组可靠性指标行业要求。

IEC 61400 风电系列标准规定的可靠性指标以可靠度、首次故障前平均时间及平均故障间隔时间为主，风力发电机组各部件可靠性指标如表 14－5 所列。

表 14－5　风力发电机组各部件可靠性指标

名称	可靠度	首次故障前平均时/h	平均故障间隔时间/h
风轮	0.90	2000	3000
传动系统	0.95	3000	3500
发电机	0.95	3000	4000

续表

名称	可靠度	首次故障前平均时/h	平均故障间隔时间/h
调速系统	0.90	2000	3000
回转体	0.98	3000	5000
调相系统	0.98	3000	5000
支撑系统	0.95	3000	5000
逆变器	0.90	1500	2000
机组	0.85	1500	1500

在对风力发电机组进行可靠性设计时，应充分考虑失效部件的故障等级，根据严重程度进行维修工作的安排，其中风力发电机组排除故障时间要求如表 14－6所列。

表 14－6　风力发电机组排除故障时间要求

故障等级	A 类	B 类	C 类
故障说明	造成停机，需拆除 1 级部件	造成停机，不需拆除 1 级部件，更换小部件	不造成停机或不需要更换零部件
巡检组到现场	小于等于 24h		
维修组到达现场	小于等于 96h	小于等于 48h	—
修复系统	小于等于 288h	小于等于 72h	小于等于 48h

（3）风力发电机组可靠性设计内容及流程。

风力发电机组不同组传统的水、火电机组，主要表现在风力发电机组运行条件恶劣、交变载荷作用剧烈、可靠性要求高等，为了满足这些设计条件和风力发电机组设计认证等要求，新产品开发设计必须遵循相关国际标准，主要为 IEC61400 标准和相关规范等。风力发电机组可靠性设计流程如图 14－11 所示。

（4）风力发电机组针对特殊要求的设计。

由于风力发电机组面临的外部环境较为复杂，在设计初期需对其安装区域进行具有环境针对性的特殊设计，其中特殊设计包括防盐雾、防低温、防潮、防风沙以及防雷设计。

沿海地区空气中含有大量随海水蒸发的盐分，溶于空气中的小水滴则形成浓度很高的盐雾，盐雾会加速金属腐蚀，通过采用耐腐蚀材料和防腐蚀涂层可大大延长材料的使用寿命。低温条件下，遇到潮湿空气或冰雪天气时，叶片表面将会覆冰，覆冰层厚度不一，加重叶片负载，降低发电效率，缩短叶片受用寿命，应采用防冰涂层以降低叶片覆冰程度。潮湿和低温环境不仅会加速零部件化学性质蜕变,由蛋白质组成的霉菌会腐蚀材料并破坏材料的绝缘性。在风沙较大的地区时,叶片长期受风沙侵蚀,表面粗糙度增加,应在叶片迎风表面采用耐磨涂层,减少磨损并延长叶片使用寿命。雷电包括直击雷和感应雷。安装接闪器、引下线法来防直击雷;共用接地系统,浪涌保护器可减少感应雷产生的电磁效应破坏。充分考虑国内风场的自然环境特点,具有针对性地进行可靠性设计,对风力发电机组的持续工作有较大帮助。

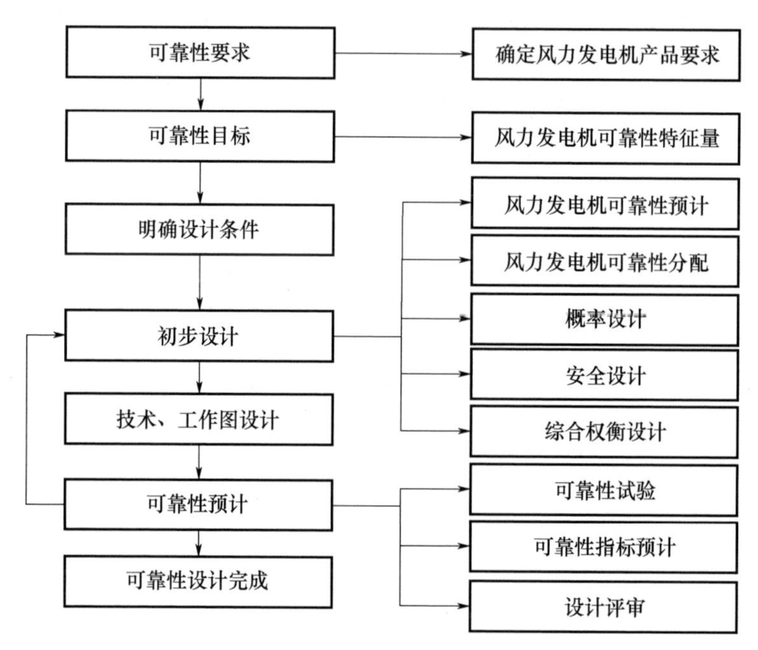

图 14－11　风力发电机组可靠性设计流程

7）风电行业可靠性工作开展存在的主要问题

（1）可靠性工作不深入。

在风电设备需求旺盛的推动下,研制和生产过程被简化。设计阶段没有充分考虑风场环境导致设计缺陷,研制阶段没有正确实施可靠性增长计划,投产后运行状态监测与控制手段不足等纰漏都有可能减少关键部件的使用寿命,进而导致故障甚至停机。风力发电机组在现场安装后,从试运行阶段开始,对故障数据的收集缺乏科学性及严谨性。大量的故障信息和数据被丢失或搁置,存在严重的数据浪费现象。

（2）可靠性管理层面。

① 可靠性基础工作欠缺。我国的可靠性工程起步较晚,基础工作薄弱。忽视基础,投入大量精力研究已定型整机产品的可靠性,只能局限于可靠性评价和故障分析,示范和推进作用不明显,创新研究偏弱。可靠性工程基本理念应该是

立足全过程、全方位地排除一切不可靠因素。

② 作业人员意识欠缺。产业工人的防患意识不到位，职业素养及安全生产意识不够。企业缺乏全面提高产品质量与可靠性的理念，常受到利润、工期、指令的干扰。上述问题严重制约了国产化产品的质量与可靠性。

③ 可靠性技术人才较少。我国缺少可靠性技术人才，主要是高等教育很少设置可靠性工程专业。目前仅有北京航空航天大学依托系统工程学科设置了全国唯一的“质量与可靠性工程”本科专业。可靠性工程是一门交叉学科，仅靠短期培训难以补充可靠性技术人才。

④ 缺乏可靠性行业标准。目前，可以检索出与可靠性相关的国家标准约为 60 余项，其中大部分与各类制造业相关，且主要集中于具体机器设备的可靠性试验、评定考核方法。虽然与基础理论方法相关的标准基本上与 IEC 接轨，但其对应国际标准的版本过于老旧。同样的，我国两个管理类国家标准《可信性管理 第 1 部分：可信性大纲管理指南》（GB/T 6992.1—1995）、《可信性管理 第 2 部分：可信性大纲要素和工作项目》（GB/T 6992.2—1997）对应的是 20 世纪 90 年代的 IEC 版本。

综上所述，目前国内风电行业虽然迅速发展，但是该行业可靠性的全面开展仍有一定难度。数据资源相对匮乏、相关标准不详尽、企业重视程度不高以及专业人才不足导致国内暂未形成完备的可靠性工程体系，故风电行业的可靠性工作水平仍有一定上升空间。

14.2　风电行业可靠性研究应用国内外比较

1. 数据库比较

国外数据资料多是参考欧盟风能协会公布的资料及相关论著。主要基于 Windstats 收集的 Denmark 和 Germany 的风力发电机组故障数据（WSDK、WSD）及 LandWirtschaftsKammer 的 Germany 风力发电机组故障数据（LWK）。前者是针对不同的机型和装机容量进行统计，后者的数据重点分析风力发电机组关键子系统，如发电机、变速箱及变频器等的故障分布变化规律。

而国内数据资料主要是参考国家高技术研究发展计划、国家自然科学基金项目、国内调研以及各企业的数据报告，且由于国内双馈式异步风力发电机组占据主要市场份额，故障统计资料也以双馈式异步风力发电机组为主。其中，国外不同机型风力发电机组故障率分布如图 14－12 所示。国内双馈式异步风力发电机组故障统计情况如图 14－13 所示。

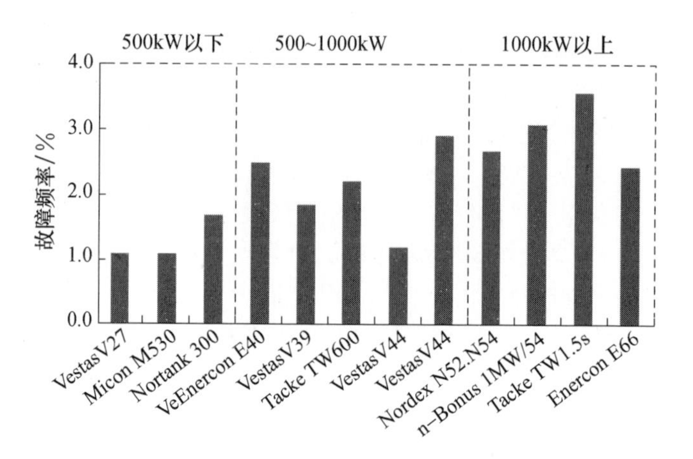

图 14 – 12　国外不同机型风力发电机组的故障率分布

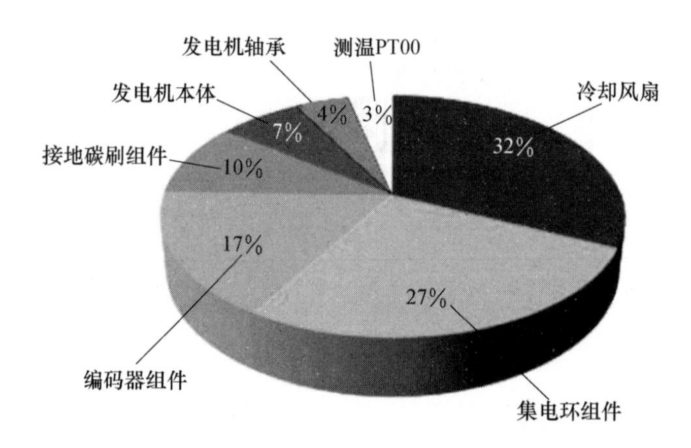

图 14 – 13　国内双馈式异步风力发电机组故障情况

通过国内外的故障统计数据可知，国外对于风力发电机组的故障数据具有跟踪性且记录时间较长，在对风力发电机组进行可靠性分析时可以针对不同机型参考数据。而国内侧重统计目前主要应用的风力发电机组故障数据，数据类别少，导致在可靠性分析上与国外水平仍有差距。

2. 关键子系统可靠性比较

1）国外关键部件故障统计

国外统计的风力发电机组部件的故障率如图 14 – 14 所示，风力发电机组部件的故障停机时间如图 14 – 15 所示。

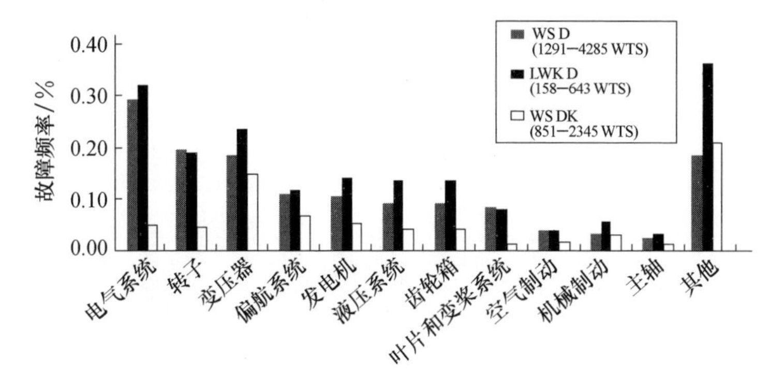

图 14 - 14　风力发电机组部件的故障率

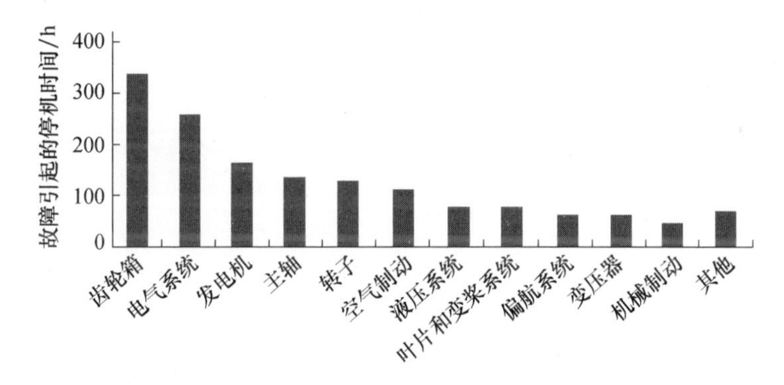

图 14 - 15　风力发电机组部件的故障停机时间

由图 14 - 14 与图 14 - 15 中可知国外导致风力发电机组故障最多的是电力系统，故障导致的停机时间也较长，故国外风力发电机组的可靠性工作的开展主要以电力系统为主。

2）国内关键部件故障统计

国内统计的风力发电机组部件故障率如图 14 - 16 所示。风力发电机组部件故障停机时间如图 14 - 17 所示。

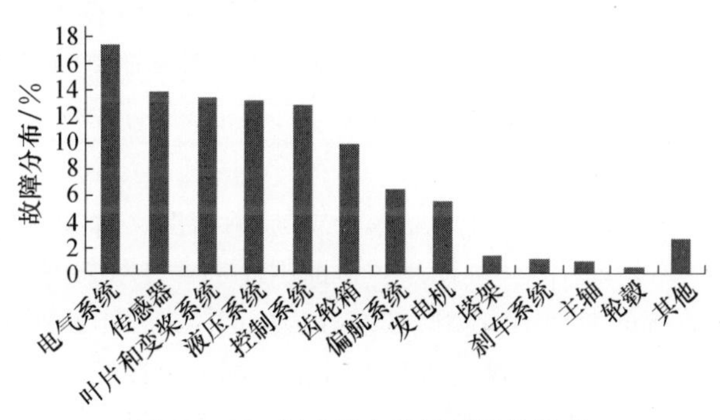

图 14 - 16　风力发电机组部件故障率

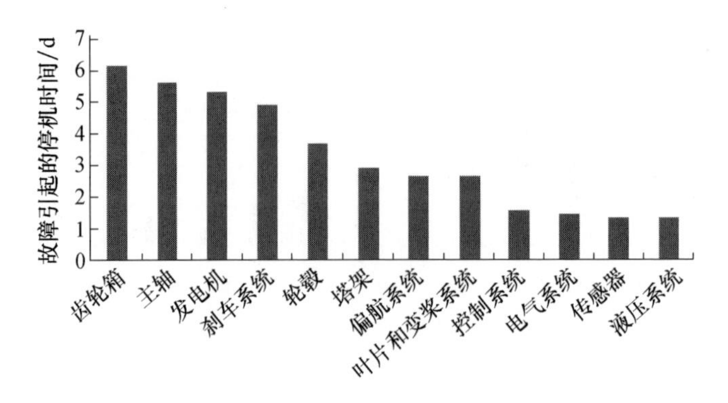

图 14－17　风力发电机组部件故障停机时间

国内风力发电机组的电力系统故障率也为最高，齿轮箱的故障率居中。与国外部件故障导致的停机时间情况不同，齿轮箱故障导致风力发电机组停机时间最长。所以，国内风力发电机组的可靠性工作是对齿轮箱等机械部件进行重点分析。

14.3　风电行业可靠性研究应用发展趋势与未来展望

1. 风电行业可靠性技术的发展趋势

可靠性理论经过多年发展渐趋成熟，但针对风力发电机组的可靠性研究仍然不够深入，影响因素考虑不全面，需对零部件的故障诊断、状态预测及风力发电机组的寿命管理进行进一步研究。

1）基础部件故障远程诊断技术

为保证基础零部件的正常使用，需要研发基础零部件的故障远程诊断技术。例如将现在国内外风电场都在使用的 SCADA 和 CMS 两套系统结合起来实现测试结果的相互佐证。应用现场总线通信技术，实现故障滤波器与本地控制器的快速通信及数据存储。若能应用互联网技术、移动存储等技术，实现故障滤波、远程访问及本地控制器的远程操作记录功能，即可对基础零部件进行远程故障诊断，达到有计划维修、节约维修成本及缩短停机时间的目的。

2）关键零部件的状态预测

关键零部件相对基础零部件失效频率更高，失效所需维修时间更长，故关键零部件健康状态预测技术仍有待提高。目前国外学者针对关键部件的故障预测是依靠 SCADA 系统的数据结合相应数学方法。但风力发电机组的复杂度高，不同环境下工作状态差异较大，现场各项监控指标不确定性较大，故在利用现场数据建立合理数学模型时，应充分考虑风电场物理环境及风力发电机组运行状态，提高状态预测准确度。

3）复杂系统寿命管理技术

根据疲劳损伤累积理论结合实测时序疲劳载荷，并根据零部件更换及传感器故障等插补值进行修正，得到各零部件剩余寿命，再综合各个零部件间的耦合关系，进而实现整机寿命的有效管理，使风力发电机组疲劳损伤值低于设计值，从而使风力发电机组服役时间超过标准值，提高利用率。

2. 风电行业可靠性技术展望

针对风电行业的可靠性问题，国内外学者提出了很多研究方法，但大部分局限于关键部件的单独分析，忽略了整个风力发电机组中不同系统间的相互影响，采用简单串并联的方法计算可靠度，效果有限。在结合风场测试数据分析结果和风场实地调研的基础上，故风力发电机组可靠性技术研究可从以下方面进一步开展工作。

1）基于疲劳损伤的风力发电机组可靠性研究

疲劳失效是风力发电机组主要失效模式，所以需要研究整机的疲劳寿命和可靠性，根据风力发电机组动力学模型和运行参数，考虑随机风速和各关键零部件失效相关性，计算风力发电机组传动系统各关键零部件载荷和接触应力矩阵，同时考虑风力发电机组工作环境，分析关键零部件疲劳损伤累积。另外，在设计工况下，分析风力发电机组疲劳寿命和可靠性，缩短设计可靠度与理论计算值之间的差距，对指导风力发电机组设计和可靠性试验具有重要意义。

2）基于故障诊断的监控系统研究

以振动信号为基础的状态监测系统成本较高，以电气信号为基础的状态监测系统已经被用于风力发电机组本身的控制和保护等作用，但还未被用于风力发电机组的故障诊断。通过对电气信号的处理，获得状态特征，进而实现对风力发电机组的故障诊断。另外，国内外学者较多地聚焦于仅利用单一信号对风力发电机组进行故障诊断，较少综合分析振动和电流的信号，因此，应加强探讨融合机、电两类信号的故障诊断的研究工作。

3）研发可靠性在线评估系统

现有风力发电机组大多装有 SCADA 和 CMS 系统，但两者相互独立，不能实现测试结果的相互佐证。基于现有 SCADA 和 CMS 系统，融合两套测试数据，从中提取特征数据，通过无线传输系统，结合可靠性工程模型和软硬件设备进行实时动态可靠性评估和预测，对于降低维修成本、提高风场运行效率具有重要意义。

4）基于复杂系统故障预测的机组健康管理

随着大功率风力发电机组容量不断增大及其复杂性程度增加，故障发生次数多和维护成本较高的现状已引起风电运营商、制造商和第三方维修公司等机构的高度关注。开展风力发电机组的健康状态监测和评估研究，对及时掌握风力发电机组健康状态，及早发现潜在故障征兆，降低故障率，减少维修成本，保障风力发电机组安全高效运行有着重要学术研究意义和工程应用价值。

5）基于动态贝叶斯网络的多状态系统可靠性分析

建立风力发电机组从叶片到地基的传动系统动力学模型及动态贝叶斯网络模型，在充分考虑外界环境的影响下，研究风力发电机组结构和传动系统的动态可靠性模型，能解决风力发电机组等复杂系统难以进行可靠性评估的问题。针对海上风电场，现有可靠性研究对海浪等外界因素影响考虑欠缺，导致诊断结果偏差较大，所以需针对时变性外界因素，建立海上风力发电机组的动态可靠性分析模型、故障预测模型，并设计相关的试验方法。针对陆上风电场，现有研究仅考虑一种工况和失效模式，不能反映风力发电机组实际运行情况，故利用动态贝叶斯网络的方法研究多状态及多失效模式下风力发电机组传动系统的疲劳损伤、多因素相关条件下的系统可靠性和疲劳寿命预测模型和方法，对于提高可靠性评估准确度、指导工程实际具有重要现实意义。

综上所述，在研究人员的不断探索和国家各项政策的推动下，我国风电行业的制造水平已和欧美等发达国家不相上下，但可靠性技术水平上仍有差距。其中，基础部件的故障诊断技术、关键零部件的状态预测技术及对整体机组的寿命管理技术的加强，可以帮助提高整体机组的可靠性。目前风电行业趋于海上风电场和智能设备的开发，可靠性技术的发展则需针对以上发展趋势，在理论分析上充分考虑风电系统所具有的多态性、实时性及复杂系统的特性，且需要充分考虑各子系统内部及外部的耦合关系，将可靠性预测值与实际值的差距进一步缩小。在技术上着重研发在线的可靠性评估系统，充分掌握关键部件的运行状态，并根据故障预测的结果对有可能发生故障的部件进行重点防治，达到健康管理的目的。

参考文献

[1] HAHN B, DURSTEWITZ M, ROHRIG K. Reliability of Wind Turbines, Experiences of 15 years with 1500 WTs[M]. Berlin: Wind Energy Springer, 2007.

[2] RIBRANT J, BERTLING L M. Survey of Failuresin Wind Power Systems with Focus on Swedish Wind Power Plants During 1997—2005[C]. Power Engineering Society General Meeting. Tampa, 2007.

[3] TAVNER P J, XIANG J, SPINATO F. Reliability Analysis for Wind Turbines[J]. Wind Energy, 2010, 10(1): 1 - 18.

[4] SPINATO F, TAVNER P J, VAN BUSSEL G J W, et al. Reliability of Wind Turbine Subassemblies[J]. Iet Renewable Power Generation, 2009, 3(4): 387 - 401.

[5] SALAMEH J P, CANET S, ETIEN E, et al. Gearbox Condition Monitoring in Wind Turbines: A Review[J]. Mechanical Systemsand Signal Processing, 2018, 111(5): 251 - 264.

[6] BACHAROUDIS K C,PHILIPPIDIS T P. A Probabilistic Approach for Strength and Stability Evaluation of Wind Turbine Rotor Bladesin Ultimate Loading[J]. Structural Safety,2013,40(1):31 –38.
[7] MARZEBALI M H,FAIZ J,CAPOLINO G A,et al. Gear Fault Detection Based on Mechanical Torque and Stator Current Signatures of Wound Rotor Induction Generator[J]. IEEE Transactions on Energy Conversion,2018,33(3):1072 –1085.
[8] MORSEDIZADEH M, KORDESTANI M, CARRIVEAU R, et al. Application of Imputation Techniques and Adaptive Neuro – Fuzzy Inference Systemto Predict Wind Turbine Power Production[J]. Energy,2017,138:394 –404.
[9] SOHOULI A,YILDIZ M,SULEMAN A. Cost Analysis of Variable Stiffness Composite Structures with Application to a Wind Turbine Blade[J]. Composite Structures,2018,203:681 –695.
[10] BANGALORE P, LETZGUS S, KARLSSON D, et al. An Artificial Neural Network – based Condition Monitoring Methodfor Wind Turbines, with Applicationto the Monitoring of the Gearbox[J]. Wind Energy,2017,20(8):1421 –1438.
[11] 刘波,安宗文. 考虑零件寿命相关的风电齿轮箱可靠性分析[J]. 机械工程学报,2015,51(10):164 –171.
[12] 张礼达,任腊春. 恶劣气候条件对风力发电机组的影响分析[J]. 水力发电,2007,33(10):67 –69.
[13] 周琼芳,谢国政,张东宁. 高原环境用风力发电电气设备运行情况研究[J]. 环境技术,2013,31(2):34 –36.
[14] 胡照勇,苏春,吴泽. 基于 SCADA 数据的国产风力机可靠性评估[J]. 可再生能源,2017,35(6):868 –874.
[15] SONG Z,ZHANG Z,JIANG Y,et al. Wind Turbine Health State Monitoring Basedona Bayesian Data – drivenApproach[J]. Renewable Energy,2018,125:172 –181.
[16] PEI Y,QIAN Z,JINMG B. Data – Driven Method for Wind Turbine Yaw Angle Sensor Zero – Point Shifting Fault Detection[J]. Energies,2018,11(3):553 –562.
[17] 郭建英,孙永全,刘新华,等. 直驱式风电机组试运行中的可靠性增长评估[J]. 太阳能学报,2012,33(5):757 –762.
[18] 周真,周浩,马德仲,等. 风电机组故障诊断中不确定性信息处理的贝叶斯网络方法[J]. 哈尔滨理工大学学报,2014,19(1):64 –68.
[19] YACAMINI R,SMITH K S,RAN L. Monitoring Torsional Vibrations of Electro – mechanical Systems Using Stator Currents[J]. Journal of Vibration and Acoustics,1998,120(1):72 –79.
[20] KIA S H,HENAO H,CAPOLINO G A. Mechanical Transmission and Torsional Vibration Effectson Induction Machine Stator Current and Torquein Railway Traction Systems[C]. Energy Conversion Congress and Exposition,San Jose,2009.
[21] RAJAGOPALAN S,ALLER J M,RESTREPO J A,et al. Detection of Rotor Faults in Brushless DC Motors Operating Under Nonstationary Conditions[J]. IEEE Transactions on Industry Applications,2006,42(6):1464 –1477.

[22] JIN X H, QIAO W, PENG Y Y, et al. Quantitative Evaluation of Wind Turbine Faultsunder Variable Operational Conditions[J]. IEEE Transactions on Industry Applications, 2016, 52(3):2061 – 2069.

[23] HUANG Q, JIANG D X, HONG L Y, et al. Application of Wavelet Neural Networkson Vibration Fault Diagnosis for Wind Turbine Gearbox[M]//Advancesin Neural Networks – ISNN 2008. Berlin: Springer Berlin Heidelberg, 2008.

[24] 严如强，钱宇宁，胡世杰，等．基于小波域平稳子空间分析的风力发电机齿轮箱故障诊断[J]．机械工程学报，2014，50(11)：9 – 16.

[25] 冯志鹏，褚福磊．行星齿轮箱故障诊断的频率解调分析方法[J]．中国电机工程学报，2013，33(11)：112 – 117，18.

[26] 杭俊，张建忠，程明，等．直驱永磁同步风电机组叶轮不平衡和绕组不对称的故障诊断[J]．中国电机工程学报，2014，34(9)：1384 – 1391.

[27] 梁颖，方瑞明．基于 SCADA 和支持向量回归的风电机组状态在线评估方法[J]．电力系统自动化．2013，37(14)：7 – 12，31.

[28] FENG Y, QIU Y, CEABTREE C J, et al. Monitoring Wind Turbine Gearboxes[J]. WindEnergy, 2013, 16(5):728 – 740.

[29] SCHLECHTINGEN M, SANTOS I F. Wind Turbine Condition Monitoring Basedon SCADA Data Using Normal Behavior Models. Part 2: Application examples[J]. Applied Soft Computing, 2014, 14(C):447 – 460.

[30] ARABIAN – HOSEYNABADI H. ORAEE H. TAVNER P J. Failure modes and effects analysis (FMEA) for wind turbines[J]. International Journal of Electrical Power & Energy Systems, 2010, 32(7):817 – 824.

[31] BHARATBHAI M G. Failure modeand effect analysis of repower 5M wind turbine[J]. International Journal of Advance Research in Engineering, 2015, 2(5):2394 – 2444.

[32] DINMOHAMMADI F. SHAFIEE M. A fuzzy – FMEA riskassessment approach for offshore wind turbines[J]. International Journal of Prognostics and Health Management, 2013, 4(13):59 – 68

[33] SINHA Y. STEEL J A. Aprogressive study into offshore wind farm maintenance optimisation using risk based failure analysis[J]. Renewable and Sustainable Energy Reviews, 2015, 42: 735 – 742.

[34] SCHEU M N. TREMPS L. SMOLKA U, et al. Asystematic Failure Mode Effects and Criticality Analysis for offshore wind turbine systems towards integrated condition based maintenance strategies[J]. Ocean Engineering, 2019, 176:118 – 133.

[35] 周昊，陈帅，侯承宇，等．基于 FMECA 方法的海上浮式风机失效模式分析[J]．舰船科学技术，2020，42(19)：109 – 114.

[36] ZHOU A, YU D, ZHANG W. A Research on Intelligent Fault Diagnosis of Wind Turbines Based on Ontology and FMECA[J]. Advanced Engineering Informatics, 2015, 29(1):115 – 125.

（本章执笔人：哈尔滨理工大学周真、齐佳、周立丽）